金属热处理缺陷分析及案例

第 2 版

王广生　石康才　周敬恩　等编著
曹敏达　王志刚

机 械 工 业 出 版 社

本书采取理论分析与实际经验相结合的方法，对金属热处理缺陷进行了全面系统论述。本书着重介绍了热处理裂纹、热处理变形超指标、残留内应力过大、组织不合格、力学性能不合格、脆性等常见热处理缺陷的特征、产生原因、危害性及预防挽救措施；专门介绍了真空热处理、保护热处理及非铁金属热处理可能出现的缺陷；从预防的角度介绍了热处理质量全面控制；最后列举了 84 个各种类型的热处理缺陷分析案例，可供读者有针对性的参考。

　　本书可供热处理工程技术人员和管理人员阅读，对从事机械产品设计和冷热加工工艺编制的技术人员，以及相关专业在校师生也具有重要参考价值。

图书在版编目（CIP）数据

金属热处理缺陷分析及案例/王广生等编著. —2 版.
—北京：机械工业出版社，2007.8（2022.1 重印）
ISBN 978 – 7 – 111 – 05680 – 5

Ⅰ. 金… Ⅱ. 王… Ⅲ. 热处理缺陷 – 金属分析 Ⅳ. TG157

中国版本图书馆 CIP 数据核字（2007）第 106908 号

机械工业出版社（北京市百万庄大街 22 号　邮政编码 100037）
责任编辑：陈保华　版式设计：冉晓华　责任校对：吴美英
封面设计：王奕文　责任印制：单爱军
北京虎彩文化传播有限公司印刷
2022 年 1 月第 2 版·第 5 次印刷
169mm×239mm·31.5 印张·1 插页·613 千字
7 301—9 300 册
标准书号：ISBN 978 – 7 – 111 – 05680 – 5
定价：69.00 元

电话服务　　　　　　　　　　网络服务
客服电话：010-88361066　　　机 工 官 网：www.cmpbook.com
　　　　　010-88379833　　　机 工 官 博：weibo.com/cmp1952
　　　　　010-68326294　　　金 书 网：www.golden-book.com
封底无防伪标均为盗版　　机工教育服务网：www.cmpedu.com

前　　言

　　热处理质量直接影响各种机械产品的性能和使用安全，对开发新产品和提高产品竞争力有着重要作用。因此，减少和避免热处理缺陷、提高热处理质量是机械行业关注的焦点之一，也是热处理工作者的重要使命。为了推动热处理技术进步和生产发展，促进机械产品质量提高，我们受全国热处理学会委托，于1997年编写出版了《金属热处理缺陷分析及案例》（第1版）。此书全面系统地阐述了热处理缺陷分析理论，列举了生产中发生的典型实例，填补了热处理专业书库的缺项，对热处理生产具有借鉴和参考价值。

　　热处理缺陷主要有热处理裂纹、变形超指标、残留应力过大、组织不合格、力学性能不合格、脆性，还有表面热处理和化学热处理硬化层深度不合格、真空热处理和保护热处理表面层元素变化、表面不光亮，以及非铁金属热处理特殊缺陷等。本书对各种热处理缺陷的形态和危害、产生原因、预防和补救措施等方面，进行了全面分析论述。从预防热处理缺陷角度介绍了热处理全面质量控制，根治热处理缺陷的重要措施是对热处理全过程，包括热处理前、热处理中、热处理后，进行认真质量控制，对热处理生产的环境、设备、工艺、原材料、人员等环节严格要求和控制，把热处理缺陷消灭在形成过程中。在全国广大热处理工作者支持下，我们收集并选登了各种热处理缺陷案例，从缺陷形貌特征、试验分析、验证试验及预防挽救措施等方面详实地介绍了常见热处理缺陷分析结果。

　　《金属热处理缺陷分析及案例》第1版自1997年出版以来，深受读者欢迎，已多次重印。近年来热处理技术迅速发展，热处理缺陷研究更为系统和深入。为了适应热处理行业发展形势和需求，我们对该书进行了增补和修订。在"第1章概论"中，增加了"热处理缺陷分析方法"一节；在"第5章组织不合格"中，增加了"感应加热淬火组织缺陷"一节；在"第8章其他热处理缺陷"一章中，对"真空热处理和保护热处理缺陷"进行了重写，增加了较多内容；在"第9章热处理缺陷预防与全面质量控制"中，重写了"质量管理"有关内容；第10章新增了40个案例，总共介绍了84个热处理缺陷分析案例，并按热处理缺陷性质对这84个案例进行了分类编排。此外，我们又对书中内容进行了更新，对不妥之处进行了修改。

　　本书第1、8、9章由王广生编写；第2章由石康才编写；第3、4、6、7章由周敬恩编写；第5章由王广生、石康才编写，第10章的案例由有关工厂、研究院所的专业人员提供，由王广生、曹敏达、王志刚进行整理。全书由王广生统稿。在热处理缺陷分析案例收集过程中，得到了有关作者和《金属热处理》杂志编辑部的大力支持；在编写过程中，航空热处理中心的同志给予了很多帮助，在此表示衷心感谢。

由于我们水平有限，书中难免有缺点和不妥之处，望广大读者批评指正。

作 者

目　　录

第1章 概　　论

热处理可通过加热和冷却，使零件获得适应工作条件需要的使用性能，达到充分发挥材料潜力、提高产品质量、延长使用寿命的目的。如果出现热处理缺陷，热处理就无法达到预期的目的，使零件成为不合格品或废品，造成经济损失；如果热处理缺陷不能及时发现，带有缺陷的零件或产品投入使用，可能引起重大事故，工程上这类事件时有发生。由于热处理是通过改变材料内部微观组织结构，达到零件宏观性能要求的特种工艺，所以热处理缺陷除一部分是宏观的，大部分是微观的，必须使用仪器检查，给热处理缺陷检查和发现带来困难。另一方面，热处理属于批量连续生产，一旦发生热处理缺陷，一般情况涉及范围都比较大。因此，热处理缺陷是危害性大的缺陷，应大力防止产生这类缺陷。

1.1　热处理缺陷及分类

热处理缺陷包括热处理生产过程中产生的使零件失去使用价值或不符合技术条件要求的各种不足，以及会使热处理以后的后序工序工艺性能变坏或降低使用性能的热处理隐患。热处理缺陷一般按缺陷性质分类，主要包括热处理裂纹、变形、残留应力、组织不合格、性能不合格、脆性及其他缺陷七大类，如表1-1所示。

表1-1　热处理缺陷分类

缺陷类别	热 处 理 缺 陷 名 称
裂纹	淬火裂纹，放置裂纹，延迟裂纹，回火裂纹，时效裂纹，冷处理裂纹，感应加热淬火裂纹，火焰加热淬火裂纹，剥落，分层，鼓包，磨削裂纹，电镀裂纹
变形	尺寸变形：胀大，缩小，伸长，缩短 形状变形：弯曲，扭曲，翘曲 微小变形
残留应力	组织应力，热应力，综合应力
组织不合格	氧化，脱碳，过热，过烧，粗晶，魏氏组织，碳化物石墨化，网状碳化物，共晶组织，萘状断口，石状断口，鳞状断口，球化组织不良，反常组织，内氧化，黑色组织，渗碳层碳化物过多及大块状或网状分布，残留奥氏体过多，马氏体粗大，渗氮前组织铁素体过多，渗氮白层，渗氮化合物层疏松，针状组织，网状和脉状氮化物，渗硼层非正常组织，渗硼层孔洞，螺旋状回火带

（续）

缺陷类别	热处理缺陷名称
性能不合格	硬度不合格，软点，硬化不均匀，软化不均匀，拉伸性能不合格，疲劳性能不好，耐腐蚀性能不良，持久蠕变性能不合格，渗碳表面硬度不足和心部硬度不合格，渗氮表面硬度不足和心部硬度不合格，感应加热淬火硬度不足和不均匀，火焰加热淬火硬度不足和不均匀
脆性	退火脆性，回火脆性，氢脆，σ 脆性，300℃脆性，渗碳层剥落，渗氮层脆性，渗氮层剥落，渗硼层脆性，低温脆性，电镀脆性
其他缺陷	化学热处理和表面热处理的硬化层深度不合格，真空热处理和保护热处理的表面不光亮与氧化色、表面增碳或增氮、表面合金元素贫化和粘连，铝合金热处理的高温氧化、起泡、包铝板铜扩散、腐蚀或耐腐蚀性能降低，镁合金热处理的熔孔、表面氧化、晶粒畸形长大、化学氧化着色不良，钛合金热处理的渗氢、表面氧化色，铜合金热处理的黑斑点、黄铜脱锌、纯铜氢脆，铍青铜淬火失色、粘连，高温合金热处理的晶间氧化、表面成分变化、腐蚀点和腐蚀坑、粗大晶粒或混合晶粒

　　热处理缺陷中最危险的是裂纹，一般称之为第一类热处理缺陷。热处理裂纹主要是在淬火过程中产生的淬火裂纹；其次是由于加热不当产生的各种加热裂纹；还有淬火后各工序不当产生的延迟裂纹、冷处理裂纹、回火裂纹、时效裂纹、磨削裂纹和电镀裂纹等。热处理裂纹属于不可挽救的缺陷，一般只能将裂纹零件报废处理。如果由于漏检，将有裂纹的零件带到使用中去，裂纹很容易扩展引起突然断裂，造成重大事故，所以热处理生产中要特别注意设法避免产生裂纹，并严格检查，防止漏检。

　　热处理变形是最常见的热处理缺陷，淬火变形占淬火缺陷的 40%～50%，一般称之为第二类热处理缺陷。热处理变形包括尺寸变形和形状变形。由于热处理过程中存在相变和热应力，热处理变形总是存在的，一定量微小变形是允许的。总变形超过限度就成为热处理缺陷。虽然热处理变形一般可用校正法修复，但耗时费工，经济损失严重，所以在热处理生产中，要认真研究变形规律，尽量设法减少或避免变形。

　　残留应力、组织不合格、性能不合格、脆性及其他缺陷，从发生频率及严重性来讲，相对裂纹和变形，属于第三位，一般统称为第三类热处理缺陷。这类缺陷的特点是一般需用专门仪器和方法来检测，漏检可能性较大，对使用带来较大的潜在危害，所以在热处理生产中要特别重视全面质量控制，加强检验，减少这类缺陷，严防漏检。

　　热处理缺陷产生的原因是多方面的，概括起来可分为热处理前、热处理中、热处理后三方面的原因。

　　热处理前，可能因为设计不良、原材料或毛坯缺陷等原因，热处理时产生或扩展成热处理缺陷，其责任不在热处理。零件设计中可能因选材不当、热处理技术要求不当、截面急剧变化、锐角过渡、打标记处应力集中等不合理设计，导致热处理缺陷。原材料各种缺陷及热处理前各种加工工序缺陷，在热处理时也可导致热处理缺陷。可能导致热处理缺陷的原材料缺陷有化学成分波动和不均匀、杂质元素偏多、严重偏析、非金属夹杂物、疏松、带状组织、折叠、发纹、白点、微裂纹、氧化脱碳、划痕等；可能导致热处理缺陷的铸造、锻造、焊接、机械加工的缺陷，主要有裂纹、组织不良、外观缺陷等。

　　热处理后，因后续加工工序不当或使用不当，还可能产生与热处理有联系的缺陷，这些缺陷的责任不完全在热处理。后续加工工序不当可能产生的与热处理有关的缺陷有：磨削裂纹、磨削烧伤、磨削淬火、电火花加工裂纹、电镀或酸洗脆性等；使用不当可能产生与热处理有关的缺陷有：应力集中过大产生裂纹、使用温度过高产生热裂或变形、修补裂纹等。

　　热处理中，产生缺陷的原因可能有工艺不当、操作不当、设备和环境条件不合适等。各种热处理工艺，由于加热、冷却条件不同，产生的缺陷也不完全相同，热处理工艺常见缺陷如表 1-2 所示。

表 1-2　热处理工艺常见缺陷

热处理类型	热处理工艺	常　见　缺　陷
整体热处理	退火与正火	软化不充分，退火脆性，渗碳体石墨化，氧化，脱碳，过热，过烧，魏氏组织，网状碳化物，球化组织不良，萘状断口，石状断口，反常组织
	淬火	淬火裂纹，淬火变形，硬化不充分，软点，氧化，脱碳，过热，过烧，鳞状断口，表面腐蚀，放置裂纹，放置变形
	回火	回火裂纹，回火脆性，回火变形，性能不合格，表面腐蚀，残留应力过大
	冷处理	冷处理裂纹，冷处理变形，冷处理不充分
化学热处理	渗碳与碳氮共渗	渗碳过度，反常组织，渗碳不均匀，内氧化，剥落，表面硬度不足，表面碳化物不合格，心部组织不合格，渗碳层深度不足，心部硬度不合格，表面硬度不足，表面脱碳
	渗氮与氮碳共渗	白层，剥落，渗层硬度低及软点，渗层深度不足，渗层网状或脉状组织，变形，心部硬度低，渗层脆性，耐蚀性差，表面氧化
	渗金属	渗层过厚或不足，漏渗，渗层损伤，氧化，腐蚀，渗层分层、鼓包
表面热处理	感应加热热处理	变形，裂纹，表面硬度过高、过低、不均，硬化层不足，烧伤，晶粒粗化（过热），螺旋状回火带
	火焰加热热处理	变形，裂纹，过热，过烧，表面硬度不合格，硬化层深度不足
特种热处理	真空热处理	表面合金元素贫化，表面增碳或增氮，表面不光亮，淬火硬度不足，表面晶粒长大，粘连
	保护热处理	表面增碳或增氮，表面不光亮，氢脆，表面腐蚀，氧化，脱碳

（续）

热处理 类型	热处理 工艺	常 见 缺 陷
非铁金 属合金 热处理	铝合金 热处理	高温氧化，起泡，包铝板铜扩散，腐蚀或耐蚀性能降低，力学性能不合格，过 烧，翘曲，裂纹，粗大晶粒
	镁合金 热处理	熔孔，表面氧化，晶粒畸形长大，化学氧化着色不良，变形，力学性能不合格
	钛合金 热处理	渗氢，表面氧化色，过热，过烧，力学性能不合格
	铜合金 热处理	黑斑点，黄铜脱锌，纯铜氢脆，铍青铜淬火失色，粘连，淬火硬度不足，硬度 不均匀，过热，过烧
	高温合金 热处理	晶间氧化，表面成分变化，腐蚀点和腐蚀坑，粗大晶粒或混合晶粒，氧化剥落， 翘曲，裂纹，过热，过烧，硬度不合格，力学性能不合格

1.2　热处理缺陷分析方法

热处理缺陷种类和产生原因复杂多样，其影响很大，直接影响产品质量、使用性能和安全，所以准确分析和判断热处理缺陷十分重要。热处理缺陷分析从断口分析入手，辅以化学成分分析、金相分析、力学性能试验、无损检验等检验方法，调查工艺过程，进行必要的验证试验。最后将各种分析、试验结果及数据进行综合分析，得出结论，并提出改进措施。

1. 断口分析

在断口分析技术中，最关键的两项工作是断口的选择和断口的观察。对于断裂原因的正确分析及断口形貌的正确解释，在很大程度上依靠于断口样品的正确选择及断口形貌的清晰程度。

在分析断裂时，必须从断裂零件中选取断口样品，不仅是为了缩小检查范围，而更重要的是为了寻找最先开裂的断裂部位。另外，在取样时不得损伤断口表面，并使断口保持干燥，防止污染。

裂纹分析常常要求对有裂纹的零件进行部分破坏。对于这种情况，在打开裂纹之前，应对零件进行必要的检查及测量，以确定零件的形态。常用的方法是对零件的开裂部位画出轮廓草图或进行照相等。打开裂纹的方法很多，如拉开、扳开、压开等。但无论是哪一种方法，都必须根据裂纹源的位置及裂纹的扩展方向，来选择受力点。一般情况下，都是在垂直裂纹扩展方向加力，使带有裂纹的零件形成断口。

断口观察包括宏观观察和微观观察。断口宏观观察主要是确定裂源位置及裂纹的扩展方向；断口微观观察是在宏观观察的基础上，对裂源区、裂纹扩展区及最终断裂区进行检验。应用电子显微镜、电子探针、离子探针及俄歇谱仪等工具观察或检查微观形貌特征、微量或痕量元素对断裂的影响等，从而进一步判断和证实断裂的性质和方式。在断口分析中，必须注意这两者的结合。

（1）断口的宏观观察　断口的宏观观察是指用肉眼、放大镜、光学显微镜及扫描电镜的低倍观察。

首先用肉眼和放大镜观察断裂零件的外貌。应特别注意零件碎片的表面观察，看看是否有加工缺陷（如刀痕、折叠、变形、缩颈及弯曲等）、是否存在产生应力集中的薄弱环节（如尖角、油孔等）以及表面损伤（如化学腐蚀、机械磨损等）。接着，根据断口的宏观特征来确定裂纹源及裂纹的扩展方向。在此基础上，将断口按裂源区、裂纹缓慢扩展区和裂纹快速扩展区进行光学显微镜或扫描电子显微镜的低倍观察，特别是裂源区要用实体显微镜进行反复观察，因为裂源往往与材料缺陷有联系。

在断口宏观观察时，还要注意断口表面颜色。断口表面颜色反映了开裂之后的过程和温度，有利于判断开裂时机。表 1-3 列出了钢在不同回火温度的颜色。

表 1-3　钢在不同回火温度的颜色

温度（保温 1h）/℃	氧化颜色	温度（保温 8min）/℃
188	淡黄色	238
199	亮稻草色	265
210	暗稻草色	293
221	棕色	321
232	紫色	337
254	亮紫色	376

（2）断口的微观观察　断口的微观观察通常是应用电子显微镜。断口的微观观察是在断口宏观观察的基础上进行的。通过对断口的微观观察，除可进一步澄清断裂的路径、断裂的性质、环境对断裂的影响等因素外，还将找出断裂的原因及其断裂机理等因素。但是，在进行微观观察时，要注意防止片面性，不能从局部的特征轻易地作出结论，必须进行反复的观察。对于各种显微形貌特征，要有数量的概念或统计的概念，并且还要与宏观观察的情况结合起来，才能得出正确的判断。

应用扫描电镜可直接检查实物断口表面，可以连续放大观察，电子图像立体感强。它是断裂失效分析的最有力的工具。应用透射电子显微镜不能直接检查断口表面，需要制作塑料—碳复型，且用重金属投影增强反差。用于萃取复型的一个有效的辅助方法，是通过电子衍射技术鉴别第二相粒子或者腐蚀产物等。断口上经常有夹杂物、第二相、腐蚀产物等析出或生成，它们对构件断裂，尤其是沿晶断裂影响显著。因此，进行物相分析，通常使用 X 射线衍射仪、电子显微镜、电子衍射仪、离子质谱仪等，对确定其结构及化学组成是很有必要的。

2. 化学分析

在热处理缺陷分析中，为了查明材料是否符合规定要求，必须进行化学成分分析，考察实际使用的材料成分与规定成分是否有偏差，使用材料是否有错误。有时还需要对腐蚀表面沉积物、氧化物或者腐蚀产物，以及与被腐蚀材料接触的介质，进行化学分析，以利于分析缺陷产生的原因。

化学分析包括常规的、局部的、表面的和微区的化学分析。在分析中应当注意常规成分报告中那些没有规定限量的有害元素，例如，砷、锑、铅、锡、铋等是否超过限量。另外，还要注意气体含量，例如氢、氧、氮等也不能超过一定的限量。在缺陷分析中，还经常使用电子探针、俄歇谱仪、离子探针等仪器，来检测腐蚀产物、表面化学元素组成、化学成分的局部偏析、微量及痕量元素等。

3. 金相检验

金相检验在热处理缺陷分析中也是经常应用的一种重要手段，有些热处理缺陷往往只需作金相检验就可以查明损坏的原因。

金相检验的内容主要有晶粒的大小、组织形态、第二相粒子的大小及分布、晶界的变化、夹杂物、疏松、裂纹、脱碳等缺陷。特别应注意晶界的检验，是否有析出相、腐蚀等现象发生。

检查裂纹时，往往能从裂纹尖端的试样得到最有价值的情报。由于它受环境介质的影响较小，容易判别裂纹扩展路径的方式——穿晶型或沿晶型。

4. 力学性能试验

热处理的目的就是使零件获得要求的组织和性能，对机械零件主要的要求性能是力学性能，所以热处理后，零件或随炉试样都要进行力学性能试验检查。力学性能试验（主要是硬度试验）也是对热处理质量情况的检查；另外，力学性能试验还是考核零件材料是否合格的重要证据。因此，热处理缺陷分析中力学性能试验具有重要作用。

力学性能试验除了硬度试验，有时还要进行静拉伸、冲击、疲劳、断裂韧度及高温性能等试验。特别应当注意不同零件、不同部位力学性能的差异，是否达到技术条件要求。

5. 验证试验

验证试验是对热处理缺陷分析初步结果的考核和证明，再现热处理缺陷。通常是按原工艺和改进工艺进行对比试验，分析检查技术条件要求的各项指标。

6. 综合分析

对热处理缺陷的各种检查和试验所获得的结果及试验数据进行全面分析，得出一种或几种主要的原因，有时还要查阅相关文献资料及同类实例报告，作为参考借鉴，最终确定结论，并提出改进措施。

热处理缺陷分析报告内容如下：

1) 概况。零件名称、图样、使用材料、缺陷部位及宏观形貌特征，零件的工艺流程。

2) 试验结果及分析。断口分析、化学成分分析、金相检验、力学性能试验、其他试验或测试结果，试验结果分析和讨论。

3) 验证试验。模拟试验、扩大试验。

4) 结论。

5) 改进措施。

热处理缺陷种类繁多，产生的原因多种多样。因此，为了预防和挽救热处理缺陷，首先要深入了解各种热处理缺陷形态特征、产生原因和影响因素，准确分析确定热处理缺陷的性质，提出切实可行的预防和改进措施。更主要的是要从与热处理有关的多方面着手解决，对热处理前、热处理中、热处理后各个相关环节进行控制，这就是要对热处理全过程进行全面质量控制。此外，还要加强对热处理缺陷研究，深入研究各种热处理缺陷产生的机理、新型热处理工艺缺陷性质，探讨减少和避免热处理缺陷新措施及补救方法。

第2章 热处理裂纹

热处理是使金属零件改善力学性能、物理性能、化学性能、工艺性能，提高产品使用寿命和提高效能的重要的工艺方法。但是零件一旦产生或形成裂纹，则产品将不得不报废，造成很大的经济损失。在热处理的全过程中，如淬火加热、冷却、回火、退火、正火、冷处理、时效等工序中，如果某些因素（设计、工艺、设备、操作等）不当，则均有产生裂纹的可能性，有时在淬火回火中虽未形成裂纹，但潜在的热处理隐患将在以后工序中（如磨削、电镀等）也会产生裂纹。因此了解热处理裂纹形成的机理，掌握影响裂纹的诸多因素，提出防止各种热处理裂纹的措施在生产实际中有着重大的意义。

2.1 热处理裂纹的一般概念

金属零件因其毛坯状态（铸造态、锻造态、冷轧态等）、内部缺陷、化学成分、形状结构、尺寸大小等因素的不同，引发热处理裂纹的倾向不同，同时，不同的热处理工艺方法，例如淬火、回火、冷处理等，裂纹形成的规律也不同。但是从裂纹产生和发展的观点看，它们有着共同的特征。

需要指出的是，我们所研究的热处理裂纹是同热处理工艺过程相关的宏观裂纹。现在已经清楚，如同任何断裂过程一样，它包含裂纹的萌生（或原来就存在的微裂纹、非金属夹杂物、铸态枝晶、铸铁的石墨等）和裂纹的成长过程，不同的是由于热处理裂纹是在内应力下产生的裂纹，裂纹发展到一定程度则引起断裂，或者在工件上形成一定尺寸的不发展裂纹。热处理裂纹依据裂纹扩展的程度不同又分为两种情况。一类是裂纹尺寸达到临界裂纹长度，裂纹将失稳扩展，成为可发展裂纹，造成宏观的完整破坏，呈现脆性断裂。另一类，由于萌生裂纹尺寸一般小于临界裂纹长度，因为应力场的变化及裂纹扩展阻力的变化等复杂因素的综合影响，使得裂纹难以继续扩展，裂纹存在于工件上，并未形成宏观的断裂。

断裂可分为两种类型，脆性断裂和韧性断裂。绝大多数热处理裂纹的断口属于脆性断裂，断口具有灰亮色的金属光泽，且没有宏观塑性变形，扫描电镜下可以看到准解理断裂的特征。

金属断裂的理论研究表明：任何应力状态都可以用切应力和正应力表示。这两种应力对变形和断裂起着不同的作用。只有切应力才可以引起金属发生塑性变形，因为切应力是位错的推动力。而正应力则只影响断裂的发展过程，因为只有拉应力才促使裂纹扩展。同时，裂纹的形成同材料的裂纹萌生抗力（断裂开始抗力）、裂纹扩展抗力及正应力的大小有关。简言之，裂纹形成与拉应力和材料的脆断强度（S_K）有关。这种拉应力在热处理时主要是内应力（$\sigma_内$）。因此在研究或分析热处理裂纹时一定要抓住这两方面。从图 2-1 可以看出，热处理过程中当 $\sigma_内 > S_K$，即内应力大于材料的脆断强度时则在热处理过程即出现裂纹（即在 1 区）。

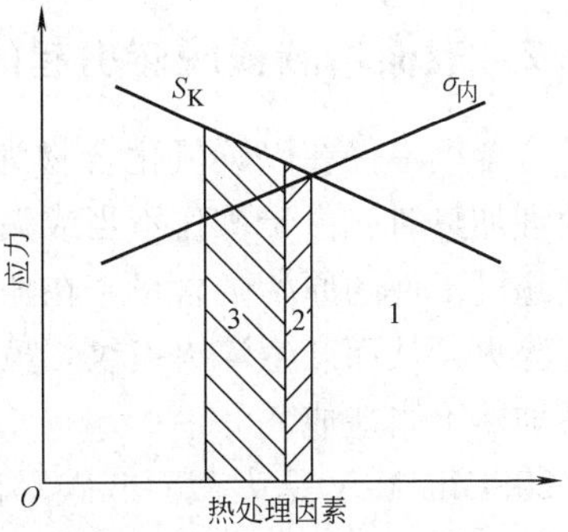

当 $\sigma_内 \approx S_K$ 时，即内应力与材料的脆断强度相等时，热处理后也立即出现裂纹。

当 $\sigma_内 < S_K$，但两者接近时（即在 2 区内），热处理后经过一段时间，也可能

图 2-1　热处理因素对热处理
裂纹形成的影响

出现裂纹，如果工艺措施得当（如及时回火等），也可能不出现裂纹。

当 $\sigma_内 \ll S_K$，即内应力远远小于材料的脆断强度时，裂纹不会发生（即在 3 区）。

如上所述，在分析热处理裂纹时，我们要紧紧把握内应力和脆断强度这两个主要因素。凡能提高材料脆断抗力的一切因素，则可减小热处理裂纹趋向，凡增大工件拉应力的因素，则增大裂纹趋向，反之亦然。同时不能孤立地分析拉应力和脆断抗力，我们必须将两个主要因素进行综合分析，从而提出解决防止热处理裂纹的措施。

2.2　加热不当形成的裂纹

热处理包括加热、保温、冷却等过程。热处理裂纹不仅在冷却（淬火）时可以产生，如果加热不当也可以形成裂纹。

2.2.1　升温速度过快引起的裂纹

灰铸铁、合金铸铁、高锰钢、高合金钢铸件，在铸造时由于结晶过程的不同时性必然形成成分不均匀、组织不均匀；铸铁的石墨从微观上看可以认为是未发展的裂纹，铸态材料的非金属夹杂物、铸态高锰钢中硬而脆的碳化物相、高合金铸钢中成分偏析和疏松等缺陷的存在，以及高合金钢导热性差等因素，在大型工件快速加热时，可能形成较大的应力，从而出现开裂。

对于截面厚度相差很大或结构复杂的灰铸铁件、合金铸铁件在进行退火或其

他热处理时，必须控制装炉温度和升温速度，否则容易引起开裂。灰铸铁件中的片状石墨的基体组织中存在许多微裂纹，如果加热过快，石墨导热性差，工件厚薄相差大，可产生很大的拉应力使微裂纹进一步扩展，形成裂纹。

2.2.2 表面增碳或脱碳引起的裂纹

合金钢零件在以碳氢化合物为气源的保护气氛炉（或可控气氛炉）中进行热处理加热时，由于操作不当或失控，炉内碳势增高，可使得加热的工件表面碳含量超过工件的原始碳含量。在随后的热处理时，操作者仍按原钢种的工艺规程进行淬火，从而产生淬火裂纹。虽然裂纹性质属于淬火裂纹，但裂纹产生的原因确系加热不当造成。

20SiMn2MoV 是大截面低碳马氏体用钢，正常淬火是 900℃加热水淬。为了防止表面脱碳，用 20SiMn2MoV 钢制造的大型零件，在井式渗碳炉中用甲醇裂解气进行保护，在 900℃加热 2h 后水淬，淬火后发现裂纹，经化学分析，表面碳的质量分数达 0.6%。详细分析后发现，这种开裂仅发生在前炉为气体渗碳的炉次，在接着进行保护气氛加热淬火情况下，由于保护淬火加热前对马弗罐的炭黑未作认真清理，虽然甲醇裂解气的碳势较低，但炉中残留的炭黑同甲醇裂解气作用使得 CO 含量升高，从而产生渗碳作用，引起工件增碳。20SiMn2MoV 钢本身淬透性较高，当碳的质量分数上升到 0.5% ~ 0.6%时，碳和合金元素的联合作用，使得淬裂趋向增大。

在高锰钢（如 Mn13）的铸件热处理时，工件表面出现裂纹。金相分析发现表层有马氏体，表层裂纹系马氏体转变所成。经化学分析表明，表层发生脱碳、脱锰，在水韧处理后，表面脱锰层不能保证获得奥氏体状态，在快冷时，必然发生奥氏体向马氏体转变。这是由于在氧化性气氛中长期加热造成的。

低合金工具钢、高速钢在热处理加热时，如果表面产生脱碳，也有可能产生裂纹。

2.2.3 过热或过烧引起的裂纹

高速钢、不锈钢工件，因淬火加热温度较高，一旦加热温度失控，很容易造成过热或过烧，从而引起热处理裂纹。

有时高速钢刀具经轻微振动，即产生断裂。显微分析发现，这些刀具表面有许多裂纹，显微组织中有一定数量的共晶莱氏体，呈尖角状，有局部熔化现象，如图 2-2 所示。高速钢 W18Cr4V 正常淬火加热温度为（1280 ± 10）℃，一旦仪表失控，温度到 1300℃以上，则可产生晶界熔化，引起过烧，造成产品报废。

1Cr13、2Cr13 不锈钢正常淬火温度为 1050℃，如果在炉温极不均匀的炉内加热，或仪表失控，或加热时间过长，都有可能发生过热现象。

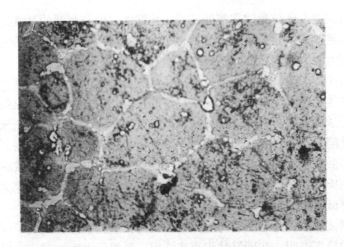

图 2-2　W18Cr4V 钢淬火过烧的莱氏体

2.2.4　在含氢气氛中加热引起的氢致裂纹

近年来，人们多次发现气体渗碳，碳氮共渗的工件产生装配断裂、放置开裂和使用过程断裂现象。断口分析表明，断口为沿晶断裂和准解理断裂，晶面出现非常细小的爪状撕裂线。裂纹既沿晶发展，又沿板条马氏体束发展，属沿晶和穿晶的混合断裂，并有较多的二次裂纹，这些都是氢致裂纹的典型特征。进一步分析证明，断裂属于延迟断裂。它不是在热处理后或装配时立即出现，而是在放置一定时间后断裂的。

气体渗碳或碳氮共渗或其他保护气氛中氢含量都是比较高的。表 2-1 是常见气氛中氢的含量。

表 2-1　热处理气氛的成分组成

类　　别	参考成分（体积分数,%）					
	CO_2	CO	H_2	CH_4	H_2O	N_2
用天然气制备的吸热式气氛	微量	20.7	38.7	0.8	露点 $-4 \sim 20℃$	39.8
用丙丁烷制备的吸热式气氛	微量	$23 \sim 25$	$32 \sim 33$	0.4	微量	39.8

氢有很大的易动性，易被钢中的所谓"陷阱"捕捉。钢中夹杂物、疏松等内部缺陷可能成为"陷阱"。夹杂物等缺陷受载时的应力集中与氢含量高这两个条件的叠加，易使氢致裂纹优先产生。对断裂的齿轮轴分析表明，断口有较多的夹杂物，而且基本上分布于晶界上。从断裂部位看，它发生在应力集中很大的螺

纹根部，螺纹退刀槽与花键连接处，或在花键的齿部与底圆的过渡处。

大家知道，产生氢脆一般必须具有三个基本条件：①有足够的氢；②有对氢敏感的金相组织；③有足够的三向拉应力存在。

如上所述，渗碳、碳氮共渗，保护气氛加热所用的气氛中，都含有大量的氢气，无论是排气阶段还是强渗、扩散、降温阶段，炉气中存在着大量的可被工件表面吸附的活性氢原子，工件在此气氛下长时间保温，必然有渗氢现象。非金属夹杂物等缺陷又易捕获氢，使氢在沿晶界分布的夹杂物中含量增高。

不同显微组织对氢脆的敏感性大致按如下次序增加：铁素体或珠光体，贝氏体，低碳马氏体，马氏体和贝氏体的混合物，孪晶马氏体。渗碳淬火组织中具有较敏感的显微组织。

应力测试表明，延迟断裂的零件处于三向拉应力状态。

氢脆的检查表明：在碳氮共渗直接淬火、低温回火后的试样，慢速拉伸的塑性指标（断面收缩率）明显下降，如表 2-2 所示。

表 2-2　20CrMnTi 不同热处理后的力学性能

编　　号	热 处 理 状 态	σ_b/MPa	ψ（%）
2—1	碳氮共渗后直接淬火，180℃×2h 回火	934	1.9
2—2		826	1.9
2—3		923	1.9
2—7	碳氮共渗后空冷，盐浴 860℃×10min 油淬，180℃×2h 回火	1509	45.2
2—8		1436	40.7
2—9		1493	41.6
5	盐浴炉 860℃×10min 油淬，180℃×2h 回火	1285	51
6		1401	46.7
7		1507	42.2

为了消除氢脆可采用以下措施：

1）脱氢处理。碳氮共渗后零件进行空冷，再进行加热（860℃）油淬，随后 180℃ 回火 2h，经该工艺处理后，断面收缩率已恢复到原来水平，这是由于氢在重新加热中逸出，氢脆现象消失。

2）低温回火。试验研究表明，随着回火保温时间的增加，断面收缩率上升，保温 8h，断面收缩率基本恢复。在实际生产中应采用 8h 以上的低温回火，方可消除氢的影响。

3）自然时效。在室温放置过程中过饱和氢会逐渐释放，使钢的氢脆有所改善。试验证明，在室温放置 6 个月以上，断面收缩率才可恢复，氢脆才可防止。

4）尽量在含氢量低的气氛中进行淬火加热。

2.3　金属零件的淬火裂纹

淬火是将钢或合金加热到一定温度，保持适当的时间获得相应的高温相，然后快速冷却以获得远离平衡状态不稳定组织的热处理工艺的总称。淬火是使钢铁或合金获得强化的主要工艺。钢铁件淬火主要是为获得马氏体组织，以便在适当温度的回火后达到需要的力学性能；合金淬火则是为了获得单一均匀固溶体，为下道工序的时效强化或形变加工作好准备。由于淬火显微裂纹的存在对钢铁和合金的性能影响很大，对淬火宏观裂纹也有重要影响。因此，分析研究淬火钢和合金的显微开裂，对于评定和调整热处理工艺，改善材料的力学性能有着重要的意义。

2.3.1　马氏体的显微裂纹

淬火钢中马氏体内的显微裂纹如图 2-3 所示。$w(C)$ 为 0.46% 的碳钢经1000℃加热淬火并在液氮中进行深冷处理，其中的显微裂纹长约 1 ~ 6μm。在 1093℃ 淬火的 GCr15 轴承钢中显微裂纹长约 2 ~ 12μm。

马氏体显微裂纹的形成机理至今尚未完全搞清楚。一般认为：显微裂纹的产生是由于片状马氏体在高速长大时，相互撞击的结果；也可能是由于马氏体和

图 2-3　淬火钢中马氏体内的显微裂纹

奥氏体晶界或其他杂质相碰所造成的。因为撞击时产生很高的应力，而片状马氏体比较脆，不能产生塑性变形使其应力松弛，因而便易产生显微裂纹。

显微裂纹形成的敏感度 (S_V) 通常用单位马氏体体积内出现显微裂纹的面积来衡量。试验证明：影响马氏体显微裂纹敏感度的主要因素如下：

（1）马氏体的形态　显微裂纹仅见于片状孪晶马氏体中，在条状位错马氏体中未曾发现。这可能是因为条状马氏体相互平行生长，撞击的机会少的缘故，即使撞击，由于它本身塑性较好，也不会产生显微裂纹。

（2）淬火介质的温度　试验表明，显微裂纹形成敏感度 S_V 随淬火介质的温度降低而增加。

（3）化学成分　化学成分主要是通过改变马氏体转变点（Ms）的位置来影响显微裂纹倾向的。一般来说，Ms 点越低，马氏体的孪晶倾向越大，越容易出

现显微裂纹。马氏体中固溶碳量越高，Ms 越低，马氏体的脆性越大，越容易形成显微裂纹。合金元素对显微裂纹的影响较小。

（4）奥氏体的晶粒大小　试验发现，显微裂纹的形成敏感度随马氏体片长度增加而升高，如图 2-4 所示。

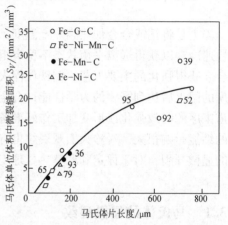

图 2-4　形成微裂纹的敏感度与马氏体片长度间的关系（图中数字指马氏体含量）

马氏体片越长，撞击能量越高，显微裂纹密度越大。另一方面，较长的马氏体片遭受其他马氏体碰撞和冲击的机会也多，因此微裂纹也较多。理论研究和试验发现，当马氏体长度增加时，马氏体片越长，撞击能量越高，撞击应力越大，显微裂纹的数目和长度增加。由于马氏体转变初期形成的马氏体片将横贯奥氏体晶粒，其长度将与奥氏体直径相适应。因此，显微裂纹的敏感度也随奥氏体晶粒度的增大而升高。

2.3.2　淬火裂纹

前叙淬火显微裂纹系微观应力（第二类应力）引起。淬火裂纹系宏观裂纹，主要由宏观应力引起。在实际生产中，钢制工件常由于结构设计不合理，钢材选择不当，淬火温度控制不正确，淬火冷速不合适等因素，一方面增大淬火内应力，会使已形成的淬火显微裂纹扩展，形成宏观的淬火裂纹，另一方面，由于增大了显微裂纹的敏感度，增加了显微裂纹的数量，降低了钢材的脆断强度，从而增大淬火裂纹的形成可能性。

钢件淬火时一旦产生宏观的淬火裂纹，将使产品报废。所以了解淬火裂纹的形态，分析其原因，掌握其规律性，对于探索防止淬火裂纹的措施具有重要意义。

由于裂纹形成的原因和情况不同，它在钢件中分布形式不同，淬火裂纹通常分为纵向裂纹、横向裂纹、网状裂纹和剥离裂纹四种。钢件淬火裂纹的基本形态与残留应力的关系如图 2-5 所示。

1. 纵向裂纹

纵向裂纹，又称轴向裂纹，是生产中最常见的一种淬火裂纹。

这类裂纹特征是沿轴向分布，由工件表面裂向心部，深度不等，一般深而长，在钢件上常有一条或数条。由于工件的几何形状的变化，裂纹方向也随着变

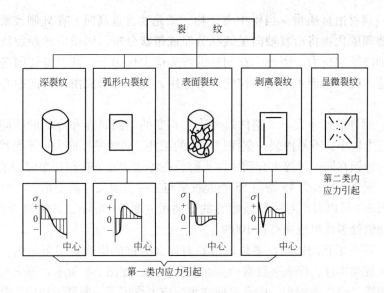

图 2-5　钢件淬火裂纹的基本形态与残留应力的关系

化，或者由于内部组织缺陷的影响，裂纹的走向也将改变。图 2-6 所示为典型的纵向淬火裂纹。

生产实践表明，纵向裂纹常发生在完全淬透的工件上。由于表面产生切向拉应力比轴向应力大，而且当它超过该区域的断裂强度 S_K 时，则形成纵向裂纹。

钢件在完全淬透时，工件的中心和表面都得到马氏体组织，内外硬度相近。但工件和中心的组织转变不是同时进行的。由于淬火时表面冷得快，先发生奥氏体向马氏体转变。等表层马氏体已完成时，中心才开始进行奥氏体向马氏体转变。由于马氏体比容大，最终形成的组织应力在表面形成拉应力，心部形成压应力。同时由于冷却的不同时性，热应力则是表面压应力，心部拉应力。一般来说，相对截面尺寸不太大，工件全部淬透，与组织应力相比，热应力较小，二者叠

图 2-6　40CrMnMo 钢的纵向淬火裂纹

加之后，表面仍然为拉应力，心部为压应力。当表面的切向拉应力比轴向拉应力大，而且超过钢的破断抗力时，便可能形成由表面向内部的纵向裂纹。

钢件形成纵向裂纹的倾向和以下因素有关：

（1）钢中含碳量　当钢中含碳量增加，且马氏体中的固溶碳含量增加时，组织应力影响增大，纵向淬裂的倾向增大。

（2）钢材冶金质量 当钢中夹杂物、碳化物含量高时，在轧制或锻造钢材的夹杂物和碳化物将沿着轴向呈线状分布或带状分布，则横向的断裂抗力要大大低于轴向断裂抗力。因此，在同样的淬火应力作用下，甚至是切向应力略小于轴向应力时，也能由于切向拉应力的作用，使工件形成由表面向中心的纵向裂纹。

（3）钢件的尺寸大小 钢件尺寸小，相变的不同时性和冷却的不同时性所引起的应力较小，不易淬裂；截面尺寸大的工件，表面呈压应力也不易淬裂。所以对于一种钢在同一种淬火介质中淬火时，在淬透情况下存在一个淬裂的危险截面尺寸。图 2-7 所示为 45 钢与 55 钢裂纹率与工件截面尺寸的关系。

由图 2-7 可以看出对裂纹最敏感的截面尺寸是 5 ~ 8mm，其峰值为 6 ~ 7mm 之间，峰值处裂纹出现率高达 100%。

（4）零件形状的影响 零件的形状对淬火裂纹的影响是很复杂的。圆套或空心厚壁管类零件，淬火裂纹常产生在内孔壁上，如图 2-8 所示。淬火时由于内孔冷却较慢，热应力较小，内孔表面在组织应力作用下一般处于拉应力状态，而且切向拉力较大，内孔越小，冷速越慢，热应力则大为减少，切向拉应力就变得更大，当应力超过断裂抗力则产生纵向裂纹。

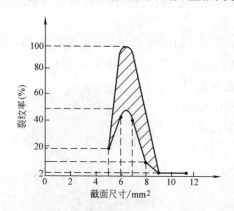

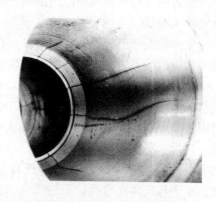

图 2-7 45 钢和 55 钢淬火裂纹率　　　　图 2-8 35CrMo 钢轴配合接头
　　　与工件截面尺寸的关系　　　　　　　　　内孔淬火裂纹

（5）淬火加热温度 淬火温度升高，奥氏体晶粒长大，钢的断裂抗力降低，则淬裂倾向增大。由于切向拉应力比轴向应力大，因此产生纵向裂纹。

2. 横向裂纹（弧形裂纹）

横向裂纹的断口分析表明，断口与工件轴线垂直，断裂的产生不是源于表面，而是在内部。裂纹在内部产生，以放射状向周围扩展。图 2-9 所示为 GCr15 横向裂纹的宏观断口。

图 2-9　GCr15 横向裂纹的宏观断口

横向裂纹多在以下情况发生：

1）较大的工件未淬透时，在工件的淬硬区与非淬硬区之间过渡处有一个最大轴向拉应力，从而引起横向裂纹。横向裂纹垂直于轴。而且从内部产生。在应力发生变化时，或钢的断裂强度减低时，裂纹才扩展到表面。

2）在表面淬火时硬化区和非硬化区之间存在着较大切向或轴向拉力，而形成过渡区裂纹，这种裂纹由过渡区向表面扩展而呈表面弧形裂纹。

3）工件有凹槽、棱角、截面突变处时常发生弧形裂纹。

4）淬火工件有软点时，软点周围也存在一个过渡区，该处存在着很大的拉应力，从而引起弧形裂纹。

5）带槽、中心孔或销孔的零件淬火时，这些部位冷却较慢，相应的淬硬层较薄，故在过渡区由于拉应力作用易形成弧形裂纹。

钢件的横向淬火裂纹的形成倾向同以下因素有关：

（1）钢的成分　高碳钢与低碳钢相比，在有相同大小的未硬化心部时，高碳钢件具有更大的轴向拉应力，因而更易引起横向裂纹。

（2）硬化层分布　由于钢的淬透性，工件的截面大小，淬火加热温度等因素，可以影响工件硬化区和非硬化区的比例。非硬化区越小，轴向拉应力的峰值越高，越易发生横向裂纹。

（3）直径　钢件在未全部淬透情况下，随着直径的增大，中心拉应力变大，且轴向应力比切向应力更大，故易于开裂。

（4）冶金质量　对于淬不透的大型工件，若钢件内部有冶金缺陷，如白点、夹杂、疏松、缩孔残余等，则首先从缺陷处产生内部横向裂纹。

（5）形状　空心圆柱体，当内孔小时，内表面冷却不良，产生拉应力，易开裂。如石油打捞公锥，内孔小而且长（内孔 $\phi20\text{mm} \times 900\text{mm}$），曾产生过成批内孔开裂的质量事故。

由于工件形状各式各样，以及热处理工艺因素的影响，使内应力和材料的脆断抗力的变化复杂化，因而横向裂纹和纵向裂纹可同时出现在同一个工件上。

3. 网状裂纹

网状裂纹的外部特征如图 2-10 所示。这种裂纹是一种表面裂纹，其深度较浅，一般在 $0.01 \sim 1.5\text{mm}$ 左右。裂纹走向具有任意方向性，与工件的外形无关，许多裂纹相互连接构成网状。裂纹分布面积较大（见图 2-10a）。当裂纹变深时，网状逐渐消失；当达到 1mm 以上时，就变成任意走向的或纵向分布的少数条纹了（见图 2-10d）。

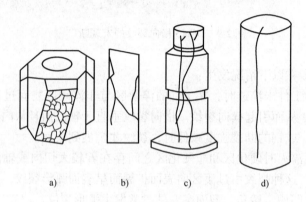

a)   b)   c)   d)

图 2-10 网状裂纹

a）裂纹深度为 0.02mm   b）裂纹深度为 $0.4 \sim 0.5\text{mm}$
c）裂纹深度为 $0.6 \sim 0.7\text{mm}$ d）裂纹深度为 $1.0 \sim 1.5\text{mm}$

网状裂纹的形成与工件表层受二向拉力有关。当工件表层具有二向拉应力且较大，表层又较脆，断裂强度较低时，容易形成这类裂纹。

图 2-11 GCr15 轴承圈淬火时形成的网状裂纹

表面脱碳的高碳钢工件淬火后极易形成网状裂纹。图 2-11 所示为 GCr15 轴承圈淬火时形成的网状裂纹。这是因为表面脱碳层淬火后，内层马氏体含碳量比表层高，这样表层形成的马氏体与内部的马氏体体积差大，使表面造成很大的多向拉应力。图 2-12 所示为表面脱碳的高碳钢圆柱体淬火后的热处理应力及分布情况。从图中可见在脱碳层中形成了特殊的应力分布，特别是油淬后在表层，无论是轴向或切向应力均为拉应力，而且应力值都很大。因此，在某些合金钢中，脱碳油淬后便可能形成这种网状裂纹。一些在机械加工中未完全除去脱碳层的

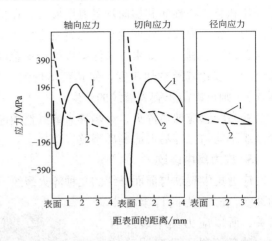

图 2-12　表面脱碳的高碳钢圆柱体（ϕ18mm）
淬火后的热处理应力及分布情况
1—$w(\text{C})=0.7\%$ 钢：900℃水淬　2—$w(\text{C})=0.5\%$、
$w(\text{Cr})=1.0\%$ 钢：850℃油淬

工件，在高频淬火或火焰淬火时也会形成网状裂纹。在生产实际中发现，40CrMnMo 锻件毛坯，因加工余量较小，粗加工后，仍留有黑皮，淬火后在原黑皮处（即脱碳层）常发现网状裂纹。但是，并非脱碳层一定产生网状裂纹。当表层完全脱碳时，淬火后表层为铁素体，因铁素体塑性好，易变形，可使应力松弛，则不易形成网状裂纹。

4. 剥离裂纹

剥离裂纹的特征是淬火后裂纹发生在工件次表层，裂纹与工件表面平行。这种裂纹多发生在表面淬火，或渗碳、碳氮共渗、渗氮和渗硼等化学热处理的工件中，裂纹的位置多在硬化层和心部交界处，即多产生在过渡区中。

剥离裂纹产生于工件的次表层很薄的区域。在这个区域，作用着两向压应力和径向拉应力，如图 2-13 所示。这类应力与硬化层或者硬化层与心部过渡区的组织不均匀性有关。例如合金渗碳钢工件，以一定速度淬火冷却后，渗碳层组织为马氏体、碳化物及残留奥氏体，过渡区为贝氏体加马氏体，或者托氏体，心部为铁素体加珠光体。由于马

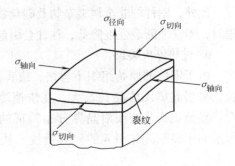

图 2-13　剥离裂纹的应力状态示意图

氏体比体积大,在相变时产生体积膨胀,从而受到内部的牵制,使表层马氏体区呈受压状态,在轴向和切向均受着压应力,在接近马氏体区的极薄层中具有径向拉应力。剥离裂纹也就产生在应力急剧变化的平行于表面的次表层,裂纹严重扩展时造成表层剥落。如果加快渗碳件的冷却速度,使渗碳件获得均匀一致的马氏体组织,或者减慢冷速度,使其获得均匀一致的托氏体组织(或珠光体加铁素体),则可以防止剥离裂纹的产生。

在高频感应加热淬火、火焰淬火或其他表面淬火时,工件表层过热,沿硬化层组织不均匀也容易形成剥离裂纹。

5. 应力集中裂纹

应力集中裂纹与前面介绍的几种淬火裂纹不同。它是由于宏观应力集中引起的裂纹,因应力同许多因素有关,所以应力集中裂纹有很大的随意性,没有明确的特征。生产中许多淬火裂纹都是由于应力集中因素而引起的(见图2-14)。

应力集中由零件的几何形状和截面变化引起。当钢件上不同部位的截面尺寸相

图2-14 高速钢铰刀的应力集中裂纹

差很大时,容易使不同部位冷速差异加大,不同部位马氏体相变的不同时性加大,组织应力增大,形成淬火裂纹。应力集中部位一旦产生淬火拉应力,则会使拉应力在局部位置急剧增加,当应力超过材料脆断抗力时,则产生应力集中裂纹。

除钢件的结构和外形外,过深的切削刀痕往往也会引起应力集中,使淬火时容易沿刀痕形成裂纹。有时在钢件上面打印标记处也会引起应力集中裂纹。

此外,钢件的非金属夹杂物及碳化物等,特别是当其数量较多,且分布不合理时,不仅使断裂强度降低,往往会引起应力集中,造成淬火裂纹。

6. 过热淬火裂纹

由于钢件的原始组织不合格,或者淬火加热温度过高,或淬火加热时间过长,易引起奥氏体晶粒长大,在快速冷却淬火时,形成一种宏观上没有规律性、显微观察为裂纹沿晶界分布特征的淬火裂纹,称过热淬火裂纹。图2-15所示为中碳钢过热引起的淬火裂纹。从图2-15可见,组织粗大,裂纹沿晶界分布。

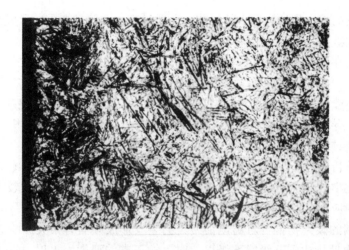

图 2-15　中碳钢过热引起的淬火裂纹

2.4　影响淬火裂纹形成的因素

如前所述，影响钢件淬火裂纹形成的因素众多，概括起来包括冶金因素（钢件的化学成分、原始组织、冶金质量、非金属夹杂物、碳化物的数量和分布等）、结构因素（钢件的截面大小、形状、台阶等）、工艺因素（加热规范、冷却介质、冷却方法、机加工的质量、预备热处理等）。掌握各种因素的作用，了解各因素对淬火裂纹影响的规律，对防止淬火裂纹的发生，提高成品率有着重要的意义。

2.4.1　冶金因素的影响

1. 钢件的冶金质量

钢件可用锻件、铸件、冷拉钢材、热轧钢材加工而成，各种毛坯或材料生产过程中均可能产生冶金缺陷，或者将原料的冶金缺陷遗传给下道工序，最后这些缺陷在淬火时可以扩展成淬火裂纹，或导致裂纹的发生。

铸钢件在热加工工艺过程中（钢的冶炼、造型、浇铸、清理等），因工艺不当，在铸件内部或表面可能形成气孔、疏松、砂眼、偏析、裂痕等缺陷，这些缺陷在粗加工后，未得到消除，随后淬火时，缺陷则是裂纹源，极易形成淬火裂纹。

钢件毛坯中相当多的为锻件。锻件毛坯可以由钢锭直接开坯制成，也可由热轧钢锻造而成。最终的冶金缺陷表现为缩孔、偏析、白点、夹杂物、裂纹等。这些缺陷对钢的淬火裂纹有很大的影响。一般说来，缺陷越严重，形成淬火裂纹的倾向性越大。

偏析是在钢锭凝固时，磷、硫、碳和氧等元素在局部地区富化的现象。这种钢锭表层和中心部分产生化学元素数量的差异，称为钢锭偏析。它与结晶偏析不同，前者不能通过热处理来消除。在高合金钢及工具钢中，偏析使各金属间的结合力降低，导致淬火裂纹的发生。碳含量明显增加部分（碳的偏析）在热处理时易产生裂纹。

用有偏析的毛坯制造零件、特别是复杂工件，淬火开裂倾向性较高。这是由于各区域化学成分不同，Ms 点也不同，即马氏体转变的不同时性较大，从而造成较大的内应力，以致淬火开裂。

高速钢的碳化物偏析对高速钢刀具的裂纹形成倾向有很大影响。研究表明一旦碳化物偏析达到五级或五级以上时，按正常的温度淬火后，形成裂纹的敏感度激增。这是因为钢中碳和合金元素较高的地区，在一定程度上降低了材料的熔点，即使在正常温度下淬火，也易出现过热或过烧组织，提高了淬火开裂的敏感性。由于轧制钢材中的碳化物偏析，大多数集中在钢材的心部附近，则形成中心区域碳和合金元素富集现象，使钢件的心部 Ms 点降低，淬火冷却时，心部马氏体转变较慢，从而造成很大的内应力。碳化物偏析严重区域淬火后，保留有较多的残留奥氏体，在回火时，则生成较多的马氏体，从而增加内应力。因为在碳化物偏析严重区域与正常分布区域之间有很大的应力集中，这些都极易产生裂纹。

白点敏感性的钢，在冶炼、浇铸、锻造工艺不当时，在锻件上则易产生白点。白点实际上是细小的裂纹。这种材料在淬火时，白点则可成为淬火裂纹源。在尺寸较大的锻件上如大轴、冷轧辊，淬火之后往往会出现延迟开裂，在裂纹扩展时，有时还会发出惊人的巨响。白点的起因是由于工件心部含氢量过高所致。

非金属夹杂物较多的钢锭，由于热加工工艺不当，在轧制或锻造之后会明显出现带状的夹杂物。这种缺陷将提高淬火内应力分布的不均匀性，从而使工件的淬火裂纹敏感性增加。图 2-16 所示为非金夹杂物引起的淬火裂纹。

经分析，断口上有明显而严重的缺陷，裂源在缺陷处。经能谱仪分析，缺陷为含 Si、Mn、Fe 等元素的复合夹杂物。自裂源附近取样，金相组织正常。在垂直断口的磨面上于断口处发现大量的沿晶二次裂纹，表现出脆性特征。这与宏观断口是一致的。磨光金相磨面在显微镜下观察，发现断口处及附近晶界有大量夹杂物（见图 2-16b），断口上的夹杂物深达 8mm，这是引起淬火裂纹扩展导致断裂的主要原因。

具有枝晶偏析的钢锭，经轧制和锻造，枝晶干和枝晶间被延伸拉长，形成流线，流线使钢材的性能具有方向性，垂直于流线方向断裂强度较低，淬火的不均匀应力可能使工件沿流线方向产生裂纹。

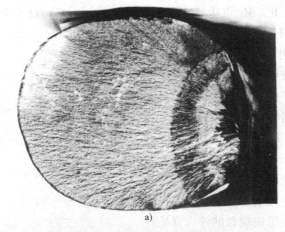

a)

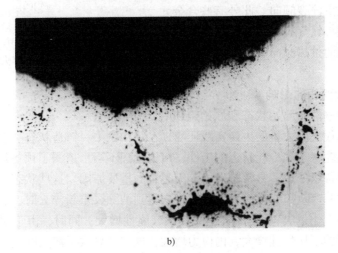

b)

图 2-16 非金属夹杂物引起的淬火裂纹

a) 吊环断口 b) 断口附近夹杂物 400×

2. 钢件的化学成分

钢的含碳量和合金元素对钢的淬裂倾向有重要影响。

一般说来，随着马氏体中碳含量的增加，板条马氏体逐渐变为孪晶马氏体，淬火显微裂纹也会增加，从而增大了马氏体的脆性，降低了钢的脆断强度，增大了淬火裂纹倾向。

钢中含碳量增加时，热应力影响减弱，组织应力影响增强。水中淬火时，工件的表面压应力变小，而中间的拉应力极大值向表面靠近。油中淬火时，表面拉应力变大。所有这些都增加了淬火开裂倾向。

图 2-17 所示为淬裂倾向与 Ms、$w(C)$ 的关系。图中显示，淬火开裂发生在 $w(C)$ 为 0.4% 以上，Ms 点为 330℃ 以下的钢中。$w(C)$ 低于 0.4%，Ms 点在 330℃ 以上的钢并不产生淬火裂纹。

生产实践证明，选用 $w(C)$ 为 0.4% 以下的钢种可以避免零件的淬火裂纹。

合金元素对淬裂的影响是复杂的。合金元素增多时，钢的导热性降低，增大相变的不同时性；同时因合金含量增大，强化了奥氏体，难以通过塑性变形来松弛应力，因而增加热处理内应力，有增加淬裂的倾向。然而合金元素含量增加，提高了钢的淬透性，可以用较缓和的淬火介质淬火，可以减少淬裂倾向。此外有些合金元素如钒、铌、钛等有细化奥氏体晶粒的作用，减少钢的过热倾向，因而减少了淬裂倾向。

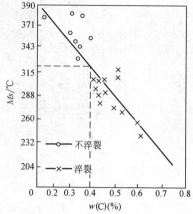

图 2-17　淬裂倾向与 Ms、$w(C)$ 的关系（水中淬火）

3. 原始组织的影响

淬火前钢件的原始状态和原始组织对淬裂的影响很大。大量的生产实践证明，在结构钢中，铸造状态、锻造状态、焊接状态、热轧状态和冷轧状态的工件，由于管理不当，遗漏了预备热处理或未进行正确的预备热处理，常常是造成淬火裂纹的重要原因。这些状态，由于粗大的奥氏体晶粒和严重魏氏组织存在，或者未得到消除，重新淬火时，这些粗大组织将被"遗传"，使得淬火马氏体组织粗大，脆性增大；同时，由于粗大的原始组织引起组织的不均匀性增大，内应力增大，这些都导致了淬火开裂。

在工具钢、轴承钢中，淬火前原始组织中的珠光体的形态、数量和分布，以及碳化物的溶解数量、形态和分布对淬火开裂的倾向有很大的影响。

片状珠光体与球状珠光体相比，在加热温度偏高时易引起奥氏体晶粒长大，容易过热，所以对原始组织为片状珠光体的钢件，必须严格控制淬火加热温度和保温时间。否则，将因钢件过热导致淬火开裂。

具有球状珠光体原始组织的钢件，在淬火加热时，因为球状碳化物比较稳定，在向奥氏体转变过程中，碳化物的溶解较慢，往往残留少量的碳化物，这些残留碳比物阻碍了奥氏体晶粒长大，与片状珠光体相比，淬火可以获得较细的马氏体。另外，球状珠光体的比体积也较片状珠光体的大，所以淬火后球状珠光体比体积变化小。因此原始组织为均匀球状珠光体的钢对减少裂纹来说，是淬火前较理想的组织状态。实践证明，片状珠光体较球状珠光体淬裂倾向性大，在片状珠光体中，片间距越小，淬裂倾向性越大。

在工具钢中碳化物不均匀性对形成裂纹也有一定的影响。退火后网状分布的碳化物是不允许的，这不仅因为钢的淬裂倾向高，而且网状碳化物的存在能降低工具的使用性能。

生产中，常常产生重复淬火开裂现象。这是由于二次淬火前未进行中间正火或中间退火所致。未经退火而直接二次淬火重新加热时，奥氏体晶粒极易显著长大，引起过热。因为在淬火组织中没有阻碍奥氏体晶粒长大的碳化物存在。进行中间退火可使钢中二次碳化物重新出现，致使重新淬火加热时晶粒的长大受到一定的限制。另外，虽然淬火前的加热能减少前一次淬火时的内应力，但是并不能完全消除。因此也需要退火来完全消除。最后，在多次重复淬火时，钢件表面含碳量越趋降低，从而表层将形成细珠光体或碳含量较低、比体积较小的马氏体，内部形成淬火马氏体。因表层组织的比体积小于内部的淬火组织，亦即由于内层比体积大而膨胀的结果，使表层受到强烈拉应力的作用。这种拉应力是造成裂纹的主要原因。

2.4.2　零件尺寸和结构的影响

大量生产实践表明，截面尺寸过小或过大的零件不易淬裂。截面尺寸小的工件淬火时，心部很易淬硬，而且心部和表面的马氏体形成在时间上几乎是同时进行的，组织应力小，不容易淬裂。截面尺寸过大的零件，特别是用淬透性较低的钢制造时，淬火时，不仅心部不能硬化，甚至连表层也得不到马氏体，而是贝氏体或索氏体。内应力主要是热应力，不易出现淬火裂纹。因此，对应于每一种钢制的零件，在一定淬火介质下，存在着一个临界淬裂直径。也就是说，在临界直径的零件具有较大的淬裂倾向性。

图 2-18 所示为 T10 钢（质量分数：C1.0%，Mn0.36%，Si0.2%；P0.031%；S0.027%）在 20℃水中淬火时裂纹形成与试样尺寸间的关系。对于尺寸不同的淬火试样，由于淬火后获得不同的淬硬深度，使之形成淬火裂纹倾向发生明显变化。当试样尺寸小于 20mm×20mm，加热温度较高时，形成纵向裂纹。试样尺寸大于 20mm×20mm，且淬火温度较低时，能形成内部弧形裂纹。

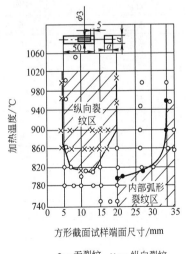

图 2-18　T10 钢在 20℃水中淬火时裂纹形成与试样尺寸间的关系

可以看出 20mm × 20mm 试样，是两种裂纹形成区的临界尺寸。

日本的大和久重雄认为，在水中淬火时，钢的淬透性临界直径与淬裂的危险尺寸恰好对应。临界直径、含碳量与淬裂的关系表示在图 2-19 中。从图中可见，碳的质量分数低于 0.25% 的钢，临界直径 D_1 为 200mm 以下者，不发生淬裂现象。而高碳钢在各种 D_1 大小均发生淬火裂纹。含碳量中等的钢可以找到淬裂的临界尺寸。对于 $w(C)$ 为 0.30% ~ 0.55% 中碳钢临界直径为 $\phi10 ~ \phi15mm$，许多研究者也证实，临界淬裂直径也在这个范围。

45 钢在正常淬火 840℃加热，水淬（水温为 10 ~ 16.5℃）试样淬裂发生情况如表 2-3 所示。

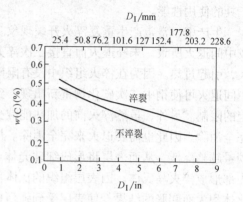

图 2-19 临界直径、碳含量与淬裂的关系

从上面试验可以得出，45 钢在正常淬火下，其淬裂的危险直径为 $\phi4$ ~ $\phi7mm$，裂纹发生率在 $\phi5 ~ \phi7mm$ 时为最高。直径 $\leqslant\phi3mm$ 或直径 $\geqslant\phi8mm$ 时未发生淬火裂纹。这说明上述规律有普遍意义。

表 2-3 45 钢试样淬裂发生情况

试样直径 /mm	试样数量 /件	产生裂纹 试样数量/件	硬度 HRC
$\phi3$	6	0	51 ~ 55
$\phi4$	6	2	51 ~ 53.5
$\phi5$	6	5	50.5 ~ 59.5
$\phi6$	6	5	52 ~ 59
$\phi7$	6	5	49.8 ~ 56
$\phi8$	6	0	54 ~ 58.2
$\phi9$	6	0	52.7 ~ 59.5
$\phi10$	6	0	54 ~ 61.3
$\phi11$	3	0	57.3 ~ 60
$\phi12$	3	0	59.4 ~ 60.8
$\phi13$	3	0	56.4 ~ 61
$\phi14$	3	0	55.7 ~ 60.5
$\phi15$	2	0	57.2 ~ 61
$\phi16$	2	0	56.5 ~ 62
$\phi17$	2	0	57.5 ~ 63.5
$\phi18$	2	0	58 ~ 64.2

　　但是出现淬裂的危险尺寸可能因钢的化学成分的波动、淬火加热温度和操作方法不同而发生变化，不可千篇一律地套用某些定量结论。

　　零件的尖角、棱角、凹槽等几何形状因素，使工件局部冷却速度的急剧变化，增大了淬火的残留应力，从而增大了淬火的开裂倾向。零件截面不均匀性的增加，淬裂倾向也加大，零件薄的部位在淬火时先发生马氏体转变，随后，当厚的部位发生马氏体转变时，体积膨胀，使薄的部位承受拉应力，同时在薄厚交界处产生应力集中，因而常出现淬火裂纹。

2.4.3　工艺因素的影响

　　工艺因素（主要是淬火加热温度、保温时间、冷却方式等因素）对淬火裂纹倾向影响较大。

　　1. 加热因素的影响

　　淬火加热温度升高，热处理应力增大，淬火马氏体组织粗化、脆化，断裂强度降低，淬裂倾向增大。

　　就一般钢而言，晶粒越细小，断裂抗力越高，淬裂倾向越小，相反晶粒粗化，断裂抗力下降，淬裂倾向增大。晶粒大小同淬火加热温度和淬火加热保温时间有直接关系。加热温度升高或保温时间增长，均能使晶粒粗化，因而增加淬裂倾向。

　　高碳钢提高淬火温度，二次碳化物逐渐溶解，奥氏体中的含碳量和合金元素含量增加，增加了淬透性和淬硬性，降低了马氏体开始转变点，这些因素也增加了淬裂倾向。图 2-20 所示为淬火温度对淬裂件数量的影响。从图可见，随着淬火温度的提高，淬裂率直线增加。

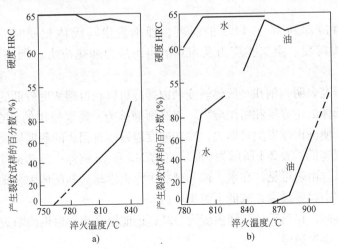

图 2-20　产生淬火裂纹试样百分数与淬火温度的关系
a) T10 水淬　b) 9SiCr 水淬和油淬

在实际生产中，对于淬火裂纹敏感性较大的零件，应正确选择淬火温度。从防止淬裂的观点看，应尽量选用较低的淬火加热温度。

在热处理生产中，因仪表控制不当，发现加热温度过高时，对一般钢种而言，则不必立即淬火，可将工件从炉中取出放在炉外冷却，当冷却到没有红色时（约 500～550℃），再重新加热到正常温度淬火。这是利用正火，通过相变调整晶粒度，消除过热危害的简捷办法。

淬火开裂与选用的加热炉型有一定的关系，一般说来，真空炉、电阻炉、盐浴炉淬裂倾向性小；重油炉、柴油炉、天然气炉、燃煤炉等火焰炉淬裂倾向性大。由于后者的火焰直接加热工件，温度不均匀，且易过热，容易氧化脱碳，这是淬裂率较高的主要原因。此外，在火焰炉中，因燃烧产物中含有大量氢气，氢在高温时，易渗入钢中，助长了淬裂倾向。

2. 冷却因素的影响

淬火冷却方式不同，内应力的大小、类型和分布不同，淬火钢的组织形态不同，断裂抗力不同，因此淬裂倾向不同。

钢件加热至奥氏体状态，在淬火冷却过程中，一方面希望快速冷却，使奥氏体不会发生珠光体转变或贝氏体转变，也就是快速冷却，以躲过奥氏体等温转变图（C 曲线）上的"鼻子"；另一方面希望奥氏体进入马氏体区后慢速冷却，产生马氏体转变，实现淬火。

由加热温度冷却到马氏体开始转变温度的过程中，钢的组织仍为奥氏体，奥氏体本身具有低屈服点、高塑性的特征，同时由于没有发生组织转变，因而也不会有组织应力的产生，仅仅产生热应力。因此，在这一阶段，钢件一般不会产生裂纹。

当钢件冷却到 Ms 点以下的温度，即钢发生马氏体相变时，体积膨胀，产生第二类畸变、第二类应力及宏观的组织应力和热应力，因而易于产生淬火裂纹。

试验研究表明，钢在马氏体转变区内缓冷可以获得碳浓度较低的马氏体，从而减少马氏体的正方度和组织应力，提高断裂抗力。需要指出的是在 Ms 点以下缓慢冷却会使马氏体发生自回火，冷却速度越慢，自回火的程度越大，马氏体中的含碳量则越低。表 2-4 所示为 9SiCr、CrWMn 和 Cr 钢淬火冷却条件与马氏体含碳量的关系。由表可见，在水、油和硝盐中淬火冷却后马氏体中含碳量不同，慢冷时马氏体中含碳量少，减低了组织应力。

另一方面，在马氏体区间内缓慢冷却，还能提高冷却后钢的断裂抗力，从而降低钢件的淬裂倾向。

由于在马氏体转变区间的缓慢冷却，既能降低淬火应力，又能提高钢的断裂抗力，因而马氏体等温淬火，分级淬火，水-油、水-空气双液淬火成为防止淬裂的常用工艺方法。

表 2-4　**9SiCr、CrWMn 和 Cr 钢淬火冷却条件与马氏体**

含碳量的关系（注试样尺寸为 $\phi10 \sim \phi15\text{mm}$ 圆棒形）

钢　号	淬火温度 /℃	冷却介质	硬度 HRC	马氏体中碳的质量分数（%）
9SiCr	875	20℃的水	64	0.75
		30℃的油	63.5	0.65
		170℃的硝盐，空冷	63	0.58
CrWMn	840	20℃的水	63.5	0.82
		30℃的油	63	0.55
		170℃的硝盐，空冷	62	0.43
Cr	850	20℃的水	64	0.70
		30℃的油	63	0.50
		170℃的硝盐，空冷	63	0.30

2.5　预防淬火裂纹的方法

淬火裂纹一旦发生，绝大多数情况下将造成零件的报废，因而预防淬火裂纹的产生有着重要的经济意义。

预防工作应该从产品设计抓起。设计者应正确地选择材料，合理地进行结构设计，提出恰当的热处理技术要求。零件设计完成后，热处理工艺人员要对图样进行工艺性审查。最后工艺人员要全面分析，妥善安排工艺路线。热处理工艺人员要正确制定热处理工艺，选择加热温度、保温时间、加热介质、冷却介质和冷却方法，以及操作要点，现场施工技术员要进行工艺验证，操作者要正确执行工艺，正确进行操作。

2.5.1　正确进行产品设计

为了预防淬火裂纹的产生，设计者应依据产品的工作条件（受力的类型和大小，温度的高低，周围的介质等）、使用要求、零件的截面尺寸，正确地选择材料，合理地提出热处理技术要求，在结构设计上，尽量满足热处理工艺性要求。

1. 材料选择

钢材选择是一个复杂的课题。对于大批量重要零件的材料选择，应由材料工程师和设计师联合进行。

钢材的选用主要从技术性和经济性两个方面进行分析。

所谓经济性，一般是指从价值工程观点出发，在满足性能要求的前提下，应选择价格便宜、工艺性好、不易淬裂的钢种。当然，对于重要零件，从使用的安全性出发，选用较贵的材料也是许可的。要经过综合分析对比做出选择。同时，还必须将材料费用、加工费用，以及管理费用结合起来，即总的制造费用是最低的。

技术性主要指零件的服役性能和工艺性能两方面。属于零件服役条件的要求，最基本的是零件受力状态，以及所需要的性能，如抗拉强度、疲劳强度、耐磨性、耐冲击性、耐蚀性等，也就是说，通过热处理后可使零件满足上述一项或几项要求。此外为了加工和热处理，材料应有较好的加工性，热处理性能要好，易于淬火，变形小，淬裂倾向性小。

技术性和经济性二者常常是矛盾的，必须综合分析确定。

在工艺上一个重要因素就是尽量减小淬裂倾向。在满足经济性和技术性以后，就要考虑材料的淬裂倾向。从减小淬裂倾向出发，应注意以下问题。

碳是影响淬裂倾向的一个重要因素。碳含量提高，Ms点降低，淬裂倾向增大，在满足基本性能如硬度、强度的前提下，尽量选用较低的碳含量。图 2-21 所示为各种含碳量的钢在 960℃ 油淬（油温 27℃）后，淬裂与 D_1、$w(C)$ 的关系。

该图说明，随着含碳量的降低，钢不产生裂纹的临界直

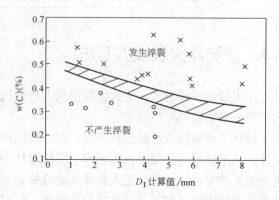

图 2-21　淬裂与 $w(C)$、D_1 的关系（900℃油淬）

径可以增大。当碳的质量分数低于 0.3% 以下时，在各种截面尺寸下均不易淬裂。

合金元素对淬裂倾向的影响主要体现在对淬透性、Ms 点，晶粒度长大倾向、脱碳的影响上。

合金元素通过对淬透性的影响，从而影响到淬裂倾向。一般来说，这种影响有两个方面。一方面，淬透性增加，淬裂性增加；另一方面，淬透性增加，可以选用冷却能力弱的淬火介质和减少淬火变形的方法（如等温淬火、分级淬火等）来防止复杂零件的变形与开裂。例如，用 Cr12MoV、W18Cr4V、4Cr5W2VSi 等钢，采用油淬、硝盐浴淬火以及空冷淬火等可以达到硬化。对于形状复杂的工模具，为了避免淬火开裂，选择淬透性较好的钢，并用冷却能力弱的淬火介质是一个较好的方案。

合金元素对 Ms 的影响较大，一般来说，Ms 越低的钢，淬裂倾向越大。当 Ms 点高时，相变生成的马氏体可能立刻被自回火，从而消除一部分相变应力，可以避免发生淬裂。当碳含量确定以后，应该选用少量的合金元素，或者含对 Ms 点影响较小的元素的钢种。

选择钢材时，还应考虑过热敏感性。过热较敏感的钢，容易产生裂纹。所以选择材料应该引起重视。采用铝铁合金脱氧，或钢中含有钒、钛、铌等元素的钢其过热倾向较小。

脱碳不仅使零件力学性能如硬度、强度、耐磨性和疲劳强度下降，而且脱碳层中残存较大的拉应力，导致淬火裂纹或磨削裂纹。钢材的脱碳敏感性与化学成分有关。钢中碳含量增高，特别是硅、硼、铝等元素含量较高时，容易脱碳。

2. 零件的结构设计

零件在结构设计时，除要满足该零件的功能外，还要注意其工艺性能。例如，铸造工艺性能、锻造工艺性能、机械加工工艺性、装配工艺性和热处理工艺性。由于形状尺寸设计不适当可使工件在淬火时容易开裂。

为了防止零件在淬火急冷中开裂，应改进设计，使其均匀加热，均匀冷却，均匀涨缩。为此，设计时应作到：

（1）断面尺寸均匀　由于断面尺寸急剧变化的零件，在热处理时，往往由于产生内应力而开裂。设计时尽量避免断面形状、尺寸突变。壁厚要均匀，必要时可在与用途无直接关系的厚壁部位开孔。盲孔尽量开成通孔。对于壁厚不同的零件，可不进行整体设计，而是分成两部分或几部分，待热处理后，再进行组装。

图 2-22 所示为不均匀截面工件的改进设计实例。

（2）圆角过渡　当零件有棱角、尖角、沟槽和横孔时，这些部位很容易产生应力集中，从而导致零件淬裂。为此，零件应尽量设计成不发生应力集中的形状，在尖角处和台阶处加工成圆角。图 2-23 所示为有尖角工件的改进设计实例。

（3）形状因素造成的冷却程度差异　零件淬火时冷却速度的快慢随零件的形状不同而不同。球形冷却最快，板材冷却最慢，其比例为

$$球：圆棒：板 = 4：3：2$$

即使在同一零件上，不同的部位，因其传热面积的不同，冷却程度也不同。设计人员要尽量避免过大的冷却差异，以防止淬火开裂。

3. 热处理技术条件

合理地确定热处理技术条件是防止淬火裂纹的一个重要途径。

1）局部或表面硬化即可满足使用性能要求者，不要整体淬火。

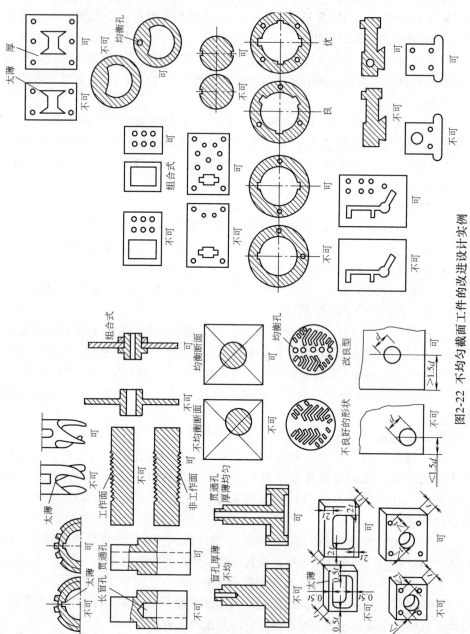

图2-22 不均匀截面工件的改进设计实例

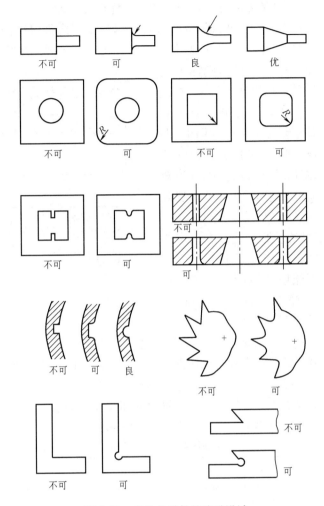

图 2-23　有尖角零件的改进设计

　　淬火裂纹是同钢的马氏体相变联系在一起的。不淬火的部位不出现淬火裂纹。因此，只要能满足工作要求，应尽量减小淬火硬化的程度和部位，不必追求高硬度和整体淬火，而以局部淬火，表面硬化取代整体淬火，可以减少淬火裂纹。

　　例如，T10 钢制造的塞规，要求硬度 58～62HRC，塞规工作部分较粗，带滚花的手柄部分直径较小，若采用整体淬火，在水中停留时间对柄部来说相对较长，容易产生裂纹，如图 2-24 所示。若改用局部淬火，即对塞规工作部分进行淬火，达到要求即可，避免了淬火裂纹的发生。

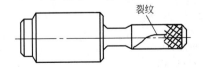

图 2-24　塞规淬火裂纹示意图

2）根据零件服役条件需要，合理调整淬火件局部硬度。

对于整体淬火件，局部可以放宽要求者，尽量不强求硬度一致。图 2-25 所示的冷冲模，用 T10 钢制造，要求硬度 58～62HRC。如果要求工作刃口（A 面）和装夹面（B 面）硬度一致，则淬火过程中极易在 B 面螺纹孔处产生弧形裂纹。因此，应该规定在刃口满足硬度要求的前提下，其余部分硬度不低于 30HRC 即可。这样，在淬火时，可根据 A 面的有效尺寸确定在水中停留时间，或适当减缓 B 面的冷却速度，从而减小了淬裂倾向。

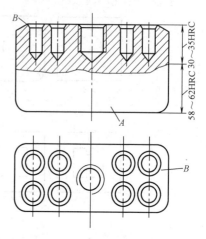

图 2-25　冷冲模调整局部硬度

3）注意钢材的质量效应。在确定热处理技术条件时，还应注意到，对于所选定的钢种，不能以该钢所能达到的最高硬度值作为图样上规定的技术条件。由于最高硬度值是用小试样测得的。另外，每一个钢号的成分都是在一定范围变化的，最高硬度值也是一个变量。因此，实际生产中，尺寸较大的工件所能达到的硬度值，同标准或规范上硬度值相差很大。这就需要根据工件的截面尺寸合理地确定切实可行的技术条件。表 2-5 所示为几种常用钢整体淬火后硬度值与钢件截面尺寸的关系。

表 2-5　几种常用钢整体淬火后硬度值
与钢件截面尺寸的关系

材料与热处理 ＼ 截面尺寸/mm（淬火后硬度值 HRC）	<3	4～10	11～20	20～30	30～50	50～80	80～120
15 钢渗碳，水淬	58～65	58～65	58～65	58～65	58～62	50～60	
15 钢渗碳，油淬	58～62	40～60					
35 钢水淬	45～50	45～50	45～50	35～45	30～40		
45 钢水淬	54～59	50～58	50～55	48～52	45～50	40～45	25～35
45 钢油淬	40～45	30～35					
T8 钢水淬	60～65	60～65	60～65	60～65	56～62	50～55	40～45
T8 钢油淬	55～62						
20Cr 渗碳油淬	60～65	60～65	60～65	60～65	56～62	45～55	
40Cr 油淬	50～60	50～55	50～55	45～50	40～45	35～40	
35SiMn 油淬	48～53	48～53	48～53	45～50	40～45	35～40	
GCr15 油淬	60～64	60～64	60～64	58～63	52～62	48～50	
CrWMn 油淬	60～65	60～65	60～65	60～64	58～63	56～62	56～60

如果以较高的硬度值作为技术条件，即使尺寸较小的零件，也会使热处理工艺实施困难。因为追求最高硬度值需要用激烈的冷却介质淬火，这样很容易形成淬火裂纹。

4）避免在第一类回火脆性区回火。一般钢硬度在 53～57HRC 时，所需的回火温度正是产生第一类回火脆性的温度区（250～350℃）。这时，虽然硬度偏低，但并不能提高钢的冲击韧度。因此，一般不把这个硬度范围作为零件的热处理技术条件。

Cr13 型不锈钢有明显的回火脆性，称为 475℃ 脆性。因此，Cr13 型不锈钢应尽量避免在 400～500℃ 回火。一则防止出现回火脆性，再则避免铬的碳化物析出而出现贫铬区，使耐蚀性降低。

2.5.2　合理安排工艺路线

钢件的结构设计和材料选择必须保证服役条件的要求，不能完全依附于热处理工艺性的要求。因此，当钢件的材料、结构和技术条件一经确定，热处理工艺人员就要认真的进行工艺分析，确定合理的工艺路线。即正确安排好预备热处理、冷加工和热加工等工序的位置。这是提高产品质量、提高效益，以及减少热处理开裂倾向的有效途径。

图 2-26 所示为传动齿轮轴，用 45 钢制造，要求硬度 30～35HRC。如果热处理前将键槽铣出，淬火时极易在键槽薄壁处开裂。由于硬度要求不太高，可能在淬火、高温回火后再进行机械加工，铣出键槽，这样的工序安排可防止淬火开裂。

如前所述，钢件淬火前的原始组织和应力状态对形成淬火裂纹有一定的影响。为改善应力状态和给淬火准备好良好的原始组织，应当正确地对钢件进行预备热处理。对于某些形状复杂精度要求较高的零件，在粗加工与精加工之间，在淬火之前还要进行去应力退火。

图 2-27 所示柴油机摆臂轴，材料为 45 钢，热处理后硬度要求 50～55HRC。其热处理过程是盐浴加热 820～840℃ 保温 7min，在质量分数为 10% 盐水中淬火，在 200～220℃ 回火 60min。由于原材料在切削后有严重的内应力未消除，故经过热处理后，在边角处发生裂纹，以致剥落。在淬火前，增加了 550～600℃、3h 去应力

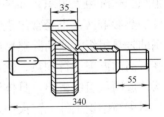

图 2-26　传动齿轮轴

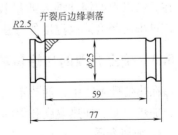

图 2-27　柴油机摆臂轴
淬火剥落裂纹

退火，从而消除了淬火裂纹。对于一些有尖角、截面变化较大的钢件，淬火前又具有较大残留应力的情况，淬火前的高温回火（或低温退火）具有很重要的作用。特别是对冷拔钢料，如果退火不彻底，重新退火或高温回火是很必要的。

对于不同尺寸的淬火件，根据它们产生裂纹的特征，应采取不同的预备热处理方法，对于截面尺寸较大（直径或厚度在 50mm 以上）的高碳钢制件，往往由于表面淬透深度较浅，淬硬层内的强大拉应力会导致钢件形成弧形裂纹。对于这类大截面尺寸的高碳钢制件，应当通过增大淬硬层深度，即提高淬透性的办法来防止弧形裂纹。因此，在淬火前，要将高碳钢件进行与传统工艺不同的正火处理，以获得较细的片状珠光体组织，以期在淬火加热时，用较短的时间完成组织转变，并增加奥氏体中的固溶量提高淬透性，以获得较深的硬化层，使硬化层抵抗破裂的安全系数增大。如果能配合快速加热工艺，对于预防裂纹则更有效。特别应当指出的是，如果组织中有网状碳化物存在，消除网状碳化物，获得细片状组织的正火处理则显得更加重要。但是，对于截面尺寸较小的高碳钢制件，预备热处理应以提供球状珠光体为宜。

还应当说明，亚共析钢中的魏氏组织是形成淬火裂纹危害最大的组织状态。亚共析钢 [$w(C) < 0.6\%$] 制件，在锻造加热温度过高或加热时间过长，或钢件用氧乙炔火焰切割下料时，引起奥氏体晶粒粗大，在随后冷却时，如果冷却速度不当，铁素体沿奥氏体晶界析出，同时沿粗大的晶界向晶内形成粗大的针状组织。这种粗大组织，如果得不到消除，在淬火时，常常出现淬火裂纹。焊接零件的热影响区，也经常出现魏氏组织，这种组织也易导致淬火裂纹。为消除中碳钢的过热组织，或消除热影响区的过热组织，往往要采取比正常退火（正火）温度稍高的温度进行加热，然后以较快速度冷却（风冷或雾冷）下来，以防止铁素体成网状组织析出。具体温度应视钢料的过热程度而定。

对于高碳钢工件，淬火前通常采用球化退火，以改善组织。

对于高铬钢、轴承钢和高速钢，淬火前应对原始组织进行较细致的检查。如果毛坯的碳化物偏析严重，应进行改锻，直至合格方可投产。绝不能把碳化物偏析在 5 级以上的钢件混入质量较好的钢件中一起进行淬火。对于偏析严重的钢件，可采用降低淬火温度的方法来避免淬火裂纹。

2.5.3 确定合理的加热参数

在热处理生产中，加热不当是引起淬火开裂的主要因素。因此，对于加热介质、加热速度、加热温度和保温时间等加热参数，应当正确选择和设计。

1. 加热介质

淬火裂纹与加热介质有很大关系。最不易发生淬裂的加热炉是真空炉，其次依保护气氛炉、电阻炉、盐浴炉、火焰炉的顺序，发生淬裂的可能性增加。火焰炉是最易产生淬火裂纹的炉型。真空炉不发生氧化脱碳，淬火过程是按程序进行的，因此不易发生淬裂。油炉、煤炉，天然气炉等火焰直接加热工件，增加了淬裂倾向。

需要指出的是，选择加热介质（炉型），应同钢件的重要性和价值联系起来。一般来说，在满足性能要求的前提下，应尽量选择低成本的设备。

2. 加热速度

淬火加热速度，应根据零件用钢和工件对变形的要求来确定。一般来说，在不产生开裂且变形程度在允许范围内的前提下，尽量提高加热速度，以减少氧化脱碳，降低能耗，提高效益。

碳素钢、低合金钢和中合金钢快速加热时均无产生裂纹的危险。这是由于快速加热使钢件表面温度升高而膨胀，而冷的心部给表面以压应力，表面因温度升高而软化，可以以塑性变形松弛应力。快速加热不仅能大大提高生产效率，而且对防止钢件的淬火变形和开裂起到良好的效果。但是对于形状复杂的零件、变形要求严格的零件是不宜采用快速加热的，甚至要求采用预热措施。

高碳高合金钢塑性差，导热性不良，若加热速度过快，可能在钢件表面产生裂纹。这是由于加热速度过快时，钢件内层温度尚低，而表层已奥氏体化，比体积迅速变小，受拉应力，当拉应力大于材料断裂强度时，则产生裂纹。因而，这类钢应放慢加热速度，或采用中间预热措施。对于大型锻件、大型铸件、形状复杂的高锰钢铸件、不锈钢铸件、高速钢与高碳合金钢零件，目前仍采用限制加热速度或预热措施。例如，高速钢和高铬钢件通常采用一次或二次预热（550 ~ 650℃和800 ~ 850℃），然后高温加热。在实际生产中，为了限制加热速度，可对钢件进行低温装炉，随后逐渐升温到所需的温度。近年来，微机控制的加热炉可以在设定加热速度的指令下，很好地按设定的加热曲线升温，这对于复杂形状的高合金钢件的热处理质量提供了良好的保证。

快速加热，通常在 960 ~ 980℃的炉温下加热碳素钢和低合金钢件，利用加热时间来控制实际加热温度。加热时间的计算详见下节。

3. 加热温度

加热温度是淬火工艺中重要的参数，对工件的性能有着决定的作用，同时也是影响淬火裂纹的一个重要因素。实践和理论均已证明，钢材的淬火加热温度不是一个固定不变的参数，一般手册中规定的钢材淬火加热温度只是规范性的推荐值。对于某些特定条件下使用的具有一定形状的钢件，不能完全以手册中的数据作最可靠的依据。实践证明，某种钢件最合适的淬火温度的确定，必须以一般性的推荐资料为基础，通过对以下因素进行综合分析，才能提出较合理的加热温度。

1）钢件的服役条件及所要求的主要性能指标。

2）图样对热处理工序提出的主要技术条件。

3）制造时所选用的材质状况。

4）钢件结构状态方面的特点。

5）热处理前各工序的影响因素。

6）现场条件（设备状况，工人素质）。

经过上述分析后所确定的工艺方案，还需要通过现场生产工艺验证和工艺调整后才能最后工艺定型。对于大量成批生产的重要件，还需通过工艺试验，在工作现场进行寿命（或功能）等试验，进行分析对比后才可确定最后的工艺方案。

一般合金钢淬火加热温度为 Ac_1 或 Ac_3 + (30 ~ 50)℃。淬火加热温度通常是根据钢的临界点来确定的。对于亚共析钢采用 Ac_3 + (30 ~ 50)℃；对于过共析钢采用 Ac_1 + (30 ~ 50)℃，称此为淬火加热温度选择原则。近年来，热处理技术不断发展，有些工艺已经突破了这个原则。有的比原则温度低，如亚温淬火工艺；有的比原则温度高，如模具的高温淬火工艺，这些工艺均收到了较好效果。

亚温淬火是亚共析钢在略低于 Ac_3 的温度下奥氏体化后淬火，它可提高钢的韧度，降低脆性转变温度，并可消除回火脆性。亚温淬火加热温度应接近 Ac_3，以免出现过多的铁素体而影响钢的强度。45 钢、40Cr、30CrMo、60Si2 等在 Ac_3 以下 5 ~ 10℃加热后，可获得令人满意的效果。同时，由于淬火温度的降低，钢的淬裂倾向大大减小。

适当提高淬火加热温度，可使低碳钢及中碳钢淬火后获得较多的板条马氏体或使全部马氏体呈板条状，从而使它们的韧性显著提高。

Q345（16Mn）钢940℃淬火（通常为900℃），5CrMnMo 钢890℃（通常为850℃）都已获得成功。

高碳工具钢低温淬火工艺，不仅有利于减少变形开裂，还可提高韧性，减少折断和崩刀，延长使用寿命。如 W6Mo5Cr4V2 钢制冲头，采用 1240℃淬火时，使用寿命为 6700 件，而采用 1140℃淬火，使用寿命可达 19475 件，寿命提高近两倍。W18Cr4V 高速钢采用 1190℃淬火制作冷冲模，可使它们的强度、耐磨性和韧度都得到提高。

如前所述，碳钢和低合金钢的快速加热，对于防止钢件变形和开裂有良好的效果。快速加热，通常在 960 ~ 980℃的炉温下加热钢件，利用加热时间和实践经验来控制钢件的实际加热温度。加热时间（工件入炉后即可计算时间）计算公式如下：

$$t = ad$$

式中　t——快速加热时间（s）；

　　　d——工件的有效厚度（mm）；

　　　a——加热系数（s/mm）。

在盐浴炉中的加热系数，对渗碳钢件和高碳钢件有效厚度 10mm 以下者为 6~7s/mm，有效厚度为 10~60mm 者为 3~6s/mm；碳素结构钢件和低合金钢件有效厚度在 10mm 以下者为 7~9s/mm，有效厚度 10~60mm 者为 6~8s/mm。

在反射炉中加热时，各种钢材加热系数均一样。钢件有效厚度 100mm 以下者为 20~25s/mm；有效厚度为 100~950mm 者为 20~25s/mm；在电阻炉中的加热系数，工件有效厚度在 100mm 以下者为 25~30s/mm，有效厚度在 100mm 以上者为 20~25s/mm。

需要指出，选择淬火加热温度时，还应考虑到工件的形状、所选用的淬火介质等因素。一般来说，形状简单的工件，可采用上限加热温度；形状复杂、易淬裂的工件，则应采用下限的加热温度。当选用冷速缓慢的介质，特别是选用热介质淬火时，应适当提高淬火加热温度。

4. 保温时间

保温时间是指在热处理时，工件热透或保证组织转变基本完成所需的时间。确定淬火温度下的保温时间是个复杂的问题。到目前为止，还没有一个可靠的计算方法，一般由试验确定；或根据有效厚度来求出，其经验公式为

$$t = \alpha K D$$

式中　t——保温时间（min）；

　　　α——加热系数（min/mm）；

　　　K——工件加热时的修正系数；

　　　D——工件的有效厚度（mm）。

工件有效厚度的计算原则是：薄板工件的厚度即为其有效厚度；长的圆棒料直径为其有效厚度；正方体工件的边长为其有效厚度；长方体工件的高和宽小者为其有效厚度；带锥度的圆柱形工件的有效厚度是距小端 $2L/3$（L 为工件的长度）处的直径；带有通孔的工件，其壁厚为有效厚度。

加热时间还与工件在炉内的排布方式有关。图 2-28 所示为工件在炉内的排布方式与加热修正系数之间的关系。由图可以看出，工件在炉内四面都可被加热时，修正系数最小（为 1），而当堆积摆放时，修正系数最大

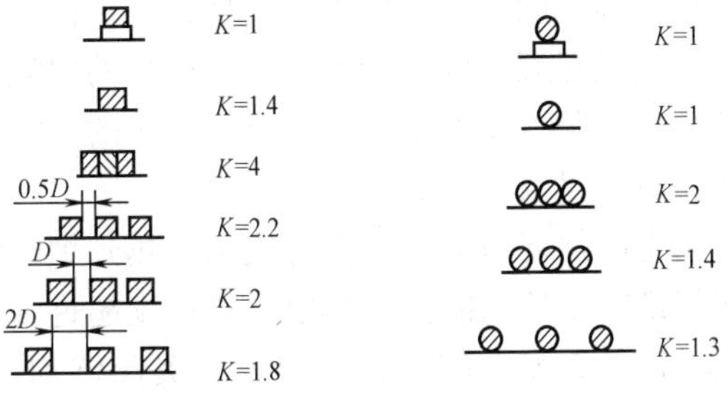

图 2-28　工件在炉内的排布方式与加热修正系数之间的关系

（等于 4），修正系数越大，则工件所需的加热时间越长。

加热系数 α 与钢材的化学成分、炉子温度、炉内所用的介质、有无预热等

因素有关。在中温加热温度范围内，加热系数 α 的数值如表2-6所示。

表2-6　加热系数 α 的数值 （单位：min/mm）

加热方式　钢种	有　预　热		无　预　热	
	气体介质炉	盐浴炉	气体介质炉	盐浴炉
碳素钢	$b = 1.4 \sim 1.8$ $\alpha = 0.7 \sim 0.9$	$b = 0.30 \sim 0.36$ $\alpha = 0.10 \sim 0.17$	$\alpha = 1.0 \sim 1.6$	直径 $<50mm$ $\alpha = 0.30 \sim 0.40$ 直径 $>50mm$ $\alpha = 0.4 \sim 0.45$
合金钢	$b = 1.5 \sim 2.0$ $\alpha = 1.0 \sim 1.2$	$b = 0.30 \sim 0.40$ $\alpha = 0.15 \sim 0.20$	$\alpha = 1.2 \sim 1.6$	直径 $<50mm$ $\alpha = 0.45 \sim 0.50$ 直径 $>50mm$ $\alpha = 0.5 \sim 0.55$

注：b 为达到预热温度（550~650℃）时的加热系数。

对于高合金钢、高速钢、高合金模具钢的淬火加热保温时间则要适当延长，以保证碳化物的溶解和奥氏体化。

在所有工具钢中，高合金铬钢需要保温的时间最长。然而这类钢的保温时间在很大程度上取决于淬火温度。一般来说，为了在淬火时获得合适的硬度，对于淬火温度要求有一定的保温时间。保温时间太短，由于溶入奥氏体中碳和合金量不足，使得淬火硬度偏低；保温时间过长，淬火后将有较多的残留奥氏体，也将使硬度降低。建议保温时间为 0.5~0.8min/mm，淬火温度取上限时用 0.5min，淬火温度取下限时用 0.8min。

热作模具钢，常加热到1000℃以上，以使碳化物溶入奥氏体中。在这样高温下淬火，晶粒长大速度很快，因此，要严格控制保温时间。在盐浴炉中加热时，正常的保温时间为 20~30min。

在保温时间内，应使工件透烧，并保证基本完成向奥氏体的组织转变。一般来说，这是保温时间的最低限度。过长的保温时间，不仅耗费能源，增加氧化脱碳的深度，降低生产效率，而且有过热的可能性，增加淬裂的趋势。传统工艺中的保温时间过长，实无必要。

通常，保温时间包括工件表面加热到炉子温度所需的时间、透烧时间及完成内部组织转变所需时间。钢的加热温度超过 Ac_1 点，钢中的组织转变包括珠光体向奥氏体的转变，碳化物的溶解和奥氏体均匀化。通常淬火加热温度在 Ac_1 点50℃以上（合金钢更高）。在这一温度范围内，珠光体的奥氏体化可充分完成，无需保温。碳化物溶解及奥氏体均匀化是一个扩散过程。对于碳钢及低合金钢，碳化物溶解及奥氏体均匀化所需时间都甚短。为此，不必过分延长工件在炉中的停留时间。因此，对于碳钢和低合金钢，可以去除淬火保温时间中的"透烧时间"和"组织均匀化时间"，仅保留工件表面加热到工艺温度时间，即采用

"零"保温淬火。这样可在保证零件性能的前提下，缩短工艺周期，减少淬火裂纹。表2-7和表2-8给出在箱式电阻炉中加热时，不同直径的45钢工件表面与心部到温时间的实测数据。这些数据表明：工件表面到达工艺温度时，工件即已透烧，无需额外附加透烧时间。

表 2-7 在箱式电阻炉中加热时不同直径的 45 钢工件
表面与心部的到温时间 （单位：min）

工件直径	700℃加热		840℃加热		920℃加热	
/mm	表面	心部	表面	心部	表面	心部
$\phi32$	20	22	18	18	17	17
$\phi50$	36	36	24	30	24	24
$\phi60$	40	42	29	30	24	26
$\phi70$	54	56	40	42	36	36
$\phi80$	62	64	50	52	38	40
$\phi90$	70	70	—	—	50	54
$\phi100$	80	82	64	64	46	50

表 2-8 在箱式电阻炉中加热时 $\phi200mm45$ 钢
工件截面温度的变化

时 间	截面温度/℃				
/min	表 面	$1/3R$	$2/3R$	心 部	温度差
0	18.5	18.5	18.5	18.5	0
14	499	363	233	220	279
24	566	389	279	374	192
44	696	602	586	580	116
85	784	741	738	737	47
126	808	787	779	776	32
142	823	812	806	805	18

2.5.4 选定合适的淬火方法

为了完成淬火工艺，工件必须从奥氏体化温度以大于钢的临界冷却速度进行急冷。由于急冷而产生的热应力使外层受压内层受拉，这对防止产生淬火裂纹是有利的。从这个意义讲，在奥氏体区域越是急冷，则越能防止开裂。但是零件从高温区急冷下来，往往使低温区的冷却也变快，这样又增加了淬裂的危险。当工件冷到 Ms 点以下时，因马氏体相变产生相变应力，在这个区域工件冷速越大，相变应力越大，表层拉应力越高。当相变应力与热应力之差超过钢材断裂强度时，则导致淬火裂纹。为了防止淬裂，应选择增加热应力、减少相变应力的淬火方式。

由奥氏体等温转变图（C 曲线）的形状可知，工件淬火时为获得预期的马氏体组织，并不需要在其整个冷却过程中都快速冷却，而只是在奥氏体等温转变图（C 曲线）的"鼻部"附近（一般为 650～400℃）需要快速冷却。在 650℃以上的高温区和 400℃以下的低温区，并不需要快速冷却，尤其在 Ms 点以下的马氏体转变区应尽可能地缓慢冷却。因此，为了淬硬而又不淬裂，在"鼻部"

应快冷，在马氏体区应慢冷。因此，淬火的理想冷却曲线应如图 2-29 所示。

过冷奥氏体塑性高，急冷到低温区也不会开裂。温度刚低于 Ms 点时，由于马氏体量尚少，相变应力小，钢件也不会立即开裂。过冷奥氏体急冷收缩，而到 Ms 点时逆转而膨胀，在急缩猛胀的转折阶段，容易导致开裂。实际上，当产生体积分数为 50% 的马氏体时，才是淬裂的危险时刻。多数工具钢冷至 120～150℃时，这是最危险的温度区间，此刻应特别注意缓冷。

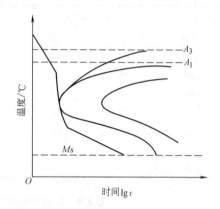

图 2-29　淬火的理想冷却曲线

总之要根据零件的结构特点、技术要求，结合设备状况、工人素质等正确合理地选择淬火方法，则可以大大减少或者不发生淬裂事故。

1. 预冷淬火

预冷淬火是淬火时零件先在空气、油、热浴（或渗碳气氛）中，预冷到略高于 Ar_3 的温度后，再迅速置于淬火介质中淬火，又叫降温淬火或延迟淬火。这是生产现场常用的热处理方法。

淬火前的预冷可以减少热应力，使工件变形和开裂倾向减小。研究表明，预冷淬火还可以增加大工件的淬硬层，提高机械零件的综合性能。对于形状复杂，截面突变的某些零件，单液直接淬火，往往在截面突变的接壤区因淬火应力集中而导致开裂。这时可采用预冷淬火，使各部分温差减小，或在技术条件允许的情况下，使其最薄的截面处或棱角处产生部分非马氏体组织，然后再进行全部淬火，这样可避免或减少淬火裂纹。

预冷淬火的预冷时间（从奥氏体化温度冷到危险截面处温度 650℃）对于一般碳钢及低合金钢可按下式估计

$$\tau = 12 + RS$$

式中　τ——工件预冷时间（s）；

　　　S——危险截面处的厚度（mm），一般指工件最薄的地方；

R——与工件尺寸有关的系数，一般为 3～4s/mm。

图 2-30 所示为有物态变化的淬火介质冷却三阶段和预冷淬火的示意图。图中 T_A 表示工件奥氏体化温度，T_Q 为急冷温度。当急冷温度 T_Q 越低，蒸气膜阶段越短；当急冷温度（T_Q）等于特性温度时，则没有蒸气膜阶段，几乎直接进入沸腾阶段，冷却较快。可见预冷淬火是奥氏体化温度不变，而急冷温度降低，从而缩短蒸气膜阶段的技术，它有利于减少淬火开裂。研究表明，预冷

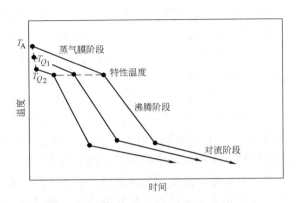

图 2-30 有物态变化的淬火介质冷却
三阶段和预冷淬火示意图

淬火对提高工件的淬硬层深度，改善工件的服役性能也有显著作用。这是由于预冷淬火使工件表层平均冷速降低，次表层冷速提高，平均冷速分布曲线趋于平缓。同时，预冷使工件表面冷却特性有所改善，传热系数峰值向高温区移动。以上两点都有助于提高淬硬层的深度，降低淬火应力。此外，预冷提高淬硬层深度效果与钢的淬透性及工件尺寸有密切关系，对于具有一定淬透性的低中碳低合金钢及中等尺寸的工件效果最明显。

2. 多介质淬火法

根据选用的淬火介质的不同和操作方法的特点，多介质淬火法可分为双介质淬火、三介质淬火等。

双介质淬火是将加热好的工件先淬入冷却能力较强的介质，待工件温度降至奥氏体等温转变图（C 曲线）"鼻温"以下温度时，再淬入冷却能力较弱的介质中继续冷却，以获得马氏体组织。双介质淬火所用的淬火介质有水-油、水-空气、盐水-油、油-空气、硝盐-空气、碱液-空气、水-硝盐、油-硝盐、硝盐-油等。可根据钢的淬透性、工件形状尺寸、对变形的要求来选定。生产中大量采用的水-油淬火，多用于碳素工具钢及大截面的低合金工具钢的工件。即在高温区用盐水的快速冷却抑制过冷奥氏体的分解，在低于 400℃ 温度时，立即转入油中缓慢冷却，以减小淬火内应力，防止淬火裂纹。

工件在第一种介质中的停留时间，是双介质淬火时至关重要的一个参数。在第一种介质中停留时间过长，就变成单液淬火，起不到减小变形、防止开裂的作用。若过早地置入第二种介质中，则由于工件的温度尚高，介质的冷却速度又慢，在冷却过程中则发生非马氏体型组织转变。变换冷却介质可由工艺人员，根

据工件所用的钢材、工件的形状及尺寸等因素来确定。对于碳素工具钢工件，一般以每3mm有效厚度在水中停留1s计算；对于形状复杂者，每4~5mm在水中停留1s计算；大截面低合金钢，可以按每毫米有效厚度在水中停留1.5~3s计算。在生产实践中，有时可用听水声来确定在水中停留的时间，即当工件在水中冷却到发出"咝咝"声时，立即将其提出水面转入油中冷却。有时也可用手握铁钩子传导的感觉来判断时间，即钢件在水中振动稍有消失时，立即转入油中。

为了减少高合金钢制件淬火时形成裂纹，首先将工件淬入油中冷却到一定温度（近于 Ms 点）时，提出油面，在空气中冷却。这时由于热量尚多，致使钢件上的残油达到闪点温度而起火。由于大多数油的闪点近于高合金钢的 Ms 点温度，所以用此法控制油中的停留时间是可靠的。

对于形状复杂而变形要求又较严格的工件，有时双液淬火仍不能控制变形和开裂，而需要采用冷却能力依次减少的三种淬火介质，称为三液淬火。三液淬火多应用于碳素钢制造的小型工件。工件在各个淬火介质中的停留时间视工件形状大小、淬火介质性能等因素，由试验来确定。

图2-31所示为碳素工具钢制冲模三液淬火冷却过程。冲模580~620℃预热后，加热至780℃，保温后再预冷至 $Ac_1+20℃$ 立即淬入盐水中，停留适当时间，使冲模温度降至奥氏体等温转变图（C曲线）鼻温以下，再淬入油中冷却，然后放入硝盐中保温后空冷。

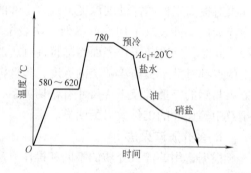

图2-31 三液淬火冷却过程

3. 分级淬火

分级淬火是将工件从淬火温度，直接快速冷却到 Ms 点以上某一温度，经适当时间保温，使工件表面与心部的温度均匀后，再取出空冷，使工件在缓慢冷却下进行马氏体转变的淬火方法。这一方法可以有效地防止淬火开裂。

分级淬火时，钢件由高温淬入 Ms 点以上10~20℃热浴中所产生的热应力，比双液淬火小，而且在恒温停留时可消除一部分热应力。在随后的空气冷却时，沿工件整个截面，几乎同时发生过冷奥氏体向马氏体的转变，因而也就减小了相变应力。综上所述，Ms 点以上的分级淬火的主要优点是能够降低淬火零件的变形开裂倾向。其次，与普通淬火方法相比较，Ms 点以上的分级淬火，能够保证工件强度、硬度相同的条件下，具有较高的韧度，特别是对低温回火的工件，冲击韧度的提高尤其显著。这间接地表明钢的断裂强度有较大的提高，从而也降低了淬火开裂的倾向。

对于高碳高合金钢，一般淬火加热温度较高，而 Ms 点又较低，用普通淬火方法可能产生较严重的变形和开裂。如只用一次分级淬火难避免较大的相变应力及热应力。因此，对于截面尺寸较大、形状复杂、易于变形和开裂的高速钢刀具可采用逐次降温的两次或三次分级的分级淬火方法。多次分级淬火的分级温度一般为 600 ~ 650℃、450 ~ 550℃ 和 300 ~ 350℃ 等。图 2-32 所示为 W18Cr4V 高速钢锯片铣刀的多次分级淬火工艺曲线。多次分级淬火时，在各个温度区的停留时间，应以能保证在该温度下工件沿截面的温度均匀，而又不产生非马氏体组织。具体数据可由试验确定。

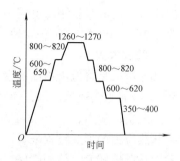

图 2-32 锯片铣刀多次分级淬火工艺曲线

钢制零件加热奥氏体化后，淬火温度在奥氏体等温转变图（C 曲线）"港湾"区间的热浴中，等温保持适当的时间后的冷却淬火方法称奥氏体等温处理。工艺示意图如图 2-33 所示。这也是一类分级淬火法，它主要用在高速钢刀具和一些超高强度钢所制的零件、压力容器及模具、齿轮等的热处理中。最近将这种方法用在超高强度钢所制零件的淬火处理中，取得了很好的效果。一些超高强度钢的塑性较低，对于形状复杂的零件，用普通淬火方法难以避免变形和开裂。如果用一般分级淬火，虽然可将相变应力显著减少，但是在冷却至热浴温度的冷却过程中，零件可

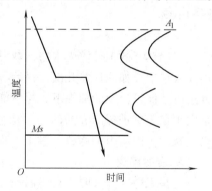

图 2-33 奥氏体等温处理示意图

能已发生严重的变形和开裂。不少超高强度钢如同高速钢一样，在高温和中温转变之间，常有一个过冷奥氏体孕育期很长的温度范围。如将工件自奥氏体化温度空冷到这温度区域的某个温度后，淬入同温度的热浴中保温，使零件内外均温，然后在空气或盐浴中冷却（以不发生贝氏体转变为原则），则仍可得到全部的马氏体，随后再进行适当温度的回火。用这种方法处理后，钢的强度、韧性与一般淬火相同，应力及变形却甚微，从而防止了变形开裂。

4. 马氏体等温淬火

零件奥氏体化后淬入低于 Ms 点以下 50 ~ 100℃ 的热浴中等温保持，以获得马氏体的淬火方法称为马氏体等温淬火。这种淬火方法的冷却速度较分级淬火时快，故适用淬透性略低的钢种制造的零件，同时也可起到减少变形和防止开裂的作用。

以热油作为马氏体等温淬火的淬火介质最方便，简单易行。在 130～160℃ 热油中淬火，能够在较缓慢的冷却速度下使奥氏体向马氏体转变，因而产生较小的内应力，变形开裂倾向也较小。例如：9SiCr 钢剪刀在冷油中淬火开裂倾向大，而改用 160～190℃ 热油淬火 30～60min 后空冷，可完全避免淬火裂纹。

5. 薄壳淬火

薄壳淬火是将低淬透性的钢制工件，整体加热后，用水、盐水或 $w(NaOH)$ =5% 水溶液等快速地冷却，使其表面得到一定深度均匀的马氏体壳层。它使表层产生残余压应力，这不仅可提高工件的弯曲疲劳强度，而且可以防止淬火裂纹。从热应力的形成过程来看，冷却最终使表面具有压应力。从相变应力看，表层发生马氏体转变，体积膨胀，心部未淬透不发生马氏体转变，体积收缩，因而也使表面具有压应力。二者叠加后，构成很大的残余压应力。由于淬火裂纹是拉应力作用造成，所以薄壳淬火产生的压应力可避免工件淬裂。

薄壳淬火工艺最早应用在福特汽车 T 形轴上，所用材料为 35、45 等浅淬硬钢，以及 $w(C)$ 为 0.80% 的碳钢。通常要求，每侧的淬硬深度不大于直径或壁厚的 10%。

6. 间断淬火法

将加热好的工件淬入水中，数秒后随即提出水面，在空气中稍待一定时间，再淬入水中。如此往复几次，最后浸入水中冷至室温，称为间断淬火。这种淬火方法可在保证淬硬的前提下，尽可能减少工件的变形，也有利防止淬火开裂。这是由于在工件被提出介质时，表层急冷而转变的马氏体因工件内部热量而被回火，减少了内应力的缘故。錾子、扁铲、模具等常用这种方法进行淬火。

7. 浅冷淬火

有些工件在淬火时，自高温一直冷却到室温（或淬火介质温度），因淬火应力较大，极易发生变形开裂。为避免这种现象，可采用浅冷淬火，即在淬火时，严格控制工件在淬火介质中的停留时间，使其最终达到的温度高于室温数百摄氏度，从冷却介质中取出后，立即送入回火炉中进行回火，这种操作工艺称为浅冷淬火。

浅冷淬火适用于大、中型锻模及某些大锻件的淬火。

图 2-34 所示为壁厚为 225～350mm 的 5CrMnMo 钢中型锻模浅

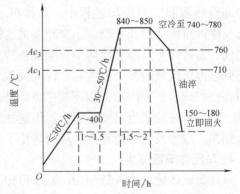

图 2-34　5CrMnMo 钢中型锻模
浅冷淬火工艺曲线

冷淬火工艺曲线。模具奥氏体化后，在空气中冷至 740 ~ 780℃，再淬入油中，控制冷却时间。当模具的温度约达到 150 ~ 180℃时，立即送入回火炉中进行回火，这样处理可以有效地防止模具开裂。此外，应用浅冷淬火还可以进一步改善零件的力学性能，特别是改善钢的低温脆性敏感性。

8. 局部淬火

有些工件按技术要求仅需淬硬某一部分（如长锯片刃部）；有些零件由两种钢材连接而成，如高速钢接柄钻头，它们的淬火温度不同，均需分别进行淬火。进行局部淬火，可以避免整体淬火产生裂纹。

局部淋水或浸油预冷淬火法也有利于防止淬火裂纹。有的工件结构不均匀，多处厚度相差大，整体淬火时会出现组织转变的不同时性，产生较大的内应力而开裂。这时可将工件的薄壁处，或细颈处预先淋些水，或浸一下油进行预冷，使该处温度达到 Ar_3 点附近，允许产生一些珠光体-铁素体。然后进行钢的整体淬火。由于薄壁处已发生预冷分解，具备较好的塑性，可避免开裂。但应注意的是已被水、油淋黑的部分不能立即淬火，而应等一会儿，待该处温度回升后，确认已发生分解转变，才能整体淬火。将薄壁处进行包扎石棉或铁片，减少该处的过热或急冷程度，也有利于防止开裂。

2.5.5　淬火介质的选择

淬火介质的选择与淬火方法密切相关。一般热处理车间仅有数种淬火介质，供热处理工艺人员选择，不可能也没必要配制几十种淬火介质。为了满足零件淬火与不开裂的要求，工艺人员要辨证地处理好零件的技术要求、钢材、淬火介质、淬火方法等诸方面的关系，制定切实可行的淬火工艺，并进行工艺验证和工艺评定工作，最后确定零件的定形工艺。

对于批量大的零件，或特别重要的零件，或过去经常出现产品质量事故的零件，经改进淬火方法还不能解决时，则需要认真地通过大量的试验工作，选择合适的淬火介质。

选择淬火介质应该综合考虑以下因素：

1）零件特性：包括所用钢的化学成分（相变特征），工件的截面尺寸、几何形状，表面粗糙度和表面状态，零件淬火时的排列状况和密集程度等。

2）淬火方式：包括淬火槽液温度、流向，搅拌速率，溶液的浓度。

1. 淬火介质的冷却能力

图 2-35 所示为钢的奥氏体等温转变图（C 曲线）与理想的淬火介质冷却曲线。该介质在钢的过冷奥氏体分解最快的温度下，具有最强的冷却能力；在接近马氏体点时，冷却能力又变得缓和。这样既保证了淬火要求，又减少了淬火应

力，防止了淬火变形开裂。各种钢材的奥氏体等温转变图（C 曲线）不同，实际工件的尺寸不同，则应选择不同的淬火介质。

不同的淬火介质，具有不同的冷却能力。为了表征淬火介质的冷却能力，用淬火烈度 H 表示，即

$$H = h/2\kappa$$

式中 h——在整个淬火过程中热传导系数的平均值；

　　　　κ——材料的热导率。

规定 18℃ 静止水的冷却能力 $H = 1$，各种淬火介质的相对冷却能力见表 2-9。

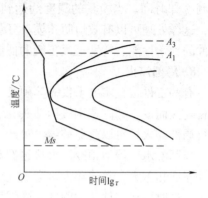

图 2-35　钢的奥氏体等温转变图
（C 曲线）与理想的淬火介质冷却曲线

表 2-9　各种介质的冷却能力

淬火介质	650～550℃珠光体区		300～200℃马氏体区	
	冷却速度/（℃/s）	淬火烈度 H	冷却速度/（℃/s）	淬火烈度 H
0℃水	730	1.06	275	1.02
18℃水	600	1.00	270	1.00
30℃水	500	0.72	270	1.00
50℃水	100	0.17	270	1.00
74℃水	30	0.05	200	0.74
100℃水	26	0.044	190	0.71
18℃蒸馏水	250	0.42	200	0.74
18℃w（NaOH）为10%的水溶液	1200	2.00	300	1.10
18℃w（NaCl）为10%的水溶液	1100	1.83	300	1.10
18℃w（Na$_2$CO$_3$）为10%的水溶液	800	1.33	270	1.00
甘油	130	0.23	170	0.65
50℃植物油	200～150	0.33～0.25	25～40	0.093～0.148
50℃矿物油	100～150	0.17～0.25	20～50	0.074～0.185
50℃变压器油	120	0.20	25	0.093
乳化液（质量分数为10%）	70	0.12	200	0.74
肥皂水	30	0.05	200	0.74
18℃w(Cd)为70%、w(Sn)为30%的合金	460	0.77	2.5	0.009
铜板	60	0.10	30	0.09
铁板	35	0.058	15	0.056
静止空气	3	0.005	1	0.0037
压缩空气	30	0.05	10	0.037
真空		0.011		0.073

在实际生产中，介质的温度、搅拌程度、添加物等因素对介质的冷却能力影响很大。

水和水溶液的温度升高，则介质的冷却能力下降；对油则相反，温度升高，冷却能力则增强。淬火介质的搅动，增强了热量的传递，使冷却能力升高。同时，搅动也可以防止介质局部温度的升高，提高介质的稳定性、安全性。搅动对淬火效果的影响见表 2-10。

表 2-10　搅动对淬火效果的影响

循环或搅动	淬火烈度 H		
	油	水	盐　水
不良	0.25 ~ 0.30	0.9 ~ 1.0	2
缓慢	0.30 ~ 0.35	1.0 ~ 1.1	2 ~ 2.2
中等	0.35 ~ 0.45	1.2 ~ 1.3	—
良	0.40 ~ 0.50	1.4 ~ 1.5	—
强烈	0.5 ~ 0.8	1.6 ~ 2.0	—
极强烈	0.8 ~ 1.1	4	5

2. 淬火介质特点与选择

可供应用的淬火介质种类很多。如水、盐水、油、聚合物溶液、熔盐、熔融金属、气体（包括静止或搅动）、喷雾、固体（通常用水冷套）等。但其中某些应用有限。

（1）水　水是应用最广泛的淬火介质，可以达到较大的冷却速度。此外，水便宜，安全，易于得到，无需考虑防止污染或人身危害等保护措施。

水作为淬火介质的主要缺点是在马氏体转变区冷却速度太大，易使工件产生严重变形和开裂。通常水只局限用于形状简单的碳钢和低淬透性钢制零件的淬火。其次，由于蒸汽膜阶段会延长很长，随着淬火件复杂程度的增加和随着淬火水温的升高，助长了蒸汽膜的停留，使蒸汽膜阶段延长，造成硬度不均匀。另外，不溶的杂质、油和肥皂等会显著降低其冷却能力。

（2）盐水　用于淬火的盐水，是指不同盐（如 NaCl 或 CaCl$_2$）的水溶液。和普通水和油相比较，盐水用于淬火有如下优点：

1）盐水在 650 ~ 550℃ 之间，具有最大的冷却能力，约相当普通水的 10 倍；而在低温区则与水的冷速相当，淬火开裂倾向较自来水小。这是由于盐水淬火时，热应力比相变应力大的缘故。热应力大，则在表层形成压应力状态，有利于防止开裂。

2）温度要求没有水那么严格，因而无需控制。

3）蒸汽泡引起的软点没有水那么严重。

盐水的主要缺点是其腐蚀性大，因而淬火槽、泵、输送带等设备需要有涂层保护，用电镀或用耐腐蚀金属包覆，以保证其使用寿命。

（3）氢氧化钠溶液 $w(NaOH)$ 为 5% ~ 10% 的水溶液，其冷却能力与盐水相似，也具有盐水的一系列优点。不足之处是强碱性，对人的皮肤有害。适用于淬透性较差的碳钢，工件变形小，开裂倾向小。

（4）油 淬火油可分为不同类型。按成分、淬火效果和使用温度，可分为普通油、快速油、等温油或热态淬火油。

普通淬火油是一些含有抗氧化剂的矿物油，但不含添加剂。这种油在低温区的淬火冷却能力远比水低，这对减少变形和开裂是有利的。其缺点是在高温区附近冷速小，不能用于低淬透性的碳素钢，只能用于合金钢工件的淬火。提高油温，可提高冷却能力。油温一般控制在 60 ~ 80℃。

快速淬火油是一些混合矿物油，为了改善油的冷却能力，在油中加入磺酸钠、磺酸钡、磺酸钙、环烷钙及专利添加剂。在淬火冷却时，这些添加剂粘在工件表面而成为形成蒸气泡的质点，改变了蒸气膜破裂的"特性温度"，从而提高了油在高温区的冷却能力。普通淬火油加入质量分数为 2.12% ~ 5% 的磺酸钠后，在高温区可使冷速提高 50%。一般情况下，快速淬火油的冷却能力介于水与油之间，冷却能力比一般矿物油提高 20%，而且变形开裂倾向小。

等温或热油是一类用溶剂精炼的具有很高抗热和抗氧化能力的矿物油。一般用于 95 ~ 230℃ 的等温淬火。这类油含有抗氧化剂，以改善其抗老化能力，因为含有能显著提高冷却速度的添加剂，这类介质甚至在高温亦具有相当好的淬火效果。

（5）聚合物溶液 聚乙烯醇（PVA）是 20 世纪 50 年代中期开始用于水中的添加剂。这种淬火剂的冷却能力介于水、油之间，改变其浓度可调节冷却速度。只要稍稍改变溶液的浓度，就可使 PVA 溶液的冷却能力发生变化，当质量分数低于 0.01%，在室温下的冷却能力，就与纯水有区别。如此小的浓度变化，即可引起性能很大的差异，因此，控制浓度极为重要，往往需要特殊的控制测量仪表。

聚二醇（PAG）是具有逆溶性的高分子聚合物，易溶于水。当溶液温度升到它的浊点以上时，原来溶解的 PAG 会突然脱溶。淬火时，脱溶的一部分 PAG 会粘附在工件表面上，形成一层含水的聚合物包膜，从而增加对工件的隔温性，并影响工件的淬火冷却特性。由于工件的热量只有通过包膜才能散发出去，因此，这层包膜可以减慢淬火冷却速度，包膜越厚，冷却速度越慢。淬火工件的包膜可通过改变 PAG 的浓度来调节，从而改变工件的冷却速度。PAG 淬火介质的折光率大，可以用手提式折光仪方便地进行浓度控制。

2.5.6 防止淬火裂纹的其他措施

1. 及时回火

大家知道，有许多淬火工件的开裂，不是在淬火冷却过程中或冷却之后立即发生的，而是当工件从淬火介质中取出后经过一定时间后出现的，短则几分钟，长则几小时。工件淬火时，淬火介质一般要高于室温，当工件冷却到介质温度时，尚有一部分奥氏体未转变成马氏体，工件从淬火剂中取出后，在室温放置过程，继续发生奥氏体向马氏体转变，实际上是淬火过程的继续，相应工件的组织应力不断增加，淬火可能开裂。另一方面，在室温放置过程中，工件中的淬火内应力会重新分布，在应力集中处也可能引起开裂。将淬火工件及时回火，不仅可降低淬火内应力，而且可以提高钢的破断抗力。因此，及时回火已成为防止裂纹的有效措施。

对淬火裂纹敏感性较强的钢件淬火时，还可以采用将工件在淬火介质中未冷到室温时就取出，利用钢件内部的余热进行自回火。这可以大大缩短淬火和回火的时间间隔，从而防止淬火开裂。

2. 局部包扎

为了减小形状复杂工件薄壁处加热时过热，或在冷却时过冷，工业生产中常用铁皮或石棉绳等物包扎的办法来减缓薄壁处的加热和冷却速度，这也有利于防止淬火裂纹。

在进行包扎时，要注意使包扎物既能减缓加热和冷却速度，又应保证工件在预定时间内能够充分加热，以期淬火后能获得所需要的硬度。此外，包扎物的包扎应去除方便，可以在加热或冷却过程中随时拿掉，以利操作。

2.6 其他热处理裂纹

淬火钢零件在淬火以后要进行冷处理、回火、时效处理、表面处理、磨削加工等工序。如果上述工序处理不当，可能形成回火裂纹、冷处理裂纹、时效裂纹、磨削裂纹、电镀裂纹和延迟裂纹。这是淬火宏观内应力、微观内应力和显微裂纹与淬后各道工序中出现负荷应力或内应力之间相互作用的结果。

2.6.1 回火裂纹

所谓回火裂纹是在回火过程中工艺控制不当而产生的裂纹。在用高速钢和高合金工具钢等淬透性好的钢制造较大的工模具时，可能产生回火裂纹。

用高速钢或高合金工具钢制造的工模具，淬火后已全部淬成马氏体。当用快速加热回火时，如用高频感应加热进行回火时，因表层的马氏体经回火后，马氏体中的碳含量大大减少，因而表层产生体积收缩，表面受到过大的拉应力而导致开裂。

当工模具表面有脱碳层存在时，脱碳层部分在回火冷却时形成马氏体，不仅不膨胀，相反，与内部形成的马氏体的膨胀相比，表现为收缩。因此，在表层产生很大的拉应力，从而出现开裂，其主要特征为网状。

高速钢或高合金工模具钢在回火冷却时，产生残留奥氏体向马氏体的转变。这个过程与淬火过程相似，如果回火冷却速度过快，则易形成裂纹。

预防回火裂纹的措施如下：

1）回火加热速度不能太快。

2）工模具在热处理前一定要将脱碳层切削净；在淬火过程中，要采取措施，预防脱碳层产生。

3）回火冷却时采用缓冷。一般零件回火后采用空冷，大零件采用炉冷，特别是高速钢制的大型工模具，回火冷却最好采用从回火温度浸入比 Ms 点稍高的炉中，保温一段时间后再进行空冷。

2.6.2　冷处理裂纹

有些量具、精密机械零件，为了保证高的尺寸稳定性，需尽量减少残留奥氏体，通常采用 -80℃ 的冷处理。研究表明，高速钢刀具、工模具经过深冷处理（-196℃）可显著提高寿命。但是，如果冷处理不当将引起工件开裂。

冷处理工艺引起裂纹的主要因素有：

1）工件淬火后，本身温度较高；或者用过高的热水清洗，工件尚未冷到室温而装入低温箱中。这时，由于冷却速度加快，部分未转变的奥氏体进一步转变成马氏体，拉应力增大，在低温下材料的脆断抗力降低。当应力超过材料脆断抗力，则导致裂纹。如果已有显微裂纹，则可能导致裂纹的长大或扩展为宏观裂纹。

2）工件尺寸过大，结构复杂，在冷处理时（如 -196℃），冷处理所用介质冷却较快，以及增大原来的内应力等因素，都可能导致形成冷处理裂纹。

冷处理裂纹的特征同淬火裂纹一样，实质是淬火裂纹。

防止冷处理裂纹的措施如下：

1）淬火工件冷到室温后，再装入低温设备中。

2）对形状复杂、薄厚相差悬殊的工件，冷处理前，宜将细薄部分用石棉包扎。

3）冷处理后，待零件温度回升至室温后，应立即进行回火和时效。

4）对形状复杂的零件，淬火和冷到室温后可先进行 110~130℃ 保温 30~40min 的预回火，然后再进行冷处理。

2.6.3　时效裂纹

有些合金如 GH141 镍基高温合金，在固溶处理时，碳化物全部溶入基体中，在 760~870℃ 之间保温，会在晶界生成连续的 $M_{23}C_6$ 碳化物薄膜，使合金脆化。这种材料的焊接件，在标准热处理时会产生应变时效裂纹。

为了减少 GH141 合金焊接件的应变时效裂纹倾向，除在焊接时采取相应的措施外，可采用在焊前进行时效处理，或在焊前控制固溶处理后的冷却速度的方法（如表 2-11 所示），然后再进行标准热处理。对于大型和复杂的焊接结构件，为避免变形，焊后不允许重新固溶处理时，则可采用两次时效处理工艺，即 900℃ ×1h，760℃ ×10h。

表 2-11　减少 GH141 合金应变时效倾向的焊前热处理工艺

工 艺 名 称	热 处 理 工 艺
控制退火	固溶 1080℃，保温适当时间后，以 22℃/min 冷却到 650℃ 后空冷
过时效处理	1080℃ ×30min，以 1.7~4.4℃/min 冷却到 980℃ ×4h，以 1.7~4.4℃/min 冷却到 870℃ ×4h，再以 1.7~4.4℃/min 冷却到 760℃ ×16h 后空冷

2.6.4　磨削裂纹

淬硬的工具钢零件，或经渗碳、碳氮共渗并进行淬火的零件，在随后的磨削加工时有时会出现大量的磨削裂纹。这种裂纹通常细而浅，有时肉眼不易觉察，但借助磁粉探伤，酸浸或酸洗很容易显示。磨削裂纹呈龟裂或较有规则的排列，有时也呈辐射状。

图 2-36 所示为 GCr15SiMn 钢制轴承外圈磨削裂纹。裂纹分布在外圈内挡边不同部位，裂纹方向垂直于磨削方向（即径向）；裂纹在径向没有延伸到油槽和挡边边缘，处于挡边的中间位置，裂纹长度约 3~5mm。在这批磨裂的外圈上，其裂纹严重程度不同，少则几条，多者达几十条，而且有明显磨削烧伤痕迹。

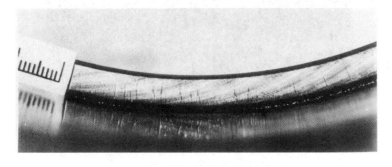

图 2-36　GCr15SiMn 轴承外圈磨削裂纹

一批20CrMnTi齿轮，热处理工艺为渗碳—淬火—回火，磨削后19件产品中有13件出现裂纹，裂纹形貌如图2-37所示。经金相分析显示，裂纹较细，深度为0.45mm，表面有二次回火层。由裂纹特征及表层金相组织可以判断，该齿轮表面裂纹属于磨削操作不当而产生的。同时又对齿部进行硬度测量为63~64HRC（比技术要求56~62HRC高），说明回火不充分，也是造成磨裂的一个重要因素。

磨削时，如果工艺参数选择不当，或者操作不当，工件表面温度达到150~200℃时表面因马氏体分解，体积缩小，而中心马氏体不收缩，使表层承受拉应力而开裂。裂纹与磨削方向垂直，裂纹相互平行。当磨削温度在200℃以上时，表面由于产生索氏体或托氏体，这时表层发生体积收缩，而中心则不收缩，使表层拉应力超过脆断抗力而出现龟裂现象。

图2-37　20CrMnTi渗碳
淬火齿轮磨削裂纹

有时零件表面温度可能高达820~840℃或更高，其温升速度高达每秒600℃，如果冷却不充分，则磨削形成的热量足以使表面薄层重新奥氏体化，并再次淬火而形成淬火马氏体。此外，磨削形成的热量使零件表面温度升高极快，这种组织应力和热应力导致磨削表面出现磨削裂纹。图2-38所示GCr15钢制螺纹规磨削表面二次淬火的金相组织。

图2-38　GCr15钢制螺纹规磨削表面二次
淬火的金相组织　75×

零件淬火后，组织中如有大量的残留奥氏体，或是有网状碳化物，或淬火后回火不足而残留应力过大，均容易在磨削时出现磨削裂纹。磨削裂纹最常见的典型形态有两种：一种为网状裂纹；一种为与磨削方向垂直的平行裂纹。此外，磨削裂纹的产生与被磨件的几何形状与结构等因素有关，零件表面上的尖角结构，有明显的诱裂作用。

以甲醇 + 煤油为渗剂进行渗碳淬火并低温回火的工件，在随后磨削工序曾多次出现磨削裂纹，裂纹多而浅，且与磨削方向垂直。经金相检查，马氏体和残留奥氏体为 1 ~ 3 级，碳化物为 2 ~ 3 级，符合技术要求。检查磨削工艺执行情况表明，磨削用量是合理的，经进一步检查发现，这种磨削裂纹是因为渗碳炉中有大量氢气（体积分数约 66%），在渗碳过程大量氢已溶入工件，随后热处理时，氢未充分析出，以致使材料的脆断强度大大降低。在正常的磨削用量下，其拉伸应力已超过脆断强度，而产生裂纹。经过采取改进渗碳气氛类型，降低气氛中的氢含量，渗碳后进行除氢处理，或延长低温回火时间等措施，有效地防止了这种裂纹的发生。

为了防止磨削裂纹的产生，一方面要使淬火工件有良好的组织，避免过多的残留奥氏体，要采取措施消除网状碳化物，充分回火；另一方面，在磨削时，选用的砂轮粒度和硬度需与零件淬火硬度相适应，磨削速度（砂轮切线速度、工件转数要选适当）不宜过快，进给量不宜过大，磨削时冷却液要充分供给。

2.6.5　电镀裂纹

淬火零件在电镀时或电镀前的酸洗时，会产生具有内应力的表面层。同时，工件和溶液作用产生的氢会渗入钢中，温度越高，吸附的氢量也越大。溶液的离解度越强烈，则工件吸附和渗入的氢含量也越多。如果淬火零件在酸、碱等化学活性介质中停留时间较长，零件中的内应力则可引起应力腐蚀裂纹。

为了防止电镀裂纹产生，可以采取以下措施：

1）尽量减少零件在酸洗、电镀溶液中的停留时间。

2）尽量降低溶液的温度。

3）零件在电镀前充分回火，消除存在的内应力。

4）电镀后，采用低温时效（如 120℃）来减轻氢的危害。

第3章　热处理变形

工件的热处理变形，主要是由于热处理应力造成的。工件的结构形状、原材料质量、热处理前的加工状态、工件的自重，以及工件在炉中加热和冷却时的支承或夹持不当等因素也能引起变形。

凡是牵涉到加热和冷却的热处理过程，都可能造成工件的变形。其中，淬火变形对热处理质量的影响最大。因为淬火过程中，组织的比体积变化大，加热温度高，冷却速度快，故淬火变形最为严重。此外，淬火工艺通常安排在工件生产流程的后期，严重的淬火变形往往很难通过最后的精加工加以修正，结果使工件因形状尺寸超差而报废，造成先前各道工序的人力物力的损失；即使对淬火变形的工件能够进行校正和机加工修整，也会增加生产成本。工件热处理后的不稳定组织和不稳定的应力状态，在常温和零下温度，长时间放置或使用过程中，逐渐发生转变而趋于稳定，也会引起工件的变形，这种变形称为时效变形。时效变形虽然不大，但是对于精密零件和标准量具是不允许的，实际生产中必须予以防止。工件的热处理变形是热处理常见的主要缺陷之一。如何减小或控制热处理变形是热处理工作者的一项重要任务。

工件的热处理变形分为尺寸变化（体积变形）和形状畸变两种形式。造成这两种形式的变形原因有所不同，尺寸变化归因于相变前后比体积差引起的工件的体积改变；形状畸变则是由于热处理过程中，在各种复杂应力综合作用下，不均匀的塑性变形造成的。这两种形式的变形很少单独存在，但是对某一具体工件和热处理工艺，可能以一种形式的变形为主。

3.1　工件热处理的尺寸变化

不同的组织具有不同的体积。钢中各组织的比体积如表 3-1 所示。

表 3-1　钢中各组织的比体积

组　　织	$w(C)(\%)$	室温下的比体积/(cm^3/g)
奥氏体	$0 \sim 2$	$0.1212 + 0.0033w(C)$
马氏体	$0 \sim 2$	$0.1271 + 0.0025w(C)$
铁素体	$0 \sim 0.02$	0.1271
渗碳体	6.7 ± 0.2	0.130 ± 0.001
ε-碳化物	8.5 ± 0.7	0.140 ± 0.002

（续）

组　　　织	$w(C)(\%)$	室温下的比体积/(cm^3/g)
石墨	100	0.451
铁素体 + 渗碳体	0~2	$0.1271 + 0.0005w(C)$
低碳马氏体 + ε-碳化物	0~2	$0.1277 + 0.0015[w(C) - 0.25]$
铁素体 + ε-碳化物	0~2	$0.1271 + 0.0015w(C)$

　　工件在热处理加热和冷却过程中，由于相变引起的体积差造成的体积变形，可以用膨胀曲线说明，如图 3-1 所示。对于原始组织为珠光体的钢样，在 A_1 温度以下加热，随着温度的升高钢样受热膨胀，在 A_1 和 A_3 温度之间，钢发生相

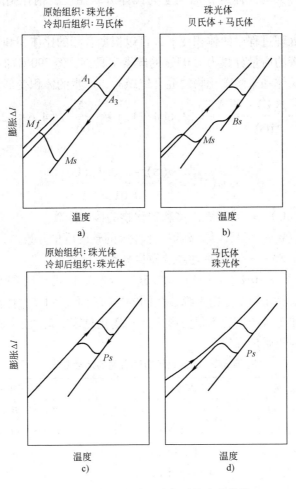

图 3-1　钢样在加热和冷却时的膨胀曲线

a）快速冷却　　b）中速冷却　　c）慢速冷却

d）回火慢冷

变，由珠光体转变为奥氏体，因而发生收缩。温度高于A_3全部转变为奥氏体后，随温度升高，钢样继续膨胀，但其膨胀速率和相变前不同，这是由于相变前后组织不同，热膨胀系数不同的缘故。冷却时情况则反之。即钢样随温度的降低而收缩，当发生$\gamma \rightarrow \alpha$转变时，由于比体积增大而膨胀，相变结束后，随着温度降低而再度收缩。若将钢样加热到奥氏体化后，快速冷却淬火得到马氏体时，由于马氏体比体积大于珠光体，则淬火后钢样的体积或尺寸将会增大，如图3-1a所示；若缓慢冷却得到马氏体和贝氏体，将发生较小的尺寸变化或体积变形，如图3-1b所示；若冷却后的组织与加热前的原始组织相同，钢样不发生体积变形，如图3-1c所示；把淬火马氏体重新加热至马氏体分解温度，钢样则产生收缩，如图3-1d所示。

工件在热处理过程中的体积变形，可以根据各相的比体积和各相的相对量进行估算。对于碳的质量分数为1.05%的碳素工具钢，经790℃加热水淬，得到马氏体、残留奥氏体和未溶碳化物的混合组织时，产生的体积变形为

$$\frac{\Delta \varphi}{\varphi_0} = \frac{100 - \varphi(C) - \varphi(A)}{100} \times [1.68w(M)] + \frac{\varphi(A)}{100} \times [4.62 + 2.11w(M)]$$

$$(3-1)$$

$$w(M) = \frac{w(S) - 0.067\varphi(C)}{1 - 0.01\varphi(C)} \tag{3-2}$$

式中　$\varphi(A)$、$\varphi(C)$——残留奥氏体和碳化物的体积分数；

　　　　$w(M)$——马氏体(残留奥氏体)的碳的质量分数；

　　　　$w(S)$——钢的平均碳的质量分数。

假设$\varphi(A) = 10\%$，$\varphi(C) = 2.5\%$，代入上式，则得到体积变化为+1.07%。若工件在每个方向上都以相同的比例变形，则尺寸变化为+0.35%。

碳钢组织转变时产生的体积变形或尺寸变化见表3-2。表中碳含量系指基体组织中的实际碳的质量百分数。

表 3-2　碳钢组织转变引起的尺寸变化

组　织　转　变	体积变化(%)	尺寸变化(%)
球状珠光体→奥氏体	$-4.64 + 2.21w(C)$	$-0.0155 + 0.0074w(C)$
奥氏体→马氏体	$4.64 - 0.53w(C)$	$0.0155 + 0.0018w(C)$
球状珠光体→马氏体	$1.68w(C)$	$0.0056w(C)$
奥氏体→下贝氏体	$4.64 - 1.43w(C)$	$0.0156 - 0.0048w(C)$
球状珠光体→下贝氏体	$0.78w(C)$	$0.0026w(C)$
奥氏体→铁素体 + 渗碳体	$4.64 - 2.21w(C)$	$0.0155 - 0.0074w(C)$
球状珠光体→铁素体 + 渗碳体	0	0

　　淬火成马氏体的钢在回火过程中，发生复杂的组织变化，因而其体积变形随回火温度和时间而异。碳钢在 100~200℃ 温度区间内回火，马氏体分解析出 ε 碳化物或 η 碳化物等中间碳化物，体积发生收缩；在 200~300℃ 温度区间内回火，中、高碳钢的残留奥氏体发生分解，形成碳化物和铁素体，导致体积膨胀；回火温度高于 300℃，中间碳化物逐渐被渗碳体所取代，体积再度缩小。回火温度继续升高，渗碳体发生粗化和

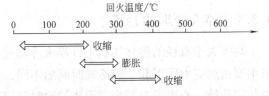

图 3-2　碳钢的回火温度与尺寸变化

球化，在 400℃ 左右，铁素体开始发生回复和再结晶，其体积不再发生变化。图 3-2 所示为碳钢的回火温度及尺寸变化示意图。碳钢的上述回火转变温度及尺寸变化随钢的碳含量和加入合金元素而改变。

3.2　工件热处理的形状畸变

　　工件热处理的形状畸变有多种原因。加热过程中残留应力的释放、淬火时产生的热应力和组织应力，以及工件自重都会使工件发生不均匀的塑性变形而造成形状畸变。

　　工件细长，炉底不平，工件在炉中呈搭桥状态放置时，在加热至奥氏体化温度下保温过程中，常因自重产生蠕变畸变，这种畸变与热处理应力无关。工件在热处理前由于各种原因可能存在内应力，例如，细长零件经过校直，大进给量切削加工，以及预备热处理操作不当等因素，都会在工件中形成残留应力。热处理加热过程中，由于钢的屈服强度随温度的升高而降低，当工件中某些部位的残留应力达到其屈服强度时，就会引起工件的不均匀塑性变形而造成形状畸变和残留应力的松弛。

　　加热时产生的热应力，受钢的化学成分、加热的速度、工件的大小和形状的影响很大。导热性差的高合金钢，加热速度过快，工件尺寸大、形状复杂、各部分厚薄不均匀，会致使工件各部分的热膨胀程度不同而形成很大的热应力，导致工件不均匀塑性变形，从而产生形状畸变。

　　与工件加热时的情况相比，工件冷却时产生的热应力和组织应力对工件的变形影响更大。热应力引起的变形主要发生在热应力产生的初期，这是因为冷却初期工件内部仍处于高温状态，塑性好，在瞬时热应力作用下，心部因受多向压缩易发生屈服而产生塑性变形。冷却后期，随工件温度的降低，钢的屈服强度升高，相对来说塑性变形变得更加困难。冷却至室温后，冷却初期的不均匀塑性变形得以保持下来造成工件的变形。

3.3 热处理变形的一般规律

3.3.1 淬火变形的趋势

高度大于直径的圆柱体状工件淬火冷却过程中，在马氏体点 *Ms* 以上时，变形主要由热应力所引起，随冷却时间的不同，其变形过程如图 3-3 所示。τ_1 表示冷却刚开始，心表温差尚小，形成的瞬时热应力尚未达到钢在该温度下的屈服强度。τ_2 表示随着冷却的继续进行，心表温差的增大，瞬时热应力也不断增大，

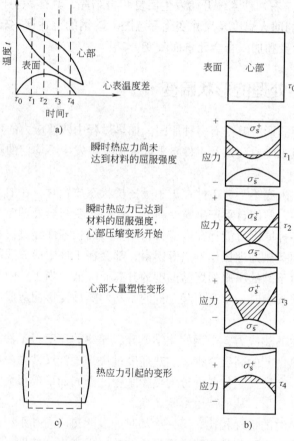

图 3-3 圆柱体工件热应力引起的变形过程示意图

a）心表温度随冷却时间的变化 b）瞬时热应力与
材料的屈服强度

（σ_s^+—拉伸屈服强度；σ_s^-—压缩屈服强度）

c）工件的最终变形

由于表面温度比心部温度低，表面材料的屈服强度比心部高，当表面瞬时拉伸热应力尚未达到材料的屈服强度时，心部的瞬时压缩热应力已经达到材料的屈服点使心部开始发生压缩塑性变形。τ_3 表示随着热应力的增大，心部的塑性变形量也随之增大。τ_4 表示冷却后期，塑性变形结束，残余热应力形成。由于心部在瞬时热应力作用下，产生了压缩变形，结果使得圆柱体高度缩短，直径变粗，由于圆柱体中部比两端冷却慢，其心部塑性更好，压缩变形更大，最终造成腰鼓状变形。直径大于厚度的圆盘件，则厚度增大，直径缩小。

用同样的分析方法可以说明，在 Ms 点以下，由于瞬时组织应力的作用，工件变形的趋势是沿最大尺寸方向伸长，沿最小尺寸方向收缩，表面内凹，棱角变尖。对于长度大于直径的圆柱体工件，具体表现为心部被拉长，直径变细，长度增加。实际生产中，淬火冷却时既有瞬时热应力，也有瞬时组织应力，由于它们引起的变形相反，工件最终的变形，是两种应力引起的变形的叠加。

带有孔或型腔的工件的变形情况要复杂些。对于壁厚小于高度的带圆孔的工件，分析其淬火变形规律时，可以设想把工件沿纵向剖开分解成若干个单元体，每个单元体可近似地看成一个小圆柱体。在瞬时热应力作用下，每个小单元体都发生高度减小，直径增大的变形，其结果是由这些小单元体组成的孔形工件，必然是内孔收缩，外径增大。用同样的方法可以说明在瞬时组织应力作用下，工件内孔胀大，外径收缩。一些简单工件的变形趋势如表 3-3 所示。

表 3-3　一些简单形状工件的变形趋势

零件类别	轴 类	扁 平 体	正 方 体	圆(方)孔柱体	圆(方)孔扁体
原始状态					
热应力作用变形及尺寸变化	d^+, L^-	d^-, L^+	趋向球形	d^-, D^+, L^-	d^-, D^+
组织应力作用变形及尺寸变化	d^-, L^+	d^+, L^-	平面内凹，棱角突出	d^+, D^-, L^+	d^+, D^-
体积效应作用变形及尺寸变化	d^+, L^+ 或 d^-, L^-	d^+, L^+ 或 d^-, L^-	d^+, L^+ 或 d^-, L^-	d^+, D^+, L^+ 或 d^-, D^-, L^-	d^+, D^+ 或 d^-, D^-

3.3.2 影响热处理变形的因素

工件在热处理过程中体积和形状的改变，是由于钢中组织转变时的比体积变化所引起的体积膨胀，以及热处理应力引起的塑性变形所造成。因此，热处理应力愈大，相变愈不均匀，则变形愈大，反之则小。为减小变形，必须力求减小淬火应力和提高钢的屈服强度。显然，凡是影响钢的屈服强度和热处理内应力的因素都将影响工件的热处理变形。这些因素包括钢的化学成分、组织结构、热处理工艺参数、冷却的激烈程度和方式、工件热处理前的应力状态以及工件的形状尺寸等。

1. 化学成分对热处理变形的影响

钢的化学成分通过影响钢的屈服强度、Ms 点、淬透性、组织的比体积和残留奥氏体量等影响工件的热处理变形。

钢的碳含量直接影响热处理后所获得的各种组织的比体积。图 3-4 所示为室温下不同组织的比体积与碳含量间的关系。图 3-5 所示为碳钢的碳含量与 Ms 点和残留奥氏体量之间的关系。随着钢的碳含量的增加，马氏体的体积增大，Ms 点降低，残留奥氏体量增多，淬透性增大，屈服强度升高。淬透性和马氏体比体积的增大，增大了淬火的组织应力和热处理变形；而残留奥氏体量的增多和屈服强度的升高，减小了比体积变化，导致组织应力下降和热处理变形的减小。碳含量对工件热处理变形的影响是上述矛盾因素综合作用的结果。不同碳含量的钢制圆柱形试样的淬火变形如表 3-4 所示。08 钢试样的淬火变形趋势是长度缩短，试样中部直径增大，端部直径缩小，呈腰鼓状，这是因为虽然低碳钢 Ms 点高，发生马氏体相变时，钢的屈服强度低，塑性好，易变形，但是由于马氏体比体积小，组织应力不大，不会引起大的塑性变形，相反热应力引起的变形量相对较大，最终表现为热应力型的变形。对于碳含量较高的 55 钢制试样，组织应力成为引起变形的主导因素，结果试样的变形为中部直径缩小，端部直径增大，长度增大。当

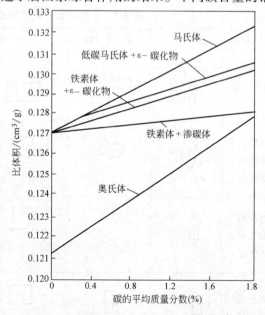

图 3-4 不同组织的比体积与碳含量的关系

碳的质量分数进一步增加到 0.8% 以上时，由于 Ms 点的降低，残留奥氏体量的

增加，其变形又呈长度缩短，直径增大的热应力型变形。并且由于高碳钢屈服强度的升高，其变形量要小于中碳钢。对碳素钢来说，在大多数情况下，以 T7A 钢的变形量为最小。当碳的质量分数大于 0.7% 时，多趋向于缩小；但碳的质量分数小于 0.7% 时，内径、外径都趋向于膨胀。

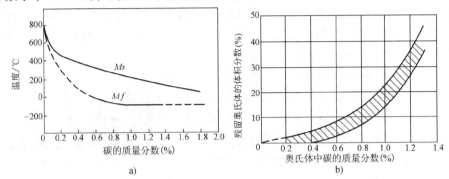

图 3-5　碳含量与 Ms 点和残留奥氏体量之间的关系

表 3-4　碳含量对淬火时体积变化量的影响

（试样尺寸：$\phi25\text{mm} \times 100\text{mm}$）

钢　　号	淬火温度/℃	淬火介质	高度的变化（%）	直径变化（%）	
				中间处	两端处
08	940	14℃水	− 0.06	+ 0.07	− 0.14
55	820	14℃水	+ 0.38	− 0.02	+ 0.21
T10	780	14℃水	− 0.05	+ 0.18	+ 0.12

　　合金元素对工件热处理变形的影响主要反映在对钢的 Ms 点和淬透性的影响上。大多数合金元素，例如，锰、铬、硅、镍、钼、硼等，使钢的 Ms 点下降，残留奥氏体量增多，减小了钢淬火时的比体积变化和组织应力，因此，减小了工件的淬火变形。合金元素提高了钢的屈服强度，也有利于减小热处理变形。但是，合金元素显著提高钢的淬透性，从而增大了钢的体积变形和组织应力，导致工件热处理变形倾向的增大。此外，由于合金元素提高钢的淬透性，使临界淬火冷却速度降低，实际生产中，可以采用缓和的淬火介质淬火，从而降低了热应力，减小了工件的热处理变形。一般来说，在完全淬透的情况下，由于碳素钢的 Ms 点高于合金钢的 Ms 点，其马氏体相变在较高温度下开始。由于钢在较高温度下具有较好的塑性，加之碳素钢本身屈服强度相对较低，因而带有内孔（或型腔）类的碳素钢件，变形较大，内孔（或型腔）趋于胀大。合金钢由于强度较高，Ms 点较低，残留奥氏体量较多，故淬火变形较小，并主要表现为热应力型的变形，其钢件内孔（或型腔）趋于缩小。因此，在与中碳钢同样条件下淬火时，高碳钢和高合金钢工件往往以内孔收缩为主。在常用的合金元素中，硅对 Ms 点的影响不大，只对试样变形起缩小作用；钨和钒对淬透性和 Ms 点影响也不

大，对工件热处理变形影响较小。故工业上所谓的微变形钢，均含有较多量的硅、钨、钒等合金元素。

2. 原始组织和应力状态对热处理变形的影响

工件淬火前的原始组织，例如，碳化物的形态、大小、数量及分布，合金元素的偏析，锻造和轧制形成的纤维方向都对工件的热处理变形有一定影响。球状珠光体比片状珠光体比体积大，强度高，所以经过预备球化处理的工件淬火变形相对较小。对于一些高碳合金工具钢，例如，9Mn2V、CrWMn 和 GCr15 钢的球化等级对其热处理变形开裂和淬火后变形的校正有很大影响，通常以 2.5～5 级的球化组织为宜。调质处理不仅使工件变形量的绝对值减小，并使工件的淬火变形更有规律，从而有利于对变形的控制。

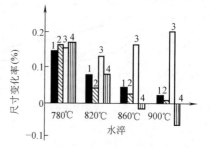

图 3-6　低碳钢的纤维方向性
与尺寸变化率

1—正火钢材纵向　2—正火钢材横向
3—退火钢材纵向　4—退火钢材横向

条状碳化物分布对工件的热处理变形有很大影响。淬火后平行于碳化物条带方向工件膨胀，与碳化物条带相垂直的方向则收缩，碳化物颗粒愈粗大，条带方向的膨胀愈大。对于 Cr12 类型钢和高速钢等莱氏体钢来说，碳化物的形态和分布对淬火变形的影响尤为显著。由于碳化物的热膨胀系数小，约为基体的 70%，因而在加热时，沿条带状分布的碳化物方向上，膨胀较小的碳化物抑制了基体的伸长，而冷却时，收缩较小的碳化物又会阻碍基体的收缩。由于奥氏体化加热温度较缓慢，碳化物对基体膨胀的抑制作用较弱，故条带状分布的碳化物对工件淬火加热变形的方向性影响较小；但在淬火冷却时，由于冷却速度快，碳化物对基体收缩的抑制作用增大，所以淬火后沿碳化物条带方向呈现较大的伸长。

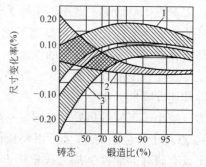

图 3-7　Cr12 钢的锻造比
与长度变化率的关系

（试样尺寸：φ20mm×100mm）

1—纵向试样，950℃油淬
2—横向试样，950℃油淬
3—纵向试样，1000℃油淬

经过轧制和锻造的材料，沿不同的纤维方向表现出不同的热处理变形行为。图 3-6 所示为低碳钢的纤维方向性与尺寸变化率。纤维方向不明显的正火态试样沿纵、横方向的尺寸变化差别较小；而退火态试样，有明显带状组织存在时，沿纤维方向和垂直于纤维方向的尺寸变化则显著不同。图 3-7 所示为经不同锻造比锻造的 Cr12 型钢材，沿不同方向取样淬火处理后，测定的尺寸变化率随锻造比的变化。结果表明，锻造比较大，纤维方向明显时，沿纤维方向的纵向试样尺寸变化率大于垂直于纤维方向的横向试样的尺寸变化率。

过共析钢存在网状碳化物时，在网状碳化物附近，碳和合金元素大量富集，在离网状碳化物较远的部位，碳和合金元素较低，结果增大了淬火组织应力，使淬火变形增大甚至开裂。因此，过共析钢的网状碳化物必须通过恰当的预备热处理予以消除。

另外，钢锭的宏观偏析常造成钢材横截面上的方形偏析，这种偏析往往导致圆盘状零件的不均匀淬火变形。总之，工件的原始组织愈均匀，热处理变形愈小，变形愈有规律，愈易于控制。

淬火前工件本身的应力状态对变形有重要影响。特别是形状复杂，经过大进给量切削加工的工件，其残留应力若未经消除，对淬火变形有很大影响。例如，用 W18Cr4V 钢制造的锥柄钻头，尺寸为 $\phi50mm \times 350mm$，淬火前未进行消除内应力退火时，淬火变形达 0.70 ~ 0.75mm，淬火前经 550 ~ 600℃ ×2h 去应力退火处理，其淬火后变形降低到 0.15 ~ 0.25mm。消除应力处理对渗氮镗杆的变形也有较大的影响。镗杆尺寸为 $\phi75mm \times 1930mm$，一组镗杆进行两次消除应力处理，即第一次消除应力后进行精加工，然后再进行第二次消除应力处理；另一组镗杆切削加工后只进行一次消除应力处理，然后将两组镗杆渗氮，分别测量500mm 长度内的变形量，结果如表 3-5 所示。

表 3-5　消除应力处理对镗杆渗氮变形的影响

序　号	消除应力次数	消除应力工艺参数					弯曲变形/mm		
		设备	加热温度/℃	加热时间/min	保温时间/h	冷却时间/h	头部	中间	尾部
1	1	盐浴炉	630	40 ~ 45	4	3 ~ 4	0.045	0.075	0.05
	2	盐浴炉	600	40 ~ 50	4	3 ~ 4			
2	1	盐浴炉	620	40 ~ 50	5	3 ~ 4	0.18	0.06	0.13
3	1	盐浴炉	620	40 ~ 50	8	3 ~ 4	0.08	0.07	0.11

3. 工件几何形状对热处理变形的影响

几何形状复杂、截面形状不对称的工件，例如带有键槽的轴、键槽拉刀、塔形工件等（见图 3-8），淬火冷却时，一个面散热快，冷却速度大；另一面散热慢，冷却速度小，也就是说截面形状不对称的工件淬火冷却是一种不均匀的冷却。这种不均匀淬火冷却对变形的影响可以用一个形状简单的长板形工件横向入油淬火为例加以说明，如图 3-9所示。假设一板状工件因淬火操作不当横向入油淬火，如图 3-9a 所示，由于平板下表面先入油，故下表面比上表面冷却快，其上下表面及心部温度随

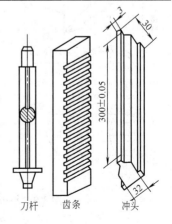

刀杆　齿条　冲头

图 3-8　截面形状不对称的工件

冷却时间的变化如图 3-9b 所示，图 3-9c 则为不同冷却时刻截面温度的分布。τ_1 表示冷却开始时，上下表面都比心部冷却快，温度比心部低，但是心表温差引起的瞬时热应力尚未达到材料的屈服强度，见图 3-9d；随着冷却继续进行，温度的降低，瞬时热应力和材料的屈服强度都在升高，但由于下表面冷却快，其屈服强度高于上表面的屈服强度。于 τ_2 时刻，心部和上表面的瞬时热应力达到材料的屈服强度时，上表面在拉应力作用下伸长，心部在压应力作用下被压缩，结果使板向上拱，即冷却快的下表面成为凹面，如图 3-9e 所示。进一步冷却至 τ_3 和 τ_4 时刻时，随着心部温度的降低和收缩，热应力减小并发生应力反向，但由于材料的屈服强度升高，热应力不再引起塑性变形，即热应力造成的变形是使工件向冷却慢的一面凸起。冷却到 Ms 点以下发生马氏体转变时，其应力与变形恰恰相反，瞬时组织内应力使冷却快的下表面成为凸面，平板向上弯，如图 3-9f 所示。冷却终了的变形，是这两种变形叠加的结果。如果在 Ms 点以上的不均匀冷却引起的变形占优势，则冷却快的一面是凹面，若在 Ms 点以下的不均匀冷却引起的变形占优势，则冷却快的一面为凸面，工件向冷却慢的一面弯曲。表 3-6 为形状不对称的 Cr12MoV 钢制零件实测的热处理变形情况。淬火加热温度为 1020℃，等温温度为 220～250℃，等温后空冷。结果表明，Ms 点以下的不均匀冷却引起的变形起主导作用。增加等温时间，增加贝氏体转变量，使残留奥氏体更加稳定，减小空冷中的马氏体转变量，可使工件的变形量显著减小。

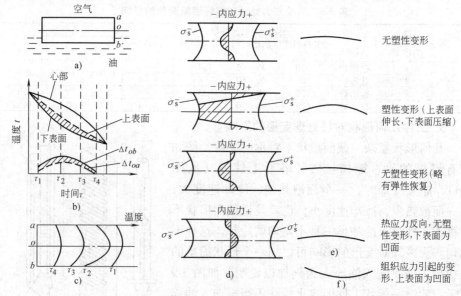

图 3-9 平板受不均匀冷却时的弯曲变形示意图

σ_s^+—拉伸屈服强度　　σ_s^-—压缩屈服强度

表 3-6　**Cr12MoV 钢制不对称工件热处理变形情况**

序　　号	等温时间/h	由等温槽取出后的弯曲/mm	冷却终了时的弯曲变形/mm
1	0	薄刃面凹≈0.5	薄刃面凸≈1.5
2	2	薄刃面凹≈0.3	薄刃面凸≈0.5
3	18	0	薄刃面凸≈0.08

　　分析工件受不均匀冷却的变形时，准确判断哪一个面冷却快是很重要的，否则会得出相反的结论。实践表明，工件形状愈不对称，或冷却的不均匀性愈大，淬火后的变形也愈明显。

4. 工艺参数对热处理变形的影响

　　无论是常规热处理还是特殊热处理，都可能产生热处理变形，分析热处理工艺参数对热处理变形的影响时，最重要的是分析加热过程和冷却过程的影响。加热过程的主要参数是加热的均匀性、加热温度和加热速度；冷却过程的主要参数是冷却的均匀性和冷却速度。不均匀冷却对淬火变形的影响与工件截面形状不对称造成的不均匀冷却情况相同，本节主要讨论其他工艺参数的影响。

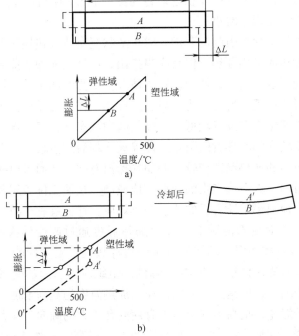

图 3-10　不均匀加热时工件的变形示意图

a) 内应力只引起弹性变形　b) 内应力引起不均匀塑性变形

（1）不均匀加热引起的变形　加热速度过快、加热环境的温度不均匀和加热操作不当均能引起工件的不均匀加热。加热的不均匀对细长工件或薄片件的变形影响十分显著。这里说的不均匀加热并不是指工件表面和心部在加热过程中不可避免的温度差，而是特指由于种种原因致使工件各部分存在温度梯度的情况。

现以图 3-10 为例说明不均匀加热对工件变形的影响。假定一板状工件分为 A 和 B 两部分，其长度为 L_0。在不均匀加热情况下，若 A 部分温度较高，B 部分温度降低，则由于 A 部分的热膨胀大于 B 部分的热膨胀，导致 A 部分受压应力，B 部分受拉应力。在未发生相变的较低温度下，若上述热应力未达到该温度下材料的屈服强度时，工件只发生弹性变形，温度下降到室温后，工件恢复到原长度，如图 3-10a 所示。随着温度的升高，特别在 500℃ 以上，钢的屈服强度大幅度下降。在未发生相变的情况下，当温度较高的 A 部分内应力达到其屈服强度而发生压缩塑性变形时，温度较低的 B 部分的拉应力低于其屈服强度仍然只发生弹性变形。冷却至室温时，该工件不能恢复到原长度 L_0 和原来的形状。若板薄而细长，加热层较厚时，将发生两端上翘的弯曲变形，见图 3-10b；若板很厚加热层很薄时，则易产生表面龟裂。当 A 部分的温度超过相变温度发生珠光体向奥氏体转变时，伴随发生的体积收缩将与热膨胀互相抵消，结果使 A、B 两部分的膨胀差减小，变形量减小。

为了减小不均匀加热引起的变形，对于形状复杂或导热性较差的高合金钢工件，应当缓慢加热或采用预热。但是应当指出，虽然快速加热能导致长轴类工件和薄片状板件变形度的增加，然而，对于体积变形为主的工件，快速加热往往又能起到减小变形的作用。这是因为当只有工件的工作部位需要淬火强化时，快速加热可使工件心部保持在温度较低、强度较高的状态下，工作部分即能达到淬火温度。这样强度较高的心部就能阻止工件淬火冷却后产生较大变形。另外，快速加热可以采用较高的加热温度和较短的加热保温时间，从而可以减轻由于在高温阶段长时间停留因工件自重产生的变形。快速加热仅使工件表层和局部区域达到相变温度，相应地减小了淬火后的体积变化效应，这也有利于减小淬火变形。

（2）加热温度对变形的影响　淬火加热温度通过改变淬火冷却时的温差，改变淬透性、Ms 点和残留奥氏体的数量而对淬火变形发生影响。提高淬火加热温度，增加了残留奥氏体量，使 Ms 点降低，组织应力引起的变形减小，使套类工件的孔腔趋于缩小；但是另一方面，淬火加热温度的提高增加了淬透性，增大了淬火冷却时的温差，提高了热应力，有使内孔胀大的倾向。实践证明，对于低碳钢制工件，若正常加热温度淬火后内孔收缩，提高淬火加热温度收缩得更大，为了减小收缩，要降低淬火加热温度；对于中碳合金钢制的工件，若正常加热温度淬火后内孔胀大，则提高淬火加热温度胀得更大，为了减小孔腔的胀大，也需降低淬火加热温度。对于 Cr12 型高合金模具钢，提高淬火加热温度，使残留奥氏体量增多，孔腔趋于缩小。

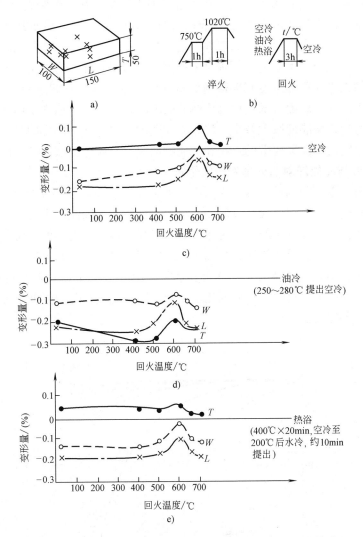

图 3-11　热模具钢制试样淬火冷却方法和热处理变形的关系

[试验用钢的化学成分（质量分数）：

C0. 40%，Cr5. 15%，Mo1. 40%，V0. 80%]

a）试样形状　b）热处理工艺　c）空冷　d）油冷　e）热浴冷却

（3）淬火冷却速度对变形的影响　一般来说，淬火冷却愈激烈，工件内外和不同部位（截面尺寸不同的部位）温差愈大，产生的内应力愈大，导致热处理变形增大。图 3-11 所示为热模具钢制试样淬火冷却方法和热处理变形的关系。

三种介质的冷却速度以油冷最快，热浴冷却次之，空冷最慢。工件经三种不同冷速淬火后，其长度和宽度的变形皆倾向于收缩，变形量差别不大；但在厚度方向上冷速慢的空冷淬火和热浴淬火引起的变形则小得多，其变形胀大小于 0.05%，而油淬发生收缩变形，其最大变形量达 0.28% 左右。然而，当冷却速度的改变使工件的相变发生变化时，冷却速度的增大却并不一定会引起变形的增大，有时反而会使变形减小。例如，当低碳合金钢淬火后由于心部含有大量铁素体而发生收缩时，增大淬火冷却速度心部得到更多的贝氏体，可以有效地减小收缩变形。相反，若工件淬火后因心部获得马氏体而胀大时，减小冷却速度从而减小心部的马氏体相对量，又能使胀大减小。淬火冷却速度对淬火变形的影响是一个复杂的问题，但原则是在保证要求的组织和性能的前提下，应尽量减小淬火冷却速度。

5. 时效与冷处理对热处理变形的影响

对于精密零件和测量工具，为了在长期使用过程中，保持精度和尺寸稳定，往往需要进行冷处理和回火，以便使其组织更加稳定。因此，了解回火工艺和冷处理对工件在时效过程中的变形规律，对于提高这类工件的热处理质量有重要意义。冷处理使残留奥氏体转变为马氏体导致体积膨胀；低温回火和时效一方面促使 ε-碳化物析出和马氏体分解，使体积收缩，另一方面引起一定程度的应力松弛，导致工件产生形状畸变。钢的化学成分、回火温度和时效温度是影响时效过程中工件变形的主要因素。

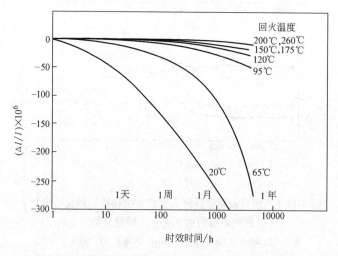

图 3-12　回火温度对碳素工具钢室温时效变形的影响

图 3-12 所示为回火温度对碳素工具钢（W1）室温时效变形的影响。表 3-7 为 150℃ 回火、冷处理和低温回火 + 冷处理复合处理对碳素工具钢（W1）室温时效变形的影响。可以看出，经上述工艺处理的碳素工具钢，在时效过程中，均

表现为体积收缩。冷处理使大量的残留奥氏体转变为马氏体，导致随后时效过程中，由于马氏体分解而产生较大的体积变形。150℃回火，由于ε-碳化物的析出和马氏体的分解，以及残留奥氏体因热陈化而趋于稳定，因而室温时效时，组织基本上不发生变化，相应的变形很小；200℃回火，使组织更加稳定，室温时效几乎不发生变形。Cr2 钢和 CrWMn 类低合金工具钢的试验结果得到了相同的结论。

表3-7　回火和冷处理对碳素工具钢室温时效变形的影响（785℃加热，淬水）

处理温度/℃	硬度 HRC	20℃时效长度的变化 $\Delta l/l$ （%）				
		1 周	1 个月	3 个月	1 年	3 年
—	66	- 0.9	- 1.75	- 2.65	- 4.05	—
150	65	—	- 0.03	- 0.06	- 0.08	- 0.12
- 86	67	- 1.10	- 2.05	- 3.10	- 4.08	—
- 196	66.5	- 1.20	- 2.40	- 3.50	- 5.25	—
150，- 86	65.5	- 0.04	- 0.08	- 0.10	- 0.14	—
150，- 196	65.5	- 0.06	- 0.08	- 0.14	- 0.17	—
150，- 86，150	65.5	- 0.05	- 0.08	- 0.10	- 0.14	—
150，- 196，150	65.5	- 0.05	- 0.08	- 0.11	- 0.16	—

3.3.3　化学热处理工件的变形

化学热处理工件的表面和心部成分和组织不同，具有不同的比体积和不同的奥氏体等温转变曲线，因此，其热处理变形的特点和规律不同于一般工件。化学热处理的目的是为了强化零件的表面或改善工件表面的物理性能和化学性能，例如，提高工件的表面硬度、耐磨性和疲劳强度，改善工件表面的抗氧化性、耐腐蚀性等。化学热处理层深有限，为了发挥渗层的有利作用，工件经过化学热处理后，只允许进行加工余量不大的磨削加工或不再进行机械加工，相对于一般工件，化学热处理工件的变形校正工作更难以进行。因此，化学热处理工件的变形要求比较严格，研究和掌握化学热处理工件的变形规律和预防方法是热处理实践中的重要内容。

钢铁材料的化学热处理可以分为两类：一类在高温奥氏体状态下进行，热处理过程中有相变发生，工件变形较大，最常用的高温化学热处理工艺是渗碳；另一类在低温铁素体状态下进行，热处理过程中除因渗入元素进入渗层形成新相外，不发生相变，工件变形较小，渗氮是最常用的低温化学热处理工艺。

1. 渗碳工件的变形

渗碳工件通常用低碳钢和低碳合金钢制造，其原始组织为铁素体和少量珠光体，根据工件的服役要求，工件经过渗碳后需要进行直接淬火、缓冷重新加热淬火或二次淬火。渗碳工件在渗碳后缓冷和渗碳淬火过程中由于组织应力和热应力的作用而发生变形，其变形的大小和变形规律取决于渗碳钢的化学成分、渗碳层深度、工件的几何形状和尺寸，以及渗碳和渗碳后的热处理工艺参数等因素。

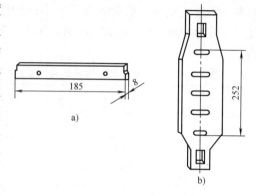

工件按其长度、宽度、高度（厚度）的相对尺寸可以分为细长件、平面件和立方体件。细长件的长度远大于其横截面尺寸，平面件的长度和宽度远大于其高度（厚度），立方体件三个方向的尺寸相差不大。最大热处理内应力一般总是产生在最大尺寸方向上。若将该方向称为主导应力方向，则低碳钢和低碳合金钢制造的工件，渗碳后缓冷或空冷心部形成铁素体和珠光体时，一般沿主导应力方向表现为收

图 3-13　渗碳工件
a）量规　b）辅具

缩变形，收缩变形率约为 0.08% ~ 0.14%。钢的合金元素含量增加、工件的截面尺寸减小时，变形率也随之减小，甚至出现胀大变形。图 3-13a 所示 20 钢制造的量规，经过气体渗碳后（渗碳层深度 1.0mm），长度方向收缩 0.26mm；图 3-13b 所示 20CrMo 钢制造的辅具，经过 920 ~ 940℃ 固体渗碳缓冷后（渗碳层深度约 1.0mm），孔距 252mm 收缩变形量为 0.12 ~ 0.14mm。

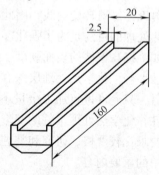

截面厚度差别较大形状不对称的细长杆件，渗碳空冷后易产生弯曲变形。弯曲变形的方向取决于材料。低碳钢渗碳工件冷却快的薄截面一侧多为凹面；而 12CrN3A、18CrMnTi 等合金元素较高的低碳合金钢渗碳工件，冷却快的薄截面一侧往往为凸面。图 3-14 所示渗碳的导磨镶条，用 15 钢制造，经过渗碳空冷后，工件向冷却快的两条薄筋面一侧弯曲；用 12CrNi3A 钢制造时，则向相反一侧弯曲。

低碳钢和低碳合金钢制造的工件经过 920 ~ 940℃ 温度下渗碳后，渗碳层碳的质量分数增加至 0.6% ~ 1.0%，渗碳层的高碳奥氏体在空冷或缓冷

图 3-14　渗碳导轨
磨床镶条

时要过冷至 Ar_1 以下温度（600℃左右）才开始向珠光体转变，而心部的低碳奥氏体在 900℃ 左右即开始析出铁素体，剩余的奥氏体过冷至 Ar_1 温度以下也发生共析分解转变成珠光体。从渗碳温度过冷至 Ar_1 温度，共析成分的渗碳层未发生相变，高碳奥氏体只随着温度的降低而发生热收缩，与此同时，心部低碳奥氏体

却因铁素体的析出比体积增大而发生膨胀,结果心部受压缩应力,渗碳层则受拉伸应力。由于心部发生 $\gamma \rightarrow \alpha$ 转变时,相变应力的作用使其屈服强度降低,导致心部发生压缩塑性变形。低碳合金钢强度较高,相同条件下心部的压缩塑性变形量较小。

形状不对称的渗碳工件空冷时,冷却快的一侧奥氏体沿长度方向的收缩量大于冷却慢的一侧,因而产生弯曲应力。当弯曲内应力大于冷却慢的一侧的屈服强度时,则工件向冷却快的一侧弯曲。对于合金元素含量较高的低碳合金钢,渗碳后表层具有高碳合金钢的成分,空冷时冷却快的一侧发生相变,形成硬度较高、组织比体积较大的新相,而另一侧因冷却较慢,形成的新相硬度较低,故出现相反的弯曲变形。

渗碳件的淬火温度通常为 800 ~820℃,淬火时渗碳层的高碳奥氏体从淬火温度冷却至 Ms 点温度区间内,将发生明显的热收缩;而同时心部低碳奥氏体转变为铁素体和珠光体、低碳贝氏体或低碳马氏体。不论转变为何种组织,心部都因组织比体积的增大而发生体积膨胀,结果在渗碳层与心部产生较大的内应力。一般来说,在未淬透的情况下,由于心部的相变产物为屈服强度较低的铁素体和珠光体,因而心部在渗碳层热收缩的压缩应力作用下,沿主导应力方向产生收缩变形;当心部的相变产物为强度较高的低碳贝氏体和低碳马氏体时,表层高碳奥氏体则在心部胀应力作用下产生塑性变形,结果沿主导应力方向而胀大。

随着渗碳钢碳含量和合金元素含量的增加,渗碳件淬火后心部硬度升高,主导应力方向胀大倾向增大。图 3-15 所示为渗碳工件淬火后心部硬度和变形率的关系。当心部硬度为 28 ~ 32HRC 时,渗碳工件

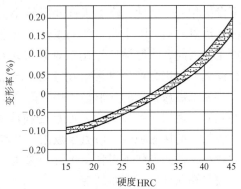

图 3-15　渗碳工件淬火后心部硬度和变形率的关系

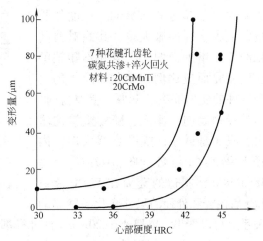

7种花键孔齿轮
碳氮共渗+淬火回火
材料:20CrMnTi
20CrMo

图 3-16　心部硬度对花键孔变形量的影响

的淬火变形很小。随着心部硬度的升高，胀大变形倾向增大。很明显，提高淬火加热温度，选用剧烈的淬火冷却介质，提高渗碳钢的淬透性等凡导致渗碳工件心部硬度升高的因素，都会增大渗碳工件沿主导应力方向的胀大倾向。

殷汉奇研究了 20CrMnTi 钢和 20CrMo 钢制造的 7 种花键孔齿轮经过碳氮共渗淬火回火后的变形规律，发现花键孔产生了收缩变形，收缩的大小与心部硬度和钢的碳含量有关。碳含量偏下限的收缩变形量较小。心部硬度超过 40HRC 时，变形量显著增大，如图 3-16 所示。

2. 渗氮工件的变形

渗氮能够有效地提高工件表面的硬度和抗疲劳性能，并能在一定程度上改善其耐蚀性。渗氮温度较低，约为 510~560℃，钢铁材料在渗氮过程中，基体金属不发生相变，因此，渗氮工件变形较小。渗氮一般是热处理的最后一道工序，工件在渗氮之后，除了高精度的工件还要进行研磨加工外，一般不再进行其他机械加工，因此，渗氮被广泛用来处理要求硬度高而变形小的精密零件。尽管如此，渗氮工件仍会产生变形。由于氮原子的渗入，使渗氮层的比体积增大，因此，渗氮工件最常见的变形是工件表面产生膨胀。由于表面渗氮层的胀大受到心部的阻碍，表层受到压应力，心部受拉应力作用。内应力的大小受零件截面大小、渗氮钢的屈服强度、渗氮层氮浓度及渗氮层深度等因素的影响。当工件截面尺寸较小，截面形状不对称、炉温和渗氮不均匀时，渗氮工件也会产生尺寸变化或弯曲与翘曲变形等形状畸变。

轴类零件经过渗氮后其变形规律是外径胀大，长度伸长。径向胀大量通常随工件直径的增大而增大，但最大胀大量不超过 0.055mm。长度伸长量一般大于径向胀大量，其绝对值随轴的长度增加而增大，但并不随轴的长度变化而成比例的变化。渗氮的套类工件的变形取决于壁厚，壁厚薄时，内外径都趋向于胀大；随着壁厚的增大，胀大量减小；壁厚足够大时，内径有缩小的趋势。图 3-17 所示为 38CrMoAl 钢制造的套筒在 525℃渗氮 72h 后内径和外径的尺寸变化与壁厚的

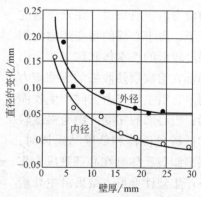

图 3-17 套筒渗氮后内径和外径尺寸变化与壁厚的关系

（材料：38CrMoAl，外径 ϕ70mm，高度 50mm）

关系。可以看出，壁厚小于 20mm，内外径都胀大；壁厚大于 20mm，内径缩小。

一般情况下，当工件的有效截面尺寸大于 50mm 时，渗氮处理的主要变形方式是表面膨胀。但随着工件横截面积的减小，当渗氮层的截面积与心部截面积之

比大于 0.05，小于 0.7 时，除了表面膨胀外，还必须考虑内应力引起的变形，沿工件主导应力方向的变形量可以用下面的经验公式近似予以估算：

$$\Delta l = k \frac{N}{K} \tag{3-3}$$

式中　Δl——主导应力方向长度的增加；

k——系数，取决于材料和渗氮工件横截面的形状；

N——渗氮层的横截面积；

K——心部的横截面积。

常用渗氮钢的 k 值如表 3-8 所示。

表 3-8　常用渗氮钢的 k 值

工件横截面形状	38CrMoAlA	40CrNiMo
圆形	0.3	0.15
方形	0.4	0.2

3.4　热处理变形的校正

工件的热处理变形可以在一定程度上加以控制和减小，但是不能够完全避免。在实际生产中，往往需要对变形的工件进行校正。常用的校正方法可分为机械校正法和热处理校正法两类。

3.4.1　机械校正法

机械校正法是采用机械或局部加热的方法使变形工件产生局部微量塑性变形，同时伴随着残留内应力的释放和重新分布达到校正变形的目的。常用的机械校正法有冷压校正、淬火冷却至室温前的热压校正、加压回火校正、使用氧-乙炔火焰或高频感应加热对变形工件进行局部加热的"热点"校正、锤击校正等。机械校正的零件在使用、放置过程中或进行精加工时，由于残留应力的衰减和释放可能部分地恢复原来的变形和产生新的变形。因此，对于承受高负荷的工件和精密零件，最好不要进行机械校正。必须进行机械校正时，校正达到的塑性应变应该超过热处理变形的塑性应变，但校正塑性变形量必须控制在很小的范围内，一般应大于弹性极限应变的 10 倍，小于条件强度极限的十分之一。校正要尽可能在淬火后立即进行，校正后应进行消除残留应力处理。热处理变形工件的校正，要求操作者具有熟练的技术并很费工时，因此，校正自动化是热处理工作者的一项重要任务。

3.4.2　热处理校正法

对于因热处理胀大或收缩变形而尺寸超差的工件，可以重新使用适当的热处理方法对其变形进行校正。常用的热处理校正法有在 Ac_1 温度下加热急冷法对胀大变形的工件进行收缩处理和淬火胀大法对收缩变形的工件进行胀大处理。在 Ac_1 温度下加热，在水中急冷，工件不发生组织比体积变化的相变，因此，不会产生组织应力，只产生因心部和表面热收缩量不同而形成的热应力。急冷时工件表面急剧收缩对温度较高塑性较好的心部施以压应力，使工件沿主导应力方向产生塑性收缩变形，这是热处理收缩处理法的机理。钢的化学成分不同，其热传导和热膨胀系数不同，在 Ac_1 温度下加热后，钢的塑性和屈服强度也不相同，靠热应力所能达到的塑性收缩变形效果不尽相同，一般碳素钢和低合金钢的收缩效果比较明显，高碳高合金钢的收缩效果则比较差。

收缩处理的加热温度应根据 Ac_1 选择，以保证在水中激冷时不淬硬为原则。对奥氏体稳定性差的碳钢可采用稍高于 Ac_1 的温度，以利用相变温度区的相变超塑性达到最大的收缩效果。各类钢的加热温度是：

碳素钢　　　$Ac_1 - 20℃ \sim Ac_1 + 20℃$

低合金钢　　$Ac_1 - 20℃ \sim Ac_1 + 10℃$

低碳高合金钢（1Cr13、2Cr13、18Cr2Ni4WA 等）$Ac_1 - 30℃ \sim Ac_1 + 10℃$

奥氏体型耐热耐蚀钢　850 ~ 1000℃

加热时间应保证工件充分热透，冷却以 NaCl 水溶液激冷为最好。Ac_1 温度下加热急冷收缩处理法，可以收缩处理各种不同形状的工件，如环形工件的内孔和外圆，扁方工件的孔、孔距尺寸及外形尺寸，轴类工件的长度，以及某些需要局部尺寸收缩的工件等。

使用淬火胀大法校正工件的收缩变形主要适用于形状简单的工件。其原理是利用淬火时工件表层发生马氏体相变时比体积增大，对尚未发生马氏体相变或未淬透的心部施以拉应力，通过心部拉伸塑性变形达到使工件沿主导应力方向胀大的目的。对于低中碳钢和低中碳合金结构钢制造的工件，使用常规淬火加热温度的上限温度加热水淬时，在工件淬透或半淬透的情况下，可使主导应力方向胀大 0.20% ~ 0.50%。形状简单的工件可以在稍高于 Ac_1 温度下加热正火后，重复淬火 1 ~ 2 次。CrMn、9CrSi、GCr15、CrWMn 等过共析合金工具钢件，在原来未淬透的情况下，可按常规热处理规范的上限加热温度加热，并尽可能淬透或获得较深淬硬层，可使工件沿主导应力方向胀大 0.15% ~ 0.20%。淬火后应经 240 ~ 280℃回火。这类钢的淬火胀大变形主要靠淬火时马氏体相变的比体积增大，故胀大变形量有限，并有淬裂的危险。

第4章 残留内应力

4.1 热处理内应力

　　工件在加热和冷却过程中，由于热胀冷缩和相变时新旧相比体积差异而发生体积变化，又由于工件表层和心部存在温度差和相变非同时发生，以及相变量的不同，致使表层和心部的体积变化不能同步进行，因而产生内应力。按照内应力的成因可将其分为热应力和组织应力。

4.1.1 热应力

　　热应力是指由表层与心部的温度差引起的胀缩不均匀而产生的内应力。图 4-1 所示为圆柱体试样在加热和冷却时的内应力变化情况。

　　加热初期，表层温度高，热膨胀大，但受到温度较低的心部的牵制，于是在试样表层产生压应力，心部为拉应力。继续升温时，此应力值随着心部和表层温度差的增大而增加，达到最大值后，又随着心部与表层温度差的减小而降低，直至减小到零，继而发生应力反向，如图 4-1a 所示。由于材料的屈服强度随温度的升高而降低，而内应力超过屈服强度时，将引起塑性变形使内

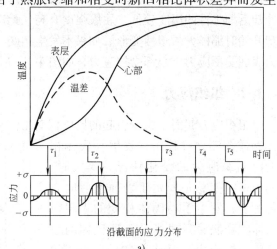

a)

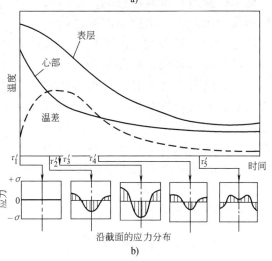

b)

图 4-1　圆柱体试样在加热和冷却时热应力的变化

a）加热　b）冷却

应力得以松弛，因此，加热时产生的内应力对工件的影响较小。但是，对于导热性差的高合金钢，例如，Cr12、Cr12MoV、W18Cr4V 等工具钢，仍需采用多次预热或缓慢加热，以免产生过大的热应力，导致工件的严重变形和开裂而报废。

冷却时情况则相反，开始时，表层由于先冷却而发生大于心部的收缩，由于心部的限制，表层产生拉应力；而温度较高、强度较低的心部则受压应力，当应力超过心部的屈服强度时，心部发生塑性变形使内应力得到部分松弛。这种内应力随着冷却的继续进行先是随心部和表面温度差的增大而增大，但当表层温度接近室温或冷却介质的温度时，心部以相对快的速度开始冷却而收缩，结果工件内形成与冷却初期阶段方向相反的内应力。这两种内应力先是互相抵消，但是由于冷却后期工件的温度较低，屈服强度升高，无论是心部还是表面，都不会发生冷却开始时那样大的塑性变形。如果不发生相变，冷却结束时，最终的残留热应力为表面受压应力，心部受拉应力，如图 4-1b 所示。

4.1.2　组织应力

组织应力起因于相变引起的比体积变化，又称相变应力。图 4-2 所示为圆柱体钢样在淬火过程中，发生马氏体相变时组织应力的变化情况。淬火时，马氏体相变总是开始于表面然后向心部扩展，发生了马氏体相变的表层因其体积膨胀必然对尚处于奥氏体的心部施以拉应力，而其本身则因心部的限制而受压应力，压应力的峰值随相变的进行向心部移动。由于奥氏体具有良好的塑性和很低的屈服强度，因此，相变应力必将引起处于奥氏体状态的心部发生塑性变形。随后当心部温度降低到 Ms 点而发生马氏体相变时，伴随的体积膨胀由于受到已转变

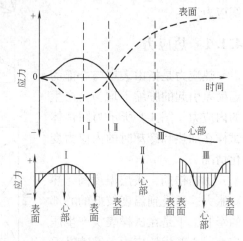

图 4-2　圆柱体钢样淬火时组织应力的变化

成马氏体的坚硬的表层的阻碍，产生了与前述应力相反的组织应力。随着心部马氏体相变的进行，组织应力发生反向，最终形成了表层为拉应力，心部为压应力的残留组织应力。

4.1.3　热处理工件的残留应力分布及影响因素

对于发生相变的热处理工件，其残留应力是热应力和组织应力叠加的结果。残留应力的大小和分布取决于钢的化学成分、淬透性、工件的形状、尺寸和热处

理工艺。图 4-3 所示为在完全淬透情况下，碳含量对淬火圆柱体钢样残留应力的影响。其轴向应力和切向应力在表面和心部均为压应力，中间层则呈现拉应力，拉应力的最大值随碳含量的增加向表面趋近。这是由于随碳含量增加，发生马氏体相变时的比体积变化增大，马氏体相变温度 Ms 点则降低，由此造成热应力减弱，呈现以组织应力为主的分布特征。

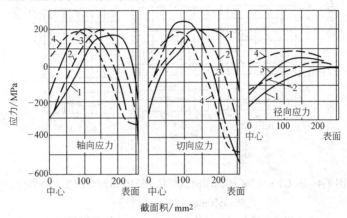

图 4-3　碳含量对完全淬透的圆柱体钢样残留应力的影响

（铬钢，ϕ18mm，850℃ 水淬）

1—$w(C) = 0.98\%$　2—$w(C) = 0.51\%$　3—$w(C) = 0.33\%$　4—$w(C) = 0.20\%$

　　在未淬透情况下，心部转变成珠光体或贝氏体，相变结束时，形成马氏体的表层由于比体积大，相对于心部总是倾向于膨胀，结果表面形成压应力，心部形成拉应力。应力值的大小则随未淬硬区的大小不同而变化。

　　工件的尺寸大小和几何形状对内应力的影响情况很复杂，一般倾向是随工件尺寸增大，残留应力向热应力型转化。对于几何形状复杂或尺寸突变的工件，残留内应力往往在应力集中部位显著增大。

　　图 4-4 所示为 $w(C) = 0.3\%$ 碳钢圆筒形试样从 865℃ 水淬时产生的残留应力。只从外表面淬火时，其应力分布与无内孔的圆柱试样淬火时的情况相似（见图 4-4b）；只从内孔淬火时，情况则相反（见图 4-4a），即形成内孔面压缩，外圆面拉伸的残留应力；若内外表面同时淬火，其应力分布介于上述两种情况之间，内外表面形成压应力，而在未淬硬的中间层产生拉应力（见图 4-4c）。因此，从残留应力分布的角度，对于这类筒形零件，最好是同时从内、外表面淬火。

　　完全淬透的情况下，淬火冷却速度越快，热应力越大，而对组织应力的影响不大；未淬透时，淬火冷却速度既影响热应力，也影响组织应力，其最终结果取决于对两者影响的相对大小。

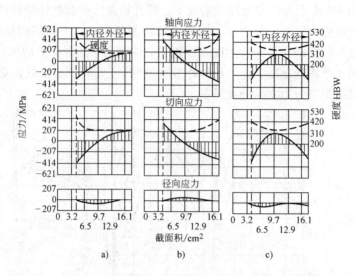

图 4-4　$w(C)=0.3\%$ 碳钢圆筒试样从 865℃ 水淬时产生的残留应力
（$\phi50mm\times24mm$ 试样）

a）从孔内淬火　b）从外表面淬火　c）内外表面同时淬火

4.1.4　表面淬火工件的残留应力

工程上常用的表面淬火方法主要有高频感应加热淬火和火焰淬火两种，经过这两种方法淬火的工件具有相似的残留应力分布。图 4-5 为圆柱体钢样高频感应加热淬火时残留应力形成机理示意图。感应加热终了后的状态如图 4-5a 所示。假如钢的原始组织为珠光体，则一方面表层转变为奥氏体时体积要收缩，另一方面温度升高表层体积要膨胀，不论是膨胀还是收缩，由于受到未被加热的心部的牵制，都会导致表层的塑性变形，使本该产生的应力得到松弛。图 4-5b 所示为冷却终了后的状态。此时心部仍然没有任何变化，但加热后受到急冷的表层却因马氏体相变而发生膨胀。马氏体是一种强硬的组织，尽管它也像加热时奥氏体的膨胀（或收缩）那样，也受到心部的牵制，但它却难以发生塑性变形。如图 4-5b 中箭头所示，在表层和心部之间一方面发生弹性变形，一方面又相互牵制，如果假想表

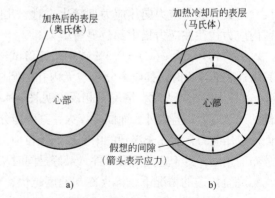

图 4-5　高频感应加热淬火时残留应力形成机理示意图

a）加热后　b）加热并冷却后

层和心部可以分离，那么在两者之间一定会形成间隙。但是，表层和心部实际上是不能分离的，结果是本来要膨胀的淬过火的表层因受到来自内侧的牵制而产生压应力，心部则形成拉应力。

高频感应加热淬火的残留应力的大小和分布与淬火层的深度和硬度分布、工件尺寸、加热和冷却规范等许多因素有关。淬火层深度对残留应力的分布有显著影响，随淬火硬化层深度的增大，表层残留压应力增大，淬火层下最大的拉应力峰向中心移动；但当淬火层深度超过一定值后，表层的残留压应力又随淬火层深度的增加而降低，如图 4-6 所示。对于中小尺寸的钢件，当淬火层总深度为工件半径的 10% ~20% 时，其残留应力的分布最为有利。对于大型零件来说，该比例可能要小些，但一般只要淬火层总深度不超过钢的淬透性时，就能得到有利的残留应力分布。

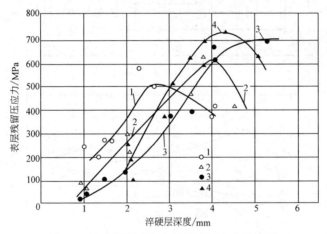

图 4-6 淬火层深度与表层最大压应力的关系
试验用钢的化学成分（质量百分数）
1—0. 44C—0. 24Si—0. 73Mn
2—0. 12C—0. 20Si—0. 45Mn—1. 3Cr—4. 45Ni—0. 85W
3—0. 39C—0. 26Si—0. 65Mn—0. 68Cr—1. 58Ni—0. 16Mo
4—0. 38C—0. 28Si—0. 99Mn—1. 33Cr—0. 36Mo

淬火层深度相同时，表层的残留压应力随着工件尺寸的增大而增大，而未淬火的心部拉应力则降低。沿淬火层深度上的硬度分布太陡和太缓，对残留应力的分布均有不利的影响。硬度分布太陡，拉应力的最大值向表面趋近，虽然表面具有有益的压应力，但对强化零件的安全作用却减小，因为破坏往往起始于淬火层下的最大拉应力处。硬度分布过缓，虽然危险的拉应力值较小，并向心部移动；但是，有益的表面压应力却也随之降低了。因此，一般认为高频感应加热淬火过渡区的宽度宜为淬火层深度的 20% ~30%。

在局部表面加热淬火时，淬火区内残留应力沿层深的分布符合通常感应加热淬火残留应力的分布规律，表面为残留压应力，残留压应力层的深度与淬火硬化层的深度相当。在淬火区与未淬火区的交界处附近，表面的残留压应力减小，压应力层的深度变薄，甚至表面形成残留拉应力。图 4-7 所示为 Cr12 型马氏体不锈钢板状试样，经局部高频感应加热淬火后，残留内应力的分布情况。可以看出，距淬火区外 3mm 处（测点 3），表面残留应力已接近衰减为零，只有约 -50MPa，层下仅 4μm 处，即转化为残留拉应力，沿层深主要呈拉应力型分布。该区的存在降低了钢件的疲劳强度和应力腐蚀抗力，应给予充分重视。

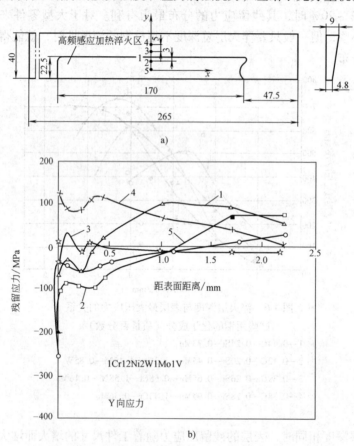

图 4-7　Cr12 型马氏体不锈钢板状试样局部高频感应加热淬火的残留应力分布
a）测试部位　b）残留应力分布

4.1.5　化学热处理工件的残留应力

经渗碳、碳氮共渗的工件由于沿截面存在化学成分的变化，因此，淬火时的相变顺序与普通热处理不同。渗层内碳含量由表及里逐渐降低，相应的马氏体相

变温度 Ms 点则逐渐升高，导致马氏体相变往往不是从表面而是从层下某一部位首先开始，待表层温度降到 Ms 点以下发生马氏体相变时，内层马氏体相变已经结束。导致伴随高碳马氏体相变的大的体积膨胀由于受到内部的牵制而难以发生，于是在表层产生很大的压应力，心部则为拉应力。

研究表明，渗层内的最大压应力往往不是发生在工件的表面，而是位于碳的质量分数为 0.5% ~ 0.6% 的深度。该碳含量的马氏体由于残留奥氏体量较少，其硬度接近马氏体硬度的最大值。图 4-8 所示为渗碳淬火工件的残留应力（切向）分布。渗碳钢的碳的质量分数为 0.15% ~ 0.2%，渗层深度不大于 1mm，渗碳后油淬并经 150°C 至 180°C 的回火。结果表明，表面的残留应力在 +40MPa 到 -200MPa 的范围内变化，压缩应力峰值位于表层下，其值约为 -200MPa 到

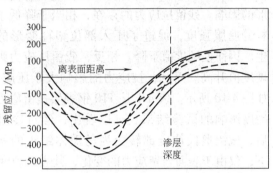

图 4-8　渗碳淬火工件的残留应力（切向）分布

-450MPa，与渗层内压缩应力平衡的拉伸应力值约为 +40MPa 到 +150MPa。应力反向的部位相应于渗层与心部的交界处。其原因是渗碳层表层碳的质量分数过高，淬火后残留奥氏体量较多，导致表层压应力下降的缘故。

4.2　残留应力对力学性能的影响

残留应力作为初始应力存在于工件内，当工件承受外载荷时，残留应力与外应力叠加的结果，可能抵消或增大外应力，从而提高或降低工件的承载能力。图 4-9 所示为渗碳淬火轴类零件的残留应力分布对疲劳强度的影响。图中 a 线为弯曲应力，表面应力最大，并向深处递减；残留应力如曲线 b 所示，表层为残留压应力，层下为残留拉应力与其平衡，外应力与残留应力叠加后的合应力用曲线 c 表示。材料的疲劳强度如曲线 d 所示。可以看出，由于残留应力的影响，最大拉伸应力不再位于表面，加上渗碳淬火提高了工件表面层的疲劳强度，故可有效地防止疲劳裂纹从表面萌生，从而能大幅度地延长工件的疲劳寿命。由此可见，残留应力的合理分布对工件的服役行为有显著影响；但实践表

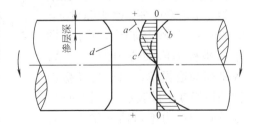

图 4-9　渗碳淬火轴类零件的残留应力分布
对疲劳强度的影响

明，残留应力不论如何分布，对某些力学性能总是有着不利的影响。

4.2.1 残留应力与硬度

硬度是表征材料在表面局部体积内抵抗变形或破裂能力的性能指标，对于金属材料，它表征了表面微区内的塑性变形抗力。因此，残留应力对硬度的影响，其实质是残留应力对硬度压头压入部分的塑性变形的影响。残留拉应力的存在，相当于降低了材料的屈服强度，促进了压入部位塑性变形的发生，因而使硬度值下降。相反，残留压应力则使硬度值升高。而且，拉应力的影响大于压应力，如图 4-10 所示。表 4-1 是 T10 钢表层残留应力对硬度影响的试验结果。可以看出，经过冷处理后，残留奥氏体全部转变为马氏体组织的状态下，仅由于表面残留应力的变化，其表面硬度相差 80HV。

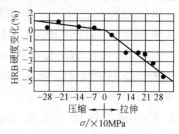

图 4-10 内应力与硬度的关系

表 4-1 T10 钢表层残留应力对硬度（HV）的影响

壁厚/mm	未冷处理	冷处理后	表面残留应力	壁厚/mm	未冷处理	冷处理后	表面残留应力
5	865	880	拉应力大	15	888	950	压应力小
10	880	895	拉应力小	20	888	960	压应力大

4.2.2 残留应力与磨损

研究表明,摩擦面上的残留应力,不论是压应力还是拉应力,都会降低钢铁材料在滑动摩擦条件下的磨损抗力。图 4-11 所示为磨损率与附加应力的关系。摩擦副为 $w(C) = 0.07\%$ 的碳素结构钢和淬火回火处理的 $w(C) = 1.01\%$ 的碳素工具钢，前者加工为固定试样，在磨损试验过程中，可通过机械方法对其施加不同的附加应力，后者加工为旋转试样。磨损试验条件为：干滑动摩擦，摩擦速度 $v = 0.63 \text{m/s}$，接触力如图注所示。图中横坐标为附加应力的绝对值，纵坐标为磨损率，用单位摩擦距离的体积减小量表示。由图可见，随着附加应力绝对值的增大，磨损率呈增大的趋势。

铸铁的磨损试验证实了上述

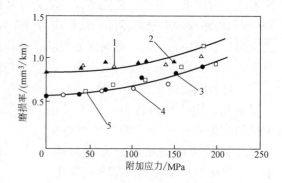

图 4-11 磨损率与附加应力的关系
1—2.94N(拉伸) 2—8.82N(压缩) 3—5.88N(拉伸)
4—5.88N(压缩) 5—5.88N(垂直于拉应力)

研究结果。图 4-12 所示为湿砂型静置铸造和干砂型离心铸造的灰铸铁经不同温度退火 1h 后表面硬度和残留应力的变化。结果是随退火温度的升高，两种铸铁具有相似的软化倾向，超过 600°C，硬度都急剧降低。随温度升高珠光体分解所发生的石墨化现象是硬度急剧降低的原因之一。两种铸铁的残留应力随退火温度升高也表现出相似的变化规律。450°C 以下退火，随温度的升高，残留应力缓慢松弛，在 450～550°C 之间，残留应力迅速降低。以不同温度退火的两种灰铸铁为固定试样，以高碳高磷铸铁为旋转试样，分别组合成摩擦副，进行有润滑的滑动摩擦试验，结果如图 4-13 所示。试验表明，磨损方式主要为粘着磨损。随着退火温度的升高，两种铸铁的磨损率都减小。在 450～600°C 之间退火的铸铁磨损率最小，退火温度继续升高，磨损率增大。这是由于尽管随着处理温度的升高，硬度降低，导致磨损率有所增大，但残留应力的降低却显著提高了铸铁的磨损抗力的缘故。然而，当退火温度超过 600°C 时，残留应力几乎已全部释放，而此时硬度却急剧降低，继续提高退火温度，硬度成为决定其磨损抗力的主要因素，尤其是当发生石墨化现象时，基体组织中析出铁素体，磨损抗力随硬度的降低而大幅度降低，磨损率急剧增大。使用含钛共晶石墨铸铁的磨损试验得到了相同的结果。至少对粘着磨损来说，残留应力显著降低铸铁的磨损抗力。

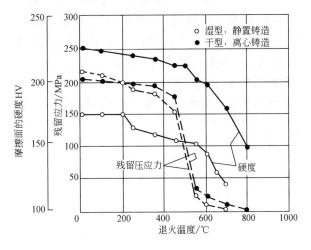

图 4-12　灰铸铁残留应力和硬度随退火温度的变化

　　从改善耐磨性的角度，高频感应加热淬火和火焰淬火后必须重新加热回火，回火温度的选择既要注意尽可能的消除残留应力，又不使硬度有明显的降低。研究表明，对于常用的碳素结构钢和 Cr 钢、Cr-B 钢、Cr-Mo 钢等合金结构钢，高频感应加热淬火后，经过 150°C 左右温度回火，其残留应力约降低 30%，而表面硬度基本上保持不变，表现出最佳的耐磨性能。

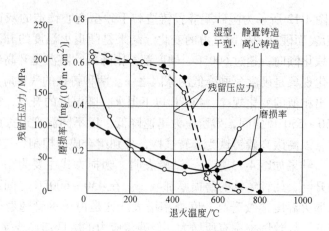

图 4-13　灰铸铁残留应力和磨损率随退火温度的变化

4.2.3　残留应力与疲劳

疲劳失效的过程是裂纹萌生和扩展的过程，疲劳破坏通常起始于工件的表面或表层，是由拉应力引起的一种破坏方式。尽管某些情况下，似乎压应力促进了疲劳损伤，但从微观的角度，疲劳裂纹的萌生与扩展总是与拉应力有关。工件上的缺口、键槽、截面过渡等宏观应力集中增大了这些部位的局部拉应力或应变幅，促进了疲劳裂纹的萌生。工件表面和表层的残留应力能够全部或部分地抵消或增大这些部位的应力，因而提高或降低了工件的疲劳强度。

1. 残留压应力提高工件的疲劳强度

图 4-14 给出了残留压应力对钢的弯曲疲劳极限的影响。对于中碳低镍铬钼

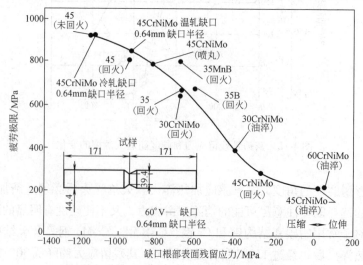

图 4-14　表面残留应力与疲劳极限的关系

钢（8645 钢），用水淬火后，再在缺口根部进行滚压强化，其残留压应力接近 1200MPa，疲劳极限达 950MPa；而仅用油淬火的试样，残留应力接近为零，疲劳极限只有约 200MPa。前者的疲劳极限比后者约提高 3.5 倍。用水淬火回火的低碳低镍铬钼钢（8630 钢）其缺口根部的残留压应力和疲劳极限约为 700MPa，用油淬火的相应值约为 400MPa。前者的疲劳极限比后者提高了 75%。

残留压应力通常产生在经过塑性拉伸、喷丸处理、滚压加工、渗碳、渗氮、碳氮共渗和高频感应加热淬火处理等加工的表层中。拉伸残留应力多产生在经过挤压、高速切削、磨削、拉拔加工、电镀等加工的表层中。经过上述加工处理的工件，在表层产生残留应力的同时，也改变了表层的化学成分、组织状态和力学性能。要区分残留应力和表层组织强化对疲劳性能的贡献是非常困难的。使用碳的质量分数为 0.48% 的碳钢冷拔线材加工成疲劳试样，测量不同温度下退火后的硬度、残留应力和旋转弯曲疲劳极限，结果如图 4-15 所示。冷拔加工使钢硬化，并在试样表面产生拉伸残留应力。随退火温度升高，残留应力和硬度不断降低。经 730°C 退火，残留应力衰

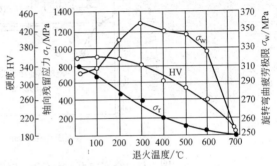

图 4-15　退火温度对冷拔线材试样的硬度、
残留应力和旋转弯曲疲劳极限的影响

减为零，加工硬化的效果亦已消失，其疲劳极限最低，约为 230MPa；300°C 退火，由于残留拉应力大幅度下降，但表面加工硬化的效果却仍然基本保持，因而疲劳极限最高，达 350MPa 左右。研究表明，低碳钢经塑性拉伸产生的残留压应力在交变应力的作用下容易衰减，其疲劳强度的提高主要是机械处理导致的表面形变强化的结果。

表面化学热处理和高频感应加热淬火工件的残留应力经过时效、回火和在交变应力的作用下发生衰减。渗碳淬火钢经室温时效，渗层中由于碳的沉淀析出能使马氏体碳的质量分数降低 0.15% ~ 0.20%，与之相对应的使峰值残留应力降低 50~70MPa。交变应力对表面硬化钢切向残留应力分布的影响如图 4-16 所示。将渗碳淬火的 15 钢和 16MnCr5 钢样，在等于或稍低于疲劳极限的应力下进行疲劳试验，并测量疲劳试验前后的残留应力分布。结果表明，残留应力在交变应力的作用下发生了衰减。值得注意的是这种衰减只发生在硬度低于 500HV 的低硬度区，而在表层高硬度区残留应力几乎未因疲劳试验而发生变化。高频感应加热淬火试样的试验得到了相同的结论。交变应力的另一影响是使渗层中的残留奥氏体发生马氏体相变，因体积膨胀导致残留压应力的增大。

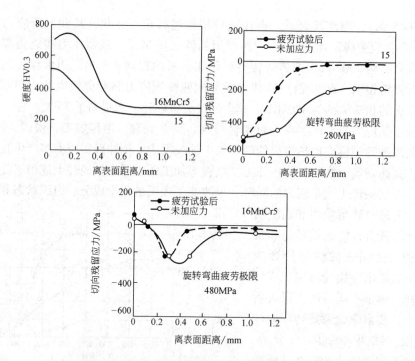

图 4-16 交变应力对表面硬化钢切向残留应力分布
的影响（试样直径为 $\phi18\text{mm}$）

已经提出了一些定量估算残留应力对疲劳性能影响的方法。当工件的硬度较高，外加的交变应力与残留应力之和不超过材料的屈服强度时，残留应力不会在交变应力的作用下发生明显的衰减。在这种情况下，可以把残留应力作为平均应力处理，用 Goodman 关系或其他类似的关系估算工件的疲劳极限。Goodman 关系为

$$\sigma_{w} = \sigma_{wo}\left(1 - \frac{\sigma_{r}}{\sigma_{b}}\right) \tag{4-1}$$

式中 σ_{w}——工件的疲劳极限；

σ_{wo}——残留应力为零时材料的疲劳极限；

σ_{r}——残留应力；

σ_{b}——材料的抗拉强度。

若残留应力因交变载荷而逐渐衰减时，残留应力对 σ_{w} 的影响可用下式估算：

$$\sigma_{w} = \sigma_{wo} - m(\sigma_{r} - \sigma_{f}) \tag{4-2}$$

式中 σ_{f}——交变载荷引起的残留应力衰减量；

m——常数。表面硬化处理的圆棒状试样，$m = 0.14$，表面硬化处理的齿轮，$m = 0.18$。

2. 残留应力对疲劳强度影响的机理

表层残留压应力是通过推迟疲劳裂纹的萌生，还是通过抑制疲劳裂纹的扩展来提高工件的疲劳强度，这是一个复杂的问题。图 4-17 所示为了回火温度对高频感应加热淬火试样的表层残留应力和疲劳性能的影响。碳的质量分数为 0.19% 的 ϕ10mm 的钢样，经过高频感应加热淬火后，其表层残留压应力约为 780MPa，400℃回火使残留压应力降低到 290MPa，其疲劳极限则由淬火态的 510MPa 降低到 270MPa，约降低 47%，如图中曲线 1 所示。图 4-17 的曲线 2 表明，显微裂纹萌生的疲劳极限则几乎不受回火温度和残留应力变化的影响。这意味着残留压应力对疲劳性能的有利影响主要表现在抑制了疲劳裂纹的早期扩展而不是延缓疲劳裂纹的萌生。图 4-18 所示是喷丸处理对高强度铝合金（7010）疲劳裂纹萌生寿命的影响。喷丸处理提高了铝合金在低应力长寿命区的疲劳裂纹萌生抗力，但却加速了高应力区的疲劳裂纹萌生。喷丸处理对高强度铝合金缺口疲劳裂纹扩展行为的影响如图 4-19 所示，喷丸处理加速了裂纹长度小于 1.2mm 的疲劳裂纹扩展速率。这与喷丸处理的硬化层较浅，残留压应力层也较浅，只有 0.2mm 左右，而在 0.2～1.2mm 范围内，残留应力处于拉应力状态有关。该试验结果与高频感应加热淬火试样的试验结果不同，可能是由于喷丸处理的铝合金将缺口根部萌生 0.2mm 的等价穿透裂纹定义为裂纹萌生，因此，裂纹萌生阶段必然包括了裂纹早期扩展阶段。而高频感应加热淬火试样的裂纹萌生定义为显微裂纹尺度。另外，喷丸属于机械处理，其残留应力更容易在交变载荷的作用下衰减。

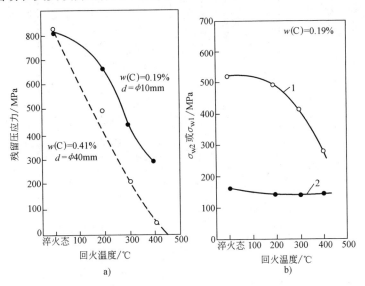

图 4-17　回火温度对高频感应加热淬火试样的表层
残留应力和疲劳性能的影响
1—疲劳极限 σ_{w2}　2—显微疲劳裂纹萌生 σ_{w1}

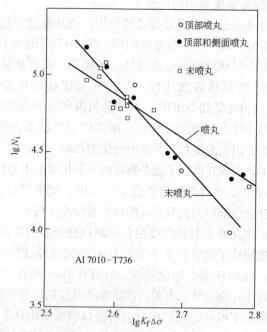

图 4-18　喷丸处理对高强度铝合金疲劳裂纹萌生寿命的影响

注：N_i 为疲劳裂纹萌生寿命（次）；K_f 为系数，$\Delta\sigma$ 为应力增长值（MN/m²）。

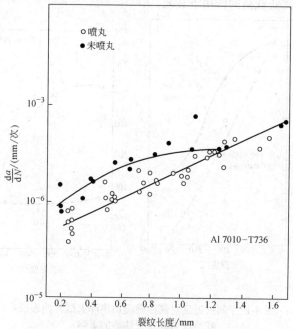

图 4-19　喷丸处理对高强度铝合金缺口疲劳裂纹扩展行为的影响

　　总之，残留压应力对疲劳裂纹萌生和扩展行为的影响与多种因素有关，取决于材料、残留应力的产生方式、残留应力的分布特征和外加应力的大小等。

　　图 4-20 所示为渗碳的光滑试样和缺口试样疲劳强度和应力分布图。假设光滑试样和缺口试样的残留应力分布及渗碳层深度都相同，在应力比为零的脉动弯曲载荷作用下，光滑试样的疲劳强度在很大程度上取决于心部的疲劳强度。当心部的疲劳强度为 600MPa 时，尽管表面渗碳淬火后疲劳强度可达 1080MPa，但是，由于残留应力的影响，表层和心部交界部位的最大承载能力只有约 500MPa，按该值换算的表面最大工作应力为 750MPa。由于表面存在相当大的残留压应力，显然表面具有过大的强度裕度，其强度潜力未能得到充分发挥，如图 4-20a 所示。若要使表面的工作应力提高到 1000MPa，心部的疲劳强度至少需提高到 800MPa，否则，需增大渗碳层深度，见图 4-20b，但在这种情况下，需要考虑渗碳层深度的改变对残留应力分布的影响。如果工件表面存在应力集中使表面承受的外加应力由图 4-20a 中的 750MPa 升高到 1075MPa，则在不改变心部的疲劳强度的情况下，表面的强度裕度得到了充分的利用，如图 4-20c 所示。也就是说，对于带有缺口等应力集中的工件，由于残留应力的作用，只要通过各种表面强化

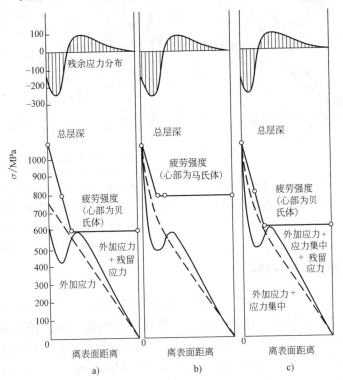

图 4-20　渗碳的光滑试样和缺口试样疲劳强度和应力分布图

手段最大限度的提高表层强度，就可以有效的提高工件的整体强度，而没有必要过大地增大表面硬化层深度和心部强度。

4.2.4 残留应力与腐蚀

金属的主要腐蚀形态有全面腐蚀、晶间腐蚀、点腐蚀、缝隙腐蚀、应力腐蚀和腐蚀疲劳等。工程上最常见的腐蚀形态是应力腐蚀，其次是点腐蚀。内应力加速材料的腐蚀。材料受不均匀加工变形时，变形程度大的部位易受腐蚀，图4-21所示为金属的冷加工变形程度（扭转次数）对腐蚀速率的影响。

应力腐蚀是指某些材料在拉应力和特定腐蚀介质作用下发生开裂的一种失效方式。没有拉应力，也就没有应力腐蚀，因此，残留拉应力增大了材料应力腐蚀开裂的敏感性。图4-22所示为热处理对残留应力和应力腐蚀开裂的影响。由图可见，应力腐蚀开裂的危险性和残留拉应力均随热处理温度的升高而下降。

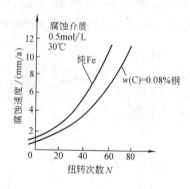

图4-21 金属的冷加工变形程度
（扭转次数）对腐蚀速率的影响

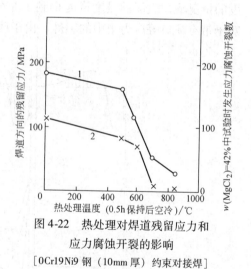

图4-22 热处理对焊道残留应力和
应力腐蚀开裂的影响
[0Cr19Ni9钢（10mm厚）约束对接焊]
1—残留应力 2—开裂数

4.2.5 残留应力与电镀

电镀能够美化工件的外观，提高工件的表面硬度、耐磨性和疲劳强度。但电镀处理在镀层中形成了残留拉应力，导致钢的性能，特别是疲劳性能的下降。对于工程上广泛使用的镀铬工艺，为了防止电镀引起的氢脆，电镀后需要在低温下烘烤退火。合理的烘烤退火工艺在消除氢脆的同时，使工件中的残留拉应力转变为残留压应力，因而提高了镀铬件的疲劳极限，如图4-23和图4-24所示。

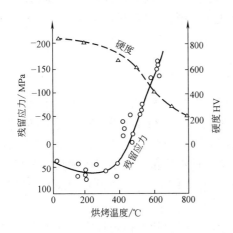

图 4-23　烘烤温度和镀层的残留应力
及硬度的关系

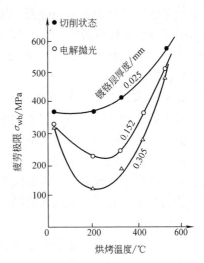

图 4-24　镀铬后的烘烤温度和
疲劳极限的关系

4.3　残留应力的调整和消除

　　通过热处理的方法或机械作用法可以消除工件的残留应力或使其重新分布。退火和回火能够部分地或完全地消除残留应力，是最常用的方法；但是退火和回火还会引起材料的组织变化、硬度下降和其他力学性能的变化。

　　机械作用法包括静态应力处理法、冲击应力处理法、振动处理法等。其原理是在机械力的作用下，使工件产生局部塑性变形，以达到降低和调整残留应力的目的。机械作用法一般不会改变材料的微观组织和力学性能，但是只能部分地消除残留应力或使其重新分布，不可能使残留应力完全消除。

1. 消除应力退火

　　消除应力退火的主要目的是消除铸造、锻造、焊接及机械加工等工序所造成的内应力。其工艺是将工件加热至 Ac_1 以下 50~200°C，保温后空冷或炉冷至 200~300°C，再出炉空冷。消除应力退火中不发生组织转变，去除内应力的机理是局部塑性变形和蠕变引起的应力松弛。残留应力超过材料的屈服强度，就会使材料发生塑性变形，因此，残留应力总是低于材料的屈服强度。通常材料

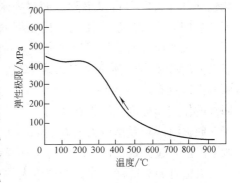

图 4-25　$w(Ni)$ 为 3% 的 Cr 钢弹性极限随
温度的变化

的屈服强度随温度的升高而降低。如图 4-25 所示，温度升高到 620°C，$w(Ni)$ 为 3% 的 Cr 钢的弹性极限降低到约 160MPa，也就是说，在 620°C 退火时，$w(Ni)$ 为 3% 的 Cr 钢的残留应力不会超过 160MPa。考虑到蠕变变形的影响，残留应力还会进一步降低。

2. 回火与残留应力的去除

回火的作用之一是消除淬火钢中的残留应力。淬火马氏体是一种不稳定的组织，具有高的硬度和大的淬火应力。钢淬火后，往往得不到单纯的淬火马氏体，而是形成含有像残留奥氏体、贝氏体等组织的混合组织。这些不稳定组织在回火过程中，因发生分解而引起残留应力的消除或重新分布。由于回火加热，金属内部原子的热振动加剧，钢的屈服强度降低，塑性增大，也会导致残留应力因局部塑性变形而降低。

残留应力消除的程度取决于回火工艺和淬火组织的不稳定程度。在各个工艺参数中，回火温度对消除残留应力的影响最大。图 4-26 所示为回火温度对 30 钢淬火应力的影响。由图可见，450°C 以下，淬火应力随回火温度的升高缓慢下降，超过 450°C 回火，残留应力去除的效果较明显。但是，只有回火温度达到 500~600°C 甚至更高时，残留应力才能接近全部去除。应当指出的是，随回火温度的升高，淬火钢的硬度伴随马氏体的分解而降低。因此，为消除淬火应力而选择回火温度时，应注意在保证力学性能的条件下进行。例如，冷变形工模具钢，为保持淬火状态的高硬度，常采用低温回火，只能使部分淬火应力得以消除。而对要求高强度、高韧度的结构钢，往往采用中温和高温回火，残留应力消除得就比较充分。对于 Ms 点较高的低碳马氏体钢，淬火应力较低，低碳马氏体具有优良的综合力学性能，加上自回火的作用，可以在淬火态使用。

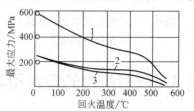

图 4-26 回火温度对 30 钢最大淬火
应力的影响
1—轴向应力 2—切向应力
3—径向应力

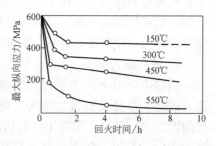

图 4-27 回火时间对残留应力的影响

回火时间对残留应力的影响如图 4-27 所示。残留应力主要是在回火开始阶段去除的，过分延长回火时间对去除残留应力意义不大。

大锻件回火冷却不当，会产生大的残留应力。这是由于高温回火后，在高塑性和低弹性的高温区（碳钢和低合金钢，>400°C；合金钢，>450°C）快冷时，表面产生了剪切变形的缘故。为了缩短回火时间，提高劳动生产率，在低温弹性区域内（<300°C），可以采用较快的冷却速度。

调质处理大锻件中的残留应力属于热残留应力，表面受压，心部受拉，其表面的残留应力可用下式近似估算

$$\left.\begin{array}{l} \sigma_z = 0.48\Delta t \\ \sigma_t = 0.42\Delta t \end{array}\right\} \tag{4-3}$$

式中　σ_z、σ_t——分别为锻件表面的轴向和切向残留应力；

　　　Δt——锻件在高温阶段冷却时，工件中的最大温差。

由于回火过程是不稳定组织趋向稳定化的过程，而这正是残留应力消除的原因之一，因此，组织愈不稳定，则在回火加热时内应力去除的效果愈明显。应当指出的是，在回火加热去除残留应力时，要注意防止钢的回火脆性和工件的变形。

第 5 章　组织不合格

5.1　热处理与组织、性能的关系

　　金属零件通过热处理获得一定的组织，以达到要求的使用性能。热处理是手段，使用性能是目的，而组织是性能的基础和保证。以钢铁为例，其成分、组织、性能的关系如图 5-1 所示。

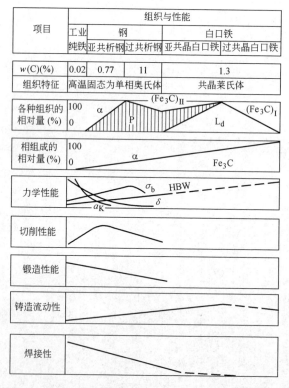

项目	组织与性能				
	工业纯铁	钢		白口铁	
		亚共析钢	过共析钢	亚共晶白口铁	过共晶白口铁
$w(C)(\%)$	0.02	0.77	11	1.3	
组织特征	高温固态为单相奥氏体			共晶莱氏体	

图 5-1　钢铁材料成分、组织、性能的关系

$(Fe_3C)_I$——一次渗碳体　　$(Fe_3C)_{II}$——二次渗碳体

　　常用各种钢热处理工艺，使用状态的组织及性能要求如表 5-1 所示。一般零件根据工作和服役情况，确定主要性能要求，选择合适的热处理工艺和使用组织状态。

表 5-1　常用钢种热处理工艺、组织及性能

钢　种		热处理工艺	使用组织状态	性 能 要 求
结构钢		调质 淬火 + 低温回火	索氏体 回火马氏体 + 少量残留奥氏体	力学性能
弹簧钢		形变强化 淬火 + 中温回火	变形索氏体 托氏体	弹性
不锈钢	奥氏体型	固溶处理 稳定化处理	奥氏体 奥氏体 + TiC 或 NbC	耐蚀性
	马氏体型	淬火 + 回火	回火马氏体 + 碳化物	力学性能、耐蚀性
	沉淀 硬化型	固溶 + 时效	马氏体或奥氏体 + 沉淀硬化	力学性能、耐蚀性
工具钢	一般 工具钢	淬火 + 低温回火	回火马氏体 + 细小碳 化物 + 残留奥氏体	高强度、耐磨性、热硬性
	高速钢	淬火 + 高温回火	回火马氏体 + 碳化物	高硬度、耐磨性、热硬性
模具钢	冷作 模具钢	淬火 + 低温回火	回火马氏体	高硬度、耐磨性、韧性
	热作 模具钢	淬火 + 高温回火	托氏体 + 碳化物	高回火抗力、高硬度、抗热疲劳性
量具钢		淬火 + 低温回火 （ + 冰冷处理）	回火马氏体 + 少量残留奥氏体	耐磨性、稳定性
渗碳钢		渗碳 + 淬火 + 低温回火	表层为回火马氏体 + 细小碳化物 心部为回火马氏体 + 少量铁素体	表面较高硬度、心部良好韧性
氮化钢		调质 + 渗氮	表层为氮化索氏体 + 细小网状氮化物 心部为索氏体	表面高硬度、心部强韧性
碳钢 合金钢 工具钢 不锈钢		渗硼	单相 Fe_2B	耐磨性、高硬度、耐冲击好
			双相 $Fe_2B + FeB$	耐蚀性、耐磨性、不耐冲击
钢铁、高温合金		渗铝	外层化合物层： $FeAl_3$，Fe_2Al_5 次层化合物 + 固溶体： $FeAl$，Fe_2Al_5 第三层固溶体区： Fe_3Al，$FeAl$	抗高温氧化、耐热腐蚀

　　热处理质量除了通过对热处理零件或随炉试样的性能试验（如硬度、强度等）来检验之外，还有一些性能或热处理缺陷，如耐蚀性、耐磨性、热硬性，以及脱碳、过热、过烧等，则必须通过金相组织检验来检查，为此热处理质量控制与检验方面的标准中，含有不少金相组织检验标准，如表5-2所示。

表5-2　热处理金相组织检验标准

标　准　号	标　准　名　称
GB/T 224—1987	钢的脱碳层深度测定方法
GB/T 1299—2000	合金工具钢
GB/T 4462—1984	高速工具钢大块碳化物评级图
GB/T 13299—1991	钢的显微组织评定方法
GB/T 13320—1991	钢质模锻件金相组织评级图及评定方法
GB/T 4335—1984	低碳钢冷轧薄板铁素体晶粒度测定法
GB/T 7216—1987	灰铸铁金相
GB/T 9441—1988	球墨铸铁金相检验
GB/T 8493—1987	一般工程用铸造碳钢金相
GB/T 13305—1991	奥氏体不锈钢 α-相面积含量金相测定法
GB/T 6401—1986	铁素体奥氏体双相不锈钢中 α-相面积含量金相测定法
JB/T 5074—2007	低、中碳钢球化体评级
JB/T 9211—1999	中碳钢与中碳合金结构钢马氏体等级
JB/T 7713—2007	高碳高合金钢制冷作模具显微组织检验
JB/T 8420—1996	热作模具钢显微组织评级
JB/T 9204—1999	钢件感应淬火金相检验
JB/T 9205—1999	珠光体球墨铸铁零件感应淬火金相检验
JB/T 7710—2007	薄层碳氮共渗或薄层渗碳钢件显微组织检测
GB/T 11354—2005	钢铁零件渗氮层深度测定和金相组织检验
JB/T 5069—2007	钢铁零件渗金属层金相检验方法
GB/T 18592—2001	金属覆盖层钢铁制品热浸镀铝技术条件
JB/T 7709—1995	渗硼层显微组织、硬度及层深检测方法
JB/T 9198—1999	盐浴硫碳氮共渗
JB/T 6954—2007	灰铸铁接触电阻加热淬火质量检验和评级
JB/T 1255—2001	高碳铬轴承钢滚动轴承零件热处理技术条件
JB/T 1460—2002	高碳铬不锈钢滚动轴承零件热处理技术条件
JB/T 2850—2007	Cr4Mo4V 高温轴承钢滚动轴承零件热处理技术条件
JB/T 7363—2002	滚动轴承零件碳氮共渗处理技术条件
JB/T 8569—1997	滚动轴承零件碳钢球渗碳热处理技术条件
JB/T 8881—2001	滚动轴承零件渗碳热处理技术条件

（续）

标　准　号	标　准　名　称
JB/T 6366—1992	55SiMoVA 钢滚动轴承零件热处理技术条件
QC/T 262—1999	汽车渗碳齿轮金相评级
JB/T 6141.3—1992	重载齿轮　渗碳金相组织评级
JB/T 6141.4—1992	重载齿轮　渗碳表面碳含量金相判别法
HB 5492—1991	航空钢制件渗碳、碳氮共渗金相组织检验标准
HB 5022—1994	航空钢制件渗氮、氮碳共渗金相组织检验标准

　　热处理产生的组织不合格是指通过宏观观察和显微分析发现的组织不符合技术条件要求，或存在明显的热处理组织缺陷。

5.2　氧化与脱碳

5.2.1　氧化

　　氧化是钢在空气等氧化性气氛中加热时表面产生氧化层，氧化层由 Fe_2O_3、Fe_3O_4、FeO 三种铁的氧化物组成。外表面有过剩的氧存在，因而形成含氧较高的氧化物 Fe_2O_3；在靠近基体的内部，由于氧少金属多，因而形成含氧较低的氧化物 FeO；氧化层中间部分为 Fe_3O_4，即由外层到内层氧化程度逐渐减轻，如图 5-2 所示。

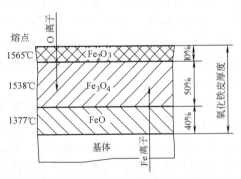

图 5-2　氧化过程示意图

　　随气氛中氧含量增加及加热温度升高，氧化程度增加，氧化层厚度增加。温度和气氛对氧化速度的影响如图 5-3 所示。氧化层达到一定厚度就形成氧化皮。由于氧化皮与钢的膨胀系数不同，使氧化皮产生机械分离，不仅影响表面质量，而且加速了钢材的氧化。

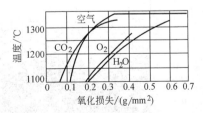

图 5-3　温度和气氛对氧化速度的影响

　　氧化使金属表面失去金属光泽，表面粗糙度增加，精度下降，这对精密零件是不允许的。钢表面氧化皮往往是造成淬火软点和淬火开裂的根源。氧化使钢件强度降低，其他力学性能下降。钢表面氧化一般同时伴随表面脱碳。

5.2.2 脱碳

脱碳是指钢在加热时表面碳含量降低的现象。脱碳的实质是钢中碳在高温下与氧和氢等发生作用，生成一氧化碳或甲烷。其化学反应如下：

$$2Fe_3C + O_2 \rightleftharpoons 6Fe + 2CO$$

$$Fe_3C + 2H_2 \rightleftharpoons 3Fe + CH_4$$

$$Fe_3C + H_2O \rightleftharpoons 3Fe + CO + H_2$$

$$Fe_3C + CO_2 \rightleftharpoons 3Fe + 2CO$$

这些反应是可逆的，氧、氢、二氧化碳、水使钢脱碳，一氧化碳和甲烷可以使钢增碳。一般情况下，钢的氧化、脱碳同时进行。当钢表面氧化速度小于碳从内层向外层扩散速度时，发生脱碳；反之，当氧化速度大于碳从内层向外层扩散的速度时，发生氧化。因此，氧化作用相对较弱的氧化气氛中，容易产生较深的脱碳层。

脱碳层由于被氧化，碳含量降低，金相组织中碳化物较少。脱碳层包括全脱碳和半脱碳两部分。全脱碳层显微组织为全部铁素体。半脱碳层是指全脱碳层的内边界至钢含碳量正常的组织处。钢脱碳典型组织如图 5-4 所示。

脱碳在钢表面形成的铁素体晶粒形状有柱状和粒状两种，如图 5-5 所示。钢在 $A_1 \sim A_3$ 或在 $A_1 \sim Ac_m$ 区域内加热时，强脱碳形成柱状晶脱碳；钢在 A_3 以上加热或 A_1 以上加热时，弱脱碳产生粒状晶脱碳。

图 5-4 钢脱碳层典型组织 100×
（30CrMoVA 钢）

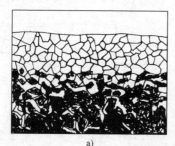

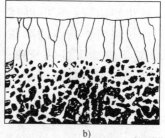

图 5-5 脱碳组织的两种形态
a）粒状晶脱碳 b）柱状晶脱碳

随加热温度升高、加热介质氧化性增强，钢的氧化脱碳增加，如表 5-3 和图 5-6 所示。

表 5-3　50 钢在空气电阻炉中加热 3h 的氧化脱碳情况

加热温度/°C	900	950	1000	1050	1100	1150	1200
氧化皮厚度/mm	0.06	0.07	0.15	0.32	0.33	0.35	0.42
脱碳层厚度/mm	—	0.01	0.02	0.03	0.03	0.05	0.05

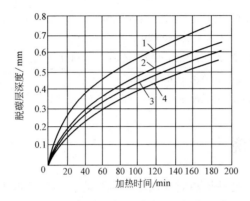

图 5-6　40 钢在氮基气氛中加热时脱碳情况

加热温度 850°C，质量分数为 8% ~ 12% 的 H_2 + 其余 N_2 气氛

1—$H_2O/H_2 = 0.065$　2—$H_2O/H_2 = 0.045$　3—$H_2O/H_2 = 0.033$　4—$H_2O/H_2 = 0.025$

脱碳会明显降低钢的淬火硬度、耐磨性及疲劳性能，高速钢脱碳会降低热硬性。

5.2.3　防止和减轻氧化脱碳的措施

防止或减轻氧化脱碳的措施如表 5-4 所示。防止氧化脱碳的有效措施是采用保护气氛炉或真空炉、盐浴炉加热，或者采用感应加热、激光加热等快速加热方式。如采用空气炉或燃烧炉加热时，必须采取适当保护措施，如涂保护涂料、包套、装箱、控制炉气还原性等。

表 5-4　防止或减少氧化脱碳的措施

加 热 介 质	防止或减少氧化脱碳的措施
空气	1）工件埋入硅砂 + 铸铁屑装箱加热可防氧化,再填加木炭粉可防氧化脱碳 2）工件表面涂防氧化脱碳涂料 3）采用不锈钢包套密封加热 4）采用密封罐抽真空或抽真空后通保护气氛 5）采取感应加热、激光加热等快速加热,可防止或减少氧化 6）已脱碳件可在吸热气氛中复碳

（续）

加 热 介 质	防止或减少氧化脱碳的措施
火焰炉燃烧产物	1）调节燃烧比，使炉气带还原性 2）利用燃烧产物净化后通入罐内作保护气
盐浴	1）严格按要求脱氧 2）中性盐添加木炭粉、CaC、SiC 等含碳活性组分 3）使用长效盐
保护气氛	1）采用一定纯度的惰性气体保护可防止氧化，若防脱碳则应使用深度净化惰性气体，使 O_2 的体积分数 $<10 \times 10^{-6}$，露点 $<-50℃$ 2）制备气氛可控碳势，使碳势接近或等于钢的碳含量
真空	1）一定的压升率，防止"穿堂风" 2）回充气体或冷却气体要达到保护气体的净化水平

5.3 过热与过烧

金属或合金在热处理加热时，由于温度过高，晶粒长得很大，以致性能显著降低的现象，称之为过热；加热温度接近其固相线附近时，晶界氧化和开始部分熔化的现象，称之为过烧。

5.3.1 过热

过热组织包括结构钢的晶粒粗大，马氏体粗大，残留奥氏体过多，出现魏氏组织；高速钢的网状碳化物、共晶组织（莱氏体组织）、萘状断口；马氏体型不锈钢的铁素体过多；黄铜合金脱锌使表面出现白灰，酸洗后呈麻面等。

典型的过热组织如图 5-7 所示。过热组织按正常热处理工艺消除的难易程度，可分为稳定过热和不稳定过热两类。一般过热组织可通过正常热处理消除，称之为不稳定过热组织。稳定过热组织是指经一般正火、退火和淬火，不能完全消除的过热组织。

过热的重要特征是晶粒粗大，它将降低钢的屈服强度、塑性、冲击韧度和疲劳强度，提高钢的脆性转变温度，如图 5-8、图 5-9 和表 5-5、表 5-6 所示。

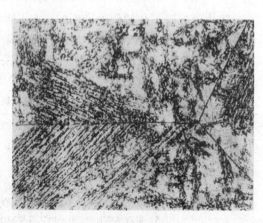

图 5-7 典型过热组织

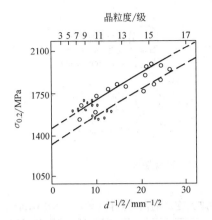

图 5-8 晶粒大小对钢的屈服强度影响

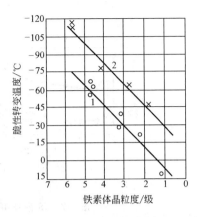

图 5-9 晶粒大小对钢的脆性转变温度的影响
1—$w(C) = 0.02\%$ $w(Ni) = 0.03\%$
2—$w(C) = 0.02\%$ $w(Ni) = 3.64\%$

表 5-5 晶粒度对工业纯铁力学性能的影响

晶粒平均直径 ×100/mm	σ_b/MPa	$\delta(\%)$
9.7	163	28.8
7.0	184	30.6
2.5	215	39.5

表 5-6 晶粒度对 GH2135 合金疲劳性能的影响

晶粒度级别	室温疲劳极限/MPa	700℃ 疲劳极限/MPa
4 ~ 6	290	400
7 ~ 9	400	590

　　过热的另一个重要特征是淬火马氏体粗大。它将降低冲击韧度和耐磨性能，增加淬火变形倾向和淬火开裂倾向，如图 5-10、图 5-11 和表 5-7、表 5-8 所示。根据 JB/T 9211—1999《中碳钢与中碳合金钢马氏体等级》，中碳钢马氏体按其形态和尺寸分为 8 级，级别数字越大，马氏体越粗大，7 ~ 8 级为过热组织。

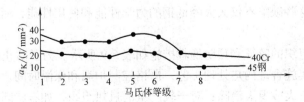

图 5-10 马氏体等级对冲击韧度影响

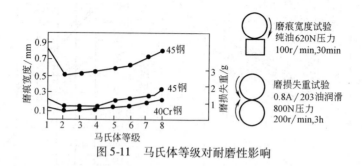

图 5-11 马氏体等级对耐磨性影响

表 5-7 45 钢及 40Cr 钢淬火变形的尺寸变化（单位：×0.01mm）

试 验 类 型	材料	马氏体等级							
		1	2	3	4	5	6	7	8
环形试样 $8^{+0.02}_0$ mm 处的尺寸变化	45 钢	+4.6	+5.3	+7.3	+9.2	+10.1	+12		+12
	40Cr	+6.4	+6.2	+5.1	+4	+5.9	+6.4		+8.4
圆柱试样最大径向圆跳动	45 钢	7.8	12.8	13.7	22.7	31.7	38.3		46.3
	40Cr	1.8	5.5	9.3	10.7	2.2	7.6		13.7

表 5-8 45 钢淬裂试验结果

马氏体等级	长形试样淬火次数					圆形试样淬火次数				
	1	2	3	4	5	1	2	3	4	5
3					3					
4			1	2						
5			1							
6										
7			2							3
8			4	1					3	7

　　钢的过热缺陷还有魏氏组织、网状碳化物、石墨化、共晶组织、萘状断口、石状断口等。这些缺陷不仅大大降低钢的力学性能和使用性能，而且很容易同时产生淬火开裂。

　　各种过热组织的特征和预防挽救措施如表 5-9 所示。为了防止产生过热，应正确地制定并实施合理的热处理工艺，严格控制炉温和保温时间。一般过热组织可以通过多次正火或退火消除；对于较严重的过热组织，如石状断口等，不能用热处理消除，必须采用高温变形和退火联合作用才能消除。

表 5-9 过热组织特征及预防挽救措施

名 称	主 要 特 征	预防挽救措施
晶粒粗大	奥氏体晶粒度在 3 级以下	1）防止过热,严格控制炉温、保温时间,降低加热速度或阶段升温 2）通过多次正火或退火消除 3）石状断口不能用普通热处理消除,必须通过高温变形细化晶粒,再进行退火消除
马氏体粗大	马氏体板条或针较长,在 7 ~ 8 级	
残留奥氏体过多	碳含量和合金元素多的钢种淬火组织中残留奥氏体多	
魏氏组织	亚共析钢的铁素体在奥氏体晶界及解理面析出,呈细小的网格组织	
网状碳化物	过共析钢过热,在显微组织中出现网状沿晶界分布碳化物	
石墨化(黑脆)	高碳钢退火组织中有部分渗碳体转变为石墨,断口呈灰黑色	
共晶组织	高速钢过热出现共晶莱氏体组织	
萘状断口	断口上有许多取向不同、比较光滑的小平面,像萘状晶体一样闪闪发光	
石状断口	在纤维断口基体上,呈现不同取向、无金属光泽、灰白色粒状断面	
δ 铁素体过多	Cr13 型不锈钢过热,在组织中有大量 δ 铁素体	

5.3.2 过烧

过烧组织包括晶界局部熔化、显微空洞,铝合金表面发黑、起泡、断口灰色无光泽,镁合金表面氧化瘤等。典型的过烧组织如图 5-12 所示。

图 5-12 典型过烧组织(50A 钢) 150 ×

过烧组织使零件性能严重恶化,极易产生热处理裂纹,所以过烧是不允许的热处理缺陷。一旦出现过烧,整批零件只好报废,因此在热处理生产中要严格防止出现过烧。

5.4 低、中碳钢预备热处理球化体级别不合格

汽车、拖拉机及其他各种机器都大量使用标准件和紧固件。轴、销、杆等标准件大多通过自动车削加工，而螺栓、螺母、铆钉等紧固件大多采用冷镦加工。为了提高生产率，适应自动切削和冷镦加工，对其钢料预备热处理球化程度应予以控制。

自动车削加工要求钢材具有良好切削性能，塑性不能高（塑性太高，切削时容易"粘刀"，切屑不易断），希望钢材金相组织为片状珠光体；而冷镦加工要求钢材具有良好的冷镦性能，塑性要好，以保证冷镦时不开裂，希望钢材金相组织为球状组织。为此，制定了低中碳钢球化率评级标准（JB/T 5074—2007），以碳化物球化程度评级，共有 6 级，1 级球化率为 0，即珠光体完全是片状；6 级球化率为 100%，即完全球化状态。低碳结构钢及低碳合金结构钢、中碳结构钢、中碳合金结构钢的球化体分级组织特征和球化率定量分析数据如表 5-10 至表 5-12 所示。冷镦用中碳钢一般要求 4~6 级，自动机床加工用低、中碳钢一般要求 1~3 级。

表5-10 低碳钢与低碳合金钢的球化率数据

级　　别	标准中金相组织特征	图像分析仪测定球化率(%)
1	珠光体 + 铁素体	0
2	珠光体 + 少量球化体 + 铁素体	28
3	球化体及珠光体 + 铁素体	57
4	珠化体及少量珠光体 + 铁素体	64
5	点状球化体及少量珠光体 + 铁素体	75
6	球化体 + 铁素体	100

表5-11 中碳钢的球化率数据

级　　别	标准中金相组织的文字说明	图像分析仪测定球化率(%)
1	珠光体 + 铁素体	0
2	珠光体及少量球化体 + 铁素体	14
3	珠光体及球化体 + 铁素体	44
4	点状球化体及少量珠光体 + 铁素体	73
5	点状球化体及少量球化体 + 铁素体	92
6	均匀分布的球化体 + 铁素体	100

表5-12　中碳合金钢的球化率数据

级　别	标准中金相组织的文字说明	图像分析仪测定的球化率(%)
1	珠光体＋铁素体	6
2	珠光体及少量球化体＋铁素体	20
3	珠光体及球化体＋铁素体	47
4	点状球化体及少量珠光体＋铁素体	63
5	点状球化体及球化体＋铁素体	82
6	均匀分布球化体＋铁素体	100

　　低、中碳钢预备热处理的球化程度不合格，将严重影响其冷镦和自动车削加工性能。球化体级别对冷镦性能的影响如表5-13所示。由表中可以看出，球化体1~3级冷镦量大时，将会产生开裂，而4~6级则冷镦时无开裂，所以冷镦用钢材球化率控制在4~6级是合适的。大量生产实践表明，自动车削加工用钢材球化率控制在1~3级时，零件表面粗糙度合适，刀具磨损正常，生产率较高；如果球化率超过3级，很难进行自动机床生产。

表5-13　球化体级别对冷镦性能的影响

变形量 ＼ 球化级别	1	2	3	4	5	6
冷顶锻压下量 $\frac{1}{3}H$（变形量为66.7%）	3件样品中有1件开裂	良好	良好	良好	良好	良好
冷顶锻压下量 $\frac{1}{4}H$（变形量为72.2%）	3件样品中有2件开裂	3件样品中有2件开裂	3件样品中有1件开裂	良好	良好	良好

　　低、中碳钢球化程度不能满足冷镦要求的，可以进行补充球化退火。退火工艺如下：

　　1）等温球化退火：加热至 Ac_1 以上温度（750~790℃），保温后以20℃/h冷速炉冷或随炉冷却，至690℃保持3~5h，再缓冷至500℃以下出炉空冷。

　　2）缓冷球化退火：加热至 Ac_1 以上温度（760~790℃），保温后炉冷至550℃以下出炉空冷。

　　3）再结晶球化退火：加热至 Ac_1 以下20~30℃，长期（10h以上）保温，使碳化物球化，然后炉冷至550℃以下，出炉空冷。

5.5　感应加热淬火组织缺陷

　　感应加热淬火由于加热速度快，时间短，加热温度难于控制，又是表面局部淬火，质量控制和稳定更为困难。感应加热淬火常见的组织缺陷主要是过热和加热不足。

过热的淬火组织为粗大马氏体组织，晶粒粗大；加热不足的淬火组织有未溶铁素体和组织不均匀，严重时将出现网络状托氏体，使硬度降低。JB/T 9204—1999《钢件感应淬火金相检验》把显微组织分为 10 级，如表 5-14 所示。其中 1 ~ 2 级为过热组织，属于不合格组织；7 ~ 10 级为加热不足组织。当硬度要求 ≥55HRC 时，3 ~ 7 级合格；当硬度要求 <55HRC 时，3 ~ 9 级合格。JB/T 9205—1999《珠光体球墨铸铁零件感应淬火金相检验》把显微组织分为 8 级，如表 5-15 所示，其中 1 ~ 2 级为过热组织，属于不合格组织；7 ~ 8 级为加热不足组织，也属于不合格组织；合格组织为 3 ~ 6 级。

表 5-14　钢件硬化层显微组织分级及特征

级别	组织特征	晶粒平均面积/mm²	对应的晶粒度/级	热处理状况	质量
1	粗马氏体	0.06	1	过热	不合格
2	较粗马氏体	0.015	3		
3	马氏体	0.001	6 ~ 7	正常	合格
4	较细马氏体	0.00026	8 ~ 9		
5	细马氏体	0.00013	9 ~ 10		
6	微细马氏体				
7	微细马氏体,其含碳量不均匀	0.0001	10	加热不足	不合格（硬度 <55HRC 时,3 ~ 9 级合格）
8	微细马氏体,其含碳量不均匀,并有少量极细珠光体（托氏体）+ 少量铁素体（<5%）				
9	微细马氏体 + 网络状极细珠光体（托氏体）+ 未溶铁素体（<10%）				
10	微细马氏体 + 网络状极细珠光体（托氏体）+ 大块状未溶铁素体（>10%）				

表 5-15　珠光体球墨铸铁硬化层显微组织分级及特征

级别	组织特征	表面硬度 HRC	热处理状况	质量
1	粗马氏体、大块状残留奥氏体、莱氏体、球状石墨	53	过热	不合格
2	粗马氏体、大块状残留奥氏体、球状石墨	53		
3	马氏体、块状残留奥氏体、球状石墨	51	正常	合格
4	马氏体、少量残留奥氏体、球状石墨	52		

（续）

级别	组 织 特 征	表面硬度HRC	热处理状况	质量
5	细马氏体、球状石墨	52	正常	合格
6	细马氏体、少量未溶铁素体、球状石墨	52		
7	微细马氏体、少量未溶珠光体、未溶铁素体、球状石墨	31.5	加热不足	不合格
8	微细马氏体、较多量未溶珠光体、未溶铁素体、球状石墨	30		

感应淬火过热或加热不足热处理缺陷，主要由于加热温度过高或过低、保温时间过长或过短等因素引起的。

感应淬火加热温度一般比热处理炉加热的淬火温度高，并且受原始组织和加热速度的影响。亚共析钢感应淬火温度一般为 $Ac_3 + (80 \sim 150)°C$。原始组织不同而淬火温度也各异，如退火状态比正火状态的淬火温度高，正火状态又比调质状态的淬火温度高。

对于任何一种材料，将表面加热至一定深度和温度，是由加热比功率和加热时间决定的，所以也可以根据单位面积的功率经验数据，估算加热时间。在生产实践中，对于一定直径的零件，可根据淬硬层的深度要求，按经验数据确定比功率的同时，大致选定加热时间。

为改善感应淬火组织过热或加热不足缺陷，可以从合理选择电流频率、优选比功率和加热时间、调整感应器与工件间隙等方面进行改进。

5.6 渗碳组织缺陷

渗碳组织缺陷主要有以下几种：
1）表层碳化物过多，呈大块状或网状分布。
2）残留奥氏体过多。
3）马氏体粗大。
4）内氧化。
5）黑色组织。

5.6.1 表层碳化物过多、呈大块状或网状分布

渗碳件出现大块状和粗大网状碳化物，主要是由于表层碳含量过高引起的。采用滴注法渗碳时，滴量过大，可控气氛渗碳时富化剂的量过多，或者碳势控制系统失控。此外，渗碳后冷却太慢也会形成网状碳化物。采用渗碳后直接淬火时，预冷时间过长，淬火温度过低，在预冷时间里，使碳化物沿奥氏体晶界析

出。采用一次淬火时，淬火温度太低，渗碳缓冷后形成的网状、块状碳化物，在重新加热时没有消除。

由于表层碳的质量分数过高引起上述缺陷时，可重新在较低的碳势气氛中扩散一段时间消除。由于直接淬火和一次淬火温度过低而造成上述缺陷时，可重新加热到较高的温度正火，使网状或块状碳化物溶解，而后，在稍高的温度下淬火消除。

为了防止网状碳化物的出现，可按下式适当地选择强渗期和扩散期的比例：

$$T_C = T_t \left(\frac{C_d - C_0}{C_c - C_0} \right)^2$$

$$T_d = T_t - T_c$$

式中　　T_c——强渗期时间；

T_t——总渗碳时间；

T_d——扩散期时间；

C_0——材料原始碳含量（质量分数，%）；

C_c、C_d——强渗期和扩散期的碳势（质量分数，%）。

例：设 $T_t = 4h$，$C_c = 1\%$　$C_d = 0.8\%$

$C_0 = 0.15\%$ 则

$$T_C = 4 \times \left(\frac{0.8 - 0.15}{1.0 - 0.15} \right)^2 h \approx 2.3h$$

$$T_d = 4h - 2.3h = 1.7h$$

即扩散期为 1.7h，强渗期为 2.3h。

为了预防网状碳化物或块状碳化物，其关键是合理地控制炉内碳势，并有足够的扩散时间和适当淬火温度。

在可控气氛炉，如密封箱式多用炉、连续式渗碳生产线中渗碳，由于采用氧探头和计算机碳势控制技术，表层碳含量可以得到满意的控制。只有在以下几种情况下，产生碳势失控时，才会出现过高的表层碳含量。

1）氧探头损坏，指示值偏低，富化气供给量多。

2）氧探头参比空气管路不畅，造成空气不能顺利到达探头，造成探头输出值大幅度降低。

3）氧探头空气吹扫管路不畅，影响探头除碳效果，严重影响探头的使用寿命。

4）工艺气体（如稀释剂、富化气）供给量和供给时机控制不当，炉内炭黑增多，探头表面有炭黑沉积。

5）炉内炭黑过多未能按时烧炭黑。

6）炉子漏气，氧毫伏数下降，富化气增加。

在未安装碳势控制系统的老式炉子中，如果工艺操作不当，常会引起表层碳化物超标。因此，设备改进是减少表层碳化物超标的主要因素。

5.6.2　残留奥氏体量过多

适量的残留奥氏体能提高渗层的韧性、接触疲劳强度，以及改善啮合条件，扩大接触面积。但残留奥氏体过量，常会伴随着马氏体针状组织粗大，导致表层硬度下降，降低耐磨性。对不同承载能力的渗碳件，残留奥氏体应有一个最佳范围。通常认为残留奥氏体量在 20%（体积分数）以下是允许的。

引起残留奥氏体过量的原因有以下几方面：

1）钢中合金元素多。如 Cr、Mn、Ti、V、Mo、W、Ni 等元素溶入奥氏体中，增加了奥氏体的稳定性，促使淬火后残留奥氏体量增多。

2）渗层碳的质量分数过高。渗碳气体碳势过高和渗碳温度偏高，使溶入奥氏体中的碳量增加，造成淬火后残留奥氏体量增多。

3）淬火温度偏高。加热温度愈高，溶入奥氏体中的碳和合金元素量也愈多，奥氏体稳定性提高，残留奥氏体增多。

4）淬火剂温度偏高。淬火剂温度愈高，马氏体转变愈不充分，残留奥氏体量愈多。

为了使残留奥氏体量适当，而又不使马氏体粗大，应合理选择渗碳钢，恰当调整炉内碳势，降低渗碳、淬火和冷却介质的温度。对渗层中过量的残留奥氏体，可采用重新加热淬火、二次淬火和淬火后冷处理等方法来减少。

5.6.3　马氏体粗大

在正常情况下，渗碳层应为回火马氏体、均匀分布的颗粒状碳化物和少量的残留奥氏体。马氏体的主要作用是提高表面硬度和强度，它的针状组织粗细和均匀度对使用性能影响很大。马氏体针状组织愈小，力学性能特别是韧性愈好；相反，马氏体针状组织愈粗大，性能愈差。

马氏体粗大同渗碳用钢、渗碳温度，以及渗碳后的热处理工艺有关。钢中不含细化晶粒的合金元素（如 Ti、V、Al、Nb、Zr、N 等元素）或不属于本质细晶粒钢时，渗碳后直接淬火，则容易出现粗大马氏体。渗碳温度过高，渗碳过程中奥氏体长大，渗碳后直接淬火后马氏体必然粗化。此外，工件渗碳后经缓冷和重新加热淬火时，因淬火温度过高，也易出现粗大马氏体。

对于本质细晶钢制件，为了抑制渗碳时奥氏体的晶粒长大，防止直接淬火后渗层的马氏体粗化，主要是严格控制渗碳温度。最近的研究表明，控制钢中酸溶铝量在 0.030% ~ 0.045%（质量分数），铝和氮质量比在 3 ~ 5 之间，可以使马氏体细化。

对于非本质细晶粒钢制件，渗碳后重新加热淬火工艺对控制马氏体级别有着重要意义。淬火温度要根据钢种和工件对表面及心部组织性能要求来确定。淬火温度愈低，马氏体针状组织愈细；但心部铁素体量增加，心部硬度降低。近年来的研究和生产实践证明，对于非本质细晶粒钢渗碳件，采用 BH 催渗技术和稀土共渗技术进行渗碳，可以采用较低的渗碳温度（如 880℃）渗碳，直接淬火获得细针马氏体。

5.6.4 内氧化

在渗碳气氛中，总是含有一定量的 O_2、H_2O、CO_2 气体。当炉子气氛中上述组分含量较高，或炉子密封不好，有空气侵入，或者零件表面有严重的氧化皮时，在渗碳过程中将发生内氧化。内氧化的实质是：在高温下，吸附在零件表面的氧可沿奥氏体晶粒边界扩散，并和与氧有较大亲和力的元素（如 Ti、Si、Mn、Al、Cr）发生氧化反应，形成金属氧化物，造成氧化物附近基体中的合金元素的质量分数降低，淬透性变差，淬火组织中出现非马氏体组织。

由于内氧化，表层出现非马氏体组织，零件表面显微硬度明显下降。当内氧化层深度小于 13μm 时，对疲劳强度没有明显的影响；当内氧化深度大于 13μm，疲劳强度随氧化层的增加而明显下降。对 20CrMnTi 钢，在 2675MPa 接触应力条件下，表面 30μm 左右的非马氏体层使疲劳寿命下降 20% 左右，100μm 的非马氏体层使疲劳寿命下降 63%。内氧化的存在也影响表面残留应力的分布，内氧化层愈深，表面张应力愈大。

为了减少内氧化，应设计或选择一种不易内氧化的钢。内氧化与某些合金元素的存在以及在奥氏体中的含量有关。图 5-13 所示为常用渗碳钢合金元素的氧化趋势。从图中可以看出：Ti、Si、Mn 和 Cr 易被氧化，而 W、Mo、Ni 和 Cu 则不被氧化。在含镍的钢中，可

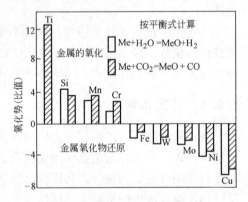

图 5-13　常用渗碳钢合金元素的氧化趋势
炉气中的平均成分（质量分数）
$H_2$40%，CO20%，$CH_4$1.5%，$CO_2$0.5%，
H_2O0.28%，$N_2$37.72%

以有效地防止钢的内氧化。在 Cr-Mo 类钢中，钼的质量分数偏低（0.2%）时，总是发现内氧化。采用质量分数为 0.5% 或更高的钼，对防止内氧化和提高淬透性非常有益。当 Mo 与 Cr 的质量比在 0.4 以下时，可以观察到内氧化层的深度达 14~20μm；Mo 与 Cr 的质量比为 1 时，钢中则观察不到内氧化现象。对 Cr-Ni-Mo 类钢，其中 Mo 与 Cr 的质量比为 0.4，而镍的质量分数为 1% 时，也不易出现

内氧化现象。国外已相继研制出能够抑制内氧化的新型渗碳钢。

为了防止内氧化，减小非马氏体层厚度，除了考虑选材外，还可以从工艺上采取以下措施：

1）在渗碳时，要控制炉气中 O_2、CO_2、H_2O 等气体的含量；减少渗剂中的杂质（如硫）的含量。

2）渗碳前要将零件表面的氧化皮、锈斑清除干净。

3）在渗碳操作时，要保证炉子良好的密封性，要保持炉内正压并稳定，防止空气进入炉内。

4）排气期，加大富化气量或采取其他措施（如增大煤油滴量等），尽早恢复炉气碳势。

5）为了减少或者消除内氧化不良后果，可在渗碳结束前，向炉内通入质量分数为 5%～10% 的氨气，只要共渗 10min，渗入少量的氮，即可恢复内氧化损失的淬透性。

6）可通过珩磨、磨削加工、电解抛光、喷砂处理，去除表面氧化物和减小氧化物的厚度，均可减轻或克服内氧化的有害影响。

7）渗碳淬火采用快速淬火油，将油温提高到冷却速度最快的温度，增大淬火油槽中油的搅拌速度等措施，提高淬火介质的冷却能力，也可以使非马氏体层厚度减少，甚至不出现。

图 5-14 所示为 SNCM21H 和 SNCM23H 钢，经 15h 气体渗碳，空冷后再加热到 850°C，以不同冷却速度从 850°C 冷却到 100°C 后，非马氏体层厚度与冷却速度的关系。由图可知，冷却速度越快，非马氏体层越薄。

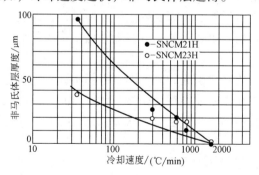

图 5-14　非马氏体层厚度与冷却速度的关系

使用普通的气体渗碳方法，因为气氛中必然有少量 CO_2、H_2O 的存在，所以内氧化不可避免。由于氧沿奥氏体晶界的扩散深度与渗碳时间有关，渗碳时间越长，内氧化的深度越深。工件渗碳层深度增加，渗碳时间增加，内氧化的深度也相应增加。等效采用 ISO 的 GB/T 8539—2000《齿轮材料及热处理检验的一般规定》，对不同材料热处理质量级别的齿轮在不同渗层深度下的非马氏体层厚度有明确规定，如表5-16所示。

表5-16 不同渗层深度下的表面非马氏体层厚度要求

齿轮质量等级	ML	MQ		ME	
渗层深度与非马氏体层厚度		渗层深度 δ/mm	非马氏体层厚度/μm	渗层深度 δ/mm	非马氏体层厚度/μm
		$\delta < 0.75$	17	$\delta < 0.75$	12
		$0.75 < \delta < 1.50$	25	$0.75 < \delta < 1.50$	20
		$1.50 < \delta < 2.25$	38	$1.50 < \delta < 2.25$	20
		$2.25 < \delta < 3.00$	50	$2.25 < \delta < 3.00$	25
		$\delta > 3.00$	60	$\delta > 3.00$	30

注：ML表示对齿轮加工过程中齿轮材料质量和热处理质量的一般要求；MQ表示对有经验的齿轮制造者在一般成本下可以达到要求的等级；ME表示必须具有高可靠度制造过程才能达到的等级。

5.6.5 黑色组织

工件在碳氮共渗后，在几十微米的表层内出现许多小黑点或小黑块，呈不连续分布；或相连成网状直通表面，形成黑色网状组织；或出现托氏体黑色网带。这三类组织统称为"黑色组织"。

黑色点状组织一般出现在0.1mm的表层内，在抛光后未经浸蚀的试样中即可观察到，呈斑点状分布，有时呈网状。经浸蚀后，可看到其分布在白色化合物基底上。经观察证明，黑色斑点主要是由大小不等的孔洞组成。

黑色网状组织是由合金元素氧化物、托氏体、贝氏体等组成的混合组织，一般呈黑色网状分布在表层的一定深度内。试样经抛光，即使不腐蚀就可以看到黑色网状组织；经腐蚀后，更加明显，且在最外层出现黑色带。这主要是由于内氧化引起的。

黑色网带组织与内氧化引起的黑色网状组织不同，它在抛光未经浸蚀的试样表面看不见，只有在腐蚀后才能在金相显微镜下看到。其特征是在整个渗层内沿奥氏体晶界出现托氏体网；当表层有粒状碳氮化合物时，在化合物周围，有时也可以看到托氏体、贝氏体组织。

渗层中出现黑色组织将大大降低零件的表面硬度、耐腐蚀性、抗弯疲劳强度和接触疲劳强度，从而显著降低零件的使用寿命。黑色组织对零件性能的影响程度与黑色组织的严重程度有关。20CrMnMo、20Cr2Ni4A钢碳氮共渗的内氧化深度大于0.013mm时，会使钢的疲劳极限下降20%~25%。40Cr钢经碳氮共渗后，在0.3~0.4mm的共渗层中，存在0.05~0.06mm的浅层黑网时，多次冲击寿命下降30%~60%；存在黑色带状托氏体时，多次冲击寿命下降60%~80%。

如上所述，黑色组织是三种不同组织的通称。由于种类不同，形成机理和产生原因也不同。

1. 黑色点状组织

通过扫描电镜观察表明，黑色点状组织显示为孔洞，孔洞表面比较光滑，总的形态犹如溶洞。这显然是气体作用的结果。孔洞内比较干净，只有少数孔洞中存在少量孤立的夹杂物。经鉴定，表面光滑的球状夹杂物为硫化物，小块状的粒子为硅酸盐夹杂。孔洞中无任何残留的氧化物夹层或碎片，所以孔洞不可能是晶界上形成的氧化物脱落后的残孔。在孔中找不到黑色石墨片或石墨块残存的痕迹。孔洞表面显露出来的颗粒，是同基体组织结合在一起的晶界上的碳氮化合物，它们也没有分解。

对深冷脆性断口的观察表明，黑色组织孔洞与气体析出有关，不是晶界氧化物或析出的石墨脱落后留下的孔隙，所以造成孔洞的原因，应从氮或氢的作用来考虑。

在 800～900°C 的共渗温度下，只会有碳氮化合物的生成，不会有碳氮化合物的分解。在共渗后温度降低时，由于这类化合物的稳定性增强，更不能析出气体氮，所以孔洞的形成不一定与碳氮化合物的生成和分解有必然的联系。

在共渗温度下，渗层的基体处于稳定的含氮奥氏体状态。一般情况下，氮的气体分子是不易析出的。在某些情况下，如有气体析出，不是化合物分解的结果，而可能是在约 600°C 以下过饱和固溶体的分解。计算表明，在 600°C 时，平衡气体氮的压力为 25000MPa，这说明在 600°C 以下的温度时，溶解于共渗层中的氮充分析出时，是有可能造成孔洞的。

在气体碳氮共渗处理中，碳原子主要来源于碳氢化合物，氮原子主要来源于氨，两者热分解后均含有大量的氢。因此，钢不可避免地产生强烈的渗氢过程。氢的渗入有两种作用：一种作用是直接造成孔洞；另一种作用是间接促成孔洞。后者有两种可能：①渗入钢中的过量氢，在钢的内部与渗碳体生成甲烷，甲烷在钢中溶解极小，不易排除，也往往聚集在晶界上或缺陷处，在这些地方造成孔洞或裂纹。②共渗层中溶解的氮的含量很高，在冷却过程存在析出的趋势。气体氮的析出，必然有氮原子向晶界、缺陷等内表面扩散，并和氢结合成氨分子的过程。在低于 700°C 的温度下，固溶氮的含量降低，可以主要依靠氢的作用，以形成 NH_3 的形式来实现。这样，依靠氨的聚集和压力的增长，也能在钢的内部形成孔洞。

生产实践表明，黑色点状组织在下述条件下容易出现：共渗介质中氨气量过多，共渗层表面氮的质量分数大于 0.5%；共渗温度低，共渗时间过长等。降低氨的通入量和提高共渗温度，可以减轻黑色点状组织的产生。

2. 黑色网状组织

合金钢在碳氮共渗气氛中加热时，零件的表面与气氛中的二氧化碳、氧气、水蒸气相互作用而被氧化，形成合金氧化物，使奥氏体中的合金元素贫化，降低了奥氏体的稳定性；同时氧化物又促进扩散型转变的非自发成核；随后淬火冷却时，这部分合金元素贫化了的奥氏体转变为托氏体、贝氏体等非马氏体组织。

碳氮共渗时，当炉内气氛中的氧势较高时，氧原子在工件表面聚集，并沿奥氏体晶界向晶内扩散。而合金元素则由晶内向晶界和由内层向表层扩散，与氧结合成氧化物。由于钢中氧化物的含量由表层向内层逐渐减少，并基本分布在晶界上，因而形成网状黑色组织。

在碳氮共渗温度下，钢中的合金元素与氧的亲和力从大到小排列次序为 Al、Ti、Si、V、Mn、Cr、Fe、Mo、W、Co、Ni。愈靠前面的元素，愈易被氧化。

碳氮共渗层内氧化倾向较大与共渗介质的氧势较高有关。这是因为液氨中经常含有一定的水分，当氨气干燥不充分时，水分被带入炉内。碳氮共渗温度较低，渗剂裂解不完全，产气量少，排气速度较慢，炉内氧化性气体停留时间较长，特别是炉内气氛中的 CO、CO_2、O_2 与氨气发生化学反应，生成水蒸气，进一步提高了炉内氧势。随着氨气含量增加，内氧化增加。

在实际碳氮共渗条件下，内氧化主要发生在排气阶段。为了防止内氧化，可以采取以下措施：

1）要充分干燥氨气。定期更换或再生干燥装置。如果使用滴注式碳氮共渗，应严格控制渗剂中的水分含量。

2）在排气阶段，要采取加速排气措施。可用氮气、吸热式气氛进行大气量排气，或者用大滴量甲醇加速排气。在排气期，要适当减少氨气的供给量。

3. 托氏体黑色网带组织

托氏体黑色网带组织产生的原因，有可能是碳氮共渗时，Cr、Mn 等合金元素大量溶入表层的碳氮化合物中，使得奥氏体的合金元素以及碳氮含量降低，使奥氏体稳定性降低；同时，这些碳氮化合物起非自发形核作用，进一步加速奥氏体分解，导致网状托氏体形成。也有可能是共渗温度偏低，炉气活性差，表面含碳氮量不足，奥氏体不够稳定；或者是共渗后冷却缓慢，淬火加热过程中发生表面脱碳或脱氮而引起的。这类托氏体黑网带经重新加热，快速冷却淬火，可以得到消除。

5.7 渗氮组织缺陷

5.7.1 渗前原始组织中铁素体过多、回火索氏体组织粗大

渗氮前预备热处理的目的是消除残余应力，减少渗氮件变形；改善组织，使零件心部获得合适的组织性能，为渗氮作好组织准备。

渗氮前原始组织对渗氮后零件质量有很大影响。渗氮前原始组织中铁素体量

增加，使氮化层脆性增加。用声发射弯曲试验方法测定了 38CrMoAl 钢原始组织对渗氮层脆性的影响，如表 5-17 所示。此外，原始组织中铁素体过多，使预备热处理硬度降低，影响渗氮件心部和表面硬度，如表 5-18 所示。

表 5-17　原始组织对渗氮层脆性的影响

热处理工艺	组织特征 （体积分数）	开裂载荷 /kN	开裂变形 /mm
930°C 加热,预冷 15s 水淬,680°C 回火	铁素体含量 3.8%	19.21	0.98
930°C 加热,预冷 30s 水淬,680°C 回火	铁素体含量 7.5%	17.85	0.90
930°C 加热,预冷 40s 水淬,680°C 回火	铁素体含量 34.3%	16.94	0.83
930°C 加热,退火	铁素体含量 50%	10.74	0.66
930°C 水淬,680°C 回火	正常索氏体	18.80	0.94
980°C 水淬,680°C 回火	过热索氏体	17.02	0.83
1050°C 水淬,680°C 回火	粗针索氏体	18.18	0.86

表 5-18　40CrNiMoA 钢预备热处理硬度对渗氮层硬度的影响

预备热处理后硬度 HRC	25	26	35	37
渗氮层硬度 HR30N	62	62 ~ 62.5	72	73

渗氮前组织应为细小索氏体和少量游离铁素体，特别要控制铁素体的量。在 GB/T 11354—2005《钢铁零件渗氮层深度测定和金相组织检验》中，根据原始组织中游离铁素体量和索氏体形态分为 5 级，如表 5-19 所示。一般 1 ~ 3 级合格，原始组织中铁素体体积分数不得超过 15%，不允许有粗大索氏体和脱碳层。

防止原始组织中铁素体量过多和粗大索氏体组织的措施是，严格控制渗氮前的预备热处理。一般应进行调质处理，采取合适的淬火冷却，并防止淬火温度过高，回火温度一般比渗氮温度高 50°C 左右。对于形状复杂、尺寸稳定性和变形要求严的零件，还应进行稳定化处理。稳定化处理的温度一般略高于渗氮温度。

表 5-19　渗氮前原始组织级别

级　别	渗氮前原始组织级别说明
1	均匀细针状回火索氏体,游离铁素体极少量
2	均匀细针状回火索氏体,游离铁素体体积分数 <5%
3	细针状回火索氏体,游离铁素体体积分数 <15%
4	细针状回火索氏体,游离铁素体体积分数 <25%
5	索氏体(正火) + 游离铁素体体积分数 >25%

5.7.2　化合物层疏松

在渗氮特别是氮碳共渗后，在渗层的化合物层分布着黑色点状组织，实际上是大小不等的孔洞。在金相显微镜下，可直接从未经腐蚀的渗氮层金相试片上观察到。由于微孔的大小、数量和分布的不同，对性能的影响也不同。GB/T 11354—2005《钢铁零件渗氮层深度测定和金相组织检验》中，主要根据表面化合物层内微孔的形状、数量和密集程度，将疏松分为 5 级，如表 5-20 所示。一般零件经渗氮后，表面疏松允许到 3 级；4、5 级为不合格，因为 4、5 级具有较大的脆性，易起皮剥落。

表 5-20 渗氮层疏松级别

级　　别	渗氮层疏松级别说明
1	化合物层致密,表面无微孔
2	化合物层致密,表面有少量细点状微孔
3	化合物层微孔密集成点状孔隙,由表及里逐渐减少
4	微孔占化合物层 2/3 以上,部分微孔聚集分布
5	微孔占化合物层 3/4 以上,部分呈孔洞密集分布

试验证明，液体氮碳共渗时，由于氮势高，渗速快，特别是新配的盐浴开始使用时，疏松较为严重。随着使用时间的延长，氮势的降低，疏松程度相应降低。生产实际中发现，化合物层中的疏松与盐浴内生成的亚铁氰酸盐有关，且疏松随着盐浴内所产生的亚铁氰酸盐含量的增大而增加。

气体氮碳共渗的化合物层疏松，是由于亚稳定的高氮 ε 相在渗氮过程中发生分解，析出氮分子而留下气孔。生产实践证明，影响疏松层形成的主要因素有渗氮气氛性质、工艺参数和钢材成分。渗氮气氛的氮势与疏松的关系最为密切。当氮势高时，ε 相中的氮含量高，最易引起疏松；氮势低时，疏松形成过程减慢。渗氮温度和时间与疏松形成的关系也很大。渗氮温度越高（如 600°C），疏松越明显。在 570°C 以下温度进行 2h 的渗氮，一般疏松很轻微。渗氮时间越长，疏松越明显。钢的碳含量和合金元素对疏松产生的程度也有明显的影响。表 5-21 的数据说明，钢中碳含量增加，疏松层增加。合金元素有减小疏松层的趋势。

表 5-21 合金成分对化合物层的影响　　　　　　　（单位：μm）

渗氮条件	化合物层	材　　质					
		20	45	T8	18CrMnTi	40Cr	球墨铸铁
$NH_3 + 5\% CO_2$,570°C × 3h,氨分解率80%	白层	19.5	26.3	23.1	16.5	16.5	16.5
	疏松层	2	3.3	4.5	1	2	
$NH_3 + 5\% CO_2$,620°C × 3h,氨分解率75%	白层	26	33	40	23	30	
	疏松层	—	12	16.5	10	6.6	

5.7.3　针状组织

化合层与过渡层之间出现针状氮化物，这是高氮的 ε 相和 γ′ 相。这些针状氮化物沿着原铁素体的晶界成一定角度平行生长。这种缺陷组织与渗氮前的原始组织有关。如果原始组织中有大块铁素体存在，或者表面严重脱碳，则容易出现针状组织。

针状组织使化合物层变得很脆，容易剥落。因此，对渗氮零件应严格进行渗氮前的调质处理，正确进行工艺过程的控制，防止调质处理过程中产生严重的脱碳和游离铁素体过多的缺陷。在渗氮过程中，要经常检查炉子的密封性，防止漏气和跑气，保证炉内压力平稳，分解率稳定，严格控制氨气含水量。

5.7.4　网状和脉状氮化物

合金钢在渗氮过程中，因渗氮温度过高，氨气含水量过多，调质淬火温度过高造成的晶粒粗大，零件尖角等都可能形成网状或脉状氮化物。根据扩散层中氮化物形状、数量和分布情况，GB/T 11354—2005《钢铁零件渗氮层深度测定和金相组织检验》中，将氮化物分为 5 级，见表 5-22。通常 1～3 级为合格。

表 5-22　氮化物形态级别

级　别	氮化物形态级别说明
1	扩散层中有极少量呈脉状分布的氮化物
2	扩散层中有少量呈脉状分布的氮化物
3	扩散层中有较多脉状分布的氮化物
4	扩散层中有较严重的脉状和少量断续网状分布的氮化物
5	扩散层中有连续网状分布的氮化物

扩散层中形成的脉状组织及网状组织，严重影响渗氮质量，使渗氮层脆性增加，耐磨性和疲劳强度下降，极易剥落。为了防止这类组织的出现，可采取下列预防措施：

1）正确进行调质处理。渗氮前一定要进行调质处理，调质时的淬火温度必须严格控制，过高的淬火温度将引起晶粒长大。调质后的组织应是均匀的、晶粒细小的回火索氏体组织。

2）严格控制氨气中的水分。采用一级液氨或采用高效的吸湿剂，以降低其水分含量。

3）选择适当的渗氮温度。渗氮温度不能太高，长时间的高温渗氮会加速网状或波纹状氮化物的形成。

4）零件在设计时，应避免尖角呈锐角，渗氮零件加工表面粗糙度不能太高。

当渗氮件的扩散层中已产生网状或波纹状氮化物时，可在 500～560°C 温度下进行 10～20h 的扩散处理，以改善组织，减轻不良影响。

5.8　渗硼组织缺陷

渗硼的目的是使零件表面获得一定厚度的致密硼化物层。该硼化物层一般由 $FeB + Fe_2B$ 双相或 Fe_2B 单相构成。渗硼可使工件获得良好的耐磨性、热硬性、耐蚀性和抗高温氧化性。

5.8.1　渗硼层的非正常组织

零件渗硼后，由于渗硼层和硼含量高低不同，其渗层的组织也不同。通常渗硼层的组织由表面到心部顺序为 $FeB→Fe_2B→$过渡区→基体组织，即由硼化物层、过渡层和基体组织三部分组成。

渗硼层的缺陷主要是硼化物层的缺陷。硼化物层的组织与钢的成分、渗硼工艺有关。正常的硼化物层为 Fe_2B 单相和 $FeB + Fe_2B$ 双相。显微组织呈齿状或指状插入基体，其方向垂直于试样表面。对渗硼层组织的要求，必须从零件的具体服役条件和失效方式出发，提出是要求得到单相 Fe_2B 组织，还是要求得到 $FeB + Fe_2B$ 双相组织。对于有一定量的冲击载荷，且以磨损失效为主的工件，应以单相 Fe_2B 组织为好，例如石油牙轮钻头的渗硼就是一例。在以磨损失效为主，工件承受少量冲击载荷时，则可以选用 $FeB + Fe_2B$ 双相组织。渗硼层组织大致有 12 种类型，如图 5-15 所示。其中 1～3 类是在硼势很高的情况下形成的；4～6 类是在硼势较高的情况下形成的；而 7～10 类是硼势过低的情况下形成的非正常组织。11、12 类是合金钢中易出现的组织。通常把 1～6 类作为正常组织，5 类最好，4、6 类次之。

引起硼势过低形成非正常组织的原因如下：

（1）渗硼温度过低　渗硼加热温度应根据零件的服役条件、所用钢种以及渗后热处理要求而定，常用温度为 850～950°C。过低的温度，不仅渗速慢，而且硼势低，易出现非正常组织。

（2）渗剂不合格　市场上采购的渗硼剂，一定要进行工艺评定试验，合格后方可使用。同时，也要进行新、旧渗剂搭配试验，并将优选的比例记入工艺文件，并严格执行。过多的旧渗剂，也是出现非正常组织的原因之一。

（3）密封不好　为了保证渗硼质量，固体渗硼时，箱盖必须封严。因为固体渗硼实属于气相催化反应的气相渗硼，供硼剂在高温和活性剂的作用下形成气态硼化物，它在零件表面不断化合和分解，释放出活性硼原子。如果密封不严，在高温下形成的气态硼化物将向外泄露，降低硼势，从而形成非正常组织。

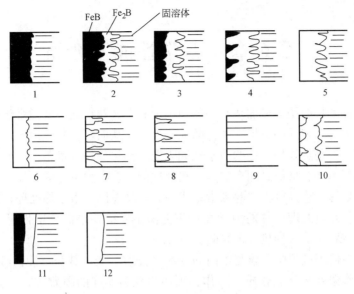

图 5-15 渗硼层组织的 12 种类型

5.8.2 渗硼层存在较多孔洞

渗硼层存在较多的孔洞对耐蚀零件和耐磨零件是有害的。孔洞不仅影响耐蚀性和耐磨性，而且容易引起渗层剥落，影响渗硼件的工作可靠性。通常，渗硼层温度愈高，孔洞愈多，且尺寸愈大。凡是能增加氧化气氛的渗剂组分，如水分、Na_2CO_3、杂质、工件的锈蚀等，都容易使孔洞形成。另外，钢材也对孔洞形成有影响，低、中碳钢及含硅钢孔洞较多，且较深。

第6章 力学性能不合格

热处理的目的是通过加热和冷却使金属和合金获得期望的微观组织，以便改变材料的加工工艺性能或提高工件的使用性能，从而延长其使用寿命。常见的热处理缺陷之一是热处理工件的力学性能未能达到热处理技术条件的要求。其原因是材料选择不当、材料的固有缺陷、热处理的工艺参数不合理、加热和冷却方式不当、热处理工艺执行不严等因素造成的。广义上说，由于热处理技术条件本身不合理而导致热处理工件的力学性能不能满足服役要求而使工件早期失效的情况，也应该看作是一种热处理缺陷。

工件在使用过程中，承受不同的载荷（静载、变动载荷、冲击载荷等），在不同的工作温度和环境介质下工作，因而表现为不同的失效方式（过量塑性变形、断裂、疲劳、蠕变、磨损、腐蚀、应力腐蚀等），相应地，要求工件具有的主要失效抗力指标也不同。热处理工件最重要的力学性能为硬度、抗拉强度、冲击韧度、蠕变性能、疲劳性能和腐蚀性能。这些性能合格与否，需要根据工件的服役条件和技术条件具体情况具体分析。作为热处理工作者，重要的是应掌握热处理与这些性能指标的关系。

6.1 热处理和硬度

金属材料的硬度与其静强度和疲劳强度存在一定的经验关系，并与金属的冷成形性、切削加工性和焊接性等加工工艺性能存在某种程度的联系。硬度试验不损坏工件，简单易行，故硬度被广泛用作热处理工件的最重要质量检验指标，不少工件还将其作为唯一的技术要求。

硬度不合格是最常见的热处理缺陷之一。主要表现为硬度不足、软点、高频感应加热淬火和渗碳工件的硬化层不足等。

淬火工件的硬度偏低一般是由于淬火加热不足、淬火冷却速度不够、表面脱碳、钢材淬透性不够、淬火后残留奥氏体过多或回火不足等因素造成的。淬火工件在局部区域出现硬度偏低的现象叫做软点。软点区域的微观组织多为马氏体和沿原奥氏体晶界分布的托氏体混合组织。软点或硬度不均通常由于淬火加热不均匀或淬火冷却不均匀所引起。加热时，炉温不均匀、加热温度或保温时间不当是造成加热不均匀的主要原因。冷却不均匀主要由于淬火冷却时工件表面附着气泡、淬火介质被污染（如水中有油珠悬浮）或淬火介质搅动不充分所造成的。

此外，钢材组织过于粗大，存在严重组织偏析、大块碳化物或大块自由铁素体，这些组织不均匀也会使淬火工件硬度不均匀或形成软点。

6.1.1　软点

淬火加热的目的是使工件在淬火加热过程中完成组织转变。为此，必须加热到适当的温度并有足够的保温时间。加热温度偏低和保温时间不足，使得原始珠光体组织未能完全转变为奥氏体和奥氏体成分不均匀时，淬火后得不到全部马氏体组织，结果使工件淬火后形成软点。图 6-1 所示为 T12A 钢制丝锥因加热不足形成的显微组织：细针状马氏体 + 淬火托氏体 + 珠光体。性能上表现为硬度不均匀。

淬火介质搅动不充分，工件在淬火介质中移动不够或者工件浸入介质的方向不对时，往往延迟了工件表面某些部位的蒸气膜破裂，导致该处冷却速度降低，出现高温分解产物，形成软点或局部硬度下降。水的蒸气膜比盐水稳定，因此，软点更易在水淬的工件上形成。水和水溶液的温度越高越容易产生软点。

淬透性较差的碳钢，工件截面较大时容易出现软点。工件表面不清洁，如有铁锈、炭黑等，也会造成淬火后出现局部硬度偏低的现象。

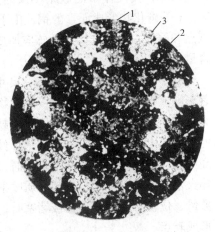

图 6-1　T12A 钢制丝锥因加热不足形成
的显微组织　320 ×
1—细针状马氏体　2—淬火托氏体
3—珠光体

6.1.2　硬度不足

加热不足往往会导致淬火工件硬度不足；但冷却不当却是淬火工件硬度不足的更常见原因。工件出炉后至淬火前预冷时间过长，冷却介质选择不当或冷却介质温度控制偏高导致其冷却能力不够，工件表面有氧化皮或附着盐液，淬火后工件从淬火介质中提出时温度过高，均可能导致过冷奥氏体在 S 曲线的珠光体转变区域发生分解，形成铁素体和托氏体等非马氏体组织，使工件的硬度不足。

淬火组织中存在大量残留奥氏体是淬火工件硬度不足的重要原因。残留奥氏体量与奥氏体的化学成分有关，含碳量对残留奥氏体量有显著影响。一般当钢的奥氏体碳质量分数大于 0.5% ~ 0.6% 时，淬火组织中即可明显地观察到残留奥氏体的存在，继续增加碳含量，残留奥氏体量急剧上升，碳的质量分数为 1.4% 时，残留奥氏体量（体积分数）达 35% ~ 45%。凡是以置换方式固溶于奥氏体的合金元素皆引起钢中残留奥氏体量的增多。残留奥氏体量较少时，对硬度没有明显影响；残留奥氏体量较多时，将导致硬度下降，体积分数为20%的残留奥氏体将使淬火钢的硬度下降约6.5HRC。

6.1.3 高频感应加热淬火和渗碳工件的软点和硬度不足

高频感应加热淬火工件的软点包括表层局部没有淬硬的残留软点和硬化层深度不均匀的深度软点两种。这些硬度缺陷由于材料选择不当，原始组织不良，高频感应加热淬火加热的电参数、感应器和冷却装置不当等因素所造成。高频感应加热淬火多用于中碳结构钢和低中碳合金结构钢，由于高频感应加热淬火加热是快速加热，奥氏体中的碳来不及通过扩散而充分均匀化，因此，含有Cr、Mo、W、V等碳化物形成元素的钢，由于相变点较高，高频感应加热淬火时，易产生软点和硬度不均，选择高频感应加热淬火用钢时，应考虑上述元素不要超过一定含量。

钢中的碳化物类型、形态、尺寸及分布对高频感应加热淬火工件的质量有显著影响。钢中有网状碳化物、碳化物尺寸过大并分布不均匀时，高频感应加热淬火易产生硬度不均匀和硬度不足等缺陷。因此，高频感应加热淬火受预备热处理的影响很大，高频感应加热淬火工件的最佳原始组织是调质处理的回火索氏体。高频感应加热淬火感应圈不均匀时，也会导致淬火工件硬度不足。高频感应加热淬火常采用喷射冷却，冷却介质喷射压力不够，喷射角度不当，喷射孔的大小、数量、位置不合理或喷孔被堵塞时，往往导致高频感应加热淬火工件硬度不足或形成软点。

渗碳工件硬度不足和软点多由渗碳不足、淬火时脱碳、淬火温度过低、淬火冷却速度不足、表面残留奥氏体量过多、回火过度、工件表面不清洁、渗碳不均匀或冷却不均匀等因素造成。

6.2 拉伸性能和疲劳强度不合格

退火、正火与淬火、回火是最广泛使用的整体热处理工艺。退火和正火主要作为预备热处理使用，其目的是消除铸造和锻造的组织缺陷，改善工件的切削加工性能，为最后热处理作组织准备。退火和正火产生的缺陷主要是加热造成的缺陷，如氧化、脱碳、过热和过烧等。氧化和脱碳通常可以在随后的机加工中予以消除。正常规范下，通过退火和正火可以使钢的晶粒细化，但是如果加热温度过高，保温时间过长，使奥氏体晶粒粗大时，正火后易形成魏氏体组织，退火后组织粗大，使钢的力学性能下降，这类过热组织可以通过重新加热退火和正火处理予以消除。普通钢在1200℃以上氧化性气氛中加热时，钢的组织异常粗化，并在晶界有氧化物形成，加热温度进一步提高，则将引起晶界熔化，造成过烧。过烧一旦发生，不能通过热处理和其他加工方法予以消除，产品只有报废。实际生产中，严格执行工艺操作规程，一般可以防止过热和过烧缺陷的产生。淬火和回火作为最后热处理工艺，对工件的性能影响甚大，决定着工件的内在质量。淬火不充分或淬透层深度不足，导致工件的拉伸性能和疲劳强度下降是常见的热处理缺陷。

6.2.1 拉伸性能不合格

　　淬火、回火工件的热处理质量通常通过测试硬度来检测，值得注意的是，工件的最终硬度相同并不表明其他力学性能也相同。淬火程度不同的钢，通过改变回火温度的方法，可以获得相同的硬度，但是其力学性能却有很大差异。图 6-2 所示为淬火程度对 40Cr 钢拉伸性能的影响。40Cr 钢试样经 830℃ 加热在不同的淬火冷却速度下冷却获得不同的淬火硬度后，通过不同温度回火得到不同的回火硬度，然后进行拉伸试验。结果表明，抗拉强度取决于最后回火硬度，几乎不受淬火硬度的影响；而屈服强度、伸长率和断面收缩率不仅取决于回火硬度，也与淬火硬度有很大关系，在回火到相同硬度的条件下，这些性能指标随淬火硬度的升高而提高。因此，淬火、回火工件不能只控制其回火后的硬度，还应检验淬火后的硬度，以便检查工件淬火是否充分，不充分的淬火应作为热处理缺陷重新处理。

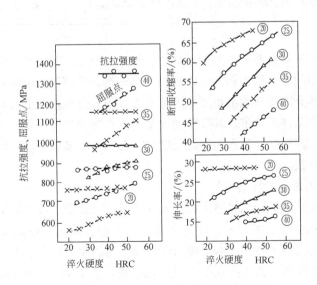

图 6-2　淬火程度对 40Cr 钢拉伸性能的影响

注：圆圈内的数字为回火硬度（HRC）。

6.2.2 疲劳性能不合格

1. 淬火不充分的影响

用 40 钢、40Cr 钢和 40CrMoA 钢加工成两组疲劳试样。第一组试样在 840℃ 正常淬火温度下加热淬火，硬度为 56～57HRC；第二组试样使用 760℃ 加热淬火，淬火不充分，淬火硬度只达到 46～48HRC。将两组试样经过不同温度回火至相同的硬度（均为 33～36HRC），然后进行疲劳试验，试验结果列于表 6-1。试验表明，淬火不充分的第二组试样的抗扭疲劳强度比充分淬火的第一组试样降低 10.8%～37%。

表6-1 淬火程度与抗扭疲劳强度

淬火程度	钢种	淬 火		回 火		抗扭疲劳强度/MPa
		温度/℃	硬度 HRC	温度/℃	硬度 HRC	
充分	40	840,水冷	56	450,油冷	35	363
	40Cr	840,油冷	56	550,油冷	33	421
	40CrMoA	840,油冷	57	550,油冷	36	431
不充分	40	760,水冷	46	200,油冷	34	323
	40Cr	760,油冷	47	460,油冷	35	265
	40CrMoA	760,油冷	48	500,油冷	36	304

上述试验结果本身并不是热处理缺陷，但是，对于通常在淬火后中温回火或调质状态下使用的中碳结构钢和低中碳合金结构钢，若因淬火加热温度偏低、工件尺寸过大或淬火冷却速度不足等原因造成淬火不充分或未淬上火时，即使回火后硬度达到技术条件的要求，其疲劳强度却往往不能满足使用要求而可能导致工件早期失效。这种情况则应视为热处理缺陷，对工件需要重新进行热处理或采取其他措施予以补救。

2. 渗碳层内氧化的影响

采用吸热式气氛进行气体渗碳和碳氮共渗时，气氛中的氧、微量的水蒸气和 CO_2 与渗碳钢中的 Cr、Mn、Si、Ti 等元素发生反应，在晶界形成氧化物而导致晶界附近合金元素局部贫化，造成淬透性下降，渗碳淬火后表层出现黑色网状非马氏体组织，这种现象称为内氧化。内氧化层深一般不超过 0.05mm。内氧化的产生使渗碳工件表面硬度下降，表面形成残余拉应力，因而大幅度降低了钢的疲劳强度。研究表明，内氧化层深小于 0.013mm 时，对疲劳强度影响不大；内氧化层深超过 0.016mm，可使疲劳强度降低 25%。为减小和防止内氧化对渗碳层淬透性的影响，可以采用在炉气中添加一定数量的 NH_3、控制炉内介质成分、降低炉气氧含量、提高淬火冷却速度和合理选择渗碳钢等措施。实践表明，含 Mo 和 Ni 的钢比含 Cr 和 Mn 的钢内氧化倾向要小。

3. 碳氮共渗渗层中黑色组织的影响

将碳氮共渗工件的横截面抛光后，在未腐蚀或轻微腐蚀的状态下，使用光学显微镜在表面渗层中有时可观察到一些分散的、大小不一的、黑色或暗灰色的斑点、黑带和黑网，这些深色的斑点、黑带和黑网统称为黑色组织。黑色组织的深度一般不超过 0.05mm。深色的斑点是一些主要沿原奥氏体晶界分布的大小不一的孔洞。黑带通常出现在距表面 0.03mm 深度内，黑带的内侧往往可观察到黑色网，主要是由于表层形成了某些合金元素的碳氧化物、氮化物和碳化物等小颗粒，使奥氏体中合金元素贫化，导致淬透性降低而形成了托氏体的结果。碳氮共渗的黑色组织类似于气体渗碳的内氧化，使表面硬度下降，有益的残余压应力减小或表面形成残余拉应力，导致疲劳强度的降低。20Cr2Ni4A 钢碳氮共渗试样表面的黑色组织可使其弯曲疲劳极限降低约 6%，如图 6-3 所示。

4. 渗碳层中过量残留奥氏体的影响

渗碳层中少量残留奥氏体对渗碳工件的疲劳强度影响不大，甚至有利。但是当渗碳剂活性和浓度太大，淬火温度过高时，由于渗碳层的奥氏体中溶解了大量的碳和合金元素，使其 Ms 点降低，导致溶碳层中出现大量的残留奥氏体，使渗层的硬度下降、残余压应力减小甚至形成残余拉应力，结果使渗碳工件的疲劳性能恶化。研究表明，残留奥氏体量超过 25%（体积分数），即会给疲劳

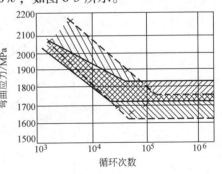

图 6-3　20Cr2Ni4A 钢碳氮共渗
试样的疲劳曲线

性能带来不利的影响，32%（体积分数）的残留奥氏体使渗碳工件的疲劳极限降低 10%。

5. 渗碳层中网状和大块状碳化物的影响

渗碳剂活性太大，渗碳时间过长和渗碳后冷却速度太慢时，渗碳层中易形成网状或大块状碳化物。这些碳化物主要是渗碳体和合金渗碳体。碳化物的形成导致其周围局部合金元素贫化和淬透性下降，淬火后易形成非马氏体组织。网状和大块状碳化物及非马氏体组织的形成降低了渗碳层中有利的残余压应力（见图 6-4），可使渗碳工件的疲劳强度降低 25%~30%。大块状碳化物对渗碳钢接触疲劳性能的影响如图 6-5 所示。

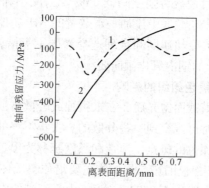

图6-4　渗碳层中碳化物对
残留应力的影响
1—渗层深度0.8mm，表面碳的质量分数0.9%
2—渗层深度1mm，表面碳的质量分数1.26%

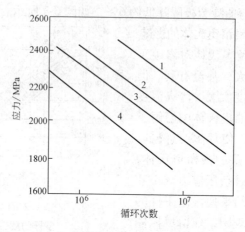

曲线编号	表面碳的质量分数(%)	淬火温度/℃	组　　织
1	0.93	870,油淬	M+C细
2	0.93	830,油淬	M
3	1.07	880,油淬	M+C大块（少量）
4	1.07	830,油淬	M+C大块（大量）

图6-5　渗碳层中碳化物对接触疲劳性能的影响

6. 脱碳的影响

渗碳工件在缓冷期和重新加热淬火期间，由于温度连续变化，气氛碳势和渗碳工件表面碳的质量分数不可能达到平衡。当气氛碳势低于渗碳层表面碳的质量分数时，渗碳工件表面发生脱碳。脱碳层的显微组织取决于表层的碳的质量分数分布及淬火冷却速度。当表层仅有轻微脱碳时，有可能降低表层残留奥氏体含量，表层硬度下降很少甚至略有提高；严重的脱碳将使表层出现非马氏体组织，降低表层硬度，使表层呈现残余拉应力状态，使疲劳强度下降。试验表明，0.22mm 的脱碳层使 Cr-3%（质量分数）Ni 钢的弯曲疲劳强度降低 40%。当 CrMnTi 钢的渗碳层由于脱碳使其硬度降低到 41 ~ 42HRC 时，疲劳极限下降 50%。

6.3　耐腐蚀性能不良

在腐蚀性环境中工作的零件多用不锈钢制造。不锈钢是铬的质量分数超过 5% ~ 5.5% 的铁基合金的总称。但从真正耐腐蚀的角度，要求钢中铬的质量分数必须超过 10%。不锈钢的耐腐蚀性来自合金中的铬，这归因于不锈钢的表面能形成一层称为钝化膜的耐腐蚀的富铬薄膜［由水化铬酸 $CrO_x(OH)_{3x-2} \cdot nH_2O$ 组成］。铬的质量分数越高，钝化膜中相对铬含量越多，合金的耐腐蚀性能越好。不锈钢按其金相组织分为马氏体不锈钢、铁素体不锈钢、奥氏体不锈钢、铁素体-奥氏体不锈钢和沉淀硬化不锈钢五类。铬在不锈钢中分布不均匀将导致其耐腐蚀性能下降，热处理影响铬在不锈钢中的分布，因而热处理也极大地影响不锈钢的耐蚀性。2Cr13 型马氏体不锈钢若回火温度选择不当，在 450 ~ 600℃回火时，由于 $Cr_{23}C_6$ 型碳化物沿晶界析出，导致晶界附近局部铬贫化，将使腐蚀抗力大幅度下降，如图 6-6 所示。

为了改善铁素体不锈钢的加工性能和调整其晶粒度需要采用退火处理。00Cr12、1Cr17、Y1Cr17 钢的退火温度为 780 ~ 850℃，1Cr17Mo 钢的退火温度为 850 ~ 950℃。退火温度过低，再结晶不完全；退火温度过高，会造成晶粒显著粗化，并在冷却过程中发生晶界沉淀，降低钢的耐腐蚀性能。

典型的奥氏体不锈钢是含有质量分数为 18% 左右的铬和 8% 左右的镍 18-8 型不锈钢。为了提高晶界腐蚀抗力，常在钢

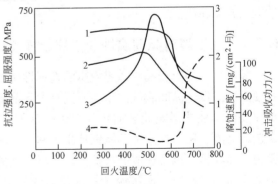

图 6-6　回火温度对 2Cr13 型不锈钢
［w（C）= 0.22%］性能的影响
1—抗拉强度　2—屈服强度
3—20℃，NaCl3% 水溶液中的腐蚀速率
4—艾氏冲击吸收功

中加入少量的钛、铌等能形成稳定碳化物的合金元素。这类钢的 Ms 点低于室

温,不能通过淬火强化,常用的热处理工艺是固溶处理、稳定化处理和消除应力处理。固溶处理的目的是通过加热使含铬的碳化物充分溶入奥氏体内,然后快速冷却抑制碳化物的析出获得单相奥氏体组织,以便使钢具有优良的耐蚀性。奥氏体不锈钢的热处理缺陷常因固溶处理加热温度不当和冷却速度不足引起。不含Ti、Nb 的奥氏体不锈钢,例如 1Cr18Ni9,固溶处理温度为 1050~1150℃,固溶处理温度低于 1000℃,铬碳化物溶解不足,基体含铬量偏低,将导致钢的耐蚀性能下降;固溶处理温度高于 1150℃,δ 铁素体量增多,晶粒易粗大,对于含Nb、Ti 的奥氏体不锈钢,由于 TiC 和 NbC 等碳化物大量溶入奥氏体而失去 Ti、Nb 元素固定碳的作用,在使用过程中,含铬碳化物易沿晶界析出而导致晶间腐蚀抗力的下降。为了提高含 Ti、Nb 奥氏体不锈钢的晶间腐蚀抗力,其固溶处理温度通常高于 $Cr_{23}C_6$、$(Cr, Fe)_{23}C_6$ 的溶解温度,低于 TiC 和 NbC 的溶解温度,例如,1Cr18Ni9Ti 的固溶处理温度常采用 930~970℃。固溶处理加热温度高并需快速冷却,变形较大,有时工艺上很难实现。例如,许多焊接结构尺寸较大,焊后无法进行固溶处理。因此,对于奥氏体不锈钢,特别是含 Ti、Nb 奥氏体不锈钢,常采用稳定化退火处理,18-8 型奥氏体不锈钢的退火温度常采用 850~930℃,目的是使奥氏体成分均匀化,消除晶界贫铬区,使钢中的碳固定于 TiC或 NbC 中,提高钢的腐蚀抗力。消除机加工应力可采用 300~350℃低温退火的方法进行。消除焊接应力和改善焊接接头的组织可采用稳定化退火或固溶处理 +低温退火工艺。为了避免铁素体晶粒的粗化,奥氏体-铁素体型不锈钢的固溶处理温度一般低于奥氏体型不锈钢。未经稳定化处理是奥氏体不锈钢失去"不锈"效能的常见原因。

6.3.1 热处理对晶间腐蚀和点腐蚀性能的影响

晶间腐蚀是沿着晶粒边界发生的选择性腐蚀,也是一种最易受热处理影响的腐蚀类型。发生晶间腐蚀的主要原因是由于晶界贫铬。例如,奥氏体不锈钢在焊接或受到其他热影响而被加热到 400~850℃时,铬的碳化物易沿晶界析出,结果造成晶界贫铬。铁素体不锈钢从高于 900℃温度冷却时,由于铬的碳化物或氮化物沿晶界析出也会造成晶界贫铬。晶界贫铬的结果使基体中的铬由于存在浓度梯度而向晶界扩散。含铬碳(氮)化物的析出和贫铬区的恢复取决于温度和时间。温度高时,由于铬的扩散能力大,一方面含铬碳化物容易析出,另一方面铬向贫铬区扩散的恢复过程进行得也较快;温度低时,虽然铬难于在钢中扩散,但含铬碳化物也不会在晶界析出,因而也不会发生晶界贫铬的问题。然而在某个特定温度区间和时间参数下进行热处理,或在某个温度区间长期使用时,由于含铬碳化物沿晶界析出,将导致晶界腐蚀抗力的急剧下降。表示发生晶界腐蚀的热处理温度和时间关系曲线叫做时间-温度-敏化曲线(T-T-S 曲线)。图 6-7 所示为奥氏体不锈钢的典型 T-T-S 曲线。在 C 型曲线的右侧热处理状态下，不锈钢易产生晶界腐蚀。

由于铬在铁素体型不锈钢中的扩散速度比在奥氏体型不锈钢中约快两个数量级，因而铁素体型不锈钢的 T-T-S 曲线位于奥氏体型不锈钢的 T-T-S 曲线的下方。T-T-S 曲线是在等温加热条件下测得的，在热处理实践中，铬的碳化物或氮化物能否沿晶界析出和析出后对晶界腐蚀抗力的影响程度，取决于冷却速度和冷却开始的温度。冷却速度快时，铬的碳化物或氮化物来不及析出；冷却速度慢时，析出铬的碳（氮）化物造成的晶界贫铬区能够通过铬的扩散得以恢复，故在某一冷却速度下，晶间腐蚀最敏感，如图 6-8 所示。

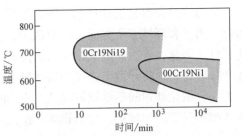

质量分数（%）	C	Ni	Cr
0Cr19Ni19	0.063	9.08	18.43
00Cr19Ni11	0.026	10.20	18.08

图 6-7　奥氏体不锈钢的典型 T-T-S 曲线

注：采用铜屑加硫酸、硫酸铜试验溶液。

点腐蚀是一种典型的局部腐蚀，在金属表面大部分保持钝态的条件下，由于钝化膜的局部破坏而引起的虫眼状腐蚀叫做点腐蚀。不锈钢的点腐蚀性能下降也与局部贫铬有关。值得注意的是，18-8 型奥氏体不锈钢经过 650℃×2h 敏化处理造成晶界附近严重的贫铬，经过 800℃×2h 敏化处理后晶界分铬程度相对较轻，但是贫铬范围较宽（见图 6-9）。其中，晶间腐蚀敏感性前者更大，然而点蚀抗力却是前者优于后者。这表明影响点腐蚀和晶间腐蚀的因素并不相同。

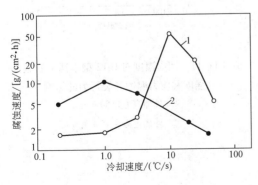

图 6-8　冷却速度对 1Cr17
不锈钢腐蚀速率的影响

1—空冷（从 1200℃冷却）　2—空冷（从 950℃冷却）

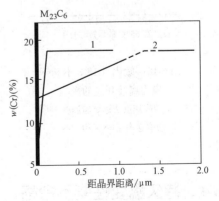

图 6-9　铬在晶界碳化物附近的分布

1—650℃×2h　2—800℃×2h

6.3.2 热处理对应力腐蚀开裂的影响

应力腐蚀开裂是最常见的一种腐蚀形态。影响金属应力腐蚀开裂的因素包括冶金、力学和环境三个方面。一般认为，拉应力的存在是产生应力腐蚀开裂的必要条件。因此，若表面残余拉应力消除不彻底或因热处理不当在工件表面产生了残余拉应力，都将导致工件应力腐蚀抗力的下降。不均匀的微观组织容易产生应力腐蚀。敏化处理的不锈钢容易产生晶间应力腐蚀开裂，图 6-10 所示为处理对18-8 型不锈钢应力腐蚀开裂的影响。经过 650℃敏化处理，应力腐蚀抗力急剧下降。

强度强烈影响马氏体不锈钢的应力腐蚀开裂行为。淬火状态下其应力腐蚀开裂的倾向很大，随着回火温度的升高，应力腐蚀抗力得到改善。但是，对于Cr12 型的马氏体不锈钢，在 400～550℃温区回火时，由于 $M_{23}C_6$ 型碳化物的析出造成基体局部贫铬，会出现应力腐蚀抗力的低谷，如图 6-11 所示。

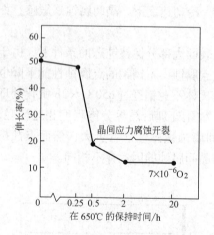

图 6-10　敏化对 18-8 不锈钢
应力腐蚀开裂的影响

注：低应变速度法；试验温度 286℃；
　　应变速率 $\varepsilon = 8 \times 10^{-6}/s$。

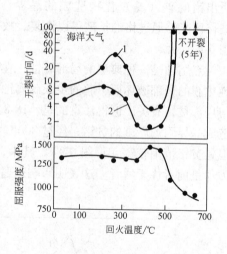

图 6-11　回火温度对 Cr12 型不锈钢屈服
强度和应力腐蚀开裂行为的影响

1—外加应力为 50% $\sigma_{0.2}$
2—外加应力为 75% $\sigma_{0.2}$

6.4　持久蠕变性能不合格

电站、化工、锅炉和航空发动机等设备中，某些零部件需要在高温下长期运行，例如，航空发动机叶片的使用温度可高达 1000℃，汽轮机高压转子的使用温度约为 550℃。对于这些零部件，过量的蠕变变形和蠕变断裂是常见的失效方式之一。蠕变极限、持久强度和持久塑性是材料的主要高温力学性能指标。蠕变极限表征了高温长时期载荷作用下材料对蠕变变形的抗力，持久强度是评价材料抵抗蠕变断裂的抗力指标，而材料承受蠕变变形的容量大小则用持久塑性表示。材料在高温下的变形与断裂除受温度和外力的影响外，还与材料的成分和显微组织密切相关。因为热处理不当、组织不良使材料的高温力学性能指标不能满足服役要求而导致高温构件早期失效的情况，应视为一种热处理缺陷予以防止。

6.4.1　高温合金热处理与持久蠕变性能

航空用的高温合金有镍基高温合金、铁基高温合金和钴基高温合金三类。镍基高温合金是指镍的质量分数大于 50% 的合金；铁基高温合金实际上都是铁镍基合金，镍的质量分数大致可分为 25%、35% ~ 40% 和 45% 左右几个档次；钴基高温合金国内应用较少。

高温合金都是复杂的合金化系统，大多采用固溶强化、第二相强化和晶界强化及其综合强化等手段以获得期望的性能。

1. 高温合金中的常见相

高温合金的基体是 Ni-Cr、Fe-Ni-Cr 和 Co-Cr-Ni 奥氏体。高温合金中的第二相有各种碳化物、氮化物、硼化物和各种金属间化合物。$\gamma'[\mathrm{Ni_3(Al,Ti)}]$ 和 γ''($\mathrm{Ni_3Nb}$)相是高温合金中最重要的强化相。高温合金中常见的第二相及其影响见表 6-2。

表 6-2　高温合金中常见的第二相和对合金的影响

相	组成	晶体结构	熔点/℃	硬度 HBW	析出温度范围/℃	溶解温度/℃	形态	对合金的影响
γ'	$\mathrm{Ni_3Al}$	面心立方（有序）	1378	200	650 ~ 1110	850 ~ 1250	球形、方形、片形	明显提高合金强度
γ''	$\mathrm{Ni_3Nb}$	体心四方（有序）			550 ~ 900	950	圆盘状	显著提高合金屈服强度
η	$\mathrm{Ni_3Ti}$	密排六方（有序）	1395	510	700 ~ 950	930 ~ 1100	晶界胞状、晶内片状或魏氏体型	降低合金强度

（续）

相	组成	晶体结构	熔点/℃	硬度 HBW	析出温度范围/℃	溶解温度/℃	形态	对合金的影响
δ	Ni₃Nb	正交（有序）			780~980	1020	晶内片状、晶界颗粒状、胞状	片状相降低合金强度和塑性
σ	FeCr (CrMo)$_x$(NiCo)$_y$	四方	1520	1100~1300	750~1000	1020~1100	颗粒状、片（针）状，魏氏体型	使合金脆化、降低持久强度
Laves（拉氏相）	B₂A	密排六方	1530	700	650~1100	>950	颗粒状、棒状、针状、竹叶状、晶界颗粒状	细小颗粒有一定强化作用，片状和针状相降低室温塑性和高温强度
μ	B₇A₆	三角	1480	980	700~1000	1050	颗粒状、棒状、片状或针状	降低室温塑性和高温强度
碳化物	MC(MN)	面心立方	2030~3890	1396~3200	多数为一次相很高温度才溶解	VC1120℃，其他 MC 在高温度才溶解	颗粒状或块状	晶界薄膜状二次 MC 使合金脆化
	Cr₇C₃	斜方	1680（分解）	1450	1020~1080	1120~1150	颗粒状	时效时转变为 M₂₃C₆
	M₂₃C₆	复杂面心立方	1500（分解）	1300	650~1100	1010~1130	片状、针状、颗粒状、胞状	颗粒状和晶界链状可强化合金，晶界胞状使合金脆化、针状降低塑性
	M₆C	复杂面心立方	≈1400（分解）	1070~1350	750~1150	1140~1200	链状、片状、针状、魏氏组织、颗粒状	

（续）

相	组成	晶体结构	熔点/℃	硬度HBW	析出温度范围/℃	溶解温度/℃	形态	对合金的影响
硼化物	M_3B_2	四方			多数为一次相	1120以上	颗粒状、膜状	颗粒状强化晶界，膜状引起脆性
Z	Cr_2Nb_3N	四方			二次相700~950		块状、颗粒状	降低高温强度

　　高温合金热处理的重要任务就是根据工件的服役条件，调整工艺参数，抑制有害相的析出，改变有益相的数量、形态、大小与分布，以便获得期望的性能。

2. 高温合金热处理对持久蠕变性能的影响

　　高温合金最基本的热处理工艺是固溶处理和时效。固溶处理的温度、冷却速度和次数取决于所希望得到的性能。较高的固溶温度可使 γ' 相和碳化物固溶、晶粒长大，并获得高的持久蠕变强度。较低的固溶温度不能溶解高温碳化物，只能溶解主要的强化相，晶粒较细小，可获得高的瞬时抗拉强度。中等固溶处理温度可获得较好的综合性能。高温合金的时效可以采用单级和多级的方式。时效温度一般应稍高于使用温度，以便使合金获得较稳定的组织状态。

　　决定铁基高温合金组织和性能的关键因素是固溶处理温度，其次是固溶温度下的保温时间，冷却方法的影响则较小。随着固溶温度的提高，合金在中温（550℃）以下的抗拉强度下降，塑性提高；而高温强度则基本不变，高温塑性下降。持久强度先随固溶温度升高而升高，在某一温度下（如 1150~1170℃）达到峰值，然后下降；持久塑性则随固溶温度的提高一般呈下降趋势。时效处理的目的是获得数量、形态和分布合理的第二相。对于时效硬化合金，随时效温度升高，时效过程加快，合金的最大硬度升高，超过一定温度，又会使时效的最高硬度下降。例如，GH150 合金的 γ' 相析出的峰值温度为 750~780℃，高于此温度时，合金硬度下降，变为过时效状态。时效过程中，碳化物在晶界和晶内析出，在晶界形成球状或链状的 $M_{23}C_6$ 型或 M_6C 型碳化物，可以改善合金的持久蠕变性能，而若形成膜状或胞状碳化物则会降低合金的持久塑性，引起持久缺口敏感性。某些常用的 γ' 相强化的高温合金，常采用二次时效或阶梯式时效，以便获得两种大小不同的 γ' 相质点，使合金获得较好的综合性能。一般第一次时效温度较高，析出较粗的强化相，第二次时效在较低温度下进行，以便析出尺寸细小的第二相。某些合金经过两次时效处理，其屈服强度和蠕变强度仍然偏低，不能满足技术条件要求时，可提高第一次的时效温度，并增加第三次时效。如用 GH901 合金制造的某零件，其技术要求为：$\sigma_{0.2} \geq 830\text{MPa}$，$650℃$，$620\text{MPa}$ 的持久塑性 $\delta \geq 4\%$；原处理工艺为 $1085℃ \times 2\text{h}$ 水冷，$770℃ \times 2\text{h}$ 空冷，$720℃ \times 24\text{h}$ 空冷，其 $\sigma_{0.2}$ 为 $810 \sim 900\text{MPa}$，δ 为 $2.8\% \sim 4.9\%$，不能满足技术要求；调整后的工艺为 $1085℃ \times 2\text{h}$ 水冷，$790℃ \times 2\text{h}$ 空冷，$720℃ \times 24\text{h}$ 空冷，$650℃ \times 12\text{h}$ 空冷，其性能为 $\sigma_{0.2}$ 达 $850 \sim 930\text{MPa}$，δ 为 $6.3\% \sim 7.3\%$，达到了技术要求。

镍基和铁镍基高温合金的基体相同，第二相的类型基本相似，因此两类合金的热处理原理相同，工艺相似。镍基高温合金包括固溶强化和沉淀强化两类。它们在成形加工过程中，往往需要进行中间退火和消除应力退火；但主要决定其性能的热处理工序是固溶处理或固溶处理和时效。

镍基高温合金热处理工艺的关键是根据工件的服役要求合理选择固溶处理温度。固溶处理温度高，合金的晶粒粗大，具有较好的高温持久和蠕变性能；较低的固溶处理温度，可使合金晶粒细小，具有较高的抗拉强度、疲劳强度和冲击韧度。例如，GH4169 合金固溶处理温度在 $940 \sim 1040℃$ 范围内变化时，其室温抗拉强度随固溶处理温度升高而降低，塑性提高，当固溶温度 $\geq 980℃$ 时，δ 相全部溶解，持久强度提高，但持久塑性急剧下降。合金化程度较低的镍基高温合金一般只需要进行一次时效处理。合金化程度较高时，往往需要采用二次时效、三次时效、甚至二次固溶和二次时效的四段热处理，以便调整晶界析出物的类型、大小和分布，并使 γ' 相分布更为合理。通常第一次固溶后，再在 γ' 相溶解温度以上（$1000℃$ 左右）的处理叫二次固溶，在 γ' 相溶解温度以下的处理叫一次时效。第二次固溶或一次时效又称为中间处理。中间处理可显著提高合金的持久寿命和塑性，改善合金的组织稳定性。

国内航空用的钴基高温合金主要有 GH188、GH605 和 GH159 三个牌号。GH188 和 GH605 含有较高的 W，属于固溶强化合金，但也能形成一定程度的碳化物弥散强化。GH159 属于时效硬化型合金，采用冷作硬化和时效硬化相结合的工艺，可获得很高的强度。

少数铸造高温合金的铸态组织具有较高的热强性，经过时效处理后即可投入使用。但是，多数高合金化的铸造高温合金的铸态组织中存在粗大的 $\gamma + \gamma'$ 共晶，γ' 相的颗粒粗大，偏析较严重，组织不稳定。因此，需要进行高温固溶处理，以改善合金成分和组织的均匀性，获得更合理的第二相分布，从而提高合金的持久和抗蠕变强度。

高温合金的持久蠕变强度不合格往往是固溶处理温度偏低和时效工艺不当造成的，而过高的固溶处理温度又会造成室温强度的下降和持久塑性的降低。高温合金的性能可以在很宽的范围内通过调整热处理工艺的方法予以控制。根据工件的服役条件优化热处理工艺对高温合金特别重要。

6.4.2　高温蠕变脆性

　　耐热钢和合金在高温长期应力作用下，其伸长率和断面收缩率大大降低，往往导致脆性断裂，这种现象称为高温蠕变脆性。这种脆性以蠕变断裂时持久塑性 δ 与试验时间关系曲线的最低点的塑性来度量，如图 6-12 所示。为了防止发生蠕变脆性断裂，一般要求持久塑性 δ 不小于 3% ~ 5%。蠕变脆性是在高温长期载荷作用下材料内部组织变化所引起的，在体心立方晶格金属和奥氏体钢中都会发生。蠕变脆性与钢的原始强度有关，室温抗拉强度大于 755MPa 的钢容易发生蠕变脆性断裂；钢发生

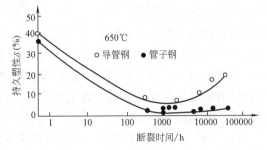

图 6-12　Cr18Ni12Nb1 奥氏体
钢持久塑性与时间的关系

蠕变脆性时，往往呈现低塑性的晶间断。因此，碳化物沿晶界沉淀对蠕变脆性有重要影响，P、Sn、As、Sb、S、Pb 和 Bi 等元素促使钢的蠕变脆性的发生；合金元素对蠕变脆性的影响取决于它们对晶界和晶内的相对强化效应，例如，低合金耐热钢中添加 V、奥氏体钢中添加 Nb，由于稳定的 VC 和 NbC 在晶内析出强化而增大了钢的蠕变脆性倾向。对含 Cr 的 Cr-Mo-V 钢（质量分数 C0.2%-Mo1%-V0.75%）研究表明，随着钢中 Cr 的质量分数由 0.59% 增加到 2.88%，其持久塑性提高而持久强度降低。这是因为铬含量较低时，钢中主要析出 VC 引起晶内强度增加，导致低的持久塑性；而铬含量高时，钢中析出尺寸较大的椭圆形 Cr_7C_3 代替了 VC，使晶内的相对强度降低，从而减小了钢的蠕变脆性。

　　对于低合金耐热钢，其蠕变脆性按珠光体-铁素体、马氏体、贝氏体的顺序敏感程度增大，持久塑性降低。试验表明，低合金 Cr-Mo、Mo-V 和 Cr-Mo-V 钢随着淬火和正火温度的提高持久强度提高，持久塑性降低。粗大晶粒增大了钢对蠕变脆性的敏感性。一般情况下，不出现回火脆性时，随着回火温度的提高，低合金 Cr-Mo-V 钢的持久塑性增加而持久缺口敏感性减小。

　　钢中 σ 相的析出对蠕变脆性有明显影响，大量的 σ 相沿晶界连续析出，增大了蠕变脆性。

　　蠕变脆性减小的途径有：降低晶内强度，使晶内强度与晶界强度达到平衡；强化晶界或者减轻晶界弱化因素的影响。试验表明，在低合金耐热钢中添加 B、B+Ti、B+Zr 和 B+Nb 等微量元素，通过在晶界附近形成强化晶界的细小 TiC 或改变晶界上碳化物的形态，可增大钢的持久塑性。

6.5 非铁金属合金力学性能不合格

非铁金属亦称有色金属。工业上用得最广泛的非铁金属是铝、铜、镁、钛及其合金。非铁金属与钢铁的热处理原理相同，但是有其自身的特点。例如，共析转变对钢的热处理有重要作用，但在非铁金属中很少遇到；马氏体相变是钢铁材料赖以强化的重要手段，但除了少数铜合金和钛合金外，其他非铁合金一般不能通过马氏体相变强化。非铁金属最常用的热处理工艺是均匀化退火、再结晶退火、去应力退火、固溶处理和时效处理。固溶处理和固溶＋时效强化是非铁合金最常用的也是最重要的热处理强化工艺。

非铁金属热处理应特别注意以下问题：

1）非铁金属化学性活泼，对加热环境要求严格。例如，钛合金的加热环境一般应为真空或微氧化气氛；为避免氧化，镁合金常在二氧化硫或二氧化碳保护气氛中加热；为避免氢脆，纯铜需要在中性或弱氧化性气氛下热处理。

2）为了达到最大的固溶效果，许多非铁合金的固溶温度接近固相线的温度，为了防止发生过热和过烧，必须严格控制炉温和加热保温时间。

非铁金属因为热处理不当，引起力学性能不合格的常见原因及防止方法见表6-3。

表 6-3　非铁金属热处理常见力学性能缺陷及防止方法

合金	缺陷名称	缺陷特征	形 成 原 因	预防及补救措施
铝合金	力学性能不合格	1. 性能达不到技术条件的要求	1. 合金化学成分有偏差；违反热处理工艺规程；炉温不均匀，工件挂装不正确	1. 根据工件材料的具体化学成分调整热处理规范或调整材料的化学成分；严格执行工艺规程；严格控制炉温，正确挂装工件；重新热处理
		2. 淬火后强度和塑性不合格	2. 固溶处理不当。固溶温度偏低或保温时间不足；淬火转移时间过长；过烧	2. 调整加热温度或保温时间；缩短淬火转移时间；重新热处理；严格执行工艺规程，检查炉温仪表，避免过烧
		3. 时效后强度和塑性不合格	3. 时效处理不当。时效温度偏低或保温时间不足造成欠时效；时效温度偏高或保温时间过长造成工件软化	3. 调整时效温度和保温时间；重新热处理
		4. 退火后塑性偏低	4. 退火温度偏低，保温时间不足或退火后冷却速度过快	4. 调整工艺参数重新退火
		5. 工件各部分性能不均匀	5. 工件各部分厚薄相差过大，原始组织和透烧时间不足，影响固溶化效果	5. 延长保温时间，使之均匀加热；重新热处理

（续）

合金	缺陷名称	缺陷特征	形 成 原 因	预防及补救措施
铜合金	纯铜氢脆	拉伸试验时发生晶间脆断	含氧纯铜在氢气或含氢气的还原性气氛中热处理，氢还原氧化亚铜，产生高压水蒸气造成晶间断裂	在中性或弱氧化性气氛中热处理
	力学性能不合格	1. 硬度不均匀	1. 炉温不均匀，仪表失灵；装料过多	1. 控制炉温，更换仪表；控制装炉量
		2. 淬火不足，硬度较高，塑性低	2. 固溶温度太低，保温时间不足，淬火转移时间过长，淬火介质温度过高	2. 调整热处理工艺参数，使用流动水
		3. 过热和过烧，脆性大	3. 仪表失灵；炉温过高；用木炭保护时，木炭燃烧使温度升高	3. 检查更换仪表；调整工艺参数；用木炭保护时，置入密封箱内，木炭中添加质量分数为10%的 Na_2SO_4
镁合金	力学性能不合格	1. 性能不均匀	1. 炉温不均匀；工件冷却速度不均匀；工件各部分厚薄不均匀，保温时间不足；晶粒畸形长大	1. 改进设备，控制炉温均匀性；延长保温时间；热处理前进行消除应力处理，铸造时选择合适冷铁，固溶处理时采用间断加热法
		2. 性能达不到技术条件要求	2. 固溶温度偏低；加热时间不足；冷速不够	2. 调整工艺参数，重新热处理
钛合金	氢脆	工件呈脆性，严重时与玻璃一样脆化	炉内呈还原性气氛	控制炉内气氛为微氧化性，炉温控制尽量低，进行真空除氢处理
	吸氧	塑性显著下降	炉内氧化气氛太强，工件太薄	采用真空、惰性气体介质加热或涂层保护

第7章 脆 性

工程构件在断裂前发生明显的塑性变形，称为韧性断裂；断裂前不发生或只有少量宏观塑性变形，则为脆性断裂。由于脆性断裂没有明显的"征兆"，因而危害性极大，应尽量予以避免。工件究竟发生韧性断裂还是脆性断裂，与工件的尺寸、形状、工作环境和介质、载荷性质、材料的性能等因素有关。对于特定的工件和服役条件，材料的强度、塑性和韧度的合理配合决定着其最终的断裂方式。热处理不当，显微组织不良，会使材料的塑性和韧度显著降低，增大了工件的脆性断裂倾向。与热处理有关的常见的材料脆性有回火脆性、低温脆性、氢脆性、σ脆性和电镀脆性等。

7.1 回火脆性

钢淬火成马氏体后，在回火过程中，随着回火温度的升高，硬度和强度降低，塑性和韧度提高。但是在有些情况下，在某一温度区间回火时，韧度指标随回火温度的变化曲线存在低谷，出现回火脆性现象，如图 7-1 所示。钢在回火过程中，可能发生两种类型的脆性：一种脆性通常发生在淬火马氏体于 200 ~ 400℃回火温度区间，这类回火脆性在碳钢和合金钢中均会出现，它与回火后的冷却速度无关，即使回火后快冷或重新加热至该温度范围内回火，都无法避免，这种回火脆性称为第一类回火脆性（也称不可逆回火脆性、低温回火脆性或回

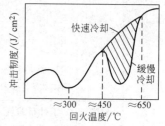

图 7-1 结构钢的
回火脆性示意图

火马氏体脆性）。另一种脆性发生在某些合金结构钢中，这些钢在下面两种情况下发生脆化：①高于 600℃温度加热回火，在 450 ~ 550℃温度区间缓慢冷却；②直接在 450 ~ 550℃温度区间加热回火。这种脆性可以采用重新加热至 600℃以上温度，随后快速冷却的方法予以消除，这种脆性为第二类回火脆性（也称可逆回火脆性、高温回火脆性或回火脆性）。

7.1.1 第一类回火脆性

淬火钢的夏比冲击吸收功随回火温度的变化曲线在第一类回火脆性温区出现低谷，相应的塑-脆转变温度出现峰值，其脆性程度用夏比冲击吸收功曲线的低

谷大小进行评定。应该指出的是，钢的力学性能指标对第一类回火脆性具有不同的敏感程度，并与加载方式有关。主要反映钢的强度的性能指标对回火脆性敏感程度较小，反映塑性的性能指标对回火脆性敏感程度较大。扭转与冲击载荷对回火脆性敏感程度大，而拉伸和弯曲应力对回火脆性敏感程度小。因此，对于应力集中比较严重、冲击载荷较大或承受扭转载荷的工件，要求较大的塑性和韧度与强度相配合时，第一类回火脆性的产生极大地增大了工件脆性开裂的危险性，应该避免在该温区回火。在这种情况下，第一类回火脆性应作为一种热处理缺陷对待。但是对于应力集中不严重，承受拉伸、压缩或弯曲应力的工件，例如，某些冷变形工模具，其使用寿命主要取决于疲劳裂纹的萌生而不是裂纹扩展抗力，选择材料和制订热处理工艺时，主要应该考虑在保证材料具有适当的塑性和韧度条件下，追求高的强度，并不一定把第一类回火脆性视为一种必须避免的热处理缺陷，有时甚至可以利用该温区回火出现的强度峰值，来达到充分发挥材料的强度潜力、延长工件使用寿命的目的。

1. 第一类回火脆性机理

现已发现，钢的第一类回火脆性与残留奥氏体的转变、马氏体分解沿晶界和亚晶界析出薄膜状渗碳体，以及 S、P、N 等杂质元素在晶界的偏聚等因素有关。产生第一类回火脆性时，往往伴随着晶间断裂倾向的增大，但是有些钢在第一类回火脆性温区也观察到以穿晶解理或马氏体板条间解理的方式发生断裂。这些事实表明，第一类回火脆性机理随具体钢种而异。可能的第一类回火脆性机理如图 7-2 所示。当钢的杂质和残留奥氏体量较少时，破坏起始于渗碳体的断裂、渗碳体附近铁素体膜的开裂或渗碳体与基体界面的脱开，最终的断裂方式主要为

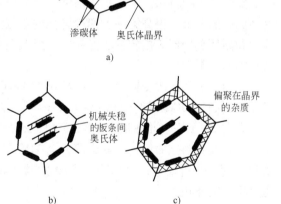

图 7-2　第一类回火脆性机理示意图

穿晶解理断（见图 7-2a）；如果钢中的残留奥氏体量较多，回火过程中，由于马氏体的分解和外加载荷的作用，残留奥氏体将因热和机械失稳转变为新鲜马氏体薄层而成为导致钢脆化的主要因素，其断裂方式为马氏体板条间解理断裂（见图 7-2b）；在杂质含量较高的钢和对脆性断裂特别敏感的粗晶粒钢中，由于 S、P 等杂质元素在奥氏体化加热期间向晶界偏聚，以及在回火期间渗碳体

薄膜在晶间析出的综合作用，导致晶界弱化使钢脆化，其主要的断裂方式为晶间断裂（见图7-2c）。上述三种机理对第一类回火脆性的产生共同起作用，其中主要的一种决定了最终的断裂方式。已经提出的第一类回火脆性机理都肯定了沿晶界和亚晶界形成的薄膜状渗碳体的作用，这一点在对中碳钢和中碳合金钢的第一类回火脆性的研究中得到了证实，研究发现第一类回火脆性的出现总是伴随着ε碳化物向渗碳体的转变。但是，上述机理在解释某些工模具钢的第一类回火脆性时遇到了困难。因为某些冷变形工模具钢的回火脆性温区较低，例如，GCr15、9CrSi和9Mn2V等钢的第一类回火脆性温区为190~250℃，在这样低的温度下回火，ε碳化物尚未开始向渗碳体转变；由于高碳钢淬火温度较低，晶粒细小，杂质元素在晶界的偏聚也不大可能成为产生第一类回火脆性的控制因素，诱发这些钢脆化的主导因素可能是残留奥氏体的热失稳和机械失稳引起的马氏体转变，但其脆化机理尚有许多不明之处，仍有待于进一步研究澄清。

2. 第一类回火脆性的抑制和防止

合理地选材和热处理可以抑制或防止第一类回火脆性的产生。从减少杂质元素在晶界偏聚的角度，冶炼上可采用真空熔炼、电渣重熔等技术，以便从根本上减少钢中磷、硫等有害杂质的含量；也可以通过加入合金元素将有害杂质固定在基体晶内的方法，以避免杂质向晶界偏聚。例如，加入钙、镁和稀土元素，能够减少硫向晶界的偏聚。为了扩大高强度钢的使用范围，可以通过加入硅的方法推迟马氏体的分解，提高第一类回火脆性的温区。工艺上采用形变热处理、亚临界淬火和循环热处理等措施减小晶粒，降低晶界的平均杂质含量，能够减小钢的第一类回火脆性。

采用工艺手段改变回火过程中析出的 Fe_3C 形态，可以减小钢的第一类回火脆性。例如，40CrNi钢（3140钢）炉内回火和感应加热回火试验结果表明，炉内回火在270℃左右出现明显的第一类回火脆性，韧脆转化温度为-50℃；感应加热回火没有明显的第一类回火脆性，韧脆转化温度降低到-135℃。电子显微镜和X射线分析发现，270℃炉内回火的碳化物为长片状，感应加热回火的碳化物为均匀细球状。

7.1.2　第二类回火脆性

图7-3所示为淬火镍铬钢在400~650℃温度区间回火时，回火后冷却速度对其冲击吸收功的影响。可以看出，回火后炉冷的钢在500~550℃附近发生了明显的脆化。钢发生第二类回火脆性时，其室温冲击韧度大幅度降低的同时，韧脆转变温度显著提高，如图7-4所示。

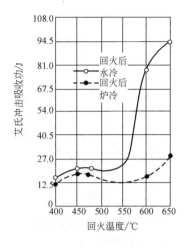

图 7-3　镍铬钢的
第二类回火脆性

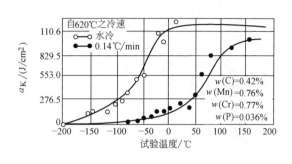

图 7-4　第二类回火脆性对韧脆
转变温度的影响

1. 影响第二类回火脆性的因素

（1）化学成分的影响　第二类回火脆性主要发生在 Cr、Mn 或 Cr-Ni、Cr-Mn 等合金钢中。Mn 的质量分数少于 0.5% 的碳素钢不发生这类回火脆性。Ni、Cr、Mn 不论单独加入还是复合加入钢中，均会促进钢的回火脆性，其影响按 Ni、Cr、Mn 的顺序增大，当它们复合加入时影响更大。钢中 Cr 和 Mn 质量分数的总量超过 1% 时，即会发生明显的高温回火脆性。Ni 单独存在时对钢的回火脆性倾向影响很小，但在 Cr-Mn 钢中加入 Ni 却显著增大了钢的高温回火脆性敏感性。研究表明，高纯合金钢对回火脆性不敏感，因此，工业用钢的回火脆性与杂质元素密切相关。P、As、Sb 和 Sn 是引起钢出现第二类回火脆性的主要杂质元素。图 7-5 所示为杂质元素对 Ni-Cr 钢脆化度的影响。图中纵坐标为脆化度，定义如下：使用夏比冲击试验测出钢在无脆化状态和脆化状态下的韧-脆断口形貌转变温度 FATT，然后取其差值。由图可见，Sb、P 的影响最大，Sn 次之，As 的影响相对较小。Mo 能够有效地抑制第二类回火脆性的产生。图 7-6 所示为含钼量对钢的脆化度的影响。质量分数为 0.2% ~ 0.5% 的 Mo 对回火脆性的抑制作用最大，超过 0.5% 反而增大了钢的回火脆性倾向。W 和 Ti 也是抑制钢的回火脆性元素。

（2）其他因素的影响　并非只有马氏体组织在回火过程中才产生高温回火脆性，其他原始组织在高温回火脆性区回火也会发生不同程度的回火脆性。对第二类回火脆性的敏感程度按铁素体-珠光体、贝氏体、马氏体的顺序增大。另外，钢的回火脆性倾向随奥氏体晶粒的增大而增大。

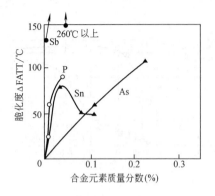

图 7-5 杂质元素对 Ni-Cr
钢脆化度的影响
脆化处理：450℃×168h

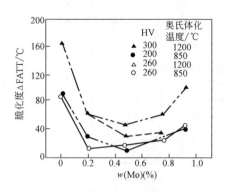

图 7-6 含钼量对钢的脆化度的影响
注：用钢（质量分数）：C0.3%—
Ni3%—Cr1%—P0.025%；
脆化处理：500℃×100h。

回火后冷却速度对高温回火脆性的影响很大。图 7-7 所示为回火冷却速度对 30CrNi3A 钢（SNC631 钢）的脆性的影响。若规定出现 50% 脆性断口的对应温度为韧脆转变温度 FATT，则用 0.33℃/min 的速度缓慢冷却使钢的 FATT 升高了 100℃ 以上。

2. 第二类回火脆性机理

关于高温回火脆性机理仍有争论。被广泛接受的观点是由于 P、Sb、Sn、As 等杂质元素和 Cr、Ni、Mn、Si 等合金元素在奥氏体晶界偏聚所引起的。俄歇谱仪分析表明，回火脆性与奥氏体晶粒边界附近杂质浓度的升高有直接的关系。杂质元素在晶界的偏聚属于平衡偏析。杂质元素以固溶的方式存在于钢中时，由于其原子与铁原子间存在尺寸错配，从减小晶格畸变能的角度，杂质原子将优先占据晶界和位错等缺陷部位，导致晶界的弱化和脆性的增大。随着温度的升高，这种平衡偏析受到原子热运动的干扰，温度足够高时（高于600℃），平衡偏析消失。这种平衡偏析在碳素钢中很小，不足以引起回火脆性。Cr、Mn 和 Ni 等合金元素与杂质元素的亲合力大，促进了杂质元

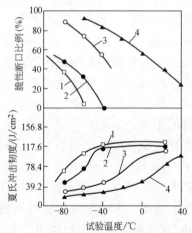

图 7-7 回火冷却速度对
30CrNi3A 钢的脆性的影响
1—4800℃/min 2—62℃/min
3—1.7℃/min 4—0.33℃/min

素在晶界上的这种偏析，因而显著增大了钢的高温回火脆性。回火加热温度高于600℃，然后快速冷却，抑制了杂质元素向晶界的偏聚，因而减少或防止了回火脆性的发生。在有些合金钢中，随着碳含量的增加，钢的回火脆性倾向增大，表明杂质元素在晶界的偏聚也与碳化物沉淀有关。

迄今为止，关于第二类回火脆性的本质仍有一些问题有待于澄清。例如，为什么 Ni 单独在钢中存在时对钢的回火脆性影响较小，而在 Ni-Cr、Cr-Mn 钢共同存在时会显著增大钢的回火脆性？Mo 和 W 为什么能有效地延缓杂质元素向晶界的偏聚，从而抑制了回火脆性的发生？这些问题仍然缺乏合理的令人信服的解释。也有的研究表明，合金结构钢的高温回火脆性系由钢中 α 固溶体在回火过程中时效沉淀出的 $Fe_3C(N)$，对位错质点型"强钉扎"作用引起的，而与杂质元素在晶界的偏聚无关。

3. 第二类回火脆性的抑制和防止

为了抑制和防止第二类回火脆性，可采取如下措施：

1）提高钢水纯净度，尽量减少钢中 P、Sb、Sn、As 等有害杂质元素的含量，从根本上消除或减小杂质元素在晶界的偏聚。

2）钢中添加 $Mo[w(Mo)=0.2\% \sim 0.5\%]$ 或 $W[w(W)=0.4\% \sim 1.0\%]$，以延缓 P 等杂质元素向晶界的偏聚。这种方法在生产上得到了广泛的应用，如汽轮机主轴、叶轮和厚壁压力容器广泛采用含 Mo 钢制造。但是这种合金化的方法有其局限性，对于那些在回火脆性温度下长期使用的工件，仍不能避免回火脆性问题的发生。

3）高温回火后快速冷却。对于大型工件，由于心部冷速达不到要求使这种方法受到限制；另一方面即使能够通过快冷抑制了回火脆性的发生，但又会在工件中产生很大的残留内应力，故对于大型锻件，往往需要采用低于回火脆性温度（450℃）进行补充回火。

4）采用两相区淬火，以便使组织中保留少量的细条状过剩铁素体，这些铁素体在加热时往往在晶粒内杂质处形核析出，使杂质元素集中于铁素体内，避免了它再向晶界偏聚；另外，两相区淬火可以获得细小的晶粒，从而减轻和消除了回火脆性。

5）细化奥氏体晶粒。

6）采用高温形变热处理可以显著减小

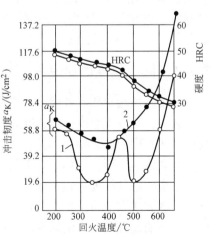

图 7-8　高温形变热处理
对 40CrNi4 钢冲击韧度的影响
1—常规淬火工艺　2—高温形变热处理

甚至消除钢的回火脆性。图 7-8 所示为高温形变热处理对 40CrNi4 钢冲击韧度的影响。可以看出，采用高温形变热处理，该钢的回火脆性可以基本上得到消除。

7）渗氮需要在 500℃ 左右的温度下长时间加热，容易产生回火脆性问题。渗氮钢应当尽量选择对回火脆性敏感程度较低的含钼钢，如 38CrMoAl 钢等。

8）焊接构件焊接后往往需要进行去应力退火。由于退火必须缓慢冷却，所以对于含 Mn、Cr、Ni、Si 等合金元素的高强度钢，必须考虑去应力退火引起的回火脆性问题。对于这类构件，也应选用含钼的钢制造。

7.2　低温脆性

低温脆性断裂包括穿晶脆断和沿晶界的晶间脆断两种断裂方式。穿晶脆断主要是解理断裂。常见的低温脆性断裂大多数是沿解理面的穿晶断裂；而晶间脆断通常在应力腐蚀或发生回火脆性的情况下出现。

温度是影响金属材料和工程结构断裂方式的重要因素之一。许多断裂事故发生在低温。这是由于温度对工程上广泛使用的低中强度结构钢和铸铁的性能影响很大，随着温度的降低，钢的屈服强度增加，韧度降低。体心立方金属存在脆性转变温度是其脆性特点之一。随着温度降低，在某一温度范围内，缺口冲击试样的断裂形式由韧性断裂转变为脆性断裂，这种断裂形式的转变，通常用一个特定的转变温度来表示，该转变温度在一定意义上表征了材料抵抗低温脆性断裂的能力。这种随温度降低材料由韧性向脆性转变的现象称为低温脆性或冷脆。

7.2.1　低温脆性的评定

低温脆性通常用脆性转变温度评定。脆性转变温度的工程意义在于高于该温度下服役，构件不会发生脆性断裂。转变温度愈低，钢的韧度愈大。脆性转变温度用夏比系列冲击试验得到的转变温度曲线确定。图 7-9 所示为夏比冲击试验转变温度曲线示意图。使用转变温度曲线进行工程设计时，关键是根据该曲线确定一个合理的脆性转变温度。不同的工程领域采用不同的方法来确定韧脆转变温度。这些方法有能量准则、断口形貌准则和经验准则。

采用能量准则确定的转变温度如图 7-9 中的 T_1、T_3 和 T_5 所示，分别对应于上平台 A_{Kmax} 的起始温度（完全塑性撕裂的韧性开裂最低温度）、$\frac{1}{2}(A_{Kmax} + A_{Kmin})$ 对应温度 T_3 和下平台 A_{Kmin} 的最高温度（完全解理开裂最高温度）。经验准则确定的转变温度示意表示如 T_4。例如，使用经验和统计资料表明，如果船用钢板

的 A_K 值超过 20.5J，将不会发生脆性断裂，因此，造船工业广泛采用 20.5J 准则。对于常见的机械零件、大型铸锻件和焊接件，经验表明，夏比冲击试验与机件失效之间存在如下关系：夏比试样的解理断口面积少于 70% 时，构件的服役应力低于钢的屈服强度的二分之一时，在相应的温度下，一般不会发生脆性断裂，故规定在夏比冲击吸收功与温度的关系曲线上，试样断口上出现 50% 解理断口和 50% 纤维断口的相应温度为韧脆转变温度，称为 FATT。

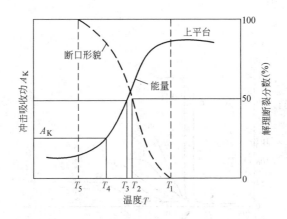

图 7-9　夏比冲击试验转变温度曲线示意图

7.2.2　钢的成分和组织对低温脆性断裂的影响

钢的 FATT 和韧度受多种因素的影响。随着温度的降低和工件的有效尺寸、加载速率及应力集中的增大，脆性断裂倾向增大。这些因素属于外部因素，与热处理无关。钢的成分和组织是影响低温脆性的内部因素。钢的成分包括碳含量、合金元素含量和杂质。整体热处理只能改变成分分布，不能改变钢的成分组成；但是钢的组织却可以通过热处理等工艺手段予以改变和控制，因而热处理的质量在一定程度上决定着钢的低温脆性倾向。

1. 合金元素和杂质的影响

钢中碳含量增加使韧脆转变温度升高，最大夏比冲击能减小，夏比冲击能随温度的变化趋缓，如图 7-10 所示。研究表明，碳含量对韧脆转变温度的影响与组织状态有关。碳含量对珠光体、贝氏体组织的韧度影响较大，而对马氏体组织的韧度影响较小，在低于韧脆转变温度时，碳含量对马氏体的韧度几乎没有什么影响。Mn 和 Ni 能够减小钢的低温脆性和降低韧脆转变温度。Mn 能显著改善铁素体-珠光体钢的韧度，但对调质钢的韧度的影响则比较复杂。从提高淬透性的角度，Mn 对改善韧度有好处，但是 Mn 增大了回火脆性倾向，对韧度带来不利的影响。除了 Ni 和 Mn 外，铁素体形成元素均有促进钢的脆化的倾向。P、Cu、Si、Mo、Cr 等元素使脆性转变温度升高；少量的 V、Ti 使钢的 FATT 升高，超过一定量时，反而使 FATT 降低。微量的 S、P、As、Sn、Pb、Sb 等杂质元素及 N_2、O_2、H_2 等气体增大了钢的低温脆性。一般认为，微量的有害元素往往偏析于晶界，降低了晶界表面能，弱化了晶界，增大了沿晶界脆性断裂的倾向，降低了钢的脆性断裂抗力。

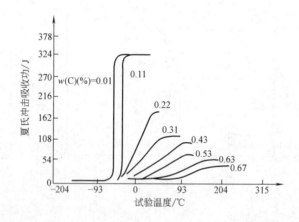

图 7-10　碳含量对钢的韧脆转变温度的影响

2. 组织的影响

细化晶粒可以同时提高钢的屈服强度和低温韧度。总的趋势是钢的韧脆转变温度随奥氏体晶粒尺寸、马氏体晶体和马氏体板条束尺寸、贝氏体铁素体板条束尺寸及珠光体片间距的减小而降低。钢中夹杂物、碳化物等第二相颗粒的大小、形状、分布及第二相的性质对低温脆性有重要影响。第二相颗粒宜细、宜匀、宜圆。晶界上的第二相和碳化物显著降低钢的低温韧度。

钢的成分相同，显微组织不同，其韧度和韧脆转变温度也不同。例如，40～70mm 厚的 16MnCu 钢板经 910℃ 正火与热轧状态相比，其冲击韧度得到显著改善，如图 7-11 所示。

图 7-12 所示为组织对 C0.4%-Cr0.7%-Mo0.32% 钢（质量分数）的脆性转变温度和冲击韧度的影响，其韧度按铁素体-珠光体、贝氏体、马氏体的顺序增高。研究表明，回火至相同硬度下，完全淬透的 100% 马氏体回火后韧度最好。在获得相同抗拉强度的情况下钢的冲击韧度与组织的关系见图 7-13。

表 7-1 为钢的组织参量与韧度的关系。

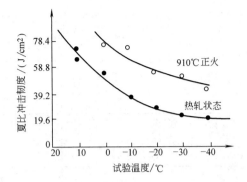

图 7-11　正火对 16MnCu 钢
低温冲击韧度的影响

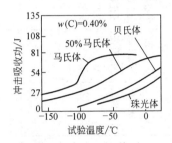

图 7-12　组织对铬钼钢韧
脆转变温度的影响

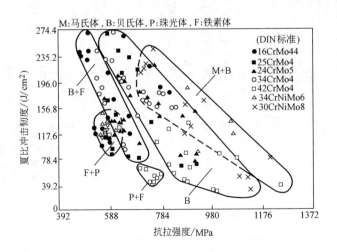

图 7-13　在获得相同抗拉强度的情况下钢的冲击韧度与组织

表 7-1 钢的组织参量与韧度的关系

组织参量 / 韧度指标	铁素体-珠光体					贝氏体及针状铁素体					马氏体及回火组织	
	晶粒尺寸 d	合金元素及杂质质量分数	位错强化	弥散强化	珠光体数量及 Fe_3C 片层厚度 t	晶粒尺寸或板条束尺寸 t	铁素体条板尺寸 l	碳化物	合金元素及碳含量	奥氏体晶粒或板条束尺寸 d	合金元素和碳含量	非金属夹杂物和杂质
冲击韧脆转变温度, FATT	随 d 的减小, FATT 降低	$w(Mn)$ 为 1% 和 $w(Ni)$ 为 1% 分别使 FATT 降低 30℃ 和 13℃, 其他元素使 FATT 升高	使 FATT 升高, σ_y 每增加 1MPa, FATT 升高 0.2~0.6℃	使 FATT 升高, δ, 每增加 1MPa, FATT 升高 0.2~0.5℃	随珠光体量增加而升高, 随 t, 珠光体片间距和珠晶体区尺寸减小而降低	随 d 减小而降低	随 l 减小而升高	在 $B_{上}$ 中板条界面上的大碳化物使 FATT 升高		随 d 减小而降低		
夏比冲击平台功, CSE	影响不大	随非金属夹杂物的增加而降低, 长条状夹杂物使 CSE 各向异性	σ_y 每增加 1MPa, 使铁素体的 CSE 降低 0.35J	使 CSE 降低	随珠光体量增加 CSE 降低				随含碳量增加而降低			

7.3　氢脆性

7.3.1　氢脆及其分类

金属材料中由于含有氢或在含氢的环境中工作，其塑性和韧度下降的现象称为氢脆。尽管也有例外，但是在大多数情况下，发生氢脆时，材料的断裂方式由韧性断裂转变为脆性断裂。氢在体心立方金属中溶解度很小，但是扩散速度极大，因此，对氢脆的敏感性也最大。当钢中氢的质量分数达到 $5 \sim 10 \times 10^{-6}$ 时，即会发生氢致开裂。面心立方金属也会发生氢脆，但相对来说，氢脆敏感性较小。

氢脆分为内部氢脆和环境氢脆、可逆氢脆和不可逆氢脆。金属材料在冶炼、酸洗、电镀、焊接、热处理等工艺过程中引进了大量的氢，使材料在受到外载荷作用时，因内部已经存在的氢而发生的氢脆称为内部氢脆。材料在服役过程中，从环境中吸收了氢而导致的脆化称为环境氢脆。氢脆现象能够通过去氢处理减小或去除时，称为可逆氢脆；如果氢已经造成了材料的永久性损伤，即使经过去氢处理，氢脆现象也不能消除的情况，称为不可逆氢脆。根据变形速度对氢脆敏感性的影响，可将氢脆分为第一类氢脆和第二类氢脆。前者随变形速度的增加，氢脆的敏感性增大，这是由于加载前材料内部已经存在白点、氢蚀和氢化物致裂等氢脆断裂源的缘故；后者的敏感性随变形速度的减小而增加，其氢脆断裂源是在服役过程中，环境中的氢与应力交互作用下形成的。

目前关于氢脆的机理尚有不同的观点。已经提出的氢脆理论主要有氢压理论、氢降低原子间结合力理论、氢吸附后降低表面能理论，以及氢促进局部塑性变形的理论。应该指出的是，与氢有关的材料损伤包括氢致塑性的损失、氢致滞后开裂和不可逆氢损伤（氢鼓泡、白点、高温氢腐蚀、氢致马氏体相变等）。严格地讲，氢脆性主要指氢致塑性损失和氢致滞后开裂，而不可逆氢损伤是与氢脆具有不同机理的开裂方式。

氢致塑性损失通常用光滑试样充氢前后拉伸试验塑性指标的相对损失 I_ψ 来度量，$I_\psi = \dfrac{\psi_0 - \psi_H}{\psi_0} \times 100\%$，$\psi_0$ 和 ψ_H 分别为钢中无氢和有氢存在时的断面收缩率。I_ψ 可以用来评定钢对氢脆的敏感程度。氢致滞后开裂抗力通常用氢致裂纹扩展速率 $\dfrac{da}{dt}$ 和氢致滞后开裂临界应力强度因子 K_{IH} 度量，裂纹尖端应力强度因子 $K_I < K_{IH}$ 时裂纹不扩展。

氢脆是一个复杂的物理、化学、力学过程，影响因素很多。温度、应变速率、氢压和介质都对材料的氢脆行为有影响；但是对于材料热处理工作者，为了防止和减少氢导致的脆性开裂，研究和掌握材料的成分和组织对氢脆的影响规律更为重要。

7.3.2 钢的成分和组织对氢脆的影响

合金元素对氢脆敏感性的影响与氢脆的性质和钢种有关。例如，高强度钢对内部氢脆和环境氢脆都很敏感；而低强度钢、奥氏体钢和镍基合金对内部氢脆不敏感，而其环境氢脆的倾向性却比较大。Mn 显著增大了铁素体与马氏体钢的氢脆倾向，而对奥氏体钢的氢脆影响相对较小。研究表明，C、P、S、Si 增大了钢的氢脆倾向。钢中某些稀土元素（如 Pd、Ta、La、Sc）和碳化物形成元素（Ti、V、Al、Nb、Zr 等）能够增加氢陷井的数量，降低陷井中富集的氢含量；加 Ca 或稀土元素能够改变 MnS 夹杂的形状，使其变圆变细，因而能够增加氢陷井中的临界氢浓度；Cu、Al 等元素能在金属表面形成沉淀膜或氧化膜，阻碍环境中氢的进入。Cu、Al、Ti 和稀土元素通过上述机制减小了钢对氢脆的敏感性。

合金元素对钢的氢致裂纹扩展行为的影响如表 7-2 所示。

表 7-2　合金元素对钢的氢致裂纹扩展行为的影响

元素	一般敏感性	K_{IH}	da/dt	元素	一般敏感性	K_{IH}	da/dt
S 和 P	明显升高	影响小	应当升高	Ti(一般钢)	降低	—	—
Mn	升高	降低	—	Si	降低	升高	降低
C	明显升高	降低	—	Mo	时升,时降	影响小	—
Cr	升高	影响小	应当升高	Ni	—	影响小	—
Ti（马氏体时效钢）	升高	—	—	Al	降低	—	—

氢脆的敏感性与金相组织密切相关。对于中低强度钢，淬火回火的马氏体或贝氏体组织具有最好的抗氢脆性能。对于珠光体钢，其抗氢脆性能随珠光体的层间距减小而提高。多数研究表明，球状珠光体对氢脆和氢致滞后开裂的敏感性比片状珠光体小。高碳淬火马氏体的氢脆敏感性最大，不发生回火脆性时，随着回火温度的升高，其抗氢脆性能得到改善。一般认为，对于低合金超高强度钢，碳化物颗粒均匀分布的细小板条马氏体具有最好的抗氢脆性能。

热处理能改变钢的微观组织，当然也影响钢的氢脆敏感性。图 7-14 所示为固溶温度对 18Ni(250) 钢氢脆敏感性的影响。固溶温度的升高对钢在真空中的塑性影响很大，而在含氢环境中，其塑性则大幅度下降。固溶温度超过 900℃，其断面收缩率降低到 5% 以下。

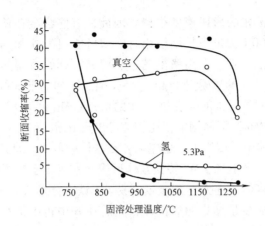

图 7-14 固溶处理对 18Ni(250) 钢氢脆敏感性的影响

7.4 σ 脆性

高铬铁素体不锈钢、铁素体-奥氏体不锈钢、奥氏体不锈钢和耐热钢在 550 ~ 800℃ 之间长时间加热会析出 σ 相，增大了钢的脆性。σ 相是成分范围很宽的 Fe-Cr 金属间化合物，目前还未测出 σ 相上下限的准确成分，其大致成分可近似的表示为 FeCr。σ 相不仅在许多过渡族元素组成的二元合金中形成，在不少三元系中，例如，Fe-Cr-Ni、Fe-Cr-Mo 及 Ni-Cr-Mo 三元系中，在某些特定温度范围内，也发现有 σ 相存在。在高温合金中，已发现的二元系 σ 相有 FeCr、CoCr、FeMo，三元系 σ 相如 FeCrMo、NiCrMo 和四元素 $(CrMo)_x(NiCo)_y$ 等。

7.4.1 σ 相的性质及其对性能的影响

σ 相的结构很复杂，属于正方晶系。晶胞中有 30 个原子，点阵常数为 $a = 8.75 \sim 8.81 kX$，$c = 4.54 \sim 4.58 kX$（$1kX = 1.002037 \times 10^{-10} m$），$c/a = 0.52$。某些 σ 相中各类原子呈有序排列。σ 相硬度很高，Fe-Cr 系不锈钢中，σ 相的硬度约为 68HRC，其他合金中的 σ 相的硬度略有波动。σ 相很脆，室温下脆如玻璃。σ 相沿晶界或呈片状分布时，使钢的塑性和韧度显著下降。少量的 σ 相（体积分数 <3%），呈孤立弥散分布时，对钢的韧度影响不大，且有一定的强化效果。σ 相的形成使基体贫铬，因而使基体的抗蚀性下降，并降低了固溶强化的效果。

7.4.2 钢的成分、热处理与 σ 相的形成

σ 相通常在高铬钢中形成。一般认为铬的质量分数小于 20% 的不锈钢，σ 相

的形成倾向很小。σ 相的形成速度很慢。因此，有些合金在使用前虽然没有 σ 相，但是在 550~800℃ 温度下长期使用时，却可能因为 σ 相的逐步形成导致性能恶化而使工件早期失效。在高铬不锈钢、镍铬不锈钢及耐热钢中，铬含量愈高，愈易形成 σ 相，铬的质量分数超过 45% 时，σ 相的形成倾向最大。Si、P、Mo、W、V、Ti、Nb 等元素能够促进 σ 相的形成；Mn 使 σ 相形成的极限 Cr 含量降低。因此，Cr-Mn-N 不锈钢中，比较容易出现 σ 相。

σ 相能从奥氏体中直接析出，也能从 δ 铁素体中形成。研究表明，由于 δ 铁素体的铬含量较高，加上 Si、Mo 等铁素体形成元素富集于铁素体促进了 σ 相的形成，因而从 δ 铁素体转变为 σ 相比较容易。δ 铁素体形成 σ 相的过程很复杂，一般认为它首先形成少量细小的奥氏体，然后在 δ 中析出细小的碳化物，并在 γ/δ 相界上析出 σ 相。

合理的热处理工艺可以抑制 σ 相的形成。对于奥氏体不锈钢，固溶处理温度不宜过高，保温时间不宜过长，以便使钢中不产生过量的 δ 铁素体而增大 σ 相的形成倾向。若在铸造、焊接和热处理过程中，产生了有害的 σ 相，可在 820℃ 温度以上加热或采用固溶处理予以消除。消除 σ 相的热处理温度应根据钢的成分试验确定。

铁素体-奥氏体复相不锈钢，其金相组织为铁素体基体上分布有小岛状奥氏体，δ 铁素体的体积分数约占 50%~70%，由于这类钢含有较多的 δ 铁素体，σ 相析出倾向较大，故使用温度不宜超过 350℃。

7.5 电镀脆性

电镀脆性的实质是在镀前处理和电镀过程中，由于镀层和金属基体中渗入氢引起的氢脆性。电镀是一种电化学过程。电镀时被保护的基体金属或工件作为阴极，施镀的金属为阳极，浸入在含有施镀金属离子的电解质溶液中，通电后金属离子移向阴极，并发生还原反应，在沉积出金属原子的同时，氢离子被还原成氢原子，其中一部分氢原子形成氢气逸出，另一部分渗入到镀层和基体金属晶格中引起氢脆。电镀前工件表面要进行精整和清理，如机械磨光、脱脂和浸蚀等处理。电化学脱脂和用酸进行化学浸蚀或电化学浸蚀过程中，都有可能因为析出氢而使镀层和工件基体发生氢脆。

7.5.1 电镀脆性的影响因素

电镀工件的氢脆受基体材料和电镀工艺参数的影响，一般规律如下：

1) 不同的基体金属材料具有不同的阴极渗氢倾向。一般认为，按 Pd、Ti、Cr、Mn、Fe、Co、Ni、Zn、Sn、Cu 的顺序渗氢程度减弱。

2）随着电流密度的升高，一方面阴极表面吸附氢原子的覆盖率增大，使渗氢率增加；另一方面提高电流密度往往使镀层质量和结构变化，从而使渗氢量减少，因此，有时随电流密度的变化，渗氢率会出现极大值。

3）一般情况下，渗氢量随着镀液温度的升高而下降。例如，镀铬时在电流密度为 $50A/dm^2$，温度分别为 35℃、55℃ 和 80℃ 的条件下，镀铬层氢的质量分数分别为 0.07%、0.05% 和 0.03%。

4）溶液的 pH 值对渗氢量的影响比较复杂。pH 值下降，溶液中氢离子的浓度增大，促进了渗氢过程的进行，但是酸性镀液的电流效率高，产生的总氢量较少，又能减少渗氢量。另外，pH 值的变化能影响镀层中夹杂物的组成和渗氢过程。因此，pH 值对渗氢量的影响没有简单的规律，取决于多种因素的共同作用。

5）电镀溶液的组成不同，获得的镀层成分和结构也不同，从而也对渗氢量有影响。

7.5.2　防止电镀脆性的措施

除了合理选择电镀镀层和控制工艺参数以减少渗氢量外，电镀后除氢处理是消除电镀脆性的主要方法。广泛使用的除氢处理工艺是加热烘烤。电镀件常用的烘烤温度为 150～300℃，保温 2～24h。具体的处理温度和时间应根据工件大小、强度、镀层性质和电镀时间的长短而定。除氢处理常在烘箱内进行。

镀锌工件的除氢处理温度为 110～220℃，控制温度的高低应根据基体材料确定。对于弹性材料、0.5mm 以下的薄壁件及机械强度要求较高的钢铁零件，镀锌后必须进行除氢处理。为了防止“镉脆”，镀镉工件的除氢处理温度不能太高，通常为 180～200℃。“镉脆”是低熔点的镉扩散进入金属表面后使材料发生脆断的现象。“镉脆”在常温下即会发生，但当温度超过 200℃ 时，“镉脆”问题变得更为严重。

7.6　渗层脆性

对于高硬度渗层，如渗氮层表面硬度可达 1100～1200HV，渗硼层硬度高达 1300～2000HV，热处理不当时，可能产生渗层脆性过大，导致早期剥落。

7.6.1　渗氮层脆性

渗氮层脆性常用维氏硬度法检查评定，《钢铁零件渗氮层深度测定和金相组织检验》标准（GB/T 11354—2005）中规定，根据维氏硬度压痕边角破碎程度，渗氮层脆性分为 5 级，如表 7-3 所示，1～3 级合格。

表 7-3　渗氮层脆性级别

级别	脆性级别说明	级别	脆性级别说明
1	压痕边角完整无损	4	压痕三边或三角破裂
2	压痕一边或一角碎裂	5	压痕四边或四角均碎裂,轮廓不清
3	压痕二边或二角碎裂		

渗氮层脆性过大可能产生的原因是:

1) 液氨含水量过高,吸湿剂失效未及时更换或未进行再生处理,造成脱碳。

2) 渗氮前工件表面脱碳层未全部加工掉,在化合物层和白亮层之间产生针状化合物。

3) 氨分解率过低,工件表面氮含量过高,形成脆性的 ε 相;或者虽进行过退氮处理,但工艺不当。

4) 渗氮温度过高,氮含量过高,形成严重的网状组织。

5) 工件预备热处理不当,组织粗大或游离铁素体过多,造成渗层针状组织和网状组织。

6) 工件有尖角、锐角、表面太粗糙,经常出现网状组织。

经渗氮层脆性检查,如发现有超标现象,可采用以下方法之一进行补救:

1) 进行退氮处理,退氮工艺是 500～520℃,氨分解率≥80%,保温 3～5h。

2) 用磨削加工方法,磨去白亮层。

7.6.2　渗硼层脆性

评价渗硼层的脆性的方法,根据其脆断损坏和剥落损坏不同而异。"脆断脆性"可用三点弯曲声发射测得的脆断强度来衡量。用砂轮磨削可测试剥落倾向,可以衡量"剥落脆性"。

具有 FeB 和 Fe_2B 两相组织的渗层容易产生剥落损坏,而具有单相 Fe_2B 组织的渗层容易产生脆性损坏。

减少渗硼层脆性的途径:

1) 选择合适的渗硼工艺,力求获得单相 Fe_2B。一般而言,渗剂的活性较弱,渗硼温度较低,时间较短,渗层较薄,以及基体中碳和合金含量较低时,渗硼层都易出现 Fe_2B。采用 SiC 为还原剂的硼砂单相渗硼,也容易获得单相 Fe_2B。

如果获得了双相组织,可以用再扩散退火使 FeB 转变成 Fe_2B 单相组织。

2) 进行合适的渗后热处理。渗硼后采用恰当的热处理,在一定程度上,可以减少渗层的脆性。受载很轻,不会产生脆断或剥落的工件,渗硼后空冷即可;

受载较重，需要一定基体硬度的工件，渗硼后必须淬火和回火。基体的硬度应大于 40HRC，以免发生凹陷。减轻脆性应兼顾脆断脆性和剥落脆性。回火温度提高，基体比体积减小，表面残留压应力增大，对减小脆断脆性有利，对剥落不利。为防止剥落失效，回火温度应低些。回火温度的选择，应根据渗硼零件在实际服役条件中的失效形式而定。

过高的淬火加热温度和强烈的淬火介质，均易产生裂纹和剥落缺陷。因此，合理地选择加热温度和淬火剂，对防止脆性有一定意义。

第8章 其他热处理缺陷

随着热处理新技术的不断发展和日益广泛应用,热处理的质量要求越来越高,热处理缺陷种类也越来越多。除了常见的热处理裂纹、变形、残留应力、组织不合格、性能不合格及脆性之外,还有不少其他热处理缺陷,主要包括化学热处理和表面热处理缺陷、真空热处理和保护热处理缺陷、非铁金属合金热处理缺陷等。本章将对其他热处理缺陷作一概略介绍。

8.1 化学热处理和表面热处理特殊缺陷

化学热处理和表面热处理常见缺陷如表 8-1 所示。除一般热处理缺陷之外,特殊热处理缺陷还有硬化层深度不合格,包括硬化层过深、过浅、不均匀等。

表 8-1 化学热处理和表面热处理常见缺陷

热处理种类		常见热处理缺陷
化学热处理	渗碳及碳氮共渗	硬化层深度不合格、表面硬度不足、心部强度超差、渗层碳化物粗大或网状、渗层残留奥氏体过多、黑色组织、内氧化、心部组织粗大和铁素体过多、脱碳、变形过大、裂纹
	渗氮及氮碳共渗	硬化层深度不合格、渗层脆性、表面硬度不足或不均、表面白亮层、渗层网状或脉状氮化物、渗氮针状或鱼骨状氮化物、变形超差、裂纹与剥落、表面氧化色、表面亮点及花斑
	渗硼、渗硫及渗金属	硬化层深度不合格、渗层脆性、渗硼层疏松和孔洞、渗硼层过烧、硼化物与基体之间过渡区铁素体软带、结合力不好、裂纹与剥落、分层与鼓包、渗层不连续、腐蚀
表面热处理	感应加热淬火	硬化层深度不合格、表面硬度低、软点与软带、硬化层组织不合格、变形大、开裂、残留应力大、尖角过热
	火焰加热淬火	硬化层深度不合格、表面硬度低、软点与软带、硬度不均匀、变形大、开裂、过热、过烧

化学热处理和表面热处理都是表面强化技术,希望获得最佳的表面硬化层,提高零件的疲劳强度、抗弯强度及良好的耐磨性、抗腐蚀性能等。当硬化层不足时,零件所期望的性能和寿命将受影响;硬化层过厚,将使零件脆性增加,容易造成早期失效。

8.1.1　渗碳硬化层深度不合格

影响渗碳层深度的主要因素有渗碳介质的碳势、渗碳温度、渗碳时间、工件的化学成分、工件的形状、工件的表面状态等。

1. 渗层过深

渗层过深的主要原因是：渗碳温度过高，保温时间过长，碳势过高等工艺操作上的问题；钢中碳化物形成元素过多，也能使渗层深度超过技术要求。为了保证达到技术要求的渗层深度，则必须严格进行工艺参数的控制，认真进行炉前抽取断口试样（或金相试样）的工作，准确地测定层深，以免误判造成不必要的延长保温时间。零件用钢发生变化，工艺参数必须调整。炉前测定层深的试棒与所处理的工件应采用同一钢种，以免造成层深判断的错误。一旦层深超过技术要求，对重要零件，只能报废；对一般零件，可采用降低二次淬火温度的方法进行补救。

2. 渗层过浅

渗层过浅可能由于下述原因造成：

1）渗碳温度低。可能因控制仪表失灵，热电偶安放位置不合理，炉子加热元件损坏，晶闸管功率调节器有故障等原因造成。

2）渗碳保温时间短，或渗碳期与扩散期的时间及其比例安排不当。

3）炉内碳势过低。可能是所用的碳势测量和控制仪表失灵，或者由于炉内气体成分变化，如 CH_4、CO 低于合理范围造成碳势控制偏低。对无碳势控制仪表的普通气体渗碳炉，由于渗剂材料质量不合格或进入炉内量过少等造成。

4）装炉量过多，或炉子、夹具、吊具有变化。尽管显示炉内气氛碳势的碳势仪表指示正常，但是渗碳是不平衡的。由于吸收碳的面积增大，可能造成单位面积供碳量的降低，这对渗层较浅时显得更重要。

5）炉子密封不严，炉压偏低。

为了防止或改进渗层过浅的缺陷，对设备应定期检修，保证炉子良好的密封性，对仪表要定期校验，对渗碳所用的原料气或渗剂要严格进行质量控制，不合格的原料不得使用；对装炉量要进行控制，必须按工艺要求装炉，当产品变更或装炉量变化时，要进行工艺调整和工艺验证工作。

渗碳层太浅，应进行补渗工作。渗层深度在一定温度下是保温时间的函数，即

$$\delta = k\sqrt{\tau}$$

式中　δ——层深（mm）；

　　　k——系数，与温度、炉型、装炉量等有关；

　　　τ——保温时间（h）。

可以根据生产现场的数据，通过计算来确定补渗需要的时间。

3. 渗层不均匀

渗层不均匀产生的原因如下：

1）工件表面不清洁，表面有锈斑、油垢，装炉前未进行认真清理。

2）装炉量过多或零件在炉中放置不合理，使工件彼此之间的间隔太小，炉内气体流动不畅。

3）由于风扇停转或转速低，或者风扇设计不当，使炉内气氛不均匀，局部地区有死角。

4）炉内温度不均匀。

5）零件局部表面被炭黑、炉灰、结焦所覆盖。

为了防止渗层不均匀，工件表面一定要认真清洗，根据零件特点选用夹具和装炉方式，尽量分布均匀；定期清理炉内积炭等措施。

4. 过共析及共析层过大或过小

过共析及共析层深度过大或过小也是渗碳的一种缺陷。通常过共析及共析层深度之和为总渗层深度的50% ~75% 比较适宜。

产生过共析及共析层深度过大的主要原因如下：

1）在强渗阶段炉内碳势太高。

2）扩散时间太短，或强渗时间过长。

应当合理控制炉内碳势，将强渗期的碳势适当调低，或增长扩散期，缩短强渗期。

产生过共析层加共析层深度过小的主要原因与上述过大原因相反。为了防止过共析层及共析层过小，应当将强渗期的碳势适当调高，或缩短扩散期，增长强渗期。

8.1.2　渗氮硬化层深度不合格

在生产中，常产生渗氮层深度不足的缺陷。其主要原因如下：

1）渗氮温度偏低，保温时间不够。在生产中，如果因仪表控制不当，未能达到工艺要求的温度，而保温时间却仍按工艺文件执行；或者渗氮温度是正确的，而渗氮时间小于工艺文件规定的时间，都可能造成渗氮层不足。

2）对气体渗氮，氨分解率过低或过高均可引起渗层过浅的缺陷。氨分解率直接影响着零件表面吸收氮的速度。分解率过高，炉气中氮和氢所占的体积大，零件表面吸附大量的氢，将妨碍零件表面对氮的吸收，使表面氮含量降低，因而渗氮层深度减小；如果分解率过低，大量的氨气来不及分解，提供的氮原子太少，也会降低渗氮速度，使渗层深度减小。

3）对离子渗氮，氨流量过小，则在炉中可供渗氮的氮离子过少，则使渗层深度减小。

4）对气体渗氮，装炉不当，零件摆放相互距离太近，影响氨气的正常流动，从而降低了渗氮速度。

5）对离子渗氮，装炉不当，造成温度不均匀，温度偏低处的层深则减少。

6）炉子密封不好，漏气，也是渗层深度不足的重要原因。

7）新换渗氮罐或使用过久，也使渗氮层深度减小。

为了防止渗氮层深度不足这一缺陷，应采取如下措施：①在技术上要合理制定工艺并进行工艺验证；②在生产中，要经常校正仪表，严格控制氨分解率，合理装炉，加强炉子密封性检查和检修；③对于渗氮层不足的零件，可进行补渗处理；④新换的渗氮罐和工卡具要空渗一两次后再使用；⑤渗氮罐使用过久后要"退氮"，并清除罐壁的污物。

8.1.3　渗硼、渗铝硬化层深度不合格

渗硼常见缺陷是渗层太浅、厚度不均匀、连续性差。产生的原因主要是渗硼温度低，保温时间短，渗硼剂活性差，渗箱密封不严，渗剂混合不匀等，防止这类缺陷主要措施是选择合理渗硼工艺、提高渗硼剂活性，严格按工艺规程进行操作。

渗铝常见缺陷是渗层厚度不足、渗层过厚、漏渗、渗层损伤、氧化等。渗铝层厚度主要取决渗铝温度、保温时间及工件原材料化学成分等。

渗铝厚度不足，主要由于渗铝温度低、保温时间短造成的。渗铝层厚度不足可以进行补渗，达到要求的厚度。补渗时要注意表面清洁，可适当轻吹砂。

渗铝层厚度过厚主要原因是保温时间长造成的。

渗前对待渗件表面污物、油迹或氧化皮清理不干净，可能造成漏渗。对于不渗部位采用陶瓷罩或陶瓷料浆遮蔽不好，有渗剂气氛进入也可能造成多渗。漏渗可以用重渗办法补救。重渗前必须把原有渗层全部退除，一般采用化学腐蚀辅以吹砂方法退除。退除干净原渗层后，再按合适的渗铝工艺重渗。

8.1.4　感应加热淬火硬化层深度不合格

1. 硬化层深度过浅或过深

感应加热淬火硬化层过浅或过深原因如下：

1）频率选择不合理。频率过高，加热深度越浅，硬化层过浅；反之硬化层过深。

2）加热单位功率选择不合适。单位功率过高，加热速度快，表面热量向里传递时间少，也会引起加热深度浅，造成硬化层浅；反之硬化层过深。

3）感应器与工件间隙过小。根据感应加热的"集肤效应"原理，感应器与

工件间隙越小，涡流越集中于表面，加热层越浅。因此感应器与工件间隙过小，可能造成硬化层过浅；反之硬化层过深。

4）加热时间过短，热量传递时间不足，加热深度下降，可能引起硬化层过浅；反之硬化层过深。

为了防止感应加热淬火时产生硬化层过浅或过深的缺陷现象，应从合理选择频率、单位功率、加热时间及改进感应器设计，调整间隙等四个方面进行改进。

2. 硬化层深度不均匀

感应加热淬火还可能产生硬化层不均匀的缺陷。产生的原因如下：

1）同时加热淬火时，工件位置偏心。

2）感应器喷水孔不均匀。

3）淬火机床不同心。

解决感应加热淬火硬化层不均匀现象，应采取改善感应器喷水孔分布，使其均匀分布；调整定位装置，防止工件偏心；调整淬火机床上、下顶针，使其对中等措施。

8.1.5　火焰加热淬火硬化层深度不合格

硬化层深度过浅、过深，或者不均匀是火焰加热淬火的主要常见缺陷。产生的原因如下：

1）烧嘴与工件距离不合理。过远则加热深度较浅，硬化层深度过浅；反之硬化层深度可能过深，并容易产生过热过烧现象。烧嘴与工作间一般距离为 6 ~ 10mm。

2）烧嘴相对工件移动速度不合适。移动速度过快，加热深度过浅，可能造成硬化层深度不足；反之可能使硬化层过深。一般移动速度为 50 ~ 300mm/min，对较深硬化层工件，移动速度为 80 ~ 200mm/min。

3）燃料气量选择不合适。燃料气量过小，加热深度不足，可能造成硬化层浅。

4）淬火介质冷却能力不合适。淬火介质冷却能力不足，也可能造成硬化层浅。

8.2　真空热处理和保护气氛热处理缺陷

真空热处理和保护气氛热处理常见缺陷如表 8-2 所示。

表 8-2　真空热处理和保护气氛热处理常见缺陷

热处理种类	常见热处理缺陷
真空热处理	表面合金元素贫化、表面不光亮和氧化色、表面增碳或增氮、粘连、淬火硬度不足、表面晶粒长大
保护气氛热处理	增碳或增氮、氧化、脱碳、氢脆、表面不光亮、表面腐蚀

8.2.1 表面不光亮和氧化色

真空热处理和保护气氛热处理都属于光亮热处理。在正常情况下，热处理后工件表面应保持热处理前金属光泽。若处理不当，则可能使工件表面不光亮，甚至出现氧化色。

金属如果被氧化，将产生一定厚度的氧化膜和颜色。钢的氧化膜颜色如表 8-3 所示。真空热处理时发生氧化的颜色规律相对于空气炉是向高温移动的。

表8-3 钢的氧化膜的颜色

加热温度 （空气中）/℃	氧化膜的颜色和厚度		加热温度 （空气中）/℃	氧化膜的颜色和厚度	
	碳钢 （厚度/ ×0.1nm）	Cr13 不锈钢		碳钢 （厚度/ ×0.1nm）	Cr13 不锈钢
200	微黄（4600）		400	灰	褐紫
240	暗黄		500		红紫
260	紫（6800）		550		紫蓝
290	深蓝		600		
320	淡蓝（7200）	微黄	750		灰
350	蓝灰	褐色			

影响真空热处理时工件表面光亮度的因素很多，概括起来是工件、工艺、设备三个方面，如表 8-4 所示。引起工件表面光亮度变化的机理有两种：①真空炉有弱氧化气氛，引起工件表面氧化着色而损坏了光亮度；②真空炉内真空度过高，工件表面发生元素贫化而损坏光亮度。

表8-4 真空热处理时影响零件光亮度的因素

类别	项目	影 响 因 素
工件	材质	含有与氧亲和力强的元素（Al、Ti、Si、Cr、Nb、V）；含有蒸气压高的元素（Mn、Zn、Cu、Cr）
	表面状态	表面有氧化物（Al_2O_3、SiO_2、Cr_2O_3、TiO_2）；表面有污物（水、油脂、粉尘、屑末）
	形状	质量大的整体件；板材，多孔或管状工件
工艺	工艺	800~1200℃的固溶、退火、淬火；400~700℃回火、时效；真空度选择不合适，出炉温度高
	辅助工序	零件的前清洗（清洗介质种类、干燥效果）；环境气氛、装炉条件（周围有无盐浴炉、粉尘，能否快速装炉）
设备	真空系统	真空泵能力不足，或劣化；真空阀门、管道泄漏
	加热室	加热室使用了吸湿性强的炉材、发热体材料；加热室已被污染
	冷却系统	冷却介质（油或气）杂质超标，含有水分；冷却速度不均匀或冷却能力不足

保护气氛热处理时，工件表面光亮度不好的主要原因是炉内气氛有弱氧化性，产生氧化引起的。

预防挽救措施如下：

1）防止真空炉或保护气氛炉漏气。真空炉应保持一定压升率，一般应不低于1.33Pa/h；保护气氛炉应保持炉内正压。

2）使用符合技术要求的气体。真空热处理中使用的回充或冷却气体的纯度要高，一般应在99.995%～99.9995%以上；保护气氛应具有还原性，并且其碳势应略高于工件材料的碳含量。

3）真空热处理要选择合适的真空度（见表8-5），既不能使工件表面氧化，又不要发生表面合金元素贫化。真空炉要配备足够抽真空能力的真空系统。

4）真空热处理出炉温度不能过高，一般应控制在200℃以下出炉。

5）可以采用重复热处理来补救。

表 8-5　真空度选择

材料	真空度/Pa		
	退火	淬火、固溶	回火、时效
钢[①]	$1 \sim 10^{-2}$	$1 \sim 10^{-1}$	真空 10^{-2} 或充 N_2 或 Ar $5 \times 10^4 \sim 7 \times 10^4$
高温合金	$10^{-2} \sim 10^{-3}$ 再充 Ar $1 \sim 10^{-1}$	$10^{-2} \sim 10^{-3}$ 再充 Ar $1 \sim 10^{-1}$	真空 $10^{-2} \sim 10^{-3}$ 或充 Ar $1 \sim 10^{-1}$
钛合金	$10^{-2} \sim 10^{-4}$	$10^{-2} \sim 10^{-4}$	$10^{-2} \sim 10^{-4}$

①　对于高速钢等淬火温度高的钢种，退火、淬火加热真空度采用分压100Pa。

8.2.2　表面增碳或增氮

真空热处理可能由于真空炉采用石墨构件或真空油淬产生增碳现象，高温真空热处理还可能由于回充氮气产生增碳和增氮现象。

1. 真空炉石墨构件的影响

近年来，真空热处理炉的重大改进之一是采用石墨制作真空炉的加热元件、炉衬、夹具等构件，从而降低了成本，延长了使用寿命，减少了维修费用和功率消耗。但是，使用石墨构件的真空炉，在热处理钛合金、不锈钢及高温合金时，可能由于工艺和操作不当产生增碳。

钛合金 Ti—6Al—4V 在与石墨高压接触情况下进行真空热处理时（真空度为 1.33×10^{-2}Pa），钛合金表面微量增碳。Ti—6Al—4V 在与石墨低压接触或不接触条件下进行真空热处理时（真空度为 1.33×10^{-2}Pa），没有发现表面增碳。但在回充267Pa氮气时，即便钛合金与石墨不接触，热处理后表面也产生 α 相硬化层，如表8-6所示。因此，钛合金真空热处理时，不能用氮气作回充气体，一般采用氩气等惰性气体。

表 8-6 钛合金 Ti—6Al—4V 在石墨构件真空炉中加热增碳试验结果

试验条件	石墨类型	温度/℃	时间/min	接触压力（回充气体）	增碳、增氮	深度/mm
与石墨接触，真空度为 1.33×10^{-2} Pa	ATS 或 CFC	1040	180	高压	增碳	0.4
				低压	无	—
与石墨不接触，真空度为 1.33×10^{-2} Pa	ATS 或 CFC	870	180	真空	无	—
				267Pa(N_2)	增氮	0.012
		980	180	真空	无	—
				267Pa(N_2)	增氮	0.025
		1040	180	真空	无	—
				267Pa(N_2)	增氮	0.04

注：ATS 为细粒高密度石墨板，CFC 为碳纤维增强石墨板。

不锈钢与石墨在 900℃ 以上的条件下高压接触，真空热处理时会产生明显增碳现象；低压接触时，1070℃ 以上真空热处理会产生局部增碳；不接触时没有增碳；在不锈钢与石墨不接触的情况下，如采用回充氮气至 1333Pa 时，在 1260℃ 以上真空热处理仍出现很小的局部增碳；而采用回充氢气至 1333Pa 时没有增碳，如表 8-7 所示。

在石墨表面等离子喷涂 $250\mu m$ 厚氧化铝后，重复上述试验，没有发现增碳，甚至在高压接触 20h 也没有增碳，所以在石墨构件表面上喷涂氧化铝层或者采用氧化铝隔条或隔板能防止增碳。

表 8-7 347 不锈钢在石墨构件真空热处理炉中加热增碳试验结果

试验条件	石墨类型	温度/℃	时间/min	接触压力	增碳情况	增碳深度/mm
与石墨接触，真空度为 1.33×10^{-2}Pa	ATS	1070	120	高	连续碳化物	0.45
	CFC	1070	120	高	严重连续碳化物	0.80
	ATS	1070	120	低	局部不连续碳化物	0.15
	CFC	1070	120	低	检测不出	—
	ATS	950	120	高	局部不连续碳化物	0.05
	ATS	950	120	低	检测不出	—
	ATS	900	120	高	局部微小碳化物	0.015
	ATS	850	120	低	检测不出	—
试验条件	石墨类型	温度/℃	时间/min	回充气体	增碳情况	增碳深度/mm
与石墨不接触，距离 25.4mm，充气至 1333Pa	ATS	1205	180	N_2	检测不出	—
	ATS	1205	180	H_2	检测不出	—
	ATS	1260	180	N_2	不连续少量晶界碳化物	0.05
	ATS	1260	180	H_2	检测不出	—
	ATS	1315	180	N_2	少量晶界碳化物	0.015
	ATS	1315	180	H_2	检测不出	—
	CFC	1315	180	N_2	极少量不连续晶界碳化物	0.025

高温合金、钛合金中含有较多氮化物形成合金元素，在真空热处理时，由于表面活化和氮气离子化，可能产生渗氮现象，引起表面增氮。

预防措施如下：

1）在真空炉的石墨炉底板或支撑导轨表面上，等离子喷涂 0.25mm 以下厚度的氧化铝层。

2）在炉床上垫放一块耐高温的氧化铝板材，或者在石墨支撑导轨上开纵向槽，嵌入氧化铝棒或管，也可以用非石墨夹具把工件与石墨构件隔开。

3）选择合适的工作真空度。钛合金真空热处理时，真空度应为 10^{-2}Pa 数量级；不锈钢和高温合金进行真空热处理时，在避免表面元素贫化的前提下，尽量选择较高的真空度并回充气体，真空度一般为 $1 \sim 10^{-1}$Pa。

4）钛合金、不锈钢及高温合金真空热处理时，不能回充氮气，一般可采用高纯氩气回充；对于不锈钢也可采用氢气回充。

2. 真空油淬增碳现象

高速钢真空油淬时，显微组织中发现表面有 $30 \sim 40\mu m$ 的白层，经分析发现这是表面增碳。高速钢淬火加热温度较高，一般在 1200℃ 左右，在高温真空条件下加热，使工件表面活化；在淬火时，真空淬火油在蒸气膜阶段可能发生热分解，产生活性碳原子，被工件活化的表面所吸收，产生渗碳现象，引起表面增碳，并使工件表面光亮度降低。加热温度越高，表面增碳现象越严重，保温时间对增碳现象没有影响，如图 8-1 所示。一般结构钢、工模具钢淬火加热温度比较低，真空油淬没有或很少增碳，不影响使用性能。

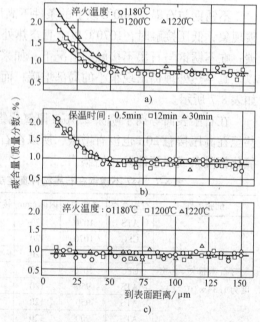

图 8-1 真空热处理的 SKH51 钢的碳含量分布

a）油淬，保温时间 15min，真空度 1.33Pa

b）油淬，淬火温度 1200℃，真空度 1.33Pa

c）气冷，保温时间 15min，真空度 1.33Pa

预防措施如下：

为防止真空淬油时产生表面增碳，可以采取气冷-油冷两阶段冷却法，淬火最初气冷，从淬火温度冷却到不出现蒸气膜阶段的温度（800 ~ 900℃），然后转为油冷；也可以采取真空加压气淬代替真空油淬。

3. 保护气氛热处理表面增碳或增氮

保护气氛热处理时，如果炉气碳势过高，可能产生渗碳现象，引起增碳。氮基气氛保护热处理时，当加热温度过高，可能引起氮的离子化，对于含较多氮化物形成元素的材料，也可能因渗氮产生增氮。

预防措施如下：

1）为防止保护气氛热处理时产生表面增碳，必须严格控制炉气碳势。一般炉气碳势等于或略高于工件材料的碳含量。

2）为防止氮基气氛保护热处理产生表面增氮，一般规定热处理温度不超过1100℃。

8.2.3　真空热处理表面合金元素贫化与粘连

纯金属及合金中的各种金属元素在一定温度及真空度下会产生蒸发现象。环境压力越小，即真空度越高，金属元素就容易蒸发；温度越高，越容易蒸发。各种金属元素在不同温度下的蒸气压如图 8-2 所示。各种金属元素在不同蒸气压下的平衡温度如表 8-8 所示，由此可见，比较容易蒸发的合金元素是 Ag、Al、Mn、Cr、Si、Pb、Zn、Mg、Cu 等。在一定真空度条件下，当加热温度超过平衡温度时，就可能发生蒸发；在某一温度下，当真空度超过该温度对应的平衡真空度时，也可能发生蒸发。当蒸发严重时，使工件表层合金贫化，不但使工件表面粗糙，降低表面光亮度，而且使性能下降。这对于含 Cr 较高、热处理温度也高的高温合金、不锈钢、高速钢、工模具钢等特别重要。图 8-3 所示为含 Mo 高速钢真空退火的表层合金元素变化情况。

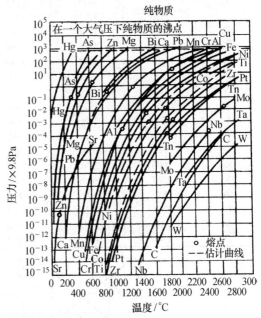

图 8-2　各种金属元素在不同温度下的蒸气压

表 8-8　各种金属元素在不同蒸气压下的平衡温度

金属元素	达到下列蒸气压(p/Pa)的平衡温度/℃					熔点/℃
	133×10^{-4}	133×10^{-3}	133×10^{-2}	133×10^{-1}	133	
Cu	1035	1141	1273	1422	1628	1038
Ag	848	936	1047	1184	1353	961
Au	1190	1316	1465	1646	1867	1063
Be	1029	1130	1246	1395	1852	1284
Mg	301	331	343	515	605	651

（续）

金属元素	达到下列蒸气压(p/Pa)的平衡温度/℃					熔点/℃
	133×10^{-4}	133×10^{-3}	133×10^{-2}	133×10^{-1}	133	
Ca	463	528	605	700	817	851
Ba	406	546	629	730	858	717
Zn	248	292	323	405	—	419
Gd	180	220	264	321	—	321
Hg	−5.5	13	48	82	126	−38.9
Al	808	889	996	1123	1276	660
Li	377	439	514	607	725	179
Na	195	238	291	356	437	98
K	123	161	207	265	338	64
In	746	840	952	1088	1260	157
C	2288	2471	2681	2926	3214	—
	1116	1223	1343	1485	1670	1410
Ti	1249	1384	1546	1724		1721
Zr	1660	1816	2001	2212	2549	1830
Sn	922	1042	1189	1373	1609	232
Pb	548	625	718	832	975	328
V	1586	1726	1888	2079	2207	1697
Nb	2355	2539	—		—	2415
Ta	2599	2820	—		—	2996
Bi	536	609	693	802	934	271
Cr	992	1090	1205	1342	1504	1890
Mo	2095	2290	2533	—		2625
W	2767	3016	3309	—		3410
Mn	791	873	980	1103	1251	1244
Fe	1195	1330	1447	1602	1783	1535
Ni	1257	1371	1510	1679	1884	1455
Pt	1744	1904	2090	2313	2582	1774

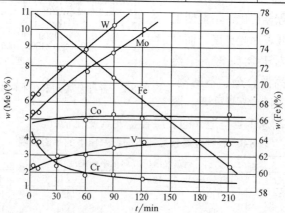

图 8-3　含 Mo 高速钢真空退火的表层合金元素变化情况

注：材料（质量分数）：C1.1%、Cr4.5%、W6.75%、Mo3.75%、V2.0%、Co5.0%；加热温度：1100℃；真空度：1.33×10⁻²Pa。

真空热处理加热时，处理的工件、工夹具、绑扎工件的铁丝，甚至真空加热室的结构材料，都可能发生蒸发。蒸发出来的金属元素呈气体形态围绕在固体金属周围。冷却时，它们可能粘附在金属表面，不但污染了金属表面，还可能造成工件之间或工件与料筐、工夹具之间的粘连，也可能使加热元件与炉体短路，引起电器故障。

预防补救措施如下：

1）适当降低加热温度，选择工艺规范下限。

2）适当降低加热时真空度，一般钢和高温合金真空热处理加热时，真空度不超过 1×10^{-1} Pa。

3）回充中性或惰性气氛，提高炉内压强。

4）为防止粘连，工件装炉时尽量散放，叠放时应在接触面上撒些白刚玉粉。

8.2.4　保护气氛热处理氢脆

保护气氛热处理使用的气氛主要是制备气氛，常用气氛有吸热式气氛、放热式气氛、有机液体裂解气氛、氨分解气氛及氮基气氛。为了使保护气氛热处理不发生氧化脱碳，必须使保护气氛保持一定碳势，所以各种保护气氛中都有一定量的氢。在保护气氛热处理加热过程中，炉气中氢将于工件中氢平衡。当炉气中氢含量高时，将使加热工件产生增氢，在随后的淬火时渗入氢可能被保留在工件中，有产生氢脆危险性。产生氢脆一般有三个条件：有足够的氢，有氢脆敏感的组织，有一定的拉应力。高强度钢、超高强度钢保护淬火和渗碳件直接淬火，有可能造成同时具备氢脆的三个条件的情况，引起氢脆。

有机液体裂解气、氨裂解气、氮基气氛等常用保护气氛的典型成分如表 8-9 所示。甲醇、乙醇、氨的裂解气中都有大量氢，氮基气氛氢含量可以控制在 6%（体积分数）左右。

表 8-9　常用保护气氛的典型成分

气氛名称	典型成分(体积分数,%)					
	CO	CO_2	H_2	H_2O	CH_4	N_2
甲醇裂解气	33	微量	66	微量	微量	—
乙醇裂解气	25	—	75	—	—	—
氨裂解气	—	—	75	—	—	25
氮基气氛 氨+乙醇	4.5~4.8	—	5.8~6.9	—	0.8~1.0	余量

超高强度钢在甲醇裂解气氛中保护淬火时严重渗氢，淬火后的缓慢拉伸和延迟破坏临界应力明显下降，有氢脆趋向，如表8-10所示。如果这时有足够大的拉应力，就可能产生氢脆。

表8-10　超高强度钢（40CrMnSiMoVA钢）甲醇裂解气保护淬火试验结果

热处理工艺	$w(H)$（%）	缓慢拉伸			延迟破坏临界应力
		σ_b/MPa	δ_5（%）	ψ（%）	K_{th}/（MN/m$^{3/2}$）
原材料	1.84×10^{-6}	—	—	—	
甲醇炉190℃等温淬火	2.43×10^{-6}	1449	1.2	4.7	10.9
甲醇炉190℃等温淬火 190℃×16h除氢	1.25×10^{-6}	1952	11.9	38.7	
甲醇炉标准工艺	—	1836	11.3	42.7	54.7
空气炉标准工艺	0.62×10^{-6}	1829	11.4	44.7	

注：标准工艺为920℃×1h加热，190℃×1h等温淬大，190℃×16h除氢（甲醇炉），260℃×6h回火，
　　210℃×3h去应力回火。

氮基气氛保护淬火时，炉气中氢的体积分数为6.0%左右，对钢件不会产生增氢，淬火试样中氢含量有所下降。油淬和225℃等温淬火后未回火情况下，缓慢拉伸性能降低，延迟破坏试验的保持时间只有3min和4h，远远低于200h的合格标准，仍然有氢脆趋向；而回火之后，氢脆趋向消失。对于300℃等温淬火，即使未经回火也没有氢脆趋向，如表8-11所示。室温自然停放时，钢中氢扩散逸出很慢，所以淬火后应及时回火。

表8-11　超高强度钢（40CrMnSiMoV钢）氮基气氛保护淬火试验结果

热处理工艺	$w(H)$ （×10^{-4}%）	缓慢拉伸						延迟破坏
		σ_{bH} /MPa	I'_H [1] （%）	σ_b/MPa	δ_5（%）	ψ（%）	I_H [2] （%）	t_τ/h
原材料	2.40	—	—	—	—	—	—	—
油淬	1.80	1447	44.0	—	—	—	—	≤3min
油淬+260℃回火	0.86	2584	0	—	—	—	—	>200（合格）
225℃等温淬火	1.75	2465	0	1953	5.9	7.5	83.2	≤4
225℃等温淬火+260℃回火	1.10	2382	0	1843	11.6	44.9	0	>200（合格）
300℃等温淬火	1.30	2275	0	—	—	—	—	
300℃等温淬火+260℃回火	0.85	2265	0	—	—	—	—	

[1] I'_H 为缺口试样缓慢拉伸氢脆敏感性，$I'_H = [(\sigma'_{bH} - \sigma_{bH})/\sigma'_{bH}] \times 100\%$，其中 σ'_{bH} 为回火后正常的抗拉强度。

[2] I_H 为光滑试样缓慢拉伸氢脆敏感性，$I_H = [(\psi_0 - \psi)/\psi_0] \times 100\%$，其中 ψ_0 为回火后正常的断面收缩率。

8.3　非铁金属合金热处理缺陷

非铁金属合金使用广泛的有铝、镁、钛、铜合金及镍基和钴基高温合金等。由于材料基体不同，合金化不同，其热处理也各具特色，除一般热处理缺陷之外，还会产生一些特殊的热处理缺陷。这里主要介绍非铁金属合金可能产生的一些特殊热处理缺陷。

8.3.1　铝合金热处理缺陷

铝合金热处理可能产生的特殊热处理缺陷有高温氧化、起泡、包铝板铜扩散、腐蚀或合金耐蚀性能降低等。铝合金热处理特殊缺陷及预防补救措施如表8-12 所示。

表 8-12　铝合金热处理特殊缺陷及预防补救措施

缺陷名称	缺陷特征	产生原因	预防及补救措施
高温氧化	制件外表：大量微细起泡，以至裂纹 高倍组织：起泡处有开裂口，向心部延伸部分有加粗晶界，高温氧化所引起的起泡与热挤压轧制时所发现的气泡的形态差别在于后者沿加工方向排列	在含有大量水蒸气和气态硫化物的气氛中进行热处理，造成制件高温氧化。水汽在高温下分解成氢气，扩散进入制件表层，而硫化物破坏了金属表面固有的氧化膜，使其失去保护作用，为氢气扩散进入制件表层打开了通道	轻微起泡可用打磨或其他机械加工方法消除。 预防措施如下： 1) 加热炉大修或长期停用后，严格按规范进行烘炉，去除炉衬水分 2) 制件入炉，消除水分后才可关炉盖（炉门） 3) 禁止在含硫保护气氛炉中进行热处理 4) 制件入炉前清除残留的工艺润滑剂（含有硫化物） 5) 热处理前先进行阳极化处理 6) 在热处理炉中添加适量氟酸盐，使制件表面形成一种屏蔽膜，免受高温氧化，加氟酸盐的具体数量通过试验确定。可按每 $1m^3$ 炉膛容积添加 4g 氟酸盐。这种保护措施的副作用是制件表面发黑和污染，从炉中泄漏出的气体对人体有害 7) 采用含硫化物的燃气、燃油炉加热时，要避免燃烧产物直接接触制件

（续）

缺陷名称	缺陷特征	产生原因	预防及补救措施
制件腐蚀或合金耐蚀性能降低	铝合金一般腐蚀特征	1）在盐槽中加热时，槽液中的氯化物常引起铸件表面，特别是疏松处的腐蚀；制件中细小孔道、凹陷、隔层内残留的硝盐液也可成为腐蚀源 2）某些变形铝合金淬火时延迟时间过长，会造成晶间腐蚀后患 3）淬火冷却速度过慢	1）定期分析槽液成分，超标者禁用；铸件淬火后在热水中彻底清洗 2）严格执行淬火延迟时间规定，超过淬火延迟时间规定，应进行重复热处理 3）排除导致淬火冷却速度过慢的因素
起泡	制件表皮圆形或近似圆形的隆起	1）过烧 2）包铝薄板的包铝层和心部金属之间某些部位存在含有空气、油污和水气的空隙，在退火或固溶处理时发展成为泡 3）挤压时挤压筒内壁所粘金属附着在型材表面，薄附着层在挤压时即可发现，较厚的附着层在固溶处理时发现起泡	1）过烧无法补救，按热处理炉批报废 2）原材料制造厂提高工艺质量水平，在鉴定起泡不属过烧性质后，根据零件使用条件作出是否报废的结论 3）及时清除挤压筒内壁粘附的金属
包铝板铜扩散	硬铝包铝薄板表面有黄色斑点或条带	心部合金中铜元素在热处理过程中向包铝层扩散，达到穿透程度。包铝层厚薄不均或热处理保温时间过长是形成铜扩散的两种基本因素	避免热处理时保温时间过长，限制重复热处理次数。视零件的具体使用情况决定是否报废

8.3.2 镁合金热处理缺陷

镁合金热处理可能产生的特殊缺陷有熔孔、表面氧化、晶粒畸形长大、化学氧化着色不良等。镁合金热处理特殊缺陷及预防措施如表 8-13 所示。

表 8-13 镁合金热处理特殊缺陷及预防措施

缺陷名称	缺陷特征	形成原因	预防措施
熔孔	共晶熔化，有时伴随着晶界氧化造成的空洞，其微观组织与显微疏松相似（共晶熔化除非extremely为严重，一般不影响力学性能，而空洞则降低性能）	固溶处理温度超过推荐温度，或加热速度过快炉温与指示温度不一致或炉内各区温度不均匀	控制固溶温度不超过规定，检查炉温，保证均匀性为 ±5℃ ZM5 和 ZM10 在 260℃时装炉，然后在 2h 以上逐渐加热至固溶温度，厚大截面可采用两阶段加热制度

（续）

缺陷名称	缺陷特征	形成原因	预防措施
表面氧化	铸件表面上有灰黑色粉末，在喷砂处理后铸件表面上残留有小孔；有焊口状凹坑和空洞，空洞还可延伸到铸件内部	热处理时未采用保护气氛，或保护气氛不足，炉膛有水气。情况严重能导致制件局部变弱甚至在炉内着火燃烧	热处理炉内导入约 $\varphi(SO_2)=0.5\% \sim 1.5\%$ 或 $\varphi(CO_2)=3\% \sim 5\%$ 保证炉膛清洁、干燥和密封
晶粒畸形长大	局部出现不规则的大晶粒，四周围绕正常的细晶区。在机械加工后的表面上有可见的光亮斑点。粗晶区的抗拉强度至少降低 50%	Mg-Al-Zn 系合金铸件个别部位（有冷铁部位）凝固时急速冷却，在应力梯度和热处理温度下保持的时间太长，致使晶界组成物完全溶解	采用防止晶粒畸形长大的热处理制度 铸造工艺设计时注意选择合适的冷铁
化学氧化着色不良	铸件化学氧化处理时，表面局部呈现不正常的铬酸盐膜颜色——灰斑	Mg-Al-Zn 系合金固溶处理后冷却速度太慢，或合金中含铝量过高 铸造时产生反偏析	提高固溶处理后的冷却速度，如采用鼓风冷却 适当调整铝含量至规定下限 采用防止或减轻反偏析的铸造工艺

8.3.3　钛合金热处理缺陷

钛合金热处理可能产生的特殊缺陷主要有渗氢和表面氧化色等。钛合金热处理特殊缺陷及预防补救措施如表 8-14 所示。

表 8-14　钛合金热处理特殊缺陷及预防补救措施

缺陷名称	缺陷特征	形成原因	预防及补救措施
渗氢	工件呈脆性，严重者与玻璃一样脆化	炉内环境呈还原性气氛	控制炉内为微氧化气氛；控制炉温尽量低；进行真空除氢处理
氧化色	工件表面呈紫色或灰色	炉内环境呈强氧化气氛	控制炉内为微氧化气氛；控制炉温尽量低；热处理后参考表 8-15 和表 8-16 去除氧化层和受污染基体

表 8-15　工业纯钛在空气炉加热 30min 的氧化层厚度

加热温度/℃	氧化层厚度[①]/mm	加热温度/℃	氧化层厚度[①]/mm
315	无	815	< 0.025
425	无	870	< 0.025
540	无	925	< 0.05
650	< 0.005	980	0.05
705	0.005	1040	0.10
760	0.008	1095	0.36

① 金相方法测量。

表 8-16　去除基体金属最小深度

加热温度/℃ ＼ 去除深度/μm ＼ 加热时间/h	≤0.2	0.2~0.5	0.5~1	1~2	2~6	6~10	10~20
500~600	不要求	8	13	13	13	25	51
600~700	8	13	25	25	51	76	76
700~760	13	25	25	51	76	76	152
760~820	25	25	51	76	142	152	—
820~930	51	76	142	152	254	—	—
930~980	76	142	152	254	—	—	—
980~1100	152	254	356	—	—	—	—

注：在进行多次加热时，可在最后一次加热后消除氧化层，加热时间以各次相加计算。

8.3.4　铜合金热处理缺陷

铜合金热处理的特殊缺陷有黑斑点、黄铜脱锌、纯铜氢脆、铍青铜光亮淬火失色、粘连等。铜合金热处理特殊缺陷及预防补救方法如表 8-17 所示。

表 8-17　铜合金热处理特殊缺陷及防止补救方法

缺陷名称	缺陷特征	形成原因	防止及补救措施
黑斑点	表面出现黑色的碳化物斑点	退火前表面清理不净，有残留润滑剂、油脂或其他脏物	热处理前应彻底清洗和干燥
黄铜脱锌	表面出现白灰 (ZnO)，酸洗后呈麻面	温度过高，产生锌的挥发；不适当的使用高真空度处理高锌黄铜	降低退火温度，采用保护性气氛，真空处理时用低真空度
纯铜氢脆	拉伸试验时产生脆断，金相检验时可见到晶界裂纹	含氧纯铜在氢气或含有氢气的还原气氛中热处理，氢还原氧化亚铜，产生高压水蒸气造成晶间破裂	含氧纯铜应在中性或弱氧化性气氛下热处理。不应在氢气或含氢气的还原性介质中处理
铍青铜光亮淬火失色	表面氧化，有斑点，色彩不均，无光	氨含水分高，氨分解不充分或流量过小，淬火转移时间太长	氨气应用干燥剂脱水，氨的分解率不应低于 99%，使用流量计，定量供应，快速淬火
粘连	纯铜片料退火时粘连在一起	清洗不彻底，表面有油污、润滑剂；装料不当，压得太紧，温度过高	退火前应彻底清理、干燥，装料时要松动；控制退火温度不要过高

8.3.5　高温合金热处理缺陷

高温合金热处理可能产生的特殊缺陷主要有晶间氧化、表面成分变化、腐蚀点和腐蚀坑、粗大晶粒或混合晶粒。高温合金热处理特殊缺陷及预防补救措施如表 8-18 所示。

表 8-18 高温合金热处理特殊缺陷及预防补救措施

缺陷名称	缺陷特征	形成原因	预防及补救措施
晶间氧化（晶间腐蚀）	金相试样抛光状态在高倍显微镜下观察，灰色氧化物从金属表面向深部弯曲扩展，形状和宽度不规则，末端呈尖锐缺口，晶间氧化在整个金属表面分布极不均匀	1）Cr、Al、Ti、Zr、B 等元素在高温加热时，沿晶粒边界的优先氧化，固溶温度愈高、时间愈长，腐蚀深度愈深，Mo 在时效合金中增加晶界腐蚀敏感性 2）许多合金在较低温度下长期使用也有晶间氧化倾向 3）镍基合金在含硫或硫化物气氛中加热时易遭受晶间腐蚀 4）加热气氛在氧化性（过量空气）和还原性（过量 CO 和 H_2）之间波动将导致严重晶间腐蚀	1）有加工余量的零件可在机加工时予以清除 2）板材零件可在含氢氟酸的溶液中酸洗予以清除 3）不允许有晶间氧化的零件和厚度 ≤0.3mm 的零件加热到 750℃ 以上时，应采用保护气氛或真空热处理
表面成分变化（增碳、增氮、脱碳、脱硼等）	材料表面层少数或个别合金元素含量低于或高于其平均含量，金相中观察表层为无第二相析出的亮带或不同于基体的组织	1）在强氧化性气氛中固溶处理，将导致金属表面过度氧化和脱碳、脱硼 2）高温合金含碳量均较低，固溶处理气氛中存在增碳碳势时（用催化剂由燃料气和空气反应制成的吸热式气氛，或用电解制备的氢气氛中残余碳氢化合物的体积分数大于 50×10^{-6} 时）将导致增碳 3）固溶处理气氛存在增氮的氮势时（由裂解氨制备的氮和氢的吸热式混合气）将导致增氮 4）含硼合金在氢气中退火或固溶处理时将形成氢化硼而有脱硼的危险	1）在压力低于 0.665Pa 的真空或露点低于 -50℃ 的惰性气体中热处理，可防止表面成分变化 2）弱还原性气氛可阻止过度氧化和脱碳、脱硼 3）中性或弱氧化性气氛可阻止增碳 4）有些合金可埋在本合金车屑中加热防止脱碳、脱硼 5）有机加工余量的零件可在机加工时去除表面污染层
腐蚀点和腐蚀坑	零件表面不均匀或局部分布的个别或成片腐蚀点或腐蚀坑，有一定深度，腐蚀严重时连成片成溃疡状，在高倍下观察有的腐蚀点没有沿晶腐蚀，有的相伴有晶间腐蚀	1）含硫的润滑剂或燃料油等污染源，在加热时在金属表面生成 Cr_2S_3，或形成 $Ni-Ni_3S_2$ 低熔点共晶，形成腐蚀点或坑，在真空条件下更易腐蚀 2）镍基合金对含硫气氛很敏感，容易造成腐蚀 3）钢屑、炉渣和炉体剥落物在金属表面形成低熔点成分而促进腐蚀 4）指纹和粉笔灰在加热时能引起金属腐蚀 5）残酸、残碱及其蒸气在金属表面沉积，在热处理时会引起金属腐蚀，腐蚀深度随加热温度提高而增大	1）零件热处理前应将表面一切污染物清洗干净 2）热处理前应将指纹和粉笔字等清洗干净，要求高表面质量的零件操作时应戴清洁的手套 3）炉膛内增设保护罩 4）采用惰性气体保护或真空热处理 5）降低固溶处理温度可减轻腐蚀 6）板材热处理前增加清洗工序可减少残酸残碱腐蚀 7）腐蚀坑深度不超过零件尺寸公差时零件局部抛光后可使用

(续)

缺陷名称	缺陷特征	形成原因	预防及补救措施
粗晶或混合晶粒	在金相组织中晶粒过于粗大，或者出现晶粒粗细极不均匀的混合晶粒现象	1）合金在小变形量冷作（约1%~6%）或热作加工（约10%变形量）之后进行固溶处理时，由于临界变形而导致晶粒急剧长大或形成混合晶粒 2）冷镦螺栓、冲压或旋压件和单纯弯曲成形零件易在小变形量区域出现粗晶或混合晶粒 3）在第二相完全溶解温度以上进行固溶处理，将导致晶粒长大 4）大型锻件由于不均匀变形、组织和能量的不均匀，易在固溶处理时形成严重的混合晶粒	1）改进零件设计和加工工艺，使零件冷作或热作加工时的变形量大于临界变形量 2）尽量减少中间退火的次数和缩短保温时间 3）在满足使用要求前提下，尽量降低固溶温度，缩短在高温下的保温时间，或在第二相全溶温度以下固溶可限制晶粒长大 4）大型锻件在固溶处理前，在 γ' 全溶温度以下 100~130℃预先退火 4~10h，可避免混合晶粒的产生

第9章 热处理缺陷预防与全面质量控制

热处理是保证产品或零件使用性能的重要工序。如果热处理不当，就会产生各种各样的热处理缺陷，使产品或零件达不到预期的使用性能，产生不合格品或废品，即使某些不合格品能返修，也将浪费大量人力、物力和财力。如果由于漏检，使有热处理缺陷的产品投入使用，热处理缺陷可能扩展，引发严重机械事故，造成重大损失。

热处理工艺的特点是通过材料内部组织变化，达到零件或产品性能的。从质量控制的观点来看，热处理属于特种工艺。热处理缺陷多属于产品的"内科病"，很多缺陷不能从表面检查发现，必须使用各种不同仪器检测。由于受到检测抽检概率和检测部位数量的限制，无论如何都不能达到对热处理质量100%的检测，漏检的几率很大。另外，热处理生产的特点是成炉批量投入、连续性生产，一旦产生热处理缺陷，对产品质量影响面很大；热处理对象大部分是经过加工的半成品件或成品件，热处理质量问题将涉及成批的半成品和成品，对生产造成很大损失。因此，为了提高热处理质量，必须下功夫防止产生热处理缺陷，采取预防为主的方针，这就是要对热处理全过程实行全面质量控制。

9.1 热处理全面质量控制的概念

热处理全面质量控制，就是对热处理零件在整个热处理过程中，对一切影响热处理的因素实施全面控制。这就是说，全体热处理有关人员都参与热处理质量工作，对热处理过程的每一个环节都实行质量控制，包括基础条件质量控制、热处理前质量控制、热处理中质量控制、热处理后质量控制，如图9-1所示，从而确保热处理质量。

实行热处理全面质量控制，就是要改变过去以最终检验为主的质量保证观念和制度，实行预防为主、预防与检验相结合的质量保证模式，把质量保证的重点从最终检验的被动把关，转移到生产过程质量控制上来，把热处理缺陷消灭在质量形成过程中，避免造成更大浪费，有利于提高热处理质量，确保产品使用的安全可靠和寿命。

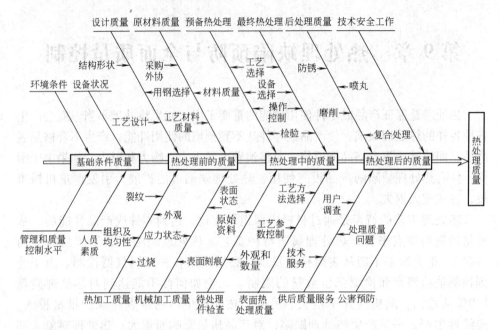

图 9-1　热处理过程质量控制内容

9.2　基础条件控制

热处理基础条件控制包括环境条件控制、设备与仪表控制、人员素质控制、质量管理体系等。

9.2.1　环境条件控制

热处理生产的环境条件包括厂房、环境温度、噪声、照明等。这些环境条件不仅直接或间接影响热处理质量，而且关系到热处理生产的安全和环境保护。

1. 厂房

热处理车间应有足够的生产面积和辅助面积。生产面积除能按设备技术要求和技术安全要求摆放各种生产设备和检验设备之外，还要保证安全操作。此外，根据质量控制要求，在生产现场，要把不同热处理状态的零件区分开，分别摆放，所以热处理车间要有待处理零件、合格品零件、不合格品零件、返修零件、废品隔离等单独摆放场地。

热处理车间应有下列辅助面积：工艺材料和辅助材料存放室、备件备品存放室、工夹具存放室、进料库房、成品库房，以及办公室、更衣室、浴室等。

热处理车间的面积要根据生产量确定，一般规定如表 9-1 所示。车间的布置要符合工艺流程要求，要有合理的物流方向，工件的流向应尽可能由入料端流向出料端，避免交叉和往返运输。

表 9-1 热处理车间每平方米面积的生产指标

车间类型	规 模	生产指标/[t/(m² · a)]
锻件热处理	小型	2 ~ 3
	中型	3 ~ 4.5
	大型	5 ~ 6
综合热处理	小型	0.8 ~ 1.2
	中型	1.0 ~ 1.5
标准件热处理		3.0 ~ 4.0
齿轮热处理		1.0 ~ 2.0

热处理车间主厂房要有一定高度和跨度，适应设备安装和维修、工艺操作和连续生产、物流通畅，以及有害气体排放等技术安全要求。推荐热处理厂房的高度和跨度如表 9-2 所示。

表 9-2 热处理厂房高度和跨度要求

厂房名称	下弦高度/m	厂房跨度/m
钢铁材料热处理	6，8，10	12，15，18，24
非铁材料热处理	8，10，12	18，24

热处理厂房应具有良好通风，以利于排放有害气体，所以厂房应设有天窗和侧窗；产生有害物质区域应有足够能力的抽风装置，例如：盐浴炉、硝盐槽、碱槽、油槽、酸洗槽等都必须设有良好抽风装置，吹砂、喷丸、抛光、打磨等应设有良好排尘和过滤设备。

热处理生产中有危险性的工序，都应单独隔离开来，例如：氰盐浴、高频设备、中频机组、激光、吹砂、喷丸等设备场地应隔成独立房间。

热处理车间上、下水管道不得穿越热处理设备正上方；上水管道通过办公室、仪表室、金相室、检验室、资料室、更衣室时，必须采取防护措施，防止在管道上产生冷凝水。热处理设备周围不得存放易燃、易爆和有毒物品。指示、记录和控制仪表应在远离灰尘、腐蚀性烟气和振动不大地方，其环境温度要符合仪表要求，一般应在 5 ~ 50℃ 之间，环境湿度应保证仪表内不产生冷凝水。如仪表必须安装在有腐蚀气体或振动较大环境时，应采取保护措施，以保证仪表正常运行。

2. 温度

热处理的加热和冷却对环境有影响，同时生产环境的温度也影响热处理工艺的正确实施。如果环境温度过高，对冷却介质降温不利，连续生产时其温度升高，使热处理零件质量的一致性变差，严重时出现淬火硬度低等质量问题，采取空冷淬火时影响更明显。如果环境温度过低，可能使淬火介质性能发生变化，淬火烈度增加，容易产生变形和开裂。此外，环境温度过低或过高还会影响操作人的情绪和实际操作，影响仪表和设备的正常运行，容易产生各种热处理缺陷和质量事故，为此，对热处理车间的环境温度提出一定要求。

热处理厂房夏季温度一般不超过当地夏季气温以上 2~10℃，具体规定如表9-3 和表9-4 所示。

表9-3　热处理厂房的夏季温度规定

当地夏季通风设计室外计算温度/℃	工作地点与室外温差/℃　≤
≤22	10
23~28	相应地不得超过9、8、7、6、5、4
29~32	3
≥33	2

表9-4　我国部分地区夏季通风设计室外计算温度一览表

地　点	温度/℃	地　点	温度/℃	地　点	温度/℃	地　点	温度/℃
哈尔滨	28	乌鲁木齐	32	保定	32	福州	34
齐齐哈尔	29	克拉玛依	34	北京	30	广州	33
海拉尔	26	喀什	32	天津	31	湛江	32
牡丹江	28	拉萨	23	济南	32	海口	33
佳木斯	28	兰州	29	青岛	28	南宁	33
长春	28	酒泉	28	烟台	28	桂林	33
四平	29	银川	30	郑州	33	南昌	34
延吉	28	西安	33	开封	33	长沙	34
吉林	28	延安	30	安阳	33	株洲	35
沈阳	29	汉中	31	洛阳	34	衡阳	35
锦州	29	太原	29	南京	33	武汉	34
丹东	28	大同	28	徐州	31	宜昌	33
大连	27	西宁	25	上海	32	成都	31
呼和浩特	28	石家庄	32	合肥	33	绵阳	35
二连浩特	30	张家口	29	安庆	33	重庆	29
包头	29	唐山	30	杭州	34	贵阳	29
						昆明	25

热处理厂房冬季温度一般不应低于5℃；吹砂、打磨、抛光、检验、金相及酸洗等场地一般不应低于15℃。

3. 照明与噪声

为了保证热处理各工序正确无误地按工艺要求实施，热处理车间有一定光照度是必须的。厂房要有良好采光条件，设置足够的天窗和侧窗；此外还要有良好照明条件，热处理各工序光照度一般不低于200lx，检验等局部光照度不得低于2000lx。

噪声过大影响现场各类人员的情绪，容易造成误操作，产生各种热处理缺陷，影响热处理质量，严重的噪声还可能使人的听力受损失，甚至导致耳聋，所以生产现场噪声必须控制。采取消声和隔声措施，将产生强噪声的设备，如吹砂、喷丸、压缩空气设备等单独装在封闭隔间内。热处理车间噪声一般应低于85dB，具体要求如表9-5所示。

表9-5　热处理车间噪声的规定

每个工作日接触噪声的时间/h	允许噪声/dB　≤
8	85
4	88
2	91
1	94

注：噪声最高不得超过115dB。

此外，还要特别注意热处理生产安全与环境保护，防止生产过程有毒物质对人体的毒害，防止烫伤、烧伤及电磁波辐射等，避免热处理废气、废水、废渣对环境的污染。具体规定应符合 GB 15735—2004《金属热处理生产过程安全卫生要求》。

9.2.2　设备与仪表控制

热处理工艺是通过热处理设备来实现的，热处理工艺参数是通过仪表来控制和记录的，所以热处理质量在很大程度上依赖于设备和仪表的水平与质量。

1. 热处理炉的炉温均匀性及分类

为了使热处理零件达到预期的使用性能，保证加热质量是前提条件。在热处理加热过程中，全部零件及零件的所有部位均应处于热处理工艺要求的温度范围之内。为此，热处理炉应能按热处理工艺参数准确的控制和记录加热温度，并保证炉膛中工作区各处的炉温均匀一致。

热处理炉炉膛工作区内各处温度均匀一致的程度，一般用炉温均匀性（也称保温精度）来表示。所谓炉温均匀性，是指炉子在热稳定状态下，设定温度与工作区内各检测点的温度（经误差修正）之间最大温度差。热处理炉根据炉温均匀性分类及技术要求如表9-6所示。

表9-6 热处理炉根据炉温均匀性分类及技术要求

类别	有效加热区炉温均匀性/℃	控温精度/℃	仪表精度等级	记录纸刻度/(℃/mm)
	≤			≤
I	±3	±1.0	0.2	2
II	±5	±1.5	0.5	4
III	±10	±5.0	0.5	5
IV	±15	±8.0	0.5	6
V	±20	±10.0	0.5	8
VI	±25	±10.0	0.5	8

各种热处理炉根据设计和制造水平都给定了一个额定工作区（也称有效加热区）尺寸，并保证一定的炉温均匀性。为了及时掌握热处理炉炉温均匀性变化情况，还应在生产过程中，根据炉子情况变化检测炉温均匀性及定期检测炉温均匀性。具有下列条件之一者，均应检测炉温均匀性：

1）新添置的热处理炉正式投产前，或者闲置半年以上重新启用。

2）经大修或技术改造后。

3）热处理炉生产对象或工艺变更，需要改变有效加热区尺寸或使用温度范围。

4）保护气氛类别和使用量发生重大变化。

5）控温或测温热电偶位置改变。

6）发生质量事故，分析认为可能与炉温不均匀有关。

7）定期检测。推荐的定期检测周期及温度仪表检测周期如表9-7所示。

表9-7 推荐炉温均匀性和温度仪表检测周期

热处理炉类别	炉温均匀性检测周期	温度仪表检测周期
I	1个月	半年
II	半年	半年
III	半年	半年
IV	半年	半年
V	1年	1年
VI	1年	1年

炉温均匀性一般在空载条件下测定，如有必要，也可在半载或满载情况测定。测定方法多采用体积法，也可采用截面法、单点法。各种炉型不同尺寸炉子的测试点数量可参照表9-8，测试细节可参照GB/T 9452—2003《热处理炉有效加热区测定方法》。

表9-8 炉温均匀性测试方法及测试点数量

箱式炉 体积法	H			<0.3m	≥0.3m
	B	L			
	≤1.5m	<2m		5 点	9 点
	≤1.5m	2~<3.5m		—	10 点
		≥3.5~5m		—	11 点
井式炉 体积法	D			<0.5m	0.5~2m
	H				
	<1m			5 点	9 点
	1~2m			—	10 点
	>2m			—	10 点
连续炉	托盘或料筐进料式 (B≤1.5m, L≤2m)	移动法	H	<0.3m	≥0.3m
			正常移动连续测温	3 点	9 点
		体积法	同箱式炉布点，不移动测温		
	网带或振底式	移动法	H	<0.1m	≥0.1m
			正常移动连续测温	3 点	5 点
		体积法	同箱式炉布点，不移动测温		
盐浴炉	单点法		单点分别测试，测试点可为箱式炉或井式炉一半		
	体积法		多点一次性测试，测试点可为箱式炉或井式炉一半		

2. 热处理炉气氛控制

为了达到不同热处理目标，应合理选择不同热处理炉气氛。主要的热处理气氛有真空气氛、可控气氛、液体或固体介质等。为了使金属在热处理加热时不产生或少产生氧化、脱碳，可采用真空气氛、保护气氛、涂料保护或盐浴加热；为了使金属进行渗碳、渗氮、渗金属等化学热处理，可采用渗碳气氛、渗氮气氛、渗金属气氛或固体、液体渗剂。

（1）真空气氛 在真空条件下进行的热处理统称为真空热处理。真空热处理具有无氧化、无脱碳，保护零件表面光亮，脱气、脱脂和净化表面作用，以及热处理变形小，节约能源，无环境污染，工艺便于控制，热处理质量高等优点。真空热处理迅速发展，应用越来越广泛，除真空退火、真空淬火和回火外，还发展了真空化学热处理、等离子化学热处理及真空加压气淬等。

真空热处理炉根据热处理零件材料和热处理工艺要求应达到一定的真空度，一般要求如表9-9所示。

表9-9　真空热处理炉真空度要求

热处理工艺	工作真空度/Pa	热处理工艺	工作真空度/Pa
真空淬火、退火	$665 \sim 10^{-4}$	真空渗碳	67
真空回火	$1 \sim 10^4$	离子渗氮	$7 \sim 10^3$

真空热处理炉还有一个很重要指标是压升率。为了防止真空热处理过程中零件与周围空气接触，必须预防周围空气进入真空热处理炉。这就对真空热处理炉漏气提出要求，一般以压升率指标来控制。新真空热处理炉压升率应小于0.67Pa/h，使用中的真空热处理炉压升率不应高于1.33Pa/h。压升率按 GB/T 10066.1—2004《电热设备的试验方法　第1部分：通用部分》规定，在空炉冷态条件下测定。新炉子在使用前、设备大修后、更换密封元件后、长期不用重新使用前，均应及时测试压升率，在正常工作条件下也应定期（每月）检测。

（2）可控气氛　可控气氛主要包括纯气体和制备气氛两大类，用于热处理加热的保护气氛和化学热处理。主要可控气氛的成分和用途如表9-10所示。

表9-10　主要可控气氛的成分和用途

气氛名称		成分（质量分数，%）						用　途
		CO	CO_2	H_2	H_2O	CH_4	N_2	
吸热式气氛		$20 \sim 25$	<1	$30 \sim 35$		$0.5 \sim 1$	余	渗碳，复碳，碳氮共渗，钎焊，光亮淬火
放热式气氛	贫	$0 \sim 3$	$10 \sim 13$	$0 \sim 4$	$2 \sim 3$		余	铜光亮退火
	富	$9 \sim 12$	$5 \sim 7$	$11 \sim 15$	$2 \sim 3$	$0 \sim 0.5$	余	正火，铜钎焊，烧结
氨裂解气				$30 \sim 75$			$25 \sim 70$	不锈钢热处理，铜的光亮退火，烧结，渗氮，氮碳共渗，碳氮共渗
有机液体裂解气氛		$25 \sim 33$	<1	$60 \sim 65$		<2	余	渗碳，光亮淬火
氮基气氛	N_2—H_2			$5 \sim 10$			$90 \sim 95$	低碳钢光亮退火、淬火，钎焊，烧结
	N_2—CH_4					15	85	渗碳，中碳和高碳钢光亮退火与淬火
	N_2—C_3H_8					$1 \sim 2$	$98 \sim 99$	
	N_2—CO—H_2	CO + H_2 ≤4	0.05		5×10^{-4}		余	结构钢与工具钢淬火、回火、退火等
	N_2—CH_3OH	$15 \sim 20$	0.4	$35 \sim 40$		0.3	40	渗碳，碳氮共渗，一般保护加热
氩气				$(3 \sim 5) \times 10^{-4}$			$99.99 \sim 99.999$ Ar	特种钢、钛合金、高温合金零件光亮退火

（续）

气氛名称	成分（质量分数,%）						用　　途
	CO	CO_2	H_2	H_2O	CH_4	N_2	
氮气				$(3\sim10)$ $\times10^{-4}$		$99.995\sim$ 99.9995	光亮退火、淬火、复碳和渗碳的载气
氢气			$99.99\sim$ 99.999	$(3\sim10)$ $\times10^{-4}$			不锈钢、铁、合金钢光亮退火，烧结
二氧化碳		99.7				0.3	铜及铜合金退火，镁合金热处理
二氧化硫							镁合金热处理

可控气氛炉的炉内气氛应能控制和调节，以满足热处理工艺要求。导入炉内的气氛不能直接冲刷零件，也不能含有对零件有害的成分；炉内气氛不应使被加热的零件表面产生超过技术文件规定深度的脱碳、增碳、增氮及腐蚀等现象。

保护气氛炉对钢件热处理后，表面脱碳层深度应达到≤0.075mm。

气体渗碳（含碳氮共渗）炉、气体渗氮（含氮碳共渗）炉除满足有效加热区炉温均匀性要求外，还应满足渗层深度均匀性和表面硬度均匀性要求。试样放置位置参照炉温均匀性检测中热电偶布点位置。渗碳炉和渗氮炉渗层有效硬化层深度偏差应符合表 9-11 和表 9-12 要求。

表 9-11　渗碳炉有效硬化层深度偏差值　　　　（单位：mm）

渗层深度 d	$d<0.5$	$0.5\leqslant d\leqslant1.5$	$1.5<d\leqslant2.5$	$d>2.5$
有效硬化层深度偏差值　≤	0.1	0.2	0.3	0.5

表 9-12　渗氮炉有效硬化层深度偏差值　　　　（单位：mm）

渗层深度 d	$0.1\leqslant d$	$0.1<d\leqslant0.2$	$0.2<d\leqslant0.45$	$d>0.45$
有效硬化层深度偏差值　≤	0.02	0.05	0.07	0.10

此外，对于热处理加热包铝铝合金零件的设备，要求具有足够的加热能力，以保证固溶处理加热时尽快到温，防止包铝层与基体之间发生不应有的扩散现象。

3. 冷却设备控制

冷却设备用于热处理淬火冷却。根据热处理零件和热处理工艺对冷却设备的不同要求，通常淬火冷却设备可分为淬火槽、喷射淬火设备、淬火压床及冷处理设备等。

（1）淬火槽控制 淬火槽按淬火介质可分为淬火油槽、淬火水槽等。各种淬火槽都有一定使用温度限制（见表9-13），为此淬火槽应配置冷却与加热装置，并配备一定精度的温度指示仪表，淬火槽温度指示仪表精度一般为5℃，铝合金和铍青铜零件淬火水槽为1℃。

表9-13 各种淬火槽的使用温度

淬火槽类别	使用温度/℃	
	一般要求	特殊要求
油槽	10~100	24~60
水槽	10~40	铝合金<38
水溶性有机淬火剂槽	20~45	钢32~55 铝合金27~49

淬火槽尺寸应能保证热处理零件完全浸没在淬火液中并能作适当运动，淬火剂的量应能保证淬火后的温升不超过热处理工艺规定范围。

为了使淬火零件获得迅速、均匀冷却，淬火槽应有循环搅拌装置，可采用泵循环或机械搅拌，不推荐使用压缩空气搅拌，以避免产生淬火"软点"。典型搅拌机构如图9-2所示。淬火槽的循环搅拌装置应能使淬火介质有一定流动速度，以保证有足够的冷却能力。淬火介质流动速度对淬火烈度H的影响见表9-14。

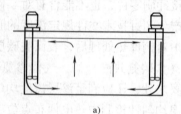

a)

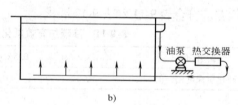

b)

图9-2 淬火槽搅拌机构示意图

a) 内循环 b) 外循环

表9-14 淬火介质流动速度对淬火烈度H的影响

流动状态	空气	油	水	盐水	204℃盐浴
不搅动	0.02	0.25~0.30	0.9~10	2	0.5~0.8
轻微搅动	—	0.30~0.35	1.0~1.1	2~2.2	—
中等速度搅动	—	0.35~0.40	1.2~1.3	—	—
良好搅动	—	0.40~0.50	1.4~1.5	—	—
强烈搅动	0.05	0.50~0.80	1.6~2.0	—	—
剧烈搅动	—	0.80~1.1	4	5	2.3
端淬法喷水	—	—	2.5	—	—

　　淬火槽的位置应尽可能靠近淬火加热炉，以便使被加热的零件能快速从炉中转移入淬火槽中。

　　为了提高或控制淬火的冷却速度，使零件淬火冷却更均匀，可以采取喷射淬火。主要用于零件感应加热或火焰加热后的表面淬火、局部淬火及大型零件整体加热淬火冷却。

　　为了减少易变形零件在淬火冷却时变形或翘曲，大多采用专门的淬火压床进行加压后淬火冷却，常用的有齿轮淬火压床、锯片淬火压床、锭杆滚淬压机以及滚动淬火装置、轴承套圈淬火机、扳簧淬火机床等。

　　（2）冷处理设备控制　冷处理可以使钢中残留奥氏体继续转变，提高钢的硬度和耐磨性，改善零件的组织稳定性和尺寸稳定性。常用冷处理设备有干冰冷处理装置、液态气体冷处理装置、压缩机致冷低温箱、空气涡轮低温箱及冷藏室等。常用冷处理设备及技术性能见表 9-15。

表 9-15　常用冷处理设备及技术性能

设备名称	制冷介质	使用温度/℃	备　　　注
干冰酒精低温筒	干冰	≤ -78	用于冷处理
液态气体冷处理装置	液氮	≤ -196	用于冷处理
	液态空气	≤ -192	
压缩机制冷低温箱	氟里昂	≤ -120	用于冷处理
空气涡轮低温箱	空气	≤ -130	用于冷处理
冷藏室	空气	≤ -25	用于铝合金件淬火后存放

　　冷处理设备均应配置温度控制和指示仪表，其精度不大于 ±5℃。

4. 检验设备控制

　　常用的热处理质量检验方法有硬度检验、其他力学性能检验、金相检验、无损探伤等，其中各种硬度试验方法应用最广泛。

　　热处理生产中检验设备包括硬度计、力学性能试验机、金相显微镜、探伤设备等，均应符合国家标准或行业标准规定的技术要求；同时应由计量部门定期检定合格，并在检定周期内使用，不允许使用无计量检定合格证或超过检定周期的检验设备。

　　检验设备还应配备合格的标准物质，如标准硬度快、无损探伤标块等，由检验人员定期检验合格。

　　检验设备必须由经过培训考核合格的专职检验人员操作，根据零件特点和热处理状态正确选择使用不同检验方法和检验设备。

5. 温度仪表及控制系统

　　为了使热处理加热温度满足工艺要求，热处理炉应配置合适的温度控制和记录仪表，见表9-6。为了防止热电偶及仪表故障造成温度失控，引起"跑温"，热处理炉每一个加热区均应配置两支热电偶。其中一支热电偶安放在有效加热区内或接近有效加热区，连接温度记录仪表，以便准确反映加热实际情况；另一支热电偶接控温仪表，进行炉子温度的自动控制。此外，这两支热电偶中应有一支并联报警装置，一旦出现超温时能自动报警并切断电源，这种配置称之为"双联温度系统"。另外，还可采用控温、记录、报警三者分别独立的系统，称之为"三联温度系统"。

热处理炉的温度测量装置应能准确地反映出真实温度，具有足够的精度、可靠性和稳定性。温度测量装置包括热电偶（一次仪表）、补偿导线及电子电位差计等二次仪表。现场使用热电偶技术要求见表9-16，推荐使用的补偿导线见表9-17。

表9-16　现场使用热电偶的技术要求

名称	分度号	等级	使用温度/℃	允许偏差[①]/℃	检定周期[②]
铂铑10-铂	S	I	0 ~ 1100	±1	1年
铂铑10-铂	S	I	1100 ~ 1600	$\pm\left[1+(t-1100)\times0.003\right]$	
铂铑10-铂	S	II	0 ~ 600	±1.5	1年
铂铑10-铂	S	II	600 ~ 1600	±0.25%t	
铂铑30-铂铑6	B	II	600 ~ 1700	±0.25%t	半年
铂铑30-铂铑6	B	III	800 ~ 1700	±0.5%t	
镍铬-镍硅	K	II	0 ~ 400	±3.0	半年
镍铬-镍硅	K	II	400 ~ 1300	±0.75%t	
铜-康铜	T	II	-40 ~ +350	±1.0	半年
铜-康铜	T	III	-200 ~ +20	±1.0 或 ±1.5%t	
镍铬-康铜	E	I	-40 ~ +800	±1.5 或 ±0.4%t	半年
镍铬-康铜	E	II	-40 ~ +900	±2.5 或 ±0.75%t	

① 表中t为测量温度。

② 检定周期允许按实际需要适当缩短。

表9-17　推荐标准型热电偶用补偿导线

热电偶分度号	补偿导线型号	补偿温度范围/℃	补偿导线材料		允许误差/mV (0 ~ 100℃)
			正极	负极	
S	SC		铜	铜镍合金	
K	KX	-20 ~ 150	镍铬合金 铁	镍硅合金 铜镍合金	±0.15
K	KC	-20 ~ 250	铜	康铜	

现场使用的温度测量仪表，由于环境气氛和温度和影响，可能老化或变质，因此必须定期检定，具有有效的检定合格证方可使用。温度测量仪表的老化或变质是一个渐进的过程，由量变到质变的过程，但热电偶或温度仪表性能任何变化，都会影响炉温温度准确性。为了使现场使用的温度测量系统能准确反映热处理炉温度，还应对该系统准确程度定期进行检验，一般规定每周检测一次，称之为"随炉检验"或"系统精度检测"。随炉检验时还需再装一支检验热电偶，检验热电偶热端应放在或接近有效加热区内，与温度记录系统热电偶热端距离小于50mm，这样可以避免测温位置的影响。检测可用手提电位差计等精度较高仪表在炉子处于热稳定状态下进行，一般在热处理保温阶段测试。随炉检测的温度经误差修正后与温度记录仪指示值比较，两者之差对于Ⅰ、Ⅱ类炉子应不超过±1℃，Ⅲ～Ⅵ类炉应不超过±3℃。如果超过上述规定范围，应查明原因，及时排除，也可采取温度器补偿修正。

温度仪表发展很快，精度不断提高，现已实现微机化。按结构和工作原理，可分为动圈式仪表、电子平衡式仪表、电子模拟调节式仪表及微机数字式仪表等，其精度见表9-18。应按炉子等级选用合适精度的温度仪表。

表 9-18　各种温度仪表的精度等级

温度仪表类别	精度等级（%）
动圈式仪表	±1.0
电子自动平衡式仪表	±0.5
微机数字式仪表	±1.0、±0.5、±0.3、±0.25、±0.2、±0.1

炉温自动控制大致分为三大类：位式控制、准连续调节（断续 PID 调节）和连续式调节。位式控制结构简单，使用方便，价格低廉，但控温精度不高，容易出现故障。为了提高和稳定加热质量，位式控制不断被 PID 控制代替，并选配微机数字式仪表，对炉温进行高精度的连续式调节控制。

微机控温和测温系统中，可以采用系统机（PC 机）、总线结构的工控机、单板机、单片机及智能仪表。目前市场上有各种类型的微机温度控制装置，包括微机温度仪表、微机控温仪、微机控温柜，可以根据工作需要合理选用。

微机控制系的发展趋势是集散式控制，又称分布式控制，其控制的工作框图见图9-3。各种热处理设备由各自的微机化仪表单独控制，控制仪表又通过各自的通用通信接口上接中心微机，控制仪表可单独编程控制，也可按中心微机指令或编程进行控制。中心微机可以对下接仪表发出指令或编程，也可以只进行巡回监控，工作方式十分灵活。

热处理设备微机化，热处理生产过程编程化，生产记录打印化，生产控制集散化，计划管理微机化，最后使热处理生产全面实现微机化，这将是今后发展的必然趋势。

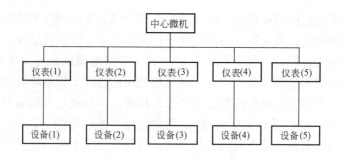

图 9-3 集散式控制工作原理框图

6. 气氛仪表及控制系统

气氛仪表是正确进行各种气氛热处理的重要条件，对保证气氛热处理质量起重要作用。气氛仪表包括真空仪表、碳势仪表、氮势仪表、氢分析仪表、氧分析仪表等。

（1）真空仪表 各种真空热处理设备都应选配合适的真空仪表。常用真空仪表有真空表（粗真空）、电阻或薄膜电容真空计（粗、低、中真空）、热偶真空计（低、中真空）、电离真空计（中、高真空计）及热偶电离复合真空计等，其主要性能见表9-19。选配真空仪表主要考虑测量范围要适应真空炉工作真空度和极限真空度，精确度越高越好。真空仪表均应符合有关标准技术指标，同时应由计量部门定期检定合格，并在检定周期内使用。

表 9-19 常用真空仪表主要性能

真空仪表名称	主 要 性 能	
	测量范围/Pa	精度（%）
真空表	$10^5 \sim 0$	±1.5
薄膜电容真空计	$10^5 \sim 1$	±5
温度补偿式电阻真空计	$1 \times 10^5 \sim 1.33 \times 10^{-1}$	±2
数字式热偶真空计	$300 \sim 0.1$	±10
电离真空计	$100 \sim 1 \times 10^{-4}$	±20
热偶电离复合真空计	$300 \sim 0.1$ $0.1 \sim 5 \times 10^{-5}$	

（2）碳势仪表 常用碳势仪表有氯化锂露点仪（露点仪）、红外气体分析仪（红外分析仪）、氧化锆分析仪（氧探头）及电阻探头（热丝分析仪）等。前三种是间接测量仪表，基于热处理炉的气氛中水煤气反应、气氛与零件的渗碳与脱碳反应基本处于热平衡状态，所以可通过测定气氛中的某一成分（如 H_2O、CO、

CO_2、CH_4、O_2 等）来间接测定炉气中碳势。电阻探头则是直接测量仪，基于高温奥氏体状态下，钢的碳含量与电阻成单值函数关系（直线关系），通过测试铁丝电阻变化，求出炉气碳势。各种碳势仪表主要性能如表 9-20 所示。

表 9-20　常用碳势仪表性能

种类	分析对象	反应时间	精度	备　注
露点仪	H_2O	$3 \sim 4min$	$\pm 1.5℃$	不能在 NH_3、SO_2、H_2S 气氛使用
红外分析仪	CO CO_2 CH_4	15s	$\pm 1\%$	调整稳定困难
氧探头	O_2	$0.5 \sim 2s$	$\pm 1\%$	直接插入炉中
电阻探头	C	立即	—	钢丝易损坏和污染

　　根据碳势控制要求选择合适的碳势仪表，现场使用较多的是氧探头、红外分析仪和电阻探头，实行单数碳势控制、双参数碳势控制或多参数碳势控制，碳势控制精度可达 $\pm 0.05\% \sim \pm 0.025\%$；还发展了渗碳过程仿真控制，可控制表面碳度和碳分布曲线。

　　（3）氮势仪表　氮势可以通过测定氨分解率来确定，氨分解率可用测氨法、测氢法及红外气体分析仪来测定。用测氨法原理制成的氨分解测定仪结构简单，价格便宜，但不能连续测量和记录，不能用于渗氮自动控制。测氢仪是以热导原理测定炉气中氢，再确定氨分解率，测定精度可达（$\pm 2\% \sim \pm 5\%$），并可连续测量和记录，因而可以实现氮势控制，微机渗氮的氮势自动控制系统如图 9-4 所示。红外气体分析仪也可用来测定炉气中氨的含量，从而测定氨分解率，因此红外气体分析仪也可用于氮势自动控制。

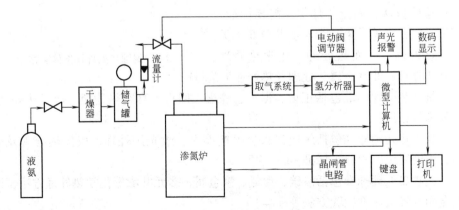

图 9-4　微机氮势自动控制系统示意图

9.2.3 人员素质和管理水平

1. 人员素质

热处理生产过程实施是由热处理有关各方面人员来完成的，热处理人员素质和水平对热处理质量影响极大，为此应对热处理有关人员提出不同的要求，使他们达到一定的技术水平。

热处理生产、技术和质量控制的管理人员应具有一定专业理论水平，熟悉本职业务，并有一定实践经验。

热处理工、仪表员、金相试验员、检验员等都必须经过应知应会培训、考核，取得合格证，持证上岗。

2. 质量管理

全面质量管理有 5 个基本条件：标准化工作、计量工作、质量教育工作、质量信息工作、质量责任制。这些条件以产品质量为中心，相互制约、相互促进、紧密相关，是推行全面质量控制的基础工作。

（1）热处理技术标准化　标准化工作与质量管理有密切关系，标准化是质量管理的基础，质量管理是贯彻执行标准的保证。

在全国热处理标准化技术委员会的组织协调下，经过我国广大热处理工作者的努力，我国热处理技术标准化取得很大进展，已经形成了完整热处理技术标准化体系，如图 9-5 所示。

我国热处理标准体系分为两个层次。第一个层次为通用热处理标准，包括基础标准（术语、分类及代号），热处理技术条件在图样上标注方法，热处理工艺计算机辅助设计，热处理质量控制要求，通用质量检验方法，安全、环保、能耗标准及辅助设备标准等。第二个层次共分 6 小类：整体热处理、表面热处理、化学热处理、钢铁热处理、非铁金属热处理及热处理工艺材料。

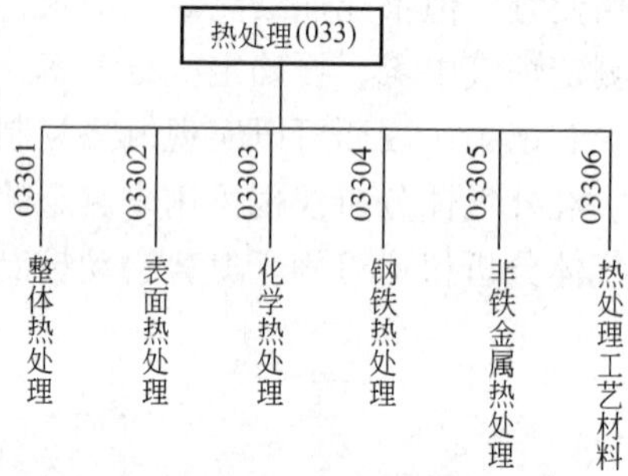

图 9-5　我国热处理标准体系框图

整体热处理标准包括正火、退火、淬火、回火、真空热处理、盐浴热处理、冷处理等标准。

表面热处理标准包括感应淬火、火焰淬火、激光热处理、表面热处理及金相、淬硬层深度检验等标准。

化学热处理标准包括渗碳、渗氮、渗金属、多元共渗等化学热处理方法，以及金相、渗层深度检验方法等标准。

钢铁热处理标准包括不锈钢和耐热钢热处理、高速钢热处理、高温合金热处理、球墨铸铁热处理及冷冲模具、工具钢热处理及金相检验等标准。

非铁金属热处理标准包括铝合金、镁合金、铜合金、钛合金、功能合金热处理等标准。

热处理工艺材料标准包括热处理用盐、保护气、淬火剂、渗剂、辅助材料及淬火介质性能测定方法等标准。

我国热处理标准体系与机械制造工艺标准体系协调一致，规划了热处理标准的完整蓝图，贯彻了积极采用国际标准的方针，对改善热处理质量管理，提高我国热处理水平，促进热处理进步和与国际接轨都有重要意义。

除此以外，航空航天、兵器、船舶及齿轮、轴承等行业还有专门热处理标准及其标准体系。各企业应贯彻国家和行业标准，制订适合企业各自情况的企业标准，形成更加完整、合理的标准系统。

（2）热处理计量工作　热处理检测所用的设备、仪器、仪表必须经过检定合格后方能使用，这对保证热处理质量的稳定性有极大作用。对所用的检测设备、仪器、仪表要制定检定、校准规范或程序，并认真贯彻实施，以确保检测设备的准确性和一致性。检测设备的检定、校准应满足以下要求：

1）必须有符合国家规定的校验标准件。

2）校验的工作环境例如温度、湿度、灰尘、振动等应保证满足要求。

3）保存完善的校验记录。

4）对校验合格的设备要挂贴标记。对校验不合格或超过校验期的设备，也应挂贴醒目标牌，禁止使用。

热处理计量工作必须抓好以下环节：计量仪器的正确配备和合理使用；计量仪器的规定检定和合格证发放；计量仪器的及时修理和报废；计量仪器的妥善保管；实现检验测试手段现代化。

（3）质量教育工作　全面质量控制涉及所有部门，贯穿于生产技术经营活动的全过程，人人有责，因此，从领导到工人都必须接受全面质量管理的教育。

质量教育工作有两部分内容：一是技术培训工作，二是质量管理知识的普及工作。

（4）质量信息工作　质量信息指的是反映产品质量和产供销各环节质量的原始记录、基本数据，以及产品使用过程中反映出来的各种情报资料。它是质量管理不可缺少的重要依据，是改进产品质量、组织厂内外两个反馈、改善各环节工作质量最直接的原始资料和信息来源，是正确认识影响产品质量各种因素变化和产品质量波动的内在联系，是掌握提高产品质量规律性的基本手段。

通常，应掌握以下三方面的质量信息：

1）产品实际使用过程中有关质量的原始记录和原始数据等。

2）制造和辅助过程中有关工作质量和产品质量方面的信息、记录和数据等情报资料：

①每批原材料（含外购、外协件）进厂质量验收记录，库存保管发放记录，使用前检验记录，质量样本等。

②生产过程的工艺操作记录，在制品在工序间流转记录和质量检验记录，半成品出入库记录，工序控制图表及其原始记录等。

③成品质量检验记录，废品原因和数量记录。

④设备和工装等的使用验证与磨损记录。

⑤测试、计量仪器使用和检修记录。

3）生产同类产品的其他企业的质量信息。

（5）质量责任制　严格的质量责任制不仅可以提高与产品质量直接联系的各项工作质量，而且可以提高企业各项专业管理工作的质量。实施严格的质量责任制可以从各个方面把质量隐患消灭在萌芽之中，杜绝产品质量问题出现。所有这些都为提高产品质量提供了基本保证。因此，责任制也是质量控制工作的基础。

（6）热处理质量保证体系　热处理质量保证体系是保证热处理全面质量管理取得稳定效果的关键，是热处理质量管理水平的重要标志。热处理质量保证体系是以保证和提高热处理质量为目标，运用系统的概念和方法，按照质量保证活动的程序，明确各质量保证组织的任务、职责、权限以及相互关系，形成一个协调一致的有机的整体。它把热处理专业技术与质量管理工作紧密结合起来，做到事事有规定，步步有标准。

热处理质量保证体系包括以下内容：

1）要明确与热处理工艺有关的各部门、各单位的职责分工。

2）要有保证实现热处理质量目标的各类标准（如技术标准、管理制度、质量责任制、岗位责任制及经济责任制等）。

3）要有完善质量记录和信息反馈系统，建立热处理质量档案。

4）要有对体系的素质和效能的评价，通过对活动评价，检查各个环节的预期效果，监督检查质量保证体系本身效率。

5）要有一个保证热处理质量保证体系的业务流程。

6）建立必要的会议制度，开展有关培训、宣传和咨询活动。

7）要有热处理质量保证体系图。

热处理质量保证体系典型模式见图 9-6（见书后）。它体现了热处理生产全过程各主要环节上的"责任者、联系、标准、保证要点、信息和反馈"等六个机能。通过各环节的工作，使热处理技术不断提高，热处理质量趋于稳定和提高。

（7）热处理质量控制中的统计技术　为了提高热处理质量控制水平，用数理统计技术对质量进行定量分析十分重要。用科学的定量质量分析方法使我们随时掌握质量情况和变化趋势，以防止不合格品的出现。当发现热处理质量有异常波动时，应及时对设备、工艺、操作者及原材料等方面进行检查，找出产生不正常的原因并予以排除，以稳定热处理质量。

　　热处理质量控制中数理统计方法主要有：排列图法、因果分析图法、控制图法等。这些方法均需收集工序质量特性数据，通过数据处理，获得工序质量信息，预报工序质量状况。

　　1）排列图法。排列图主要用于分析和寻找影响热处理质量的主要因素，其形式见图 9-7。在该图的横坐标上按影响程度的大小，从左向右顺序排列。如影响 20CrMnTi 碳氮共渗齿轮质量的因素有：A 为黑色组织；B 为表面碳氮化合物量过多；C 为淬火变形量过大；D 为心部硬度偏低；E 为淬火开裂。其中 A 黑色组织是影响碳氮共渗齿轮的主要因素。应采取有效措施减少黑色组织，提高碳氮共渗齿轮质量。

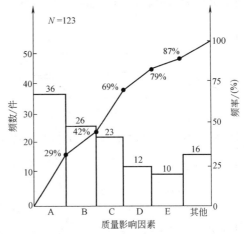

图 9-7　排列图形式

　　2）因果分析图法。若要解决产生质量问题的主要因素，常采用因果分析图法，表示产生某种质量问题的原因。

　　影响产品质量的原因是很多的，从大的方面分析，可以归纳为材料、设备、加工方法、操作人员和工作环境五大方面，在质量分析时，要充分听取各方面意见，集思广益，探讨形成质量问题的原因，然后画在图上（见图 9-8）。该图以结果为特性，以原因为因素，在它们之间用箭头联系，形成一种树枝状的图。图中大原因不一定是主要原因，主要原因可以用排列图法或其他方法确定。

　　3）控制图法。控制图是判断和预报工艺过程中质量是否发生波动的常用方法，它能直接监视工艺过程中的质量状况，分析引起质量问题的直接原因是偶然的还是系统的，从而判断工艺过程是否处于受控状态。

　　控制图共有 11 种，在热处理生产中最常用的是 $\bar{x}$—R 控制图。$(\bar{x})$ 为平均值，其计算式为

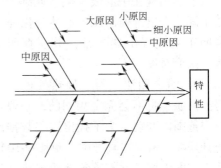

图 9-8　因果分析图的形式

$$\bar{x} = \frac{x_1 + x_2 + x_3 + \cdots + x_n}{n} = \frac{1}{n}\sum_{i=1}^{n}x_i$$

（R）为极差，即一组数据中最大值（$x_{\max}$）与最小值（$x_{\min}$）之差，$R = x_{\max} - x_{\min}$。

$\bar{x}$—R 控制图的形式见图 9-9，它是平均值控制图与极差控制图的结合。用于控制热处理质量的特性值，如晶粒度、硬度、强度及畸变量等。

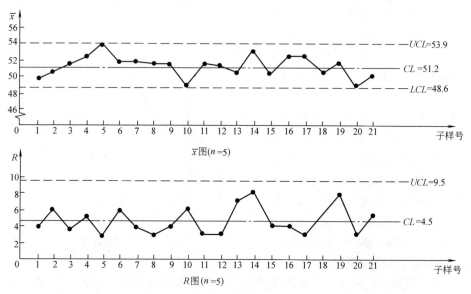

图 9-9　$\bar{x}$—R 控制图形式

　　进行工序控制时，不仅要根据生产情况绘制控制图，还要学会分析控制图中各数据点的波动情况。当工序处于受控状态时，图中各点随机地分散在中心线两侧附近。若点值跳出控制界线或虽没有跳出控制界限，但排列出现缺陷（如：点值连续出现在中心线一侧、连续上升或下降、点值排列出现周期性变化等），说明工艺过程出现异常，必须查明原因，采取对策。

　　4）直方图法。同一种热处理工艺得到的质量是不会完全相同的，一般在一定范围内变动。为了找出这些数据的统计规律，需要作直方图（见图 9-10），从直方图中可以比较直观地看出热处理

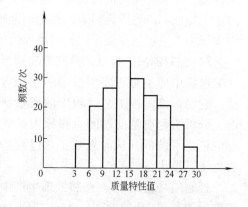

图 9-10　直方图的形式

质量分布状态，从而预测热处理质量好坏和估算不合格率。

图9-11所示为常见的几种直方图形状。通过这些图可以判断热处理过程是否正常，并分析产生异常的原因。

①正常型；工序处于稳定受控状态。

②偏向型：因操作习惯而造成的误差。

③双峰型：往往是两个不同材料、不同操作者或加工方法混在一起形成的。

④锯齿型：多因测量方法或读数不准，以及数据分布不当所致。

⑤平顶型：往往由于生产过程中的某些缓慢因素在起作用，如操作者疲劳等。

⑥孤岛型：由于原材料变化或处理条件变更等异常因素引起。

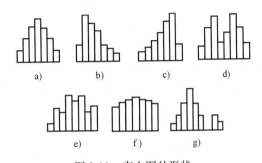

图9-11　直方图的形状

a）正常型　b）偏向型（左）　c）偏向型（右）
d）双峰型　e）锯齿型　f）平顶型　g）孤岛型

5）散布图。散布图是将两个相关的变量数据对应列出，用点画在坐标图上，通过观察分析，判断两个变量之间的相关关系。散布图的几种典型形式见图9-12。

①强正相关：x 值变大，y 值显著增大（见图9-12a），如在一定温度范围内随淬火加热温度升高，淬火后硬度随之增大。

②强负相关：x 值变大，y 值显著减小（见图9-12c），如非二次硬化钢，回火后的硬度随回火温度升高而下降。

③弱正相关：y 值随 x 值增大而增大，但点子散乱程度大（见图9-12b）。

④弱负相关：y 值随 x 值增大而大致变小，但点子散乱程度大（见图9-12d）。

⑤不相关：x 值与 y 值无任何关系（见图9-12e）。

⑥非线型关系：x 与 y 呈曲线变化关系（见图9-12f）。

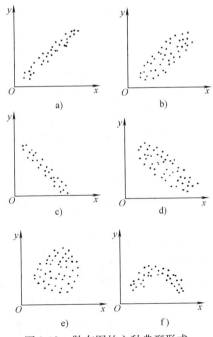

图9-12　散布图的六种典型形式

9.3 热处理前质量控制

热处理前质量控制包括设计质量控制、原材料和工艺材料控制、热处理前道工序控制。

9.3.1 热处理零件设计的质量控制

热处理零件设计是热处理全面质量控制的起点，设计质量直接影响产品的质量特性、制造的难易程度和使用寿命。

热处理零件设计质量控制目标是：在保证零件最终能满足服役条件所要求的使用性能前提下，合理地选择材料，正确确定组织性能指标及其他对热处理的要求，设计热处理工艺性良好的结构，以便以较低成本制造出性能稳定、安全可靠和长寿命的机械零件和产品。

1. 材料选择

热处理零件设计中选择材料的原则，应该是满足零件服役条件要求，具有较好工艺性能，降低成本。

（1）满足零件服役条件要求　设计时选材是在对零件服役条件分析和失效分析的基础上提出的。

零件服役条件分析主要包括：

①零件承受载荷类型和大小。

②零件工作温度和周围介质性质。

③其他特殊要求，如电性、磁性、密度、热性能等。

零件失效分析，可以找出其损坏原因，如与选材不当有关，可以改换新材料来防止失效 。新零件设计时，也可借鉴类似零件失效分析选材。

1）根据强度或硬度要求选择材料。通常设计人员可以根据零件在工作中承受载荷，计算出零件上应力分布，取一个合适安全系数，提出对材料强度要求。再根据图 9-13 所列钢的强度、硬度与最小含碳量关系，确定此零件材料的最小含碳量，并选择相应钢号。实际设计时，大部分是根据零件应力参考材料手册选择材料。

2）根据零件使用性能选择材料。根据零件服役条件下使用性能，转化为相应的材料性能指标，再进行选材。

承受疲劳载荷的零件，应根据零件疲劳应力、循环次数要求、应力集中系数等情况，参考材料疲劳强度及抗拉强度、韧度等数据进行选材。

对于冲击强度有要求的零件，要控制钢的含碳量和其他元素含量。通常碳的质量分数不高于 0.40%，硬度不高于 45HRC；硫、磷的质量分数最好控制在

0.025%以下，锰的质量分数应小于1.4%，铬质量分数宜小于1.0%。对于低温（<-45℃）下工作的零件，宜选用含镍钢种。另外，应将钢热处理成回火马氏体或等温贝氏体组织，避免粗晶和回火脆性、氢脆、热脆、蓝脆等。

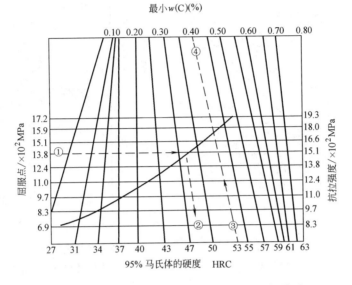

图 9-13　钢的强度、硬度和最小含碳量之间关系

对于表面硬化处理的零件，根据零件服役条件和失效分析确定材料性能要求，通常有低压力载荷（<0.68MPa）下的耐磨性、高压力载荷（达20.6MPa）下耐磨性、抗咬合和粘结性能、抗弯强度或扭转强度、弯曲疲劳强度、抗点蚀或表面破碎能力等。选择表面硬化用钢和工艺时，首先要考虑满足上述那一种或几种技术性能要求，然后再确定可以制造出满意零件的热处理工艺，最后综合分析比较成本，选择技术先进、成本低廉的工艺及相应材料。通常，高频感应加热淬火、渗碳淬火、渗氮工艺的表面硬度、心部硬度及硬化层深度如表9-21所示。上述三种表面硬化工艺对疲劳强度和磨粒磨损性能的影响见图9-14和图9-15。表面淬火一般选用中碳钢或中碳锰钢、铬锰钢、铬钼钢，渗碳淬火一般选用低碳低合金钢，如铬钢、铬锰钛钢、铬镍钢、铬镍钨钢等，渗氮一般选用中碳合金钢，如铬钢、铬钼钢、铬钼铝钢等。

表 9-21　推荐的各种表面硬化方法特性

项　　目	高频感应加热淬火	渗碳淬火	渗　氮
表面硬度 HV	500	700	1000
心部硬度 HV	250	300	350
硬化层深度/mm	1~10	0.2~3	0.01~1

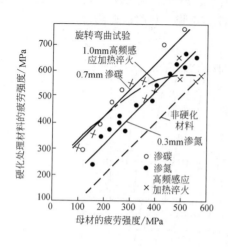

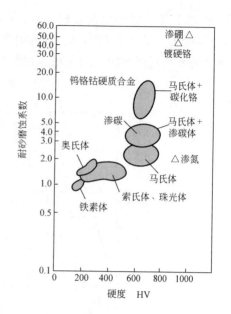

图 9-14　表面硬化方法
对疲劳性能的影响

图 9-15　表面硬化方法对
磨粒磨损性能的影响

　　此外，在零件设计选材时，还要注意材料的尺寸、质量和形状效应，以及材料的各向异性问题。尺寸效应通常是尺寸愈大，机械强度愈低，疲劳强度表现更突出；质量效应通常是零件越大，越难淬硬淬透；形状效应是指材料形状不同（如棒、板、管、球）或同一零件不同部位形状不同，淬火效果不同。对大型零件，选材时还要注意各向异性问题，通常应使最大拉应力方向沿材料纵向方向分布，或者要求材料或锻件生产中采取反复镦拔工艺，消除各向异性。

　　（2）具有良好的加工工艺性　设计人员在选材时，还要了解材料的加工工艺过程和材料的工艺性能，以便使所选材料具有良好加工工艺性，比较容易制造加工出零件。

　　由原材料加工成零件的主要加工工艺有铸造、锻造、焊接、热处理、表面处理和机械加工等，这里主要讨论热处理工艺性问题。

　　选择具有良好热处理工艺性的材料，能使热处理容易达到设计性能要求；对于结构形状复杂、截面变化多的零件，能达到防止开裂倾向；对于精度要求较高、热处理后再加工困难的零件，能减少热处理变形；此外，还能简化热处理工艺，方便操作。

　　从工艺性角度出发选材的基本路线如图 9-16 所示。

2. 热处理技术要求的确定和标注

零件设计中，在材料确定之后，还要提出对热处理的技术要求，并在图样上标注出来。热处理技术要求一般是热处理质量的检验指标，除了硬度和其他力学性能指标之外，还有对变形量、组织及局部热处理等要求，对表面硬化零件有硬化层深度和渗层脆性要求等。

图 9-16　从工艺性出发选材的基本路线图

（1）硬度和其他力学性能要求　由于硬度试验简便、快速又不破坏零件，而且硬度与强度等其他力学性能有一定对应关系，可以间接反映其他力学性能，因此硬度成为热处理质量检验最重要指标，不少零件还是唯一的技术要求。

对于重要受力件，除有硬度要求之外，还有强度极限、屈服强度和断裂韧度等要求；在较高温度条件下工作的重要受力件，还有持久强度和蠕变极限等要求；在有腐蚀介质条件下工作的重要受力件，还有应力腐蚀、断裂韧度等要求。

在确定硬度等力学性能指标时，要注意强度与韧度的合理配合，避免忽视韧度或过分追求韧度指标的偏向；注意组合件强度或硬度的合理匹配，提高使用寿命，如滚珠比套圈硬度应高 2HRC，汽车后桥主动齿轮的表面硬度比被动齿轮应高 2～5HRC；处理好表面硬化零件（如渗碳淬火、渗氮、表面淬火等）的硬化层深度与表面、心部硬度的关系，使心部与表面达到最优匹配，适合零件的工作条件。由于材料强度、结构强度和系统强度三者不完全一致，所以设计中要处理好这三者的关系。对于某些重要零件，应根据模拟试验确定所需要的力学性能指标。

（2）表面硬化层深度选择　硬化层深度的选择要考虑零件的工作条件、使用性能、失效形式和表面硬化工艺特点。

对于以磨损为主的零件，根据零件的设计寿命和磨损速度确定硬化层深度，一般不宜过厚，特别是工模具的硬化层过深会引起崩刃或断裂。

对于以疲劳为主的零件，根据表面硬化方法、心部和表面强度、载荷形式及零件形状尺寸等确定硬化层深度，以达到最佳硬化率（硬化率 = 硬化层深度/零件截面厚度），如渗碳或碳氮共渗齿轮，最佳硬化率为 0.1～0.15。

各种表面硬化工艺（表面淬火、渗碳、渗氮等）都有一定的合理硬化层深度和偏差，应根据零件工作条件适当选择。推荐的表面淬火、渗碳、渗氮有效硬化层深度及上偏差如表 9-22～表 9-24 所示。从热处理工艺和节能降耗考虑，硬化层选择应在满足零件使用要求条件下尽量浅一些为好。

表 9-22　表面淬火有效硬化层深度分级和相应的上偏差

最小有效硬化层深度 DS/mm	上偏差/mm		最小有效硬化层深度 DS/mm	上偏差/mm	
	感应淬火	火焰淬火		感应淬火	火焰淬火
0.1	0.1	—	1.6	1.3	2.0
0.2	0.2	—	2.0	1.6	2.0
0.4	0.4	—	2.5	1.8	2.0
0.6	0.6	—	3.0	2.0	2.0
0.8	0.8	—	4.0	2.5	2.5
1.0	1.0	—	5.0	3.0	3.0
1.3	1.1	—			

表 9-23　推荐的渗碳或碳氮共渗有效硬化层深度及上偏差

有效硬化层深度 DC/mm	上　偏　差/mm
0.05	0.03
0.07	0.05
0.1	0.1
0.3	0.2
0.5	0.3
0.8	0.4
1.2	0.5
1.6	0.6
2.0	0.8
2.5	1.0
3.0	1.2

表 9-24　推荐的渗氮有效层深度及上偏差

有效渗氮层深度 DN/mm	上　偏　差/mm
0.05	0.02
0.1	0.05
0.15	0.05
0.2	0.1
0.25	0.1
0.3	0.1
0.35	0.15
0.4	0.2
0.5	0.25
0.6	0.3
0.75	0.3

（3）金相组织控制　由于零件的某些使用性能不能完全通过简单的硬度等力学性能表征出来，所以对热处理质量又提出了一些金相组织检验的要求，如中碳钢与中碳合金结构钢马氏体等级，低、中碳钢球化体评级，渗碳与渗氮金相组织检验，钢件感应淬火金相检验，钢铁零件渗金属层金相检验，球墨铸铁热处理质量检验等。在相应的热处理技术要求中应明确对金相组织的合格级别要求。

（4）热处理变形量要求　由于热处理是一个加热、冷却过程，并伴随有相变发生，所以热处理必然会产生变形。热处理变形量必须控制，以满足零件生产和使用要求，所以热处理变形量是热处理质量的重要指标之一。

当热处理是零件加工过程的最后一道工序时，热处理变形的允许值就是图样上规定的零件尺寸。为了控制零件的最终尺寸，必须根据热处理变形规律，确定热处理前的零件尺寸。

当热处理是零件加工过程的中间工序时，热处理前零件的预留加工余量应为机加工余量和热处理变形量之和。

（5）热处理技术要求的标注　热处理零件在其图样上标注热处理技术要求是机械图的重要内容，正确、清楚、完整、合理地标注热处理技术要求，对热处理质量和产品质量都很重要。

在零件图样标注的热处理技术要求，是指成品零件热处理最终状态所具有的性能要求和应达到的技术指标。对以正火、退火或淬火回火（含调质）作为最终热处理状态的零件，硬度要求通常以布氏硬度或洛氏硬度表示，也可以用其他硬度表示。对于其他力学性能要求应注明其技术指标和取样方法。对于大型锻、铸件不同部位、不同方向的不同性能要求也应在图样上注明。

热处理技术要求的指标一般以范围法表示，标出上、下限值，如 $60 \sim 65HRC$，也可以用偏差法表示，以技术要求的下限值为名义值，下偏差为零再加上偏差表示，如 $60_0^{+5}HRC$。特殊情况也可以只标下限值或上限值，此时应用不小于或不大于表示，如不大于 229HBW。在同一产品的所有零件图样上，必须采取统一表达形式。

对于局部热处理的零件，在技术要求的文字说明中要写明："局部热处理"。在需要热处理的部位用粗点划线框出；如果是轴对称零件或在不致引起误会情况下，可以用一根粗点划线画在热处理部分外侧表示，如图 9-17 所示。

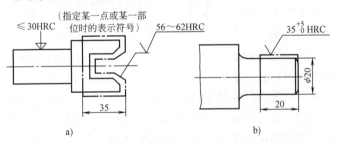

图 9-17　局部热处理在图样上标注案例

a）范围标注法　b）偏差标注法

如零件形状复杂或者容易与其他工艺标注混淆，热处理技术要求标注有困难，而用文字说明也很难说清楚时，可以用另加附图专门标注对热处理的技术要求。

对于表面淬火零件，除要标注表面和心部硬度之外，还要标注有效硬化层深度。如图 9-18 所示，这是一个局部感应加热淬火

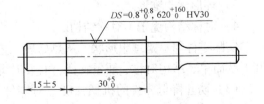

图 9-18　表面淬火零件热处理技术要求标注案例

零件，离轴端（15±5）mm 处开始，在长 30_0^{+5} mm 一段内感应加热淬火并回火，表面硬度 620～780HV30，有效硬化层深度 DS = 0.8～1.6mm。

对于渗碳（含碳氮共渗）和渗氮（含氮碳共渗）零件，要标注表面和心部硬度、有效硬化层深度，还要标注出不允许渗碳或渗氮及硬化的位置，如图 9-19 和 9-20 所示。图 9-19 表示一个局部渗碳零件，要求渗碳并淬火回火部位用粗点划线框出，其表面硬度 57～63HRC，有效硬化层深度（DC）为 1.2～1.9mm；虚线框出部分表示渗碳淬硬

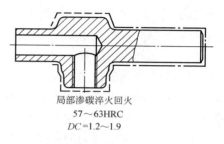

局部渗碳淬火回火
57～63HRC
DC=1.2～1.9

图 9-19　渗碳、淬火回火零件热处理
技术要求标注案例

或不渗碳淬硬均可；而未有标出部分表示不允许渗碳也不允许淬硬。图 9-20 表示一个整体渗氮零件，表面硬度 850～950HV10，有效硬化层深度（DN）为 0.3～0.4mm，渗氮层脆性不大于 3 级。

3. 热处理零件结构形状设计

零件的结构、尺寸、形状对热处理变形和开裂等热处理缺陷影响很大，设计需要热处理零件时，还要注意零件结构的热处理工艺性。

（1）减少应力集中　零件截面力求均匀，减少截面突变。对于螺纹、油孔、键槽或退刀槽等截面变化外，应避免尖锐的棱角、沟槽等，台阶处要有圆角过渡。

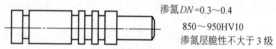

渗氮 DN=0.3～0.4
850～950HV10
渗氮层脆性不大于 3 级

图 9-20　渗氮零件热处理技术
要求标注案例

（2）结构对称，质量均衡　热处理零件理想形状是整个零件结构对称、质量均衡。这样，在加热和冷却中，可以均衡吸热和放热，不会因应力不均匀引起变形过大和开裂等热处理缺陷。设计时注意以下规律：

1）球形优于立方形，立方形优于长方形。

2）圆形截面优于椭圆形截面，正方形截面优于矩形截面，六角形截面介于圆形和方形之间。

3）环形优于锥形。

4）对称结构优于不对称结构。

实际零件都不是理想形状，从热处理工艺性要求来说，零件设计时应尽量使其形状简单、结构对称、质量均衡，必要时可开工艺孔等。

（3）防止降低零件的机械强度　对零件上薄弱环节要特别引起关注，不要人为地在零件上造成薄弱部位，如图 9-21 所示。对于零件尺寸较大情况，要注意淬透性及尺寸效应。

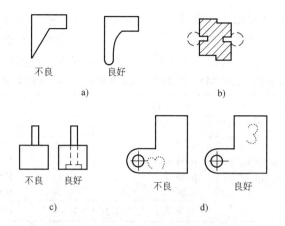

图 9-21　防止降低零件强度的设计

a）避免尖角　b）避免应力集中　c）尺寸相差悬殊的
两部分可做成两件　d）避免在孔附近打号

9.3.2　原材料质量控制

如果制造零件的原材料存在各种缺陷或质量问题，在热处理时可能引发热处理缺陷，影响热处理质量。热处理过程中，需要各种辅助工艺材料，如热处理盐、淬火介质、渗剂、涂料和气体等，这些热处理工艺材料是热处理工艺实施的保证条件。因此，为了减少热处理缺陷，提高热处理质量，必须对原材料（包括零件原材料和热处理工艺材料）进行质量控制。

1. 零件原材料质量控制

（1）原材料缺陷对热处理质量的影响　零件原材料可能有多方面各种缺陷。在化学成分方面可能出现成分波动和不均匀、杂质元素偏多等缺陷；在组织方面可能有严重的偏析、疏松、气孔、针孔、缩孔、夹杂物，以及带状组织、过热过烧组织、夹渣、折叠、分层、发纹、白点、微裂纹等缺陷；在表面质量方面，可能出现氧化脱碳、划痕、折皱、麻坑等缺陷。这些原材料缺陷，在热处理时可能造成开裂、变形超差、硬度和力学性能不合格、尺寸稳定性下降等热处理缺陷，严重影响零件使用性能、使用安全和寿命。

1）化学成分的影响。零件原材料的化学成分是通过出厂检验和入厂复验来保证的。即使在合格范围内，成分波动也会对热处理质量有影响，例如，35CrMoA 钢的化学成分中主要元素含量偏上限或下限时，热处理性能就有明显差异，如表 9-25 所示。渗碳钢 18CrMnTi 中 Ti 的质量分数分别为 0.05%、0.08%、0.10% 时，渗碳后晶粒度分别为 6 级、6 ~ 7 级、8 ~ 9 级，渗层厚度分别为 1.43mm、1.24mm 和 1.17mm。1Cr13 钢标准曾规定 $w(C) \leqslant 0.15\%$，$w(Cr) =$

12% ~ 14%，实践中发现，碳的质量分数低于 0.10% 时，组织中会出现大量 δ 铁素体，使回火后力学性能不稳定，强度和冲击韧度降低。Cr17Ni2 钢的化学成分在规定范围内波动，也会使 δ 铁素体有变化，引起淬火回火后性能变化。

表 9-25　35CrMoA 钢大型叶轮主要成分对力学性能影响

编号	热处理工艺	主要成分（质量分数,%）			力学性能（切向）	
		C	Cr	Mo	$\sigma_{0.2}$/MPa	a_K/(J/cm^2)
1	880℃ ×6h 加热，淬油，580℃ ×10h 回火，炉冷	0.32	0.80	0.18	462	57.8 ~ 66.6
2		0.34	0.83	0.16	464	86.2 ~ 110.7
3		0.36	0.92	0.20	515	63.7 ~ 66.6
4		0.38	0.95	0.24	565	47.0 ~ 49.0
标准要求		0.32 ~ 0.40	0.8 ~ 1.1	0.15 ~ 0.25	490	49.0

钢中杂质元素的影响主要表现在对冷脆转化温度、回火脆性及淬透性影响。杂质元素对半脆化温度（T_{50}）的影响见表 9-26，大部分杂质元素（除 S 而外）使半脆化温度提高，杂质元素 P、As、Sn、Sb 等在晶界偏聚，会增大回火脆性。残余元素对钢的淬透性影响应引起重视。在我国低合金钢或碳钢由于冶炼时加入含 Mo 的返回料或有加入 Mo，使其淬透性增加，同时也增加了淬裂趋向；在日本，为了提高 45 钢的淬透性，特意加入了铬 [$w(Cr) \approx 0.4\%$]，使一些不知情的用户对该钢进行水淬时发生大量开裂现象。

表 9-26　杂质元素对钢的半脆化温度（T_{50}）的影响

元素（$w = 0.01\%$）	O	N	P	S	Cu	Sn	Zn	Bi	Sb
T_{50} 变化/℃	+15	±10	+2	+7	−10	+1	+30	+7	+25	+20

　　2）组织缺陷的影响。金属中夹杂物破坏了金属的连续性，在金属锻压和轧制过程中，夹杂物可能被延展成为长而薄的流线状，形成带状组织，使金属产生明显的各向异性，大大增加淬火裂纹产生的几率。大量的非金属夹杂物会严重降低钢的力学性能和使用性能，尤其是降低钢的塑性、韧性和疲劳性能。钢中夹杂物常会引起渗氮零件表面"起泡"。采取真空熔炼技术可以提高钢的纯净度，减少夹杂物等缺陷，从而提高疲劳强度和使用寿命，如图 9-22 所示。

　　钢件过热可能形成晶粒粗大、魏氏组织、粗大马氏体和较多残留奥氏体组织，使力学性能变差，尤其是塑性和韧性明显下降。魏氏组织可导致热处理后性能降低和淬火裂纹。过热组织可以采用多次正火或退火方法消除。

　　钢件因过烧可形成网状氧化物夹杂，铝合金过烧在组织中出现复熔球、纺锤形或三角形晶界。过烧使金属力学性能急剧恶化，并无法挽回，在热处理过程常常形成淬火裂纹。

偏析使钢的各部分性能不均匀，影响钢的力学性能，容易产生热处理缺陷。高碳钢和合金钢中存在较多碳化物，如果碳化物呈网状分布或呈严重带状偏析时，就会使钢产生很大脆性，淬火时常在碳化物偏析最严重地方产生淬火裂纹。

白点是热轧钢坯和大型锻件中比较常见的缺陷，是一种内裂缺陷。白点使钢的力学性能降低，热处理时可能扩展形成淬火裂纹，使用时可能导致严重的破坏。

疏松、缩孔、针孔、气泡等缺陷，在热处理时会引起内裂，甚至发展成贯穿型裂纹，应严格控制，防止超过材料的标准规定。

3）表面缺陷的影响。表面有脱碳层的零件，使疲劳性能大幅度下降，热处理时容易开裂。表面损伤使零件在热处理后性能降低，甚至不能达到技术要求，淬火时很容易在表面损伤处引起开裂。

（2）原材料质量控制措施

1）加强原材料进厂复验，如发现材料缺陷，应与生产厂联系，加强生产厂的质量控制。

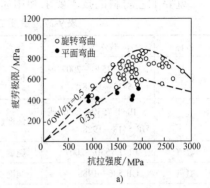

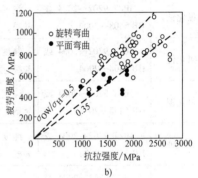

图 9-22　真空熔炼与普通方法
熔炼钢材疲劳强度对比

a）普通方法熔炼　b）真空熔炼

注：σ_{ow}/σ_H 为缺口强度与光滑强度之比。

2）严格执行热处理前的检查，除认真检查热处理前零件的外观、形状、尺寸之外，还要检查热处理前零件的状态，包括材料牌号、化学成分、冶炼炉号、力学性能数据、淬透性试验数据、金相组织检查数据等材料本身数据，还要检查毛坯制造方法（铸造、锻造、轧制、挤压等）、零件热处理前加工方法（冲压、拉拔、滚压成形、焊接、熔切、机械加工等），以及零件预备热处理和校形程度等。

3）对于重要件或易产生原材料缺陷的材料或零件，热处理前安排无损探伤，防止有原材料缺陷的零件流入热处理车间。

2. 热处理工艺材料质量控制

（1）对热处理工艺材料的技术要求　对工艺材料一般要求是不应对热处理零件产生有害影响，如腐蚀、粘结、零件表面产生不应有的成分组织变化等，同时满足热处理工艺要求，达到预期使用目的。

重要工艺材料的技术要求和用途如表9-27所示。

表9-27 重要工艺材料技术要求和用途

名称	技术要求	推荐复验项目	主要用途
氩气	JB/T 7530—2007 或 HB 5412—1988	纯度、水、氧	保护气氛、真空冷却、回充气
氮气	JB/T 7530—2007 或 HB 5413—1988	纯度、水、氧	保护气氛、钢的真空冷却、回充气
氢气	JB/T 7530—2007	纯度、水、氧	保护气氛
氨气	GB 536—1988	纯度、水	渗氮、氮碳共渗、碳氮共渗等
氯化钠	JB/T 9202—2004 或 HB 5408—2004	纯度、pH 值、硫酸根、硝酸根、水、使用性能	热处理加热
氯化钾	JB/T 9202—2004 或 HB 5408—2004	纯度、pH 值、硫酸根、硝酸根、水、使用性能	热处理加热
氯化钡	JB/T 9202—2004 或 HB 5408—2004	纯度、pH 值、硫酸根、总氮量、水、使用性能	热处理加热
硝酸钾	JB/T 9202—2004 或 HB 5408—2004	纯度、pH 值、硫酸根、碳酸根、氯离子	铝合金热处理、钢回火加热或等温淬火冷却
硝酸钠	JB/T 9202—2004 或 HB 5408—2004	纯度、pH 值、硫酸根、碳酸根、氯离子	铝合金热处理、钢回火加热或等温淬火冷却
亚硝酸钠	JB/T 9202—2004 或 HB 5408—2004	纯度	等温淬火冷却
氢氧化钠	GB 209—2006	纯度、碳酸盐	回火加热、等温淬火冷却
氢氧化钾	GB/T 1919—2000	纯度、碳酸盐	回火加热、等温淬火冷却
校正剂	JB/T 4390—1999	硫酸根、使用性能	高、中温盐浴脱氧
保护涂料	JB/T 5072—2007	使用性能	热处理加热保护
防渗涂料	JB/T 9197—1999	使用性能	防渗
固体渗碳剂	JB/T 9203—1999	碳酸钡、硫含量、粒度、使用性能	渗碳、加热保护
甲醇	GB 338—2004 或 GB 683—2006	—	渗碳、保护气氛
酒精	GB/T 394.1、2—1994 或 GB/T 678—2002	—	保护气氛、渗碳
丙酮	GB/T 686—1989 或 GB/T 6026—1998	—	渗碳

（续）

名称	技术要求	推荐复验项目	主要用途
乙酸乙酯	GB/T 3628—1999	—	渗碳
甲苯	GB/T 684—1999 或 GB/T 2284—1993	—	渗碳
苯	GB/T 690—1992 或 GB/T 2283—1993	—	渗碳
煤油	GB/T 253—1989	—	渗碳
3 号喷气燃料	GB/T 6537—2006	—	渗碳
1 号渗碳油	专用技术条件	—	渗碳
尿素	GB 2440—2001	—	碳氮共渗
硼砂	GB/T 537—1997	—	渗硼、渗金属
淬火油	GB 443—1989 或 HB 5415—1988	运动粘度、酸值、水分、闪点、使用性能	淬火冷却
有机淬火介质	专用技术条件	—	淬火冷却
氧化铝	YS/T 274—1998	—	吹砂、隔离零件

（2）工艺材料质量控制措施

1）各种工艺材料都应该有技术标准，如国家标准、行业标准或专用技术标准等。

2）重要工艺材料应定点供应，对供应厂商要有一定的质量控制要求和管理办法。

3）各种工艺材料都应有生产厂家的产品合格证，对重要工艺材料要进行入厂复验，推荐复验项目见表9-27，复验合格后方可使用。

9.3.3　热处理前各工序质量控制

热处理工件可能是铸件、锻件、焊接件或者机械加工件，这些热加工和冷加工零件的内在质量和表面质量都直接影响热处理的生产质量。因此，为了提高热处理质量，必须对热处理前各工序进行质量控制。

1. 锻造质量控制

锻造不仅是零件毛坯生产方法之一，而且对零件最终组织和使用影响很大，尤其对高合金钢和钛合金影响更大。锻造工序由于原材料质量不良或锻造工艺不当，可能产生锻造裂纹、锻后组织不良和外观缺陷，如不能及时发现或改进消除，带到热处理工序，可能引发热处理缺陷，严重影响热处理质量。

（1）锻造裂纹 锻造裂纹产生原因主要有两个方面：一是原材料缺陷在锻造时扩大或显露出来，二是锻造工艺不当造成的。

1）原材料质量问题引起的裂纹。原材料的毛细裂纹、折叠、非金属夹杂物过多、碳化物偏析、异金属夹杂、缩管残余、气泡、柱状晶粗大、轴心晶间裂纹、粗晶环及铝合金氧化膜等缺陷，在锻造工序可能引发锻造裂纹。为防止这类缺陷引发锻造裂纹，应加强原材料质量控制与入厂复验检查。

2）锻造工艺不当引起的裂纹。锻造过程中，在下料、加热、锻压、冷却及清理时都可能产生裂纹。这类裂纹的主要特征及产生原因见表9-28。

表 9-28　锻造工艺不当引起裂纹的主要特征及产生原因

工序	名称	主 要 特 征	产 生 原 因
下料	端部裂纹	主要产生在剪切大截面坯料时，在冷剪切合金钢、高碳钢时也会发生。通常在剪切后 3~4h 发现，裂纹在坯料端部	在剪切内应力作用下，常在剪切后几小时内开裂。材料硬度过高、硬度不均、严重偏析易产生剪切裂纹 这种裂纹锻造时将进一步扩展
	气割裂纹	一般位于坯料端部	气割前未预热，气割时组织应力和热应力引起气割裂纹 这种裂纹锻造时将进一步扩展
	凸芯裂纹	一般位于原坯料端面中心部位	车床下料时，在棒端往往留有凸芯。在锻造过程中，由于凸芯截面小，冷却快，塑性低及应力集中，在凸芯周围可能产生裂纹
加热	加热裂纹	沿坯料横断面开裂，裂纹由中心向四周呈辐射状扩展	加热速度过快或装炉温度过高，坯料表面与心部温度差过大，产生较大热应力，同时材料断裂抗力下降，由此产生裂纹 高合金钢、高温合金导热性差，容易发生
	铜脆	表面龟裂，高倍观察时发现淡黄色铜沿晶界分布	炉内残存氧化铜，加热时还原为铜，沿奥氏体晶界扩展，降低晶界强度，产生裂纹 $w(\mathrm{Cu}) > 2\%$ 时，在氧化气氛中加热也产生裂纹
	心部裂纹	常发生于坯料头部，有时裂纹贯穿整个坯料	保温时间不足，坯料未热透，锻造时内外变形严重不均匀，引起坯料心部裂纹 多发生在高合金钢中
	过烧裂纹	沿晶断裂，严重的锻件破碎	加热温度过高，晶粒粗大并产生晶界熔化，塑性降低，锻造产生裂纹

（续）

工序	名称	主 要 特 征	产 生 原 因
锻造	锻造裂纹	在各种不同部位产生不同形式裂纹	1. 坯料缺陷及裂纹，锻造时扩展 2. 变形速度过大 3. 变形不均匀 4. 终锻温度低，产生"人字形"或"鸡爪状"裂纹
	十字裂纹	裂纹沿锻件截面对角线方向分布	反复对坯料进行翻转90°的拔长，矩形坯料在平砧上拔长，很大交变剪切力作用下易产生十字裂纹。高速钢、高铬钢中容易出现
	龟裂	锻件表面出现较浅龟裂	1. 原材料含 Cu、Sn 量较多 2. 长时间或多次加热，表面铜析出、表面晶粒粗化或脱碳 3. 锻造成形较大表面拉应力
	分模面裂纹	沿分模面分布	1. 模锻中，重击使金属强烈流动，产生穿筋现象 2. 原材料夹杂物多，有缩孔、疏松等缺陷，锻造时进入分模面附近
冷却	冷却裂纹	裂纹光滑、细长，在圆形截面锻件中有时裂纹呈圆形	冷却太快，产生较大组织和热应力，与原来变形残留应力叠加引起裂纹 高合金钢中容易出现

（2）锻造组织缺陷　锻造组织缺陷对热处理质量和零件性能有很大影响，有些缺陷甚至不能靠预备热处理来消除。

锻造组织缺陷包括过热组织、过烧组织、脱碳、增碳、碳化物不均匀、晶粒不均匀、穿流、带状组织等，其主要特征、产生原因及影响见表9-29。

表9-29　锻造组织缺陷主要特征、产生原因及影响

缺陷名称	主 要 特 征	产生原因及影响
过热组织	粗大晶粒、碳钢的魏氏组织、高合金钢碳化物角状和网状等	加热温度过高、保温时间过长。过热组织引起力学性能尤其是冲击性能降低
过烧组织	晶界出现氧化和熔化现象	加热温度过高或高温加热时间过长。容易产生锻造裂纹或热处理裂纹，力学性能恶化

（续）

缺陷名称	主　要　特　征	产生原因及影响
脱碳	锻件表面碳含量降低	在氧化性气氛中加热时间过长引起。脱碳不但使强度、疲劳性能、耐磨性降低，还容易产生热处理裂纹
增碳	表面或部分表面含碳量增加	油炉中加热时，燃烧不充分，雾化不良，造成渗碳气氛，使锻件表面增碳。使锻件力学性能变化，容易产生热处理裂纹
碳化物不均匀	碳化物呈大块状集中分布或呈网状分布、链状分布	9Cr18 钢加热温度超过 1160℃，退火后出现链状碳化物。锻比不够或锻造方法不当，容易出现网状或块状碳化物。停锻温度过高、冷却速度过慢容易形成沿晶网状碳化物。该缺陷使性能变坏，容易形成热处理局部过热或淬火裂纹
晶粒不均匀	锻件内各处晶粒大小不均，耐热钢和高温合金对晶粒不均匀特别敏感	变形不均匀或局部变形在临界变形区。使持久性能和疲劳性能降低，容易产生热处理缺陷
穿流	流线分布不当的一种形式，原一定角度流线汇合在一起，晶粒变化较大	两股金属汇流形成的。性能降低并容易产生热处理缺陷
带状组织	两相组织呈带状分布	两相区锻造变形产生。使横向力学性能降低，容易产生锻造裂纹、热处理裂纹和变形

（3）外观缺陷　常见的锻件外观缺陷有分层、折叠等，其主要特征和产生原因如表 9-30 所示。

表 9-30　锻件外观缺陷主要特征、产生原因及影响

缺陷名称	主　要　特　征	产生原因及影响
分层	锻件金属局部不连续面分隔成两层或多层	原材料含有非金属夹杂物、残余缩孔、气泡及裂纹，锻造无法焊合而形成分层。使力学性能降低，特别影响横向性能，容易扩展成热处理裂纹
折叠	折叠尾端呈小圆角，一般与流线方向一致，两侧一般有较严重氧化脱碳，其内部充满氧化物	由于模具不合理、工艺或操作不当，使锻件一部分表面金属折入锻件内部。严重影响零件使用性能，容易形成锻造裂纹和淬火裂纹

2. 铸造质量控制

铸造是零件毛坯另一种重要生产方法，并且得到越来越广泛的应用。铸件遗留的缺陷对热处理质量有很大影响，因此要对铸件生产质量进行控制，这也是热处理全面质量控制的重要一环。

对热处理质量有影响的主要铸造缺陷有十来种，分三大类：铸造裂纹、组织不良、外观缺陷。

铸造裂纹主要有热裂、冷裂、缩裂等；组织不良包括气孔、针孔、缩孔、疏松、冷隔、夹杂物、夹渣、偏析、脱碳等；外观缺陷有欠铸、粘砂、麻点等。常见对热处理有重要影响的铸造缺陷主要特征、产生原因及影响如表9-31所示。

表 9-31　铸造缺陷主要特征、产生原因及影响

缺陷名称	主要特征	产生原因及影响
热裂	裂纹呈连续直线或半连续状，其表面被严重氧化，无金属光泽，裂纹头粗尾细	铸件冷却过程中，在固相线附近的液固共存区金属强度大幅度降低，而此时收缩不很大，当内应力超过此温度下金属强度时产生裂纹。热裂纹破坏铸件连续性，使强度下降，容易扩展成热处理裂纹
冷裂	冷裂一般发生在铸件应力集中处，裂纹细小。裂纹氧化轻或无氧化	冷裂发生在固相线温度以下，铸件冷却的热应力和组织应力之和超过金属强度而产生开裂。该裂纹使铸件使用性能降低，容易在铸件清理、搬运中产生或扩展，并在淬火时成为淬火裂纹
缩裂	裂纹呈断续条状或支叉状，粗细较均匀，多伴随有疏松、夹杂等缺陷，显微断口为沿晶特征	铸件凝固收缩时，由于收缩不良形成晶间孔洞，在内应力作用下扩展成裂纹。该裂纹使铸件性能下降，容易在热处理中扩展成热处理裂纹
针孔	针孔是小于或等于 1mm 的小气孔，呈狭长形，与铸件表面垂直，有一定深度，孔内壁光滑	金属熔炼时有一定量气体（主要是氢），凝固中析出，但仍留在铸件的表面区而形成针孔。针孔降低铸件性能，容易在热处理时产生裂纹
气孔	铸件内存在光滑孔穴，孔内光滑，无氧化、夹杂等	金属熔炼时有一定气体，凝固时析出，但没有扩散出金属基体而形成气孔。它降低铸件性能，容易形成热处理裂纹
偏析	铸件内成分不一致性。各部分成分不一致称为区域偏析；同一个晶粒内各部分成分不一致称为晶内偏析；由于各相密度不同造成的偏析称为密度偏析	铸件在凝固过程中，冷却过慢或过快，产生选择性凝固造成偏析。偏析使铸件性能不一致，降低使用性能，热处理容易产生变形和裂纹，性能降低
冷隔	铸件内金属不连续，或断开成狭小、细长、不规则线状缺陷。一般粗细均匀，两端没有尖尾	铸件浇注时金属流不能熔合成一体而形成冷隔。它使铸件性能降低，热处理时容易扩展成裂纹

3. 焊接质量控制

焊接用于生产焊接组合件，焊接质量直接影响焊接组合件热处理质量。由于焊接是一个局部快速熔化和凝固过程，增加材料不均匀性和内应力，容易产生焊接裂纹、气孔、夹渣、过热、过烧等缺陷；工艺和操作不当还可能产生结合线伸入、晶间渗入、晶间加粗、胡须组织及熔蚀等缺陷。焊接裂纹、气孔、夹渣、过热、过烧等缺陷不但降低金属焊接件性能，而且容易产生热处理裂纹等。焊接缺陷主要特征、产生原因和影响见表9-32。

表9-32　焊接缺陷主要特征、产生原因及影响

缺陷名称	主要特征	产生原因及影响
结合线伸入	点、滚、缝焊的焊缝组织有结合线伸入熔核的未熔合现象	点、滚、缝焊时接合区未完全熔合，使热处理容易产生裂纹
晶间渗入	钎焊时液态钎料或它的某些成分集中向邻接的母材扩散现象	钎焊时温度过高、保温时间过长，使母材性能变坏，脆性增加，热处理时容易产生裂纹和严重变形
晶间加粗	熔核中心枝晶对接处，晶界与枝晶之间发现类似裂纹的黑线	熔焊温度过高造成的。在热处理时容易产生裂纹等缺陷
胡须组织	热影响区常发现有许多细小熔核伸向母材	熔焊时间过长。在热处理时容易产生裂纹等缺陷
熔蚀	钎焊时液态钎料局部过度溶解母材，使母材表面凹陷	钎焊时温度过高。它使母材截面尺寸减少，降低焊接件强度。热处理时容易产生变形等缺陷

4. 机械加工质量控制

机械加工表面质量不仅直接影响零件的使用性能，表面质量不良还会引起热处理缺陷，影响热处理质量。

金属零件切削加工时，由于刀具形状、切削量、冷却条件不当等因素，往往会在零件表面产生粗糙的刀痕、鳞刺、机械碰伤、冷硬和残余应力过大等缺陷。电加工不当时，可能产生淬硬内裂、局部过烧、淬硬层不均匀、晶间腐蚀、点蚀等缺陷，其主要特征、产生原因及影响见表9-33。

表9-33　机械加工缺陷主要特征、产生原因及影响

缺陷名称	主 要 特 征	产生原因及影响
粗糙刀痕	加工表面存在深沟痕	切削速度小或切削量大，使前刀面产生积屑瘤，相当于一个圆钝刃口伸出刀刃之外，在加工表面留下不规则沟痕。它成为应力集中源，不但使零件性能变坏，还容易在热处理中产生裂纹
鳞状毛刺	毛刺呈鳞片状	较低速度或中速切削塑性好的金属，如拉削圆孔时，产生鳞状毛刺。这是应力集中源，热处理时容易产生裂纹

（续）

缺陷名称	主 要 特 征	产生原因及影响
表面机械碰伤	表面有不规则的碰伤痕	装夹、运输中零件相互碰伤、擦伤、压伤等。这是应力集中处,热处理时容易产生裂纹
标识刻痕不当	标识打得太深或打的部位不对	标识处是应力集中处,热处理时容易产生裂纹
淬硬层内裂	电火花加工时,淬硬层中产生网状微裂纹	加热速度快,温度高,产生过大内应力造成的。热处理时容易产生裂纹
淬硬层局部过烧	电火花加工时淬硬层皮下层有过烧重熔产物	电流密度大,加工时间过长。热处理时容易产生裂纹
淬硬层不均匀	电火花加工时淬硬层深度不均匀	电流密度不稳。使热处理时变形量增大,容易产生裂纹
晶间腐蚀或点蚀	电解加工时产生腐蚀现象	零件材料有成分和组织不均匀或电解加工工艺参数不当易产生这种缺陷。这种缺陷严重影响零件使用性能,热处理时容易产生裂纹等缺陷

9.4　热处理中质量控制

热处理是通过对金属的加热和冷却，以获得需要的组织和性能的工艺过程。因此，热处理中质量控制的关键是控制加热质量和冷却质量，通过正确制定工艺、合理选择设备、准确操作及严格检验进行控制，此外，还要注意进入热处理车间的待处理件的核查。

9.4.1　待处理件的核查

进入热处理车间的待热处理工件必须单独存放，并核查它们在热处理前的生产过程和质量、有关原始资料；进行数量和外观检查，防止热处理前不合格品流入热处理生产过程，以防热处理前的各种缺陷扩展成热处理缺陷；同时根据热处理前的状态和有关原始资料，正确制定和实施热处理工艺。

1. 原始资料

待热处理件送到热处理车间应附带有工件及其材料原始资料。原始资料包括工件材料的基本数据、工件的供货状态、热处理前的加工方法、预备热处理类型及方法、工件的形状和尺寸，以及热处理后续加工方法等内容，详见表9-34。

表 9-34　待热处理工件原始资料

项　　目	内　　容
工件材料的基本数据	钢号及化学成分 冶炼炉号 硬度等力学性能 淬透性 金相组织(包括显微组织、晶粒度、脱碳层、非金属夹杂物等)
工件的供货状态	铸造、锻造(包括冷、热锻造)、轧制(包括冷、热轧)、挤压(包括冷、热挤压)
热处理前的加工方法	切削加工方法及切削量、冲压或拉拔、冷轧或滚压、焊接、校正方法及校正量
预备热处理类型和方法	正火、完全退火、不完全退火、球化退火、去应力退火及调质等,必要时注明加热温度、保持时间和冷却方法
工件的形状和尺寸	一般以简图表示。要特别注明特殊形状和壁厚差异悬殊的部位。尺寸包括整体加工余量、淬火回火部分加工余量、表面粗糙度、尺寸精度、形状公差和位置公差等
热处理后续加工方法	焊接、表面处理、酸洗、磨削、喷丸,以及后续热处理等

2. 工件热处理前的生产过程和质量

待热处理件送到热处理车间还应附带有生产流程卡,说明已经历了哪些加工工序,并经过各道工序检验员检验,确认达到了各工序的质量要求。

3. 数量和外观检查

待热处理件进入热处理车间时,应有专门人员接收,验收附带资料和数量,并进行外观检查,要求没有裂纹和影响热处理质量的碰伤、锈斑、氧化皮等。

9.4.2　预备热处理质量控制

预备热处理主要包括退火和正火,特殊需要也可采用正火＋高温回火或调质处理。预备热处理一般安排在毛坯成形之后,机械加工之间,或者最终热处理之前。预备热处理主要目的是为后续工序作好组织和性能准备。预备热处理质量控制包括工艺方法选择和工艺路线安排、工艺参数确定、加热设备选择、质量要求与检验等。

1. 工艺方法选择和工艺路线安排

钢的主要预备热处理种类及应用范围如表 9-35 所示,可根据预备热处理的目的参照此表来选择预备热处理的种类。

预备热处理大部分安排在毛坯成形之后,用于改善毛坯加工性能,消除铸造、锻造等毛坯生产中的缺陷。在机械加工之间、冷成形加工之间有时需进行一次或多次预备热处理,用以消除内应力,改善加工性能。为了保证最终热处理达到要求的使用性能,需要在最终热处理之前进行预备热处理,用以改善组织结构,为最终热处理作好准备。

表 9-35　预备热处理种类及应用范围

序号	工艺名称	应用范围
1	正火	用于低中碳钢和低合金结构钢铸、锻件,消除应力和淬火前的预备热处理,也可用于某些低温化学热处理件的预备热处理。消除网状碳化物,为球化退火作准备;细化组织,改善切削加工性能
2	等温正火	用于某些碳素钢、低合金钢工件在淬火返修时,消除内应力和细化组织,以防重新淬火时产生畸变或开裂 也可用于某些结构件的最终热处理
3	二段正火	用于对正火引起的畸变要求较严的工件
4	完全退火	用于中碳钢和中碳合金钢铸、焊、锻、轧制件等,也可用于高速钢、高合金钢淬火返修前的退火。细化组织,降低硬度,改善切削加工性能,去除内应力
5	不完全退火	用于晶粒并未粗化的中、高碳钢和低合金钢锻、轧件等。主要目的是降低硬度,改善切削加工性能,消除内应力
6	等温退火	用于中碳合金钢和某些高合金钢的大型铸锻件及冲压件等,也可作低合金钢件在渗碳、碳氮共渗前的预备热处理。其目的与完全退火相同,但等温退火能够得到更为均匀的组织和硬度
7	球化退火	用于共析钢、过共析钢的锻、轧件,以及结构钢的冷挤压、冷拉件等。其目的在于降低硬度,改善机械加工性能,改善组织,提高塑性等
8	去应力退火	用于中碳钢和中碳合金钢。去除由于形变加工、机械加工、铸造、锻造、热处理、焊接等所产生的残留应力
9	预防白点退火	用于中碳钢和中碳合金钢。降低钢中的氢含量,避免形成白点
10	均匀化退火	用于中碳合金钢和高合金钢。减少铸件或锻、轧件的化学成分和组织的偏析,达到均匀化
11	再结晶退火	用于碳钢和低合金钢。使形变晶粒重新转变为均匀的等轴晶粒,以消除形变强化和残留应力
12	光亮退火	用于碳钢和低合金钢。防止工件氧化,保持表面光亮
13	稳定化退火	用于耐蚀钢。使微细的显微组成物沉淀或球化,可防止抗晶间腐蚀性能的降低
14	调质	用于中、高合金超高强度钢、渗氮钢。用以获得粒状索氏体,为最终热处理作好组织准备

2. 工艺参数确定

预备热处理各种工艺的加热温度和允许温度偏差如表 9-36 所示。保温时间应能保证工件温度均匀和组织均匀。对于高碳高合金钢及形状复杂或截面尺寸大的工件一般应进行预热或分段加热。

表 9-36 预备热处理加热温度和允许温度偏差

序号	工艺名称	加热温度/°C	允许温度偏差/°C	选择加热炉类别(优于)
1	正火	Ac_3(或 Ac_m)$+(30 \sim 50)$		
2	等温正火	Ac_3(或 Ac_m)$+(30 \sim 50)$		
3	二段正火	Ac_3(或 Ac_m)$+(30 \sim 50)$		
4	完全退火	$Ac_3 +(30 \sim 50)$		
5	不完全退火	$Ac_1 +(30 \sim 50)$	±25	VI
6	等温退火	$Ac_3 +(30 \sim 50)$(亚共析钢) $Ac_1 +(20 \sim 40)$(共析、过共析钢)		
7	球化退火	$Ac_1 +(10 \sim 20)$	±15	IV
8	去应力退火	$Ac_1 -(100 \sim 200)$	±25	VI
9	预防白点退火	$620 \sim 680$	±30	VI
10	均匀化退火	$Ac_3 +(50 \sim 150)$	±35	VI
11	再结晶退火	$Ac_1 -(50 \sim 100)$ $T_z +(100 \sim 250)$(再结晶温度)	±30	VI
12	光亮退火	保护空气或真空条件下进行	±25	VI
13	稳定化退火	$400 \sim 700$	±30	VI
14	调质	淬火:亚共析钢 $Ac_3 +(30 \sim 50)$ 共析、过亚析钢 $Ac_1 +(30 \sim 50)$ 回火:$650 \sim 710$	±10	III

正火冷却一般在自然流通(静止)空气中进行,某些过共析钢工件和铸件、渗碳钢及大件正火可采用吹风冷却或喷雾冷却,对于一些小工件,若冷却较快而硬度过高时,可采用埋灰冷却或装箱冷却。二段正火即先把工件在空气中快冷至相变点 Ar_1 以下(约550°C),然后再放入炉中或灰中缓冷。等温正火则是先用热风快冷550°C 左右,然后再在等温炉中进行等温转变,最后再空冷到室温。各

种正火工艺的冷却方式如图 9-23 所示。

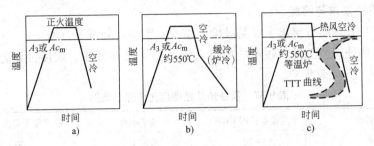

图 9-23　各种正火工艺的冷却方式

a) 普通正火　b) 二段正火　c) 等温正火

退火冷却一般是随炉冷却，冷至 550°C 以下出炉空冷，对于要求内应力小的工件应在 350°C 以下出炉空冷。等温退火是将奥氏体化工件放在连续冷却转变曲线鼻子附近温度（约 550°C）的炉中保温，待转变终了后出炉空冷。球化退火可采用一次球化退火、一次等温球化退火、循环球化退火和低温球化退火等方法，其工艺过程如图 9-24 所示。

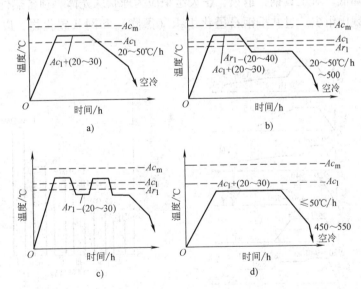

图 9-24　球化退火工艺方法

a) 一次球化退火　b) 一次等温球化退火　c) 循环球化退火　d) 低温球化退火

3. 设备选择

用于正火和退火的加热炉根据允许温度偏差选择，如表 9-36 所示。一般选择炉温均匀性为 ±25°C 的 Ⅵ 类炉子，但球化退火要选用炉温均匀性为 ±15°C 的

Ⅳ类以上炉子，而调质处理一般要使用炉温均匀性为 ±10°C 的Ⅲ类以上炉子。

4. 质量要求与检验

预备热处理质量要求主要是硬度、组织、变形及外观等方面。

预备热处理后工件的硬度应较低，满足技术条件要求，硬度波动范围在 50 ~ 70HBW，详见表 9-37。

表 9-37 预备热处理硬度允许波动范围

工艺名称	硬度偏差范围 HBW	工艺名称	硬度偏差范围 HBW
正火	50 ~ 70	等温退火	60
完全退火	70	球化退火	50
不完全退火	70		

结构钢正火、退火组织应为珠光体转变产物，晶粒度 4 ~ 8 级。对于一般车削加工，最好组织是球状珠光体，而对自动车削最好组织则是片状珠光体。对于拉削、钻孔、镗孔最有利的组织是片状珠光体。如图 9-25 所示，组织中出现非珠光体转变物，如贝氏体（工艺Ⅳ）或者有较多粗大铁素体析出（工艺Ⅵ），机加工性能降低。对工具钢，退火、正火组织应为球状珠光体。预备热处理应避免亚共析钢魏氏组织、过共析钢石墨化组织（黑脆）和网状碳化物，以及晶粒粗大等缺陷。

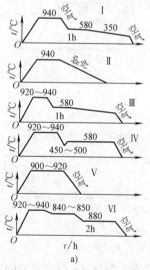

a)

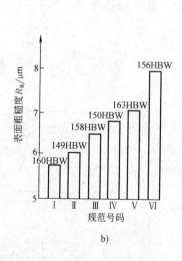

b)

图 9-25 预备热处理工艺对 40 钢粗糙度的影响

a）预备热处理工艺 b）预备热处理对表面粗糙度的影响

Ⅰ—等温正火 Ⅱ—退火 Ⅲ—等温退火 Ⅳ—450°C 预冷后等温退火

Ⅴ—正火 Ⅵ—680°C 长时间等温退火

　　预备热处理还应注意防止工件变形过大，工件变形应不影响以后的机械加工和使用。一般来说，预备热处理后只进行磨削加工或不再加工的工件，变形量应控制在 0.2 ~ 0.5mm 范围内，而随后进行其他机加工的工件变形量控制在 3 ~ 5mm 范围内。

9.4.3　淬火回火质量控制

　　最终热处理包括淬火回火、表面热处理和化学热处理等。其中淬火回火是使零件整体获得使用性能的最主要热处理工艺方法，属于整体热处理范畴。淬火是将零件加热到相变点以上奥氏体化，然后快速冷却使其转变为马氏体等过饱和固溶体；再经过 Ac_1 以下某一适当温度的回火，使零件获得各种需要的使用性能。通过对工艺、设备、操作及检验等环节的控制，来保证淬火回火的加热质量和冷却质量，实现对淬火回火质量控制。

1. 工艺控制

　　(1) 零件加工工艺路线及淬火回火工艺设计　由金属材料或毛坯加工成各种零件，其加工工艺路线很复杂，概括起来如图 9-26 所示。零件工艺路线可以分为以下三类：

　　1) 性能要求不高的一般零件。工艺路线为：材料或毛坯——正火或退火——机械加工——零件，即图 9-26 中的工艺路线 1。正火或退火既是预备热处理又是最终热处理，为机械加工改善了加工性能，同时又赋予零件必要的使用性能。

　　2) 性能要求较高的一般零件。工艺路线为：材料或毛坯——预备热处理（正火或退火等）——粗加工——最终热处理（淬火回火等）——精加工——零件，即图 9-26 中的工艺路线 2。对于硬度要求不高的零件，机械加工又无困难的情况下，可以把粗加工和最终热处理调换位置，即在预备热处理和最终热处理后，再进行粗加工和精加工。这样可以减少零件在热处理车间与机加工车间之间多次往返运输。

　　3) 性能要求较高的精密零件。这类零件除要求使用性能外，还要求很高的尺寸和形状精度，以及相当低的表面粗糙度。其工艺路线为：材料或毛坯——预备热处理——粗加工——热处理——半精加工——热处理——精加工——稳定化热处理——零件，即图 9-26 中的 3 或 4 工艺路线。这类零件为了保证高的精度要求，在半精加工之后要进行一次或多次精加工和稳定化处理。

　　零件加工工艺路线是根据设计图样和技术要求、生产纲领和批量、现有生产条件等来确定的。一般由工艺部门拟定，冶金部门会签。首先要满足设计要求，其次要特别注意冷热工艺的协调，还要进行必要的经济分析，选择一条技术先进、质量可靠、成本低的合理工艺路线。

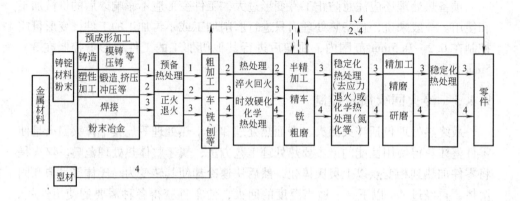

图 9-26 金属零件的加工工艺路线

在工艺流程中安排热处理位置应注意以下几点：

1）热处理工序与机加工工序安排要合理。例如，机加工零件的调质处理，一般应放在机加工之前；硬度要求高的零件，最终热处理放在粗加工和精加工之间。

2）采用先进技术，简化热处理工艺。在保证零件所要求的组织和性能的条件下，尽量使不同工序或工艺互相结合，如锻后余热淬火、贝氏体钢钣金件淬火空冷校形等。

3）尽量缩短生产周期。如为了减少热处理变形校正工作量，对零件的薄弱部分，在淬火之前加强其结构强度，或者摸索淬火变形规律，在机加工时预留变形余量。对于形状不规则的易变形零件，可在淬火之前留加强肋，淬火之后再切开等。

4）有时为了提高产品质量，延长零件使用寿命，需要增加热处理工序。如工模具球化退火前的正火、淬火后的多次回火等。

5）对于形状复杂易畸变的零件，为了满足较高加工精度要求，可进行反复多次的热处理-机加工循环。

热处理工艺编制程序见图 9-27。热处理工艺制定依据包括设计图样和技术条件、技术标准和管理文件、相关工艺要求及生产条件等，并且要不断采用先进工艺技术，降低成本，提高效益和质量。制定的热处理工艺包括工艺方法和参数、设备、工装、辅助工序、检验方法等。

（2）工艺方法及工艺参数选择　淬火方法很多，主要有单液淬火、双液淬火、分级淬火、等温淬火、复合淬火、预冷淬火，以及局部淬火、喷射淬火、喷雾淬火、压力淬火、流态床淬火等，常用淬火方法及适用范围见表 9-38。

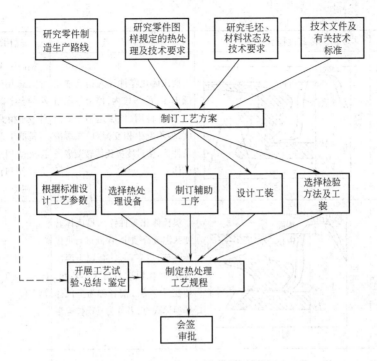

图 9-27　热处理工艺制定流程图

表 9-38　常用淬火方法及适用范围

淬火方法	冷却过程示意图	特　点	适用范围
单液淬火		淬火冷却是在单一淬火介质（油、水、空气等）中完成的	无尖锐棱角、截面无突变的简单形状零件
双液淬火		奥氏体化零件先在冷却能力强的淬火介质中急冷到 M_s 点以上温度，使其不发生转变；然后转入冷却能力弱的淬火介质中，使过冷奥氏体在缓慢冷却条件下转变成马氏体。通常有水-油、水-空气、油-空气等淬火冷却方法	中、高碳钢零件和合金钢大型零件

（续）

淬火方法	冷却过程示意图	特　点	适用范围
分级淬火		奥氏体化零件淬入稍高或稍低于 Ms 的浴槽内,停留一段时间,使零件内、外层达到介质温度,但不发生相变,然后在缓冷条件下,使过冷奥氏体转变成马氏体	稍高于 Ms 的分级淬火适用于尺寸较小的合金钢、碳钢零件及工模具 　稍低于 Ms 的分级淬火适用于尺寸较大零件和淬透性较差的钢种
等温淬火		奥氏体化零件淬入贝氏体转变区温度介质中,保温进行贝氏体转变;或者淬入 Ms 以下温度介质中,保温进行马氏体相变后空冷。前者称为贝氏体等温淬火,后者称为马氏体等温淬火	适用于合金钢、$w(C) > 0.6\%$ 的碳钢零件
复合淬火		奥氏体化零件先在 Ms 以下温度冷却,形成一定量马氏体,然后再在下贝氏区温度等温淬火	工模具钢、结构钢,特别适用于奥氏体稳定化的钢种
预冷淬火		奥氏体化零件先在空气或热水或热浴中预冷,然后再淬火	厚薄差异较大的零件

　　回火方法主要有低温回火、中温回火、高温回火、多次回火、等温回火、自行回火及局部回火,详见表9-39。

　　根据零件淬火回火的目的,参照表9-38、表9-39选择淬火回火方法。

表 9-39　回火方法及适用范围

回火方法	特　　点	适用范围
低温回火	150~250°C 回火,获得回火马氏体组织。目的是在保持高硬度条件下,提高塑性和韧度	超高强度钢、工模具钢,量具、刃具、轴承及渗碳件
中温回火	350~500°C 回火,获得托氏体组织。目的是获得高弹性和足够的硬度,保持一定韧度	弹簧、热锻模具
高温回火	500~650°C 回火,获得索氏体组织。目的是达到较高强度与韧度良好配合	结构钢零件、渗氮件预备热处理
多次回火	淬火后进行二次以上回火,进一步促使残留奥氏体转变,消除内应力,使尺寸稳定	超高强度钢、工模具钢、高速钢
等温回火	高速钢工具淬火并在 550~570°C 第一次回火后,转移到 Ms 点附近(250°C)热浴中等温,然后空冷	高速钢工具
自行回火	利用工件淬火余热使其回升到回火温度,达到回火目的	硬度要求不高的手工工具

淬火加热温度,对亚共析钢一般为 $Ac_3 + 30~50°C$,对共析钢和过共析钢一般为 $Ac_1 + 30~50°C$。回火温度选择根据使用性能要求参照材料的力学性能与回火温度关系曲线来选择。加热温度允许有一定限度的偏差,其允许偏差根据零件类别来控制,如表 9-40 所示。淬火加热和回火加热时,都应在规定的加热温度范围内保持适当时间,保证必要的组织转变和成分扩散均匀。

表 9-40　淬火回火加热温度允许偏差值

序号	零件类别	淬　火		回　火	
		允许温度偏差/°C	加热炉类别	允许温度偏差/°C	加热炉类别
1	特殊重要件	±10	Ⅲ类以上	±10(±5)	Ⅲ类(Ⅱ类)以上
2	重要件	±15	Ⅳ类以上	±15	Ⅳ类以上
3	一般件	±25	Ⅵ类以上	±20	Ⅴ类以上

淬火加热对热处理质量影响极大。加热温度低或保温时间不足,使亚共析钢的淬火组织中出现铁素体,淬火硬度不足,对于过共析钢,使其淬火组织中含有较多未溶碳化物。如果加热温度过高,保温时间过长,将产生过热和过烧现象。过热使奥氏体晶粒粗化,不仅降低钢的力学性能,对工艺性能有不利影响,容易产生淬火开裂,磨削加工时不易获得光洁表面,有时还会产生魏氏组织,大大降低钢的塑性和韧性。过热会增加淬火钢中残留奥氏体,导致硬度降低,零件尺寸稳定性降低,损害高速钢的热硬性。过烧不仅使奥氏体晶粒剧烈粗化,而且还会

发生晶界氧化，甚至晶界局部熔化，使工件报废。

淬火加热环境条件对零件表面质量有较大影响，应采取措施防止工件表面氧化脱碳、增碳和增氮，表面成分变化和腐蚀，以及氢脆等。淬火加热环境条件控制见表9-41。

表 9-41　淬火加热环境条件控制

目　　的	控　制　措　施
防止氧化脱碳、增碳、增氮等	对于无加工余量或要求脱碳层≤0.075mm 工件,应采用真空炉、保护气氛炉、盐浴炉或保护涂料等保护加热
防止表面腐蚀	铸件或焊接件不应在盐浴炉中加热,以防止焊缝或铸件缺陷处残盐清洗不干净,造成腐蚀
防止表面污染	镀铜件或铜合金件加热所用盐浴不能用于加热钢制件,以防止铜离子对钢件污染。不推荐用盐浴炉加热镀铜件或铜合金 热处理前,工件应清洗干净表面,去掉油污等残迹
防止氢脆	高强度钢、钛合金零件一般不应在氢含量多的炉中加热,以防止氢脆

为防止复杂形状和高合金钢零件的加热变形和开裂，应适当控制加热速度或预热，一般可用相变点以下温度预热，也可采用500°C 和相变点以下温度进行两次预热，如有必要还可以采取多次预热或阶段升温。钢在500°C 时将从弹性体变成塑性体，一旦产生塑性变形，就不能再回复到原有状态，于是加热变形保留下来，应力消失或大部分松弛了。钢在加热时会膨胀，而到达相变点时又会收缩，尺寸变化很大，产生内应力也大。在相变点附近预热，使零件整体温度均匀，应变缓和，应力松弛，在随后的相变时，应力减少，防止了变形过大和开裂现象。这就是采用500°C 和相变温度以下预热或阶段升温的原因。

回火温度选择应尽量避开回火脆性区，回火时应在回火温度下保持足够时间，充分回火，有时需采用多次回火，以获得稳定组织和性能。

冷却是淬火的关键环节。冷却的目标是使工件在冷却后得到要求的组织性能、合适的内应力和良好表面质量，可通过冷却介质及冷却方式选择、冷却介质环境条件控制等控制冷却质量。

对淬火介质的一般要求如下：

1）在过冷奥氏体不稳定的温度范围内具有足够的冷却速度，避免发生非马氏体和贝氏体转变；而在马氏体相变点 Ms 以下有较低的冷却速度，以减少淬火内应力和变形，避免开裂。

2）成分和性能稳定，使用时不变质，适于长期使用。

3）不易燃、不易爆、无毒，保证使用安全。

4）对零件不能产生有害影响，应便于清洗等。

常用淬火冷却介质有水、无机或有机化合物水溶液、油、熔融金属、熔融盐或碱，以及空气等各种气体。各种淬火冷却介质的使用温度及适用范围如表 9-13 所示，其淬火烈度 H 如表 9-42 和表 9-14 所示。这些资料可用来指导对淬火介质的选择。

此外，淬火介质在使用中，由于介质本身性质状态变化或混入杂质将严重影响其冷却能力，所以淬火介质应定期分析检查，必要时要全部更换或补充部分新淬火介质。

表 9-42　几种淬火介质的淬火烈度 H

淬火介质		淬火烈度 H	
		在 650~550°C 区间	在 300~200°C 区间
水	0°C	1.06	1.02
	18°C	1.00	1.00
	26°C	0.84	1.00
	50°C	0.17	1.00
	74°C	0.05	0.74
	100°C	0.044	0.71
18°C、$w(NaOH)=10\%$ 水溶液		2.00	1.10
18°C、$w(NaCl)=10\%$ 水溶液		1.83	1.10
18°C、$w(Na_2CO_3)=10\%$ 水溶液		1.33	1.00
50°C 菜籽油		0.33	0.13
50°C 矿物油		0.25	0.11
50°C 变压器油		0.20	0.09
空气(静止)		0.028	0.007
真空		0.011	0.004

2. 设备选择与槽液控制

用于淬火回火的加热炉应根据允许温度偏差选择，如表 9-40 所示。特殊重要件允许温度偏差 ±10°C，应选用Ⅲ类以上加热炉，对于超高强度钢件回火要求温度偏差 ≤ ±5°C；重要件允许温度偏差 ±15°C，应选用Ⅲ类以上加热炉；一般件淬火温度允许 ±25°C，应选用Ⅵ类以上加热炉，回火温度允许温度偏差 ±20°C，应选用Ⅴ类以上加热炉；铝、镁合金件热处理要求温度偏差 ≤ ±5°C，必须选用Ⅱ类以上加热炉。

热处理加热浴槽和冷却槽的介质对热处理零件表面和内在质量均有影响，所以对热处理生产用槽液应进行控制。热处理质量控制标准规定的对槽液的技术要求和检验周期如表 9-43 所示。

表 9-43　槽液技术要求和检验周期

名　　称	技 术 要 求（质量分数）	检验周期[①] ≤
高温盐浴	硫酸根≤0.1%，pH 值 6.5～8.5	2 个月
中温盐浴	硫酸根≤0.1%，pH 值 6.5～8.5 碳酸根≤0.05%	2 个月
硝盐浴	硫酸根≤0.2%，氯离子≤0.5%[②] 总碱度≤0.05%	2 个月
等温碱液	碳酸根≤4%[③]	2 个月
普通淬火油	运动粘度：40°C，$(15.3～35.2)\times10^{-5}\,m^2/s$ 闪点（开口）不低于 160°C，腐蚀（T—3 铜片）合格 水痕迹	2 个月

① 检验周期可采用累计工作时间计算，最长不超过半年，连续 2 个周期合格者可以延长 1 个周期。

② 仅铝合金加热盐浴要求限制氯离子含量。

③ 等温碱液的碳酸根指标仅作参考，不作判定依据。

3. 生产操作控制

热处理生产操作是零件获得所需性能和质量的实践过程。生产操作首先必须严格按热处理工艺规程进行，还要遵守热处理生产操作规程和安全规程，做好各项记录，建立完善的热处理质量档案，淬火回火操作中要注意以下几点：

1）工件装炉前要认真清除油、水及各种污物，以防止加热时对零件表面产生有害影响，保持良好加热气氛。

2）工件一般应装夹在专用夹具上再装炉，一方面可以采取措施防止加热时产生过大变形，同时便于将工件准确地放置在加热炉的有效加热区内，另一方面也便于出炉迅速转入到冷却介质中冷却，这对提高热处理质量有重要作用。

3）工件装炉时要注意保持一定间隙，以保证炉内介质在工件之间流通，使加热更均匀。对于涂保护涂料的工件，相互间应保持 10mm 以上距离，以便使保护涂料挥发物充分烧除。

4）淬火转移时间应尽量缩短，一般要求钢制件≤25s，铝合金件≤7～25s，钛合金件≤6～12s。

5）操作者要认真填写工艺路线卡、生产记录卡，温度记录纸也应填写日期和工件批号，以便对热处理质量进行信息跟踪。

4. 质量要求与检验

对淬火回火的质量要求主要是外观、硬度、金相组织和变形等。淬火回火后工件表面不应有裂纹、伤痕、腐蚀及附着物等。淬火裂纹是不可补救缺陷，必须报废。对于高合金钢件、形状复杂或厚薄悬殊的工件、淬火返修件，以及淬火加热温度高、加热速度快、冷却激烈等情况，更要认真仔细检查，有时还要增加磁粉或超声等无损检查。

淬火回火件热处理最主要的质量要求是硬度，硬度必须达到图样或技术条件要求值。另外，为考核质量波动情况，还规定允许硬度偏差范围，如表 9-44 所示。对于特殊重要件，有时还要增加随炉试样的力学性能检查，用截面硬度法检查表面脱碳、增碳或增氮情况。

表 9-44　淬火回火件硬度偏差范围

零件类别	表面硬度偏差范围 HRC		
	< 35	35 ~ 50	> 50
特殊重要件	5	5	5
重要件	7	7	7
一般件	9	9	9

淬火回火件的金相检查包括晶粒度、基体组织和碳化物、表面腐蚀与元素贫化等。淬火回火件晶粒度应为 5 ~ 8 级。中碳钢与中碳合金钢淬火回火组织一般为索氏体或回火马氏体，其力学性能在很大程度取决于淬火马氏体的粗细，因此规定检查淬火后或 200°C 以下回火状态马氏体组织。马氏体组织分为 8 级，如表 9-45 所示，取样与评级可参照 JB/T 9211—1999《中碳钢和中碳合金结构钢马氏体等级》。

表 9-45　中碳钢与中碳合金马氏体等级划分及适用范围

马氏体等级	显微组织特征	适 用 范 围
1	隐针马氏体,细针马氏体,铁素体≤5%(体积分数)	适于硬度、强度、耐磨性要求不高,而易淬裂和变形的复杂薄壁件
2	细针马氏体,板条马氏体	机械零件常用的等级
3	细针马氏体,板条马氏体	
4	板条马氏体,细针马氏体	
5	板条马氏体,针状马氏体	适于冲击韧度较高、硬化层较深的零件
6	板条马氏体,针状马氏体	
7	板条马氏体,粗针马氏体	不宜采用
8	板条马氏体,粗针马氏体	

淬火回火件的变形要求，应以不影响其后序加工、最终成品尺寸及使用为准。为满足上述变形要求，在淬火回火后均可进行冷热校形，校形后应达到要求

为：后序工序只进行研磨或部分磨削的半成品件，允许弯曲的最大值为 0.5mm/m；后序工序还进行切削加工的毛坯件，允许弯曲的最大值为 5mm/m。

9.4.4 表面热处理与化学热处理的质量控制

表面热处理与化学热处理均为对零件表面进行的热处理。表面热处理只改变表面组织和性能；而化学热处理通过改变表面成分，来调整表面的组织和性能。由于零件工作条件大部分对表面性能有较高要求，如抗疲劳性、耐磨性、耐蚀性等，所以采用表面热处理和化学热处理技术，可以充分发挥材料潜力，改善使用性能，延长寿命，提高安全性。

表面热处理主要包括感应淬火、火焰淬火等；化学热处理主要包括渗碳、渗氮、渗硼、渗硫、渗金属等。

表面热处理与化学热处理质量控制主要有工艺方法选择，工艺参数优化，设备、工装及渗剂选择，生产操作控制，渗后热处理控制等。

1. 工艺方法选择

表面热处理和化学热处理工艺方法很多，它们各有特点，都能赋予零件表面这样或那样的优异性能。但是，任何一种工艺方法又都具有局限性，对零件表面性能的改善也有一定限度，因此，必须根据使用性能要求和各种热处理工艺特点，综合分析比较，选择合适的工艺方法。

常用表面热处理和化学热处理方法特点如表 9-46 所示。感应淬火和火焰淬火等表面淬火主要用于提高零件疲劳抗力和耐磨性，例如，机床传动齿轮、机床主轴、内燃机曲轴、凸轮轴等零件，常采用中碳钢或中碳合金钢制造，正火或调质后采用表面淬火加低温回火；而冷轧辊类零件则多采用高碳钢表面淬火。渗碳主要目的是提高耐磨性，在保持良好韧性的同时提高抗疲劳性能，又由于其渗速快，承载能力强，广泛用于各种机械制造业，如汽车与拖拉机各种齿轮等。渗碳多采用低碳钢或低碳合金钢，渗碳后淬火加低温回火。渗氮可更大程度提高零件表面硬度，提高零件耐磨性、抗咬合性、抗腐蚀性及抗疲劳性能。渗氮零件多采用中碳合金钢或不锈钢制造，零件渗氮前需调质处理，渗氮后不必淬火，热处理变形较小，但硬化层较浅，承载能力较低，主要用于曲轴、花键、阀门、柱塞及石油化工机械等。渗硫层具有良好减磨性能，可用于齿轮、轴承套及工模具，能显著延长工件的使用寿命。渗硼层硬度极高，可达 1300～2000HV，具有良好抗磨粒磨损性能和良好抗咬合性能，用于冷作模具等高耐磨的零件。渗铝主要用于提高零件的抗高温氧化性能，渗铬可大幅度提高零件抗蚀性和耐磨性。实际应用中，可以根据零件服役条件需要选择一种合适的表面热处理或化学热处理方法，也可以选择两种以上方法，进行复合表面热处理，如渗碳＋渗硼，碳氮共渗＋低温渗硫、渗碳＋高频感应淬火等。

表 9-46　常用表面热处理方法的特点

处 理 方 法	感应淬火	火焰淬火	渗碳	碳氮共渗	渗氮	渗硼	渗硫	渗金属
表面性质	硬、耐磨	硬、耐磨	硬、耐磨	硬、耐磨	硬、耐磨	硬、耐磨	润滑	硬、耐蚀等
处理层深	深	深	中等	中等	浅	浅	极浅	浅
接触负载能力	好	好	极好	中等	中等	中等	—	低
弯曲疲劳强度	好	好	好	好	好	—	—	—
抗咬合性	中等	中等	好	好	极好	—	极好	—
尺寸控制可能性	中等	中等	好	好	极好	好	极好	中等
防淬裂能力	中等	中等	极好	极好	好	中等	—	—
用钢价格	低	低	低至中等	低	中至高	低至高	低至中	低至高
所需投资费用	较高	低	中至高	中等	中等	中等	低至中	低至高

2. 表面淬火质量控制

（1）原材料成分和组织控制　表面淬火加热是快速加热，相变不充分，组织和成分不够均匀，为了获得稳定的热处理质量，要严格控制表面淬火用钢的成分和处理前的组织状态。表面淬火用钢常选用碳含量范围较窄的精选钢，预备热处理最好选用调质处理，获得均匀的索氏体，晶粒度细小均匀，通常应大于 6 级。淬火前，工件表面不应有脱碳、微裂纹等，以避免形成软点、硬度不足及开裂等。

（2）工艺参数选择

1）快速加热使钢的相变点 Ac_1、Ac_3、Ac_m 提高，所以表面淬火的加热温度比普通淬火要高 100℃ 左右，一般采用 $Ac_3 + 120 \sim 180℃$。

2）表面淬火有两种不同加热方法，即同时加热和连续加热。在大批量生产时，为了提高生产效率，在设备条件允许条件下，尽可能采用同时加热法；在单件或小批量生产时，对于轴类和平板状工件，则应采用连续加热法，以便减少夹具和感应器等工装，降低成本。

3）由于表面淬火加热均匀性差，为了提高加热均匀性和组织均匀性，加热器具（感应圈或烧嘴）与工件之间应多次往返运动。

4）表面淬火冷却有两种方式，喷射冷却和浸液冷却。形状简单、变形量要求不高的工件通常采用喷射冷却，形状复杂、变形量要求严格的工件则采用浸油冷却。

5）由于表面淬火时，快速加热使晶粒来不及长大，成分不很均匀，组织稳定性差，所以表面淬火应采用冷速较快的淬火介质。碳钢表面淬火可采用水和有机淬火介质水溶液，合金钢表面淬火可采用有机淬火介质水溶液或油。

6）表面淬火后，工件通常应进行低温回火。在表面硬度基本不变的条件下，为了减少残余应力，提高韧性，可采用炉中回火或自热回火。

7）感应表面淬火便于控制和实现自动化，质量较高，适于大批量生产。火焰表面淬火简便易行，可处理工件的形状、尺寸、重量范围大，但生产中控制困难，少量和成批生产均可采用，特别适用于大型复杂异形工件。

（3）设备与工装选择

1）感应淬火和火焰淬火分别配置专门的感应加热电源、燃烧气体与氧气供气装置，都必须满足技术条件和技安要求。

2）根据工件形状、大小设置一次式淬火机床或移动式淬火机床，并应符合表 9-47 所示精度。

表 9-47 表面淬火机床精度要求

项 目	精度要求/mm
主轴锥孔径向跳动	0.3
回转工作台台面跳动	0.3
顶尖连线对滑动板移动的平行度	0.3（夹持长度≤2000mm）
工件进给速度变化量	±5%

3）工件表面温度测量采用光电高温计或红外辐射温度计，连续跟踪测量控制或调整设备工作参数。

4）感应淬火必须合理设计感应器；火焰淬火必须合理设计烧嘴，适当调整烧嘴与工件距离、燃烧气与氧气的压力和比例。

（4）生产操作控制

1）表面淬火操作应严格按工艺规程和操作规程进行。特别注意，感应器或烧嘴与工件间隙要合理并且均匀，冷却开始时机和转移速度要合适。

2）由于工件棱角处对表面加热的尖角效应更突出，为防止局部过热，对棱角处除要求必须倒角之外，表面淬火时还可采取附加圆角、盖板、护罩和留余料等措施。

3）表面淬火时，工件处理前的表面质量影响颇大，淬火前要严格进行清理，去除氧化脱碳层，去掉表面油、水等污物。

4）表面淬火后工件内应力较大，为防止开裂，应迅速进行回火或自回火，以防产生放置裂纹。

（5）质量要求与检验

1）表面淬火后，工件外观不能有过烧、熔化、裂纹等缺陷。

2）表面硬度必须达到图样或技术条件要求。表面硬度允许偏差范围如表 9-48 所示。

表 9-48　表面淬火表面硬度允许偏差范围

零件类别	表面硬度偏差范围 HRC	
	≤50	>50
重要件	6	5
一般件	7	6

3）有效硬化层必须达到图样或技术条件要求，有效硬化层允许偏差范围如表 9-49 所示。

表 9-49　表面淬火有效硬化层允许偏差范围　　（单位：mm）

有效硬化层深度	深度的偏差范围	有效硬化层深度	深度的偏差范围
≤1.5	0.4	>3.5~5.0	1.0
>1.5~2.5	0.6	>5.0	1.5
>2.5~3.5	0.8		

4）金相组织不应有过热组织，变形应满足图样和技术条件要求，或者以不影响工件的后加工和使用为准。

3. 渗碳质量控制

（1）渗碳方法选择　渗碳方法很多，通常按渗剂分类，分为气体渗碳、固体渗碳、液体渗碳，此外，还有真空渗碳、离子渗碳、流态床渗碳、高频感应加热渗碳等。一般广义的渗碳还包括碳氮共渗。各种常用渗碳方法的特点如表 9-50 所示。目前生产上广泛采用的是气体渗碳和碳氮共渗，固体渗碳适用于少量生产，真空渗碳是渗碳工艺的发展方向。

表 9-50　各种常用渗碳方法的特点

渗碳方法	渗碳层深度/mm	优　点	缺　点
固体渗碳	0.25~3.0	可以处理大件;适于少量生产;设备费用低	渗碳层厚度偏差大;容易产生过渗碳;劳动条件较差
液体渗碳	0.05~1.0	有利于小件处理;可以获得薄的硬化层;设备费用低	需要配置废水处理设备;防止渗碳困难
气体渗碳	0.25~3.0	碳含量可以调节控制;容易实现自动化;适于大量生产	设备费用高;产量少时处理费用较高
气体碳氮共渗	0.2~0.8（或<0.2）	共渗温度低,变形小,可直接淬火;淬透性好,可淬油;表层碳含量低,接触疲劳性能好;适于大批量生产	容易出现黑色组织和残留奥氏体过多等缺陷,降低使用性能

（2）工艺参数选择　渗碳工件的质量，首先是渗层的表面碳含量、渗层深度和碳的浓度梯度三方面达到技术要求，渗层深度主要取决于渗碳温度和时间，

表面碳含量和碳的浓度梯度与炉气的碳势高低及其控制精度有关；其次，渗碳后还需进行渗后热处理，达到使用性能。

1）渗碳温度一般为 880 ~ 930°C，温度波动在 ±15°C 以内。渗层深度浅的工件可选温度下限，渗层深度深的工件可选温度上限。真空渗碳温度较高，在1050°C 左右。

2）渗碳保温时间一般根据随炉试样检测结果来确定，也可以按如下估算：渗层深度小于 0.5mm 时，渗碳速度按 0.15 ~ 0.25mm/h 估算；渗层深度 0.5 ~ 1.5mm 时，按 0.10 ~ 0.20mm/h 估算；渗层深度大于 1.5mm 时，按 0.05 ~ 0.12mm/h 估算。近年来发展的渗碳仿真控制，可以较准确地控制渗层深度、碳的浓度梯度及渗碳时间。

3）碳势控制可以采用露点法、红外线法、氧探头法及电阻法等，它们都适宜于炉气平衡条件下。一般渗碳都可能偏离平衡状态，为了提高碳势控制精度，大都采用氧探头-红外仪-温度三参数控制，控制精度可达到 $w(C) = \pm (0.025\%$ $\sim 0.05\%)$。

4）渗碳工件表面碳的质量分数一般以 0.75% ~ 0.90% 为宜。表面碳含量过高，表层碳化物多且大，还会出现角状、爪状、网状碳化物，使用性能降低；表面碳含量过低，表层碳化物较少，也影响使用性能。

5）渗碳后一般采取空冷或保护箱内冷却。当工件尺寸精度或表面状态要求高时，应在保护气氛下冷却。渗碳后还要再进行淬火 1 ~ 2 次和低温回火，对要求不高的工件，也可从渗碳温度预冷至淬火温度直接淬火。无论哪种渗后热处理，都必须采取措施防止渗碳后工件氧化脱碳，避免产生内氧化、反常组织及表面硬度不足等缺陷。

（3）设备与渗剂选择

渗碳和碳氮共渗温度偏差允许 ±15°C，应选用Ⅳ类以上炉子，并具有炉气碳势控制功能。

渗碳剂在渗碳过程中产生活性碳原子，并渗入工件表面，所以要求渗碳剂纯度要高，成分波动小。主要渗碳剂技术标准如表 9-27 所示。气体渗碳剂主要有天然气和液化石油气等，要求其丙烷或丁烷的纯度在 90%（质量分数）以上，所以应采用高纯度渗剂气源。

（4）生产操作控制

1）工件在渗碳前要认真清理，去掉表面的油、水等污物以及锈斑，渗碳炉要定期清除炭黑，以防止引起渗层不均匀现象。

2）装炉时工件摆放要留有一定间隙，使炉气能均匀在工件间流动，保持炉温和炉气均匀，以防止渗碳不均匀引起硬度和渗层不均匀现象。

3）装炉后应尽快排除炉内气体，降温和淬火加热时也要通入保护气氛，防止渗碳工件表面氧化脱碳，避免出现表面硬度不足、表层出现黑色组织等缺陷。

4）保持渗碳炉良好的密封、稳定的炉压，以及合适的渗剂与载气比，使渗碳阶段稳定控制，防止过高碳势和炭黑，也不要出现炉内碳势不足，避免因表面碳含量过高或过低引起表面硬度或组织不合格。

（5）质量要求与检验

1）表面硬度和心部硬度要达到图样或技术条件要求，表面硬度允许偏差如下：对于重要件，允许偏差为 5HRC；对于一般件，允许偏差为 7HRC。

2）有效硬化层深度应达到图样或技术条件要求，其偏差限制如表 9-11 所示。

3）渗碳后工件表面不得有裂纹、碰伤及锈蚀等缺陷。金相组织和变形符合图样或技术要求。

4. 渗氮质量控制

（1）渗氮方法选择　渗氮方法有气体渗氮、液体渗氮、离子渗氮、气体氮碳共渗、液体氮碳共渗。各种渗氮方法的特点如表 9-51 所示。

表 9-51　各种渗氮方法的特点

渗氮方法	优　　点	缺　　点
气体渗氮	500~550°C 渗氮,变形小;渗氮可控;设备简单,操作容易;适于大量生产,特别适于形状复杂、渗层深零件	渗氮时间长,生产效率低
液体渗氮	570~580°C 渗氮;渗速快,效率高;适于薄层渗氮	有公害,废液处理费用高
离子渗氮	520~570°C 渗氮;渗速快,效率高;节约渗剂,节约能源,无公害;适于形状均匀大量生产单一零件	设备投资费用高;温度不均匀,也不好测量
气体氮碳共渗	550~600°C 渗氮;渗速较快;适于较轻载荷零件;用于小批量零件和工模具	心部硬度较低
液体氮碳共渗	530~570°C 共渗;渗速较快;适于较轻载荷零件大批量生产	心部硬度较低

渗氮方法选择首先要满足零件使用性能要求，同时还要考虑提高生产效率，降低成本，过程易控制，质量稳定，以及减少环境污染等方面。对于承受高、中负荷的零件，应采用可控气体渗氮或离子渗氮，其中形状复杂零件宜采用可控气体渗氮，形状简单或对称性好的零件可采用离子渗氮。对于承受低负荷零件，可采用氮碳共渗。生产中尽量不采用液体渗氮工艺，以减少环境污染。目前生产中广泛采用的仍是气体渗氮。

（2）气体渗氮工艺参数选择　气体渗氮工艺和参数主要根据零件的渗氮层深度和表面硬度要求来确定。常用的气体渗氮工艺有三种：等温渗氮、两段渗氮、三段渗氮。典型渗氮工艺及特点见表 9-52。

表 9-52　典型渗氮工艺及特点

名称	工艺曲线	内容及作用	特点及应用
等温渗氮法（一般渗氮法）	等温渗氮法	前期氨分解率控制在低限,使表面迅速形成弥散度大的氮化物,以获得高硬度的表面层 后期氨分解率升高,使表层氮原子向内层扩散增加渗层厚度。为了降低渗层脆性,在渗氮结束前进行2h扩散处理,以降低表层氮含量,这时氨分解率可控制在70%以上 对变形要求比较严格的零件渗氮结束后应炉冷至180~200℃出炉,一般可冷至450℃以下快冷	渗氮温度低,零件变形小,可获得高硬度的表面层,操作简便,但渗氮层浅,生产周期长。表面易产生富氮脆化层,有时还会有疏松层 适用于渗氮层变形要求严,硬度要求高的零件
二段渗氮法	二段渗氮法	I段氨分解率较低,使表面可形成颗粒细小、弥散度高的氮化物,得到较高的表面硬度 II段温度和氨分解率升高,加速氮的扩散,增加渗层深度,缩短生产周期,硬度梯度变得平缓,同时亦可减薄脆性的白亮层	保证表面得到高硬度的前提下缩短生产周期,同时又可得到较深的渗氮层 适用于渗氮层较深,要求表面较硬而结构简单的零件
三段渗氮法	三段渗氮法	I段在渗氮温度低,氨分解率低的情况下,使最外层氮含量达到饱和 II段升高温度,增加氨分解率和氮原子向内部扩散速度 III段继续渗氮使表层氮含量达到最佳含量而不使表面硬度过低	渗氮时间短,渗层深,但工艺过程较复杂,不易控制

等温渗氮温度一般为 500~510℃,保温时间 48~100h,渗层深度可达 0.45~0.60mm,表面硬度在 900HV 以上,渗层脆性较大。两段渗氮为先在 510℃ 渗氮,再升高至 530~540℃ 渗氮,两段的保温时间相等或后段略长,其渗氮时间比等温渗氮缩短 1/3 左右,表面硬度低 30~50HV。三段渗氮为 510℃ 渗氮,再升温至 550~560℃ 渗氮,然后降至 520~530℃ 渗氮,保温时间大约各占 1/3,

渗速更快，表面硬度与两段渗氮相似，表面 ε 化合物层最少，但变形略大。

渗氮温度允许偏差值 ±10°C，渗氮时间一般由随炉试样所测得的渗层深度决定。

另外，渗氮前预备热处理多采用调质处理，一般件允许采用正火处理。

（3）设备选择　气体渗氮工艺允许渗氮温度偏差 ±10°C，应选用Ⅲ类以上加热设备，渗氮炉应有良好密封，并保证炉气流通和循环良好。

气体渗氮的氮势控制可以采用氨分解率测定法和红外线法。

（4）生产操作控制

1）渗氮前应将工件表面清除干净，去除油污、污物、氧化皮及锈斑等有害物质。如果不锈钢待渗件表面有钝化膜，应先经过吹砂等方法除去钝化膜。

2）工件放入炉中后应迅速赶气，并始终保持炉内正压。

3）第一阶段渗氮的氨分解率控制在 18% ~30%，后两期或后段氨分解率保持在 30% ~65%。

4）渗氮后一段保持炉冷，并继续通氨，防止氧化脱碳。

5）氮原子渗入工件表面，使外形尺寸略为膨胀，所以渗氮时应设法减少变形，如预留膨胀余量，高温回火消除机加工应力，选用低的渗氮温度，阶段升温，炉冷等措施。

（5）质量要求与检验

1）渗氮件表面不得有裂纹、剥落、肉眼可见的疏松等。

2）表面硬度和心部硬度达到图样或技术图样的要求。表面硬度 <600HV 时，允许偏差 ≤70HV；表面硬度 ≥600HV 时，允许硬度偏差 ≤100HV。

3）有效硬化层深度应达到图样或技术条件要求；其偏差限制如表 9-12 所示。

4）渗氮层脆性应符合 GB/T 11354—2005 中 1 ~3 级要求。

5）渗层金相组织和疏松检验，应符合 GB/T 11354—2005 中 1 ~3 级要求。

5. 渗硼质量控制

渗硼可以获得很高的表面硬度（1300 ~2000HV）和耐磨性，同时具有良好的耐蚀性、热硬性和抗高温氧化性能，在很多机械零件和工模具方面得到广泛应用。目前生产中采用的渗硼方法主要有固体渗硼（粉末法、粒状法、膏剂法）及熔盐液体渗硼。固体渗硼不需要专用设备，具有工艺简便，渗硼后表面干净、无需清理等优点，因而应用最广。

1）根据零件工作条件选择渗硼组织和工艺。对于要求高硬度，并承受大冲击载荷或强大挤压应力的零件，应获得中等厚度（70 ~120μm）、脆性较小的单相（Fe_2B）渗硼层，因此宜选用活性适中的渗硼剂和相应渗硼工艺。对于承受静压，因磨损失效的零件，应获得较厚双相（$FeB + Fe_2B$）渗硼层，因此宜用活性大的渗硼剂和相应工艺。渗硼剂供硼剂（B_4C）含量高，活性大，钢件合金元素含量高，容易出现 FeB。可参照图 9-28 选择渗硼剂。

2）关于固体渗硼温度，中碳调质钢通常为该钢种淬火或正火温度，高碳工具钢通常为 850°C，Cr12 型钢选用 900～980°C，硬质合金及钢结硬质合金选用950～1000°C。渗硼温度允许偏差 ±10°C，宜选用Ⅲ类以上加热设备。固体渗硼冷却一般为自然冷却，到室温后开箱。调质钢、Cr12 型钢工件，渗硼后出炉立即开箱直接淬火，也可再加热淬火；高速钢或 3Cr2W8V 钢淬火温度不超过1080°C，以防止硼化物层过烧。渗硼淬火后，还应进行低温回火或高温回火，以改善工件韧性。

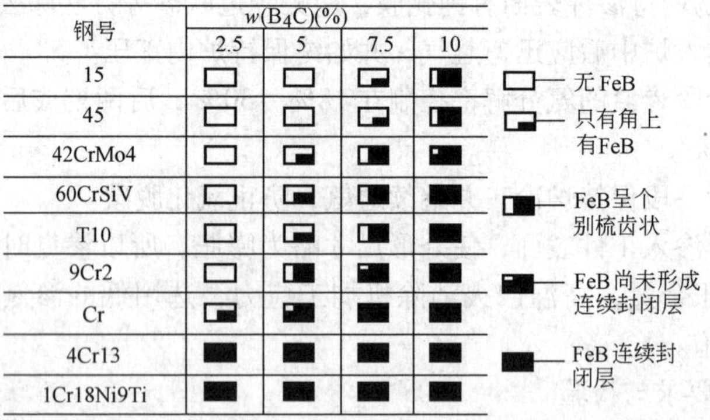

钢号	$w(B_4C)(\%)$				
	2.5	5	7.5	10	
15	□	□	◩	■	□—无 FeB
45	□	□	◨	■	◳—只有角上有 FeB
42CrMo4	□	□	◨	■	
60CrSiV	□	▯	■	■	◲—FeB呈个别梳齿状
T10	▯	■	■	■	
9Cr2	▯	■	■	■	◧—FeB尚未形成连续封闭层
Cr	◪	■	■	■	
4Cr13	■	■	■	■	■—FeB连续封闭层
1Cr18Ni9Ti	■	■	■	■	

图 9-28　渗剂中 B_4C 和钢种对渗层中 FeB 相的影响

注：渗硼工艺为 900°C×5h。

3）固体渗硼剂由供硼剂（高硼铸铁、碳化硼或硼砂、硼酐等）、活化剂、填充剂及粘结剂组成。固体渗硼剂除严格控制化学成分之外，还要求有一定工艺性能，采用装箱渗硼后检查其硼化物厚度、渗剂与工件表面粘附情况来衡量。

4）渗硼层 FeB、Fe_2B 的比体积比钢基体大，渗硼后工件一般为外圆涨大，内孔缩小，变形量为渗硼层厚度的 10%～20%。因此，渗硼工件必须考虑其膨胀量。

5）渗硼件质量要求和检验，主要有外观、显微组织、表面硬度、渗层厚度等方面。渗硼件外观不得有裂纹、剥落、粘结等。渗硼层组织为单相 Fe_2B、双相 $FeB+Fe_2B$ 及基本单相 Fe_2B，应用最广的是单相 Fe_2B。对耐磨件渗硼层应为 Fe_2B 单相型，允许有疏松区，但致密区应厚过疏松区。而耐腐蚀件的渗硼层应致密，单相或双相均可，只允许轻微疏松度。Fe_2B 的显微硬度为 1100～1700HV，FeB 的显微硬度 1500～2200HV。

6. 渗铝质量控制

渗铝可以提高钢铁和高温合金的抗高温氧化能力。主要渗铝方法有粉末法、气体法、料浆法、真空蒸镀扩散法，热浸法等，各种渗铝方法的比较如表 9-53 所示。目前生产应用较多的是粉末法和热浸法。粉末法设备投资少，操作简单，渗层厚度易控制，广泛用于高温合金零件的抗高温氧化防护。热浸法可连续进行批量生产，成本低，主要用于钢铁件，特别是普通碳钢和低合金钢，以提高耐热抗腐蚀性能，可代替耐热钢。以粉末法渗铝为例介绍质量控制内容。

表 9-53 各种渗铝方法的比较

工艺方法	工艺操作及稳定性	厚度控制	渗后清理	劳动条件	环境污染	成本	
						设备投资	生产消耗
粉末法	操作简单,较稳定	好	较复杂	不好	较重	少	多
气体法	不太稳定	不容易	需要	不好	重	较少	较多
料浆法	操作要求严,影响因素多	好	需要	较好	很轻	较少	少
真空蒸镀扩散法	对设备依赖性大	很好	不需要	好	无	较高	较少
热浸法	操作要求严,可连续生产	不好	需要	较好	轻	少	少

粉末法渗铝的工艺流程为：表面清理──→装箱──→渗铝──→扩散处理。渗铝零件表面必须彻底清理干净，以防渗铝层与基体结合不牢，产生分层或剥落。装箱时注意将零件之间及零件与箱壁之间保持适当距离。渗箱要密封，并在保护气氛中加热，防止空气进入，以防产生渗层不连续、渗层氧化，甚至基体合金氧化。粉末渗铝温度主要取决于渗铝剂成分，通常采用 $850 \sim 950°C$，保温 $4 \sim 8h$，可获得 $50 \sim 400 \mu m$ 的渗铝层。对于高温合金渗铝后不再进行补充热处理时，渗铝温度不宜过高，防止合金中 γ' 相长大。渗铝后应采取通氩气或吹风冷却等快冷措施，防止冷却过程中渗铝层氧化。

（1）渗铝剂 渗铝剂由供铝剂、活化剂和填充料组成。供铝剂可采用 Al-Fe 或 Al-Cu-Fe 等合金粉，其铝的质量分数应大于 50%。所有原材料纯度要符合专用技术条件，严格按比例配制，并控制粒度，一般小于 $0.15 \sim 0.22mm$（$70 \sim 100$ 目）。混合好的渗剂应经过焙烧活化后使用。渗铝剂随使用次数增加其活性铝含量降低，因此要及时补充新的渗剂或活化剂，防止渗层深度降低。

（2）渗铝件的扩散处理 渗铝后应对渗铝件表面认真清理，然后再进行扩散处理，以防渗铝剂残留物在扩散处理时产生有害影响。扩散处理应在保护气氛或真空炉中进行，防止渗铝层被氧化。

（3）渗铝件的质量检查 渗铝件质量要求包括外观质量、渗层深度、渗层组织及硬度、渗铝件力学性能等方面。渗铝件质量检查可采用试样或零件检查。试样检查时，其随炉试样必须放在合适位置渗铝，使其能反映渗铝质量情况。

9.5　热处理后质量控制

热处理后的各道工序是在热处理获得的组织和性能基础上实施的，与热处理状态密切相关；另一方面，热处理后的各道工序又会在某种程度上影响工件通过热处理获得的性能，影响产品质量。因此，从热处理角度应对后处理进行质量控制，完善质量服务工作，还应重视技安环保工作。

9.5.1　后处理质量控制

1. 热处理后防锈

热处理后的零件应进行防锈处理，若热处理后不再加工时，按最终产品进行防锈处理；若热处理后仍需加工，应进行工序间防锈处理。

1）防锈处理之前，应对工件表面进行清理，去除表面（特别是孔、槽等处）附着的氧化皮、油迹、残盐和各种污物，并经过干燥处理，为防锈处理打下良好基础。可用质量分数为 0.5% 的二苯胺硫酸溶液或质量分数为 0.6% 的石钱子碱浓硫酸溶液检查硝盐是否清洗干净。

2）工序间防锈处理后一般不进行包装，如有必要或需放在中间仓库存放的成品则应选择简单包装。热处理后防锈处理可采用冷浸防锈油、热浸亚硝酸钠＋碳酸钠水溶液及防锈液等方法。

2. 表面强化

表面强化可使材料表面层发生循环塑性变形，表层组织结构发生变化，产生组织强化，表层内形成残余压应力产生应力强化，从而可以提高材料疲劳性能和应力腐蚀性能。

1）喷丸强化是通过选择弹丸（材料、尺寸、硬度、破碎率等）、喷丸强度和表面覆盖率来控制喷丸强化质量的。

对于无表面粗糙度要求的大型零件，选用大直径、高强度铸钢弹丸，以获得高的喷丸强度；对于表面粗糙度有要求的零件及薄壁零件，宜选用直径小的弹丸，保证表面粗糙度和几何形状变化不超过技术要求；对于不锈钢、高温合金、有色金属零件，应选用玻璃丸或陶瓷丸、不锈钢丸，防止表面污染。另外，不合格弹丸不得超过 15%，防止对表面产生损伤。

钢零件最小厚度与喷丸强度的关系如图 9-29 所示。

喷丸的覆盖率一般不应低于 100%。喷丸的覆盖率主要取决于喷丸时间或次数：喷丸 1 次覆盖率为 50%，喷丸 2、3、4、5、6 次，其覆盖率分别为 75%、87%、94%、97%、98%。覆盖率达 98% 就算 100% 覆盖率，也称全覆盖率，若达到 200% 覆盖率时，喷丸次数必须在 12 次。

喷丸之后还必须清理零件表面并进行防锈处理，喷丸处理的表面更容易锈蚀。

喷丸零件再加热要严格控制，结构钢零件一般不超过 150～245°C，不锈钢零件一般不超过 400°C。

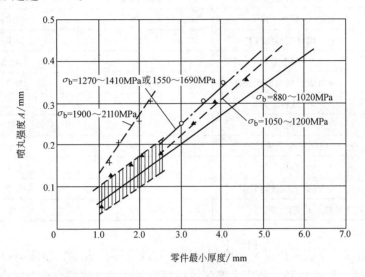

图 9-29　钢零件最小厚度与喷丸强度的关系

2）孔挤压可显著提高孔边缘的疲劳强度和抗应力腐蚀能力，减少应力集中的影响。孔挤压强化工艺参数包括过盈量、塑变量、回弹量、进给量、挤压次数、挤压力、挤压速度等。根据材料、孔直径及设计要求，选择挤压棒（过盈量、进给量）、挤压次数及挤压速度等。孔挤压一般分两步进行，先挤内孔，再挤倒角。

孔挤压强化一般安排在最后一道加工工序。若有特殊情况还需再加热，要严格限制加热温度，钢件不超过 250°C，高温合金件不超过 300°C，以防止影响强化效果。

3. 磨削加工

磨削加工是热处理后主要加工工序，对零件表面粗糙度和使用性能有很大影响。

1）磨削加工对零件表面和表层的影响见表 9-54。磨削时，由于磨削力作用，使表层发生塑性变形，改变了表面残留应力和硬度；由于磨削热作用，使表层组织变化，发生再结晶等。如果磨削操作不当，对零件表面完整性影响更大，容易产生磨削裂纹。

表 9-54   磨削加工对零件表面和表层的影响

特性与效应形式		精磨"轻度"或低应力条件	粗磨"非标准"或违章条件
表面粗糙度 $R_a/\mu m$	平均范围	0.1 ~ 1.6	0.8 ~ 3.8
	不常见范围	0.025 ~ 3.2	0.2 ~ 6.3
机械变化材料层深/mm	塑性变形	0.0076	0.09
	塑性变形的碎片	0.013	0.03
	硬度变化	0.04	0.25
	微观裂缝与宏观裂缝	0.013	0.23
	残留应力	0.013	0.32
金相变化材料层深/mm	再结晶	0.013	—
	局部腐蚀,凹陷和凸起	0.005	0.010
	金相变化	0.013	0.15
	热影响区或再铸层	0.018	1.27
高频疲劳强度室温下的变化(%)		0 ~ +62	−95 ~ 0

2）精加工磨削采用低应力磨削方法，对改善零件表面完整很有好处，可提高疲劳性能，见表9-55。低应力磨削可提高高强度钢、镍基合金及钛合金的疲劳性能，而磨削不当，疲劳性能明显降低。

表 9-55   不同磨削条件引起的疲劳强度变化

材　料	疲劳强度/MPa		
	轻度或低应力磨削	普通磨削	违章磨削
高强度钢			
4340(淬火并回火,50HRC)	703	483	427
4340 变型(淬火并回火,53HRC)	841	448	427
马氏体时效钢,牌号 300(固溶处理并时效,54HRC)	724	565	586
高温镍基合金			
Inconel718 合金(固溶处理并时效,44HRC)	414	165	—
AF95(固溶处理并时效,50HRC)	517	165	179
AF2—1DA(固溶处理并时效,46HRC)	483	172	138
Rene80(固溶处理并时效,40HRC)	290	124	110
钛合金			
Ti-6Al-4V(β 轧制,32HRC)	427	—	90
Ti-6Al-6V-2Sn(固溶处理并时效,42HRC)	448	207	138
Ti-6Al-2Sn-4Zr-2Mo(固溶处理并时效,36HRC)	469	117	69

3）磨削时产生磨削热使表面温度升高，冷却时表面急剧收缩，而内部仍处于膨胀状态，表层受拉应力，容易产生与磨削方向垂直的平行裂纹或龟裂。采取低应力磨削可减少磨削热，避免磨削裂纹。为防止磨削裂纹，热处理应作以下改进：

①淬火后，一定经回火再磨削，回火温度为 $100 \sim 300°C$。

②磨削加工后增加消除磨削应力回火，回火温度为 $250 \sim 350°C$。

③淬火马氏体要细，残留奥氏体要少。

④渗碳件应控制表面碳的质量分数，以 $0.7\% \sim 0.9\%$ 为宜，避免网状和大块状碳化物。

⑤在保证硬度前提下，尽量提高回火温度，延长保温时间。

4. 电镀

为了提高材料的耐腐蚀性能、耐磨性等使用性能，装饰产品外观，很多零件在热处理后还需电镀。电镀使零件内应力发生变化，容易产生吸氢和氢脆，还要进行消除内应力和除氢处理。

（1）消除内应力处理　电镀使工件表面产生拉应力。内应力较高的镀层有：铬、镍、钛、铁、钯、铑、钌及镍镉、镉钛等，如 Cr17Ni2 电镀镍镉时，基体表面残留应力达 $+850MPa$，镀层为 $+350MPa$。电镀使高强度和超高强度钢、不锈钢疲劳性能降低，疲劳强度下降 $1/2 \sim 1/3$，所以电镀前后应进行消除内应力处理。

对于强度极限大于 $1240MPa$ 的工件，电镀之前应进行消除应力热处理，温度一般取回火温度以下 $20 \sim 30°C$。钢件镀铬、镀锌、镀镉前消除应力热处理温度为 $190 \sim 220°C$，保温 $1 \sim 24h$。

电镀后消除应力处理一般与除氢处理合而为一。为了提高电镀件的疲劳强度，可采用喷丸处理，电镀前喷丸或电镀前后均喷丸。

（2）除氢处理　电镀过程中，除金属离子在工件阴极上还原沉积之外，还伴随有氢离子的还原反应，氢离子还原成氢原子，一部分将渗入镀层和基体金属中去，在有应力作用下容易产生氢脆。

除氢温度一般为 $190 \sim 210°C$，保温时间 $3 \sim 23h$，除氢工艺如表 9-56 所示。

表 9-56　电镀除氢工艺

工件最终热处理强度/MPa	加热温度/°C	保温时间/h
表面强化的镀件、磷化零件、铅、锡焊接的镀件	$130 \sim 150$	$\geqslant 5$
$882 < \sigma_b \leqslant 1176$	$190 \sim 210$	$\geqslant 3$
$1176 < \sigma_b \leqslant 1373$	$190 \sim 210$	$\geqslant 5$
$1373 < \sigma_b \leqslant 1800$	$190 \sim 210$	$\geqslant 8$
$\sigma_b > 1800$	$190 \sim 210$	$\geqslant 23$

除氢零件一般应在电镀后 10h 之内送进除氢炉，而超高强度钢零件必须在镀后 8h 内除氢。

9.5.2 完善质量服务工作

热处理是零件生产的中间工序，为了保证产品质量，热处理要求前面工序做好供后质量服务工作，为热处理提供合格品，同时热处理要把产品质量信息反馈给前面工序。同样热处理也要做好对后面工序的供后质量服务工作。

供后质量服务，一方面要对用户做好技术服务工作；另一方面，还要做好使用效果与使用要求的调查工作，为进一步改进和提高产品质量提供依据。

1. 开展技术服务

热处理技术人员有义务向用户介绍热处理产品的特点及使用限制，协助下道工序合理进行生产或使用，如渗层留磨量不能太大，铝合金淬火后存放时间不能太长，不同材料淬透性不同，不同直径零件淬火硬度可能不同，不同材料经不同热处理后性能不同等。供后服务和产品质量一样，直接关系厂家信誉，对产品销路和厂家发展有重要作用。供后服务也是收集质量情报和质量反馈的好机会，促进产品质量改进和提高。

2. 使用效果和用户要求调查

通过各种渠道，调查了解产品在实际使用中是否真正达到了规定的质量标准，是否达到了设计预期的质量目标，用户还有哪些要求等。把这些调查结果作为生产发展的方向，不断提高设计生产水平，增加厂家的竞争力。

3. 认真处理产品质量问题

对用户的要求和意见要及时、认真、热情地研究处理。如属于热处理问题，应退还热处理车间返修或报废，并制定改进方案和措施。如属使用不当问题，应积极帮助用户掌握使用技术和操作要领。

9.5.3 重视环境保护和技术安全工作

热处理的环境保护和技术安全也属于热处理质量问题的范畴。热处理生产过程中，将产生不少有害的废气、废液、废油、废渣等，直接危害社会环境和人体健康，同时热处理生产中有不少危险因素和有害因素及有关操作安全问题。因此，应加强热处理生产过程的工艺技术管理，严格治理生产过程中产生的各种有害物质，保护社会环境不受污染，保障生产人员健康，促进热处理质量提高，同时大力发展可靠（Sure）、安全，无公害（Safety）、节能（Saving）的 3S 热处理新工艺新技术，把热处理生产和质量提高到更高水平。

1. 热处理生产的环境保护

（1）热处理生产的环境污染　热处理生产中剩余物料对环境产生污染，生产中发出的噪声、振动、电磁波等对人和动植物及生活环境带来灾害。

热处理生产中产生的危险和有害剩余物主要有：

1）有毒的气体燃烧产物。

2）盐浴炉的蒸发气体。

3）泄漏的有毒气体和液体有机化合物。

4）带油脂和盐的淬火废液和清洗废液。

5）老化的淬火油。

6）氰盐、钡盐、硝盐的废盐及废渣。

7）燃料炉排出的烟气和灰尘，浮动粒子炉、喷砂、喷丸的粉尘等。

（2）控制热处理公害的途径

1）行政强制措施。我国制定了 GB 15735—2004《金属热处理生产过程安全卫生要求》，这是我国热处理行业第一个强制性标准，各企业务必按此标准进行技术改造和组织生产。

热处理工作场地空气中的有害物质最高容许质量浓度如表 9-57 所示。

表 9-57　工作场地空气中的有害物质的最高容许质量浓度

有害物质	最高容许质量浓度/（mg/m³）
一氧化碳	30
二氧化碳	15
苛性碱（换算成 NaOH）	0.5
氮氧化物（换算成 NO_2）	5
氨	30
氰化氢及氢氰酸盐（HCN）[①]	0.3
氯	1
氯化氢及盐酸	15
甲醇	50
丙酮	400
苯[①]	40
三氯乙烯	30
氟化物（换算成 F）	1
二甲基甲酰胺[①]	10
粉尘	2［含 10%（质量分数）以上游离二氧化硅］
	1［含 80%（质量分数）以上游离二氧化硅］
钡及其化合物	0.5（推荐值）

①　除经呼吸道毒害人体外，尚易经皮肤吸收的有害物质。

对于钡盐、硝盐、氰盐浴废渣及清洗废液等其他毒性剩余物料，必须经中和、解毒处理后方可排放。

对于含有油类废液，不能混在生活或雨水中排放，必须把油除掉再排放。

2）研究无公害的热处理技术。研究无毒盐浴液体氮碳共渗工艺代替氰盐浴液体氮碳共渗。采用氰化钙盐浴进行液体氮碳共渗，虽然原料有毒，但反应产物无毒，不存在废液毒性处理问题。研究真空热处理、真空化学热处理、离子化学热处理，代替盐浴热处理、保护气氛热和普通化学热处理。

2. 热处理生产的技术安全

（1）热处理生产中的危险因素和有害因素 热处理生产中常见的危险因素有：易燃物质、易爆物质、毒性物质、高压电、炽物物体及腐蚀物、致冷剂、坠落物或进出物等，如表9-58所示。

表9-58 热处理生产中常见的危险因素

类　　别	来　源	危害程度
易燃物质	1. 淬火和回火用油 2. 有机清洗剂 3. 渗剂、燃料和制备可控气氛的原料	1. 油温失控超过燃点即自行燃烧，易酿成火灾 2. 有机液体挥发物和气体燃料泄出，遇明火即燃烧
易爆物质	1. 熔盐 2. 固体渗碳剂粉尘 3. 渗剂、燃料、可控气氛 4. 火焰淬火用氧气和乙炔气 5. 高压气瓶、储气罐	1. 熔盐遇水即爆炸，硝盐浴温度超过600°C或与氰化物、炭粉、油脂接触即爆炸 2. 燃气、炭粉在空气中浓度达到一定极限值，遇明火即爆炸 3. 气瓶、储气罐遇明火或环境温度过高易爆炸
毒性物质	1. 液体或气体化学热处理原料及排放物：氰化钠、氰化钾、氢氰酸 2. 气体渗碳排放物：一氧化碳 3. 盐浴中氯化钡、亚硝酸钠、钡盐渣	造成急性中毒或死亡
高压电	1. 高频设备 2. 中频设备 3. 工业用电	电击、电伤害甚至死亡
炽热物体及腐蚀性物质	1. 高温炉 2. 炽热工件、夹具和吊具 3. 热油、熔盐 4. 激光束 5. 强酸、强碱	1. 热工件、热油、熔盐、强酸和强碱使皮肤烧伤 2. 激光束使皮肤、眼睛烧伤
致冷剂	氟里昂、液氮、干冰	造成局部冻伤
坠落物体或进出物	1. 工件装运、起吊 2. 工件校直崩裂 3. 工件淬裂	造成砸伤或死亡

热处理生产中常见的有害因素有：热辐射、电磁辐射、噪声、粉尘和有害气体等，如表 9-59 所示。

表 9-59　热处理生产中常见的有害因素

类　　别	来　　源	危害程度
热辐射	1. 高温炉 2. 炽热工件、夹具和吊具	造成疲劳、中暑、衰竭
电磁辐射	高频电源	造成中枢神经障碍和植物神经失调
噪声	1. 喷砂、喷丸 2. 燃烧器 3. 真空泵、压缩机、通风机 4. 中频发电机 5. 超声波清洗设备	长期处于高强度噪声（＞90dB）会造成听力下降
粉尘	1. 喷砂、喷丸的粉尘 2. 浮动粒子炉石墨和氧化铝粉 3. 固体渗碳剂	长期处于高浓度粉尘条件作业会引起矽肺
有害气体	1. 盐浴炉烟雾 2. 一氧化碳、氨及甲醇、乙醇气 3. 强酸、强碱挥发物 4. 油蒸气 5. 氟里昂	造成各种慢性疾病

（2）热处理生产的技术安全防护措施

1）从热处理厂房条件和作业环境、生产设备和装置、工艺作业和操作等方面，注意对危险因素和有害因素的防范。

2）制定热处理生产安全、卫生防护技术措施。发放劳动防护用品；配备足够量的消防设备和器材；建立防尘防毒的监测及防尘防毒器具配置制度；现场设置必要的监测危险和有毒物质的仪器、指示报警和保护系统等。

3）制定和实施热处理生产安全、卫生管理措施。热处理车间实施以保证生产过程安全、卫生为目标的现代化管理；发现并清除各种危险因素和有害因素；建立安全、卫生规章制度，对各类人员进行安全、卫生教育，各类人员掌握安全、卫生知识与技能，建立安全、卫生管理机构。

第 10 章　热处理缺陷分析案例

10.1　热处理裂纹

10.1.1　汽车半轴淬火开裂与疲劳断裂的分析及防止措施

石家庄汽车制造有限责任公司　徐锁贵　段鸿英

1. 概况

汽车半轴是传递转矩的重要零件，如图 10-1 所示，通常选用 40Cr 钢，经调质处理，技术要求为回火索氏体组织，341～415HBW。

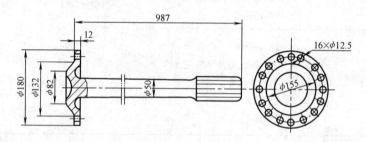

图 10-1　汽车半轴简图

该汽车半轴淬火时，用特制吊具在井式保护气氛炉内整体加热，出炉后杆部先进行水淬，使盘部露出水面空冷，待盘部冷至 Ar_3 以下后，再全部浸入水中冷却。这样淬火，往往因淬火操作不当产生如下两种质量事故：①因盘部入水过早而淬裂；②接近盘的根部有相当长一段淬不硬，使半轴的疲劳寿命大大降低。

2. 淬火开裂

汽车半轴的盘部较薄，而且均匀分布着 16 个 $\phi12.5mm$ 的孔。采用上述淬火工艺时，盘部入水过早或距水平面过近，就会因冷却太快而被淬透，出现严重的淬火裂纹。

（1）裂纹分析　生产中曾发生一次淬裂 28 根半轴的严重质量事故。从宏观上看，主裂纹均在两孔之间呈放射状分布，如图 10-2 所示。从裂纹处取样作金相观察，在主裂纹两侧存在很多细小的断续裂纹，裂纹均沿原奥氏体晶界发展，裂纹两侧的组织与杆部基体组织完全相同，无脱碳、氧化和过热现象，均为回火索氏体和回火托氏体，如图 10-3 所示。该裂纹具有淬火裂纹特征。

图 10-2　盘部淬火裂纹　0.33×

图 10-3　裂纹两侧的显微组织　450×

（2）原材料检查　在淬裂的汽车半轴上取样作化学成分分析，成分合格。夹杂物总级别为 2.5 级，其中脆性夹杂物 1.5 级，塑性夹杂物 1 级，晶粒度为 5~7 级。总之，原材料合格。

（3）分析讨论　汽车半轴淬火时，盘上 16 个孔的边缘部分首先淬成马氏体，而盘与杆部的过渡区因冷却较慢，后发生马氏体转变。其膨胀产生的应力可能使已淬硬的盘部边缘承受很大的拉应力，再加上应力集中，结果产生辐射状淬火裂纹。

3. 疲劳断裂

（1）故障情况　汽车半轴在海南岛汽车试验场进行的 5 万 km 试验中，有 4 根半轴发生早期断裂事故，其行驶里程和失效形式见表 10-1。

表 10-1　断裂半轴行驶的里程和失效形式

编号	行驶里程/km	断裂位置	半轴位置	编号	行驶里程/km	断裂位置	半轴位置
6#	37785	盘和杆连接处	左边	3#	8875	盘和杆连接处	右边
5#	38090	盘和杆连接处	右边	4#	12000	盘和杆连接处	左边

（2）断口分析　4 根汽车半轴断裂的位置均在盘和杆的连接处，如图 10-4 所示。断口都是由疲劳源扩展的光滑区域（疲劳区）和瞬时断裂的粗糙部分组成，在断口的圆周上清楚地显示出由多个疲劳裂纹发展形成的疲劳台阶和棘轮状花样及清晰的海滩花样，如图 10-5 所示。

图 10-4　6 号半轴断裂情况

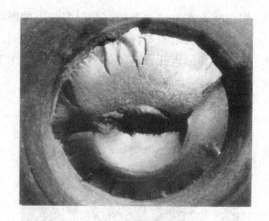

图 10-5　故障半轴断口

（3）质量分析　故障半轴的化学成分合格。断口处沿杆的轴向硬度测定结果见表 10-2，均低于技术要求。

表 10-2　4 号半轴硬度测定结果

距断口处距离/mm	5	38	43	53	62	66	70	74
硬度 HBW	244	255	255	265	282	306	313	329

故障半轴断口附近组织为网（块）状铁素体和珠光体，如图 10-6 所示。

图 10-6　故障半轴断口处组织　100 ×

综上所述，由于半轴的盘和杆连接处存在大量网（块）状铁素体组织，硬度和疲劳强度降低，试车时产生早期疲劳断裂。这是由淬火冷却时操作不当，杆部先行水淬时淬入水，淬火不足造成的。

4. 结论

汽车半轴热处理中发生的淬裂和早期疲劳断裂，经分析认为主要是由于淬火工艺不良，操作不当，盘部入水时间过早或离水面太近，淬火应力过大，产生淬火裂纹；淬火时，盘部离水面过远，盘和杆连接处产生强度与硬度低的铁素体组织，使半轴早期疲劳断裂。为了防止淬裂和提高疲劳寿命，采用整体加热淬火时，盘部应先行油淬并且出油后自行回火，然后再进行整体水淬的淬火工艺。若再加一次表面中频淬火，寿命将可进一步提高。

10.1.2　45 钢工件在易裂尺寸范围开裂的分析及防止措施

重庆红岩机器厂　张龙平

1. 概况

众所周知，壁厚不均匀（有凸台、凹陷、盲孔等）和有尖角的工件，淬火时易变形开裂。但某些形状既不复杂且壁厚均匀的工件，淬火时也易开裂。如我厂生产的 6250 柴油机 45 钢连杆螺母和喷油头紧帽等工件（见图 10-7、图 10-8）。采用常规工艺，810~830℃ 盐浴加热，在 $w(NaOH)=3\%$ ~7% 的水溶液中淬火时，就易开裂。经分析研究认为，引起开裂的主要原因是与工件截面尺寸是否处于该材料的易裂尺寸范围有密切关系。据文献介绍，45 钢件的易裂尺寸范围为 5~11mm。同时，钢的化学成分也影响开裂。1990 年 5 月连续处理的 3 批 2000 多件，开裂程度竟达 60% 以上。经化学成分分析，该批材料碳含量接近规定上限，$w(Cr)$ 为 0.2% 左右。生产实践证明，当 45 钢工件处于易裂尺寸范围 5~11mm，且 C、Cr、Mn 等含量在规定含量的上限时，就更容易开裂。

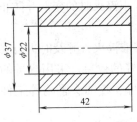

图 10-7　连杆螺母坯料

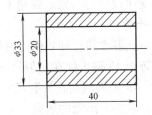

图 10-8　喷油头紧帽坯料

为寻找防止 45 钢工件在易裂尺寸范围淬火开裂的方法，进行了工艺试验，取得了较好的效果。

2. 试验结果及分析

（1）淬火温度试验　一般资料介绍，在盐浴炉中加热时，对 45 钢工件采用 810~830℃ 加热，水淬；对截面在易裂尺寸范围的工件，若采用 780℃±10℃

淬火，淬火硬度仍保持在 50HRC 以上。生产实践证明，采用了亚温淬火，有利于减小热应力，减小易裂尺寸范围工件的开裂倾向，从而防止了开裂。

（2）保温时间试验　在盐浴炉中加热时，常规工艺的加热系数为 0.4min/mm；但对 45 钢易裂尺寸范围的工件，采用 0.2 ~ 0.3min/mm 的加热系数，既能保证该件奥氏体化，同时，对防止开裂可获得满意的效果。

（3）淬火介质试验　连杆螺母及喷油头紧帽要求淬火硬度 ≥50HRC，调质硬度为 26 ~ 31HRC。采用质量分数为 0.2% 的聚乙烯水溶液淬火，或油淬，或水-油淬，或在 180 ~ 200°C 的 $w(KNO_3)$ 为 55% + $w(NaNO_2)$ 为 45% 硝盐浴中分级淬火，均可有效地减小工件开裂倾向。但上述淬火方法均存在淬火硬度均匀性差的缺点。采用 $w(NaNO_3)$ 为 25% + $w(NaNO_2)$ 为 20% + $w(KNO_3)$ 为 20% + $w(H_2O)$ 为 35% 配制的三硝水溶液（密度控制在 1.4 ~ 1.45g/cm³ 之间）中淬火，并在冷却至 200°C 左右后，立即将工件取出空冷，及时进行回火，可获得满意效果。既可防止工件的开裂，又能保证得到 ≥50HRC 的淬火硬度要求。这是因为三硝水溶液的冷却速度介于水、油之间、其冷却特性如图 10-9 所示。从图 10-9 中可以看出，在奥氏体最不稳定区（650 ~ 550°C）冷却速度比油快，可达 400°C/s 左右，接近于水的冷却速度，因而能保证奥氏体向马氏体转变，使工件淬硬。在 45 钢马氏体转变温度区（300°C 左右）内接近油的冷却速度，约为 40 ~ 100°C/s 左右。这样，可以使淬火零件马氏体转变比较均匀一致，有利于减小组织应力，减小淬火时的变形并防止开裂。

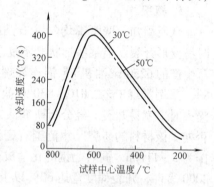

图 10-9　饱和三硝水溶液的冷却特性

3. 结论

采用亚温加热，缩短保温时间及采用三硝水溶液淬火，并及时进行回火等措施，对防止 45 钢工件在易裂尺寸范围的开裂有较好的效果。采用改进的热处理工艺后，45 钢制截面在易裂尺寸范围内的连杆螺母、喷油头紧帽等工件均未出现开裂，取得了满意的效果。

10.1.3　本体淬火裂纹的分析及防止措施

长春航空机载设备公司　季寿鹤　沈基泽

1. 概况

我们公司生产的本体毛坯，系精密铸造零件，材料为 ZG2Cr13。它形状复杂，具有凹尖角，如图 10-10 所示。其主要工艺路线为：精铸→退火、调质→机械加工→表面处理→人工时效。调质的技术条件为：硬度 28 ~ 34HRC。

我们用常规工艺进行调质：（1030 ± 10）°C × 60min 油淬，（640 ± 20）°C × 80min，空冷。处理两批零件，经磁粉探伤，结果因裂纹造成废品率高达 40% 左右，裂纹数为 1 ~ 5 条，裂纹深度为 1 ~ 2mm。裂纹部位如图 10-11 所示。

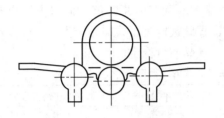

图 10-10　本体毛坯外形示意图　　　　图 10-11　裂纹部位示意图

2. 调质工艺试验及分析

（1）热处理工艺探索试验　我们选用部分有铸造表面缺陷的废零件进行热处理工艺试验，试验件在热处理前都经磁粉探伤无裂纹。试验结果如表 10-3 所示。

表 10-3　不同调质工艺方案及裂纹情况

试验方案	调质工艺	试验件数	裂纹件数	裂纹比例(%)
I	950°C × 60min 水淬 + 650°C × 60min,空冷	32	24	75
II	950°C × 60min 油淬 + 620°C × 60min,空冷	32	14	43.7
III	950°C × 60min 空冷 + 610°C × 60min,空冷	32	6	18.7
IV	950°C × 60min→205°C × 60min→580°C × 60min,空冷	32	3	9.4
V	950°C × 60min→580°C × 60min→205°C × 60min→580°C × 60min,空冷	32	2	6.3
VI	先回火,950°C × 60min→205°C × 60min→580°C × 60min,空冷	32	2	6.3
VII	先回火,950°C × 60min→580°C × 60min→205°C × 60min→580°C × 60min,空冷	32	2	6.3

注：经上述诸方案调质后硬度均为 28 ~ 34HRC。

由表 10-3 结果可见，水淬与油淬都产生大量的裂纹，空冷淬火产生的裂纹件数减少了，但裂纹比例仍较高，而采用等温缓冷的淬火方法，均可显著地减少裂纹的产生。于是，我们选择试验方案Ⅳ与Ⅴ，增加处理数量，继续作了补充试验，结果如表 10-4 所示。

表 10-4　选择两种工艺方案扩大试验的裂纹情况

试验方案	调质工艺	试验件数	裂纹件数	裂纹比例(%)
IV	950°C × 60min→205°C × 60min→580°C × 60min,空冷	68	4	5.8
V	950°C × 60min→580°C × 60min→205°C × 60min→580°C × 60min,空冷	68	4	5.8

由表10-4结果可知，这两种工艺方案产生的裂纹情况基本相同，而且效果皆佳，都可在生产实践中进行考核。

（2）新工艺应用于生产考验　为考核新工艺应用于生产实践的效果，选用Ⅳ、Ⅴ两种工艺方案进行实践考核，结果如表10-5所示。

由表10-5结果可得出，方案Ⅳ优于方案Ⅴ，而且效果很好。同时方案Ⅳ较方案Ⅴ工序简单，操作方便，因此工艺方案Ⅳ就被定为正式应用于生产。经多年的生产实践证明；基本上消除了裂纹废品，产品质量稳定。

表10-5　两种应用于生产实践的工艺方案

工 艺 方 案	处 理 件 数	裂 纹 件 数	裂纹比例(%)
Ⅳ	142	2	1.4
Ⅴ	182	10	5.5

3. 结论

对这种形状复杂、具有凹尖角的 ZG2Cr13 铸件，若以常规的工艺进行调质，则无法控制产生大量的裂纹，一般裂纹废品率为40%左右。采用了降低加热温度、等温缓冷的淬火方法，使之细化晶粒、改善力学性能，又能最大限度地减少应力，从而达到基本消除裂纹的目的。

10.1.4　三硝水-空气双液淬火裂纹的分析及防止措施

湖南资江机器厂　覃希治

驻常德地区军代表室　刘志刚

1. 概况

我厂生产的盘状零件，如图10-12所示。材料为35钢，经锻造、机加工成形后，采用三硝水-空气双介质淬火，曾一度发现有28%的淬火裂纹。

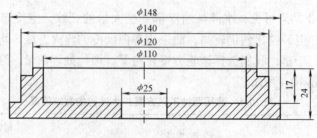

图 10-12　盘状零件简图

热处理工艺为：840~860°C×10~12min 盐槽中加热，淬入三硝水，再转空气中冷却，500~550°C×25min 回火，规定硬度为 28~32HRC。裂纹均由零件的内孔部位向四周方向呈螃蟹爪状发展，见图 10-13。其中一件裂纹数量有 11 条之多。

2. 试验结果及分析

裂纹起源于零件内孔（$\phi 25mm$）的棱角处，呈放射状向四面伸展。裂纹起始端一般成直线，向外伸展稍带弧形。经金相分析，裂纹两壁无脱碳现象，裂纹尾端呈尖状，裂纹伸展刚劲有力。基体组织正常，纵向中心部位取样分析，夹杂物未发现异常和超标现象。化学分析碳的质量分数为 0.38%，符合 35 钢技术标准规定。由此可见，此裂纹的产生与材质无关。现场取三硝水进行密度分析为 $1.105 \sim 1.107 g/cm^3$，显

图 10-13　裂纹情况

然已不符合工艺文件要求，规定密度为 $1.45 \sim 1.50 g/cm^3$；现场操作调查还发现零件在入三硝水冷透后，才转入空气中冷却，这更加剧了淬火裂纹的产生。

综合上述分析，此裂纹是因使用三硝水密度不当和操作技巧不妥所致。

三硝水的冷却能力介于水、油之间，但仍比油的冷却能力大得很多，见表 10-6。随着密度的减小，相应的冷却速度增加（因密度小则水分增加），像上述杯状带棱的零件，若在三硝水中停留时间太长，在马氏体转变区域内极易产生裂纹。

表 10-6　各种淬火介质相对冷却速度

冷速介质名称	相对冷却速度		备　　注
	$650 \sim 550°C$	$300 \sim 200°C$	
自来水	1.00	1.00	1）淬火液温度为 20°C
三硝水	4.16	0.396	2）三硝水密度为 $1.50 g/cm^3$
全损耗系统用油	0.55	0.032	

3. 验证试验

（1）调整三硝水密度试验　为了证实密度的作用，将密度调整到规定的范围（$1.45 \sim 1.50 g/cm^3$）再淬火，产生裂纹的现象大大减少；但因在三硝水停留时间掌握不当，产生裂纹现象仍不能杜绝。

（2）调整在三硝水中停留时间的试验　为了使工人掌握在三硝水中停留的时间，按该件厚度每 $3 \sim 5mm$ 在三硝水中停留 1s 计算，经试验和生产考验证实，该件在三硝水中冷却 $2 \sim 3s$，可以杜绝裂纹的产生。

4. 结论

零件淬火裂纹的产生，是因淬火冷却剂三硝水密度过低和在三硝水中停留时

间过长两个综合原因所致。

5. 改进措施

1）缩短三硝水的检测周期，严格控制密度在 1.45 ~ 1.50g/cm³ 内，并严肃工艺纪律，加强专职工艺员监督。

2）将 35 钢改为 45 钢，并在油中淬火，从而从根本上杜绝了裂纹的产生。

10.1.5 绞肉机孔板淬火工艺的改进

贵州云马飞机制造厂 袁培柏

1. 概况

我厂生产的肉类加工机械中，双轴搅拌绞肉机的孔板系由 T7A 钢锻件加工而成。孔板外形尺寸为 φ199mm × 14.5mm，其上对称均匀地分布着许多同孔径的孔，孔板的规格也因孔径而异，由 φ3.5mm 到 φ25mm 不等。小孔间的边距也随孔径而变，在 1 ~ 3.5mm 范围内，圆周边缘的厚度却在 20mm 以上。孔板结构上尺寸相差如此悬殊，给热处理工艺上解决变形和防止开裂带来了较大的难度。图 10-14 所示为 φ14mm 的孔板示意图。

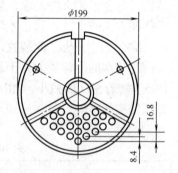

图 10-14　φ14mm 的孔板示意图

孔板加工路线如下：锻件→粗加工→调质→加工成形→淬火、回火→发蓝→平磨→油封。要求热处理后硬度为 52 ~ 56HRC。

孔板原热处理工艺见图 10-15。采用盐浴炉加热，在 150 ~ 180℃ 低温碱浴中分级淬火。φ3.5、φ5、φ7 及 φ10mm 的孔板（其孔间距仅为 1 ~ 2mm）在分级淬火后的冷却过程中或回火后常发现孔间产生开裂，报废率达 10% ~ 20%。

2. 原因分析及改进措施

（1）原因分析　孔板形状复杂、厚薄相差悬殊，原工艺采用热浴分级淬火，其方案本身是合理。开裂的主要原因，可能是在碱浴中停留的时间短（1 ~ 1.5min），分级后取出空冷时，薄的部分已基本完成马氏体转变，且完全淬透，而较厚的边缘，仍在继续着奥

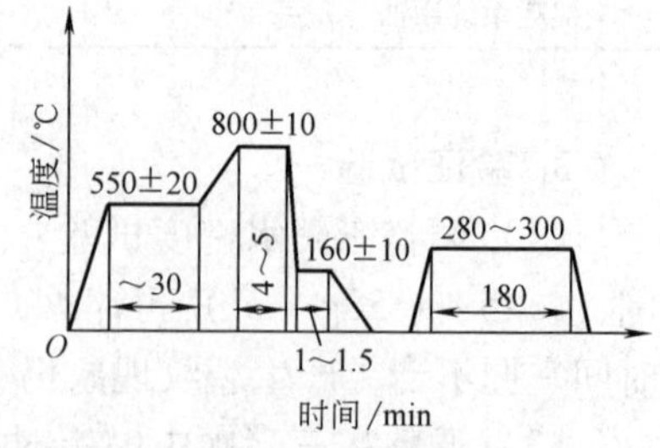

图 10-15　孔板原热处理工艺曲线

氏体-马氏体的转变，因相变期的不同而产生的组织应力，在最薄弱的地方就可能产生裂纹。如果此时提前进行洗涤，必将增大相变应力造成的开裂。总之，裂纹的产生，主要是在分级淬火的马氏体转变过程中冷却不当造成的。

（2）改进措施　基于上述分析，工艺改进的出发点是设法减小碱浴分级淬火后冷却过程中所产生的相变应力。为此，根据现场条件，设计了分级-等温复合淬火工艺见图 10-16。具体措施如下：

1）调整了低温碱浴中的水分，使水的质量分数控制在 14% ~ 16% 范围内，并适当延长在碱浴中的停留时间，由 1 ~ 1.5min 延长至 4min，以减少变形量。

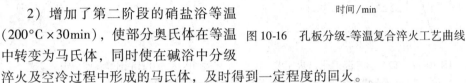

2）增加了第二阶段的硝盐浴等温（200°C×30min），使部分奥氏体在等温中转变为马氏体，同时使在碱浴中分级淬火及空冷过程中形成的马氏体，及时得到一定程度的回火。

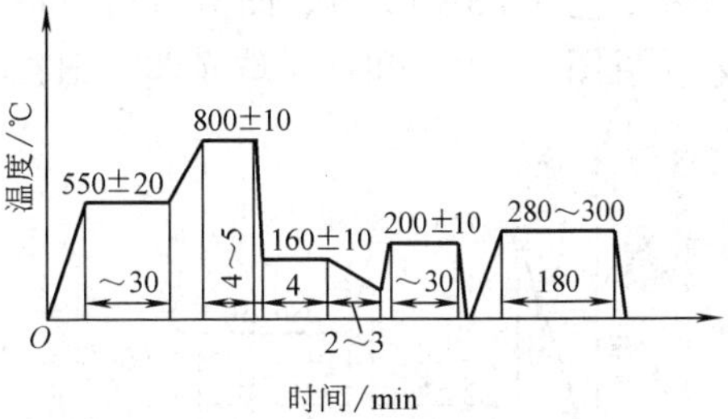

图 10-16　孔板分级-等温复合淬火工艺曲线

上述措施，可以根本上减少碱浴分级淬火后冷却过程中产生的应力，从而避免了产生开裂的可能性。

3）碱浴分级淬火后短时间（2 ~ 3min）的空冷停留，是为了得到足够的马氏体量，以保证达到所需要的硬度。但对于 $\phi 3.5mm$ 以及孔间距 1 ~ 2mm 的孔板，由于孔间距太小，为防止开裂，亦可不经空冷停留，直接转入硝盐浴中等温即可。

各种规格的孔板，采用上述分级-等温复合淬火和 280 ~ 300°C×3h 电阻炉回火后，硬度控制在 54 ~ 56HRC，不仅完全避免了开裂现象，而且变形小，质量稳定。

3. 结论

对于由碳素工具钢制造的孔板及其他复杂件，采用上述分级-等温复合淬火工艺，可有效地减小低温碱浴分级淬火的相变应力。从而避免了开裂，并达到减少淬火变形的目的，适合于大批量生产。

10.1.6　高碳钢及轴承钢零件淬火裂纹的分析及防止措施

天津市锻压机床总厂　满　波

1. 概况

GCr15 轴承钢是我厂制作卸载阀的材料，而 T7A、T8A 钢则为制作单向阀、锥阀、顶针等的主要材料。多年来的生产情况表明，高碳钢及轴承钢零件进行正常的最终热处理（淬火 + 低温回火）后，因淬火开裂而报废的废品率高达 20% ~ 30%，有时甚至达到 50%。

2. 试验结果及分析

高碳钢和轴承钢经正常的工艺规范进行锻压后，得到的是细片状珠光体，硬度较高，难以加工，故需要进行球化退火处理，以降低硬度，改善其切削加工性，同时还要求能获得均匀细粒状的珠光体，以减少最终热处理时的变形、开裂倾向，为最终热处理做好组织上的准备。

以前，我们对高碳钢及轴承钢（GCr15）进行球化处理，一直采用等温球化退火工艺（见图10-17、图10-18），球化组织分别为：细片状珠光体＋少量铁素体（见图10-19）和点状珠光体＋细粒状珠光体（见图10-20）。

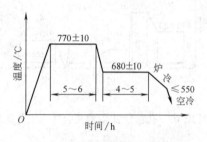
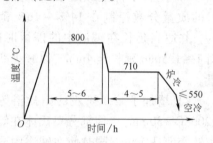

图 10-17　T7A 钢等温球化退火工艺　　　　图 10-18　GCr15 钢等温球化退火工艺

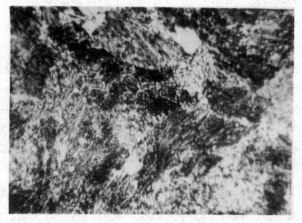

图 10-19　T7A 钢等温球化退火组织　500×

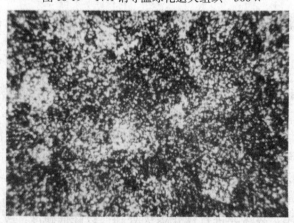

图 10-20　GCr15 钢等温球化退火组织　500×

高碳钢零件的最终热处理工艺为：淬火温度 770~780°C，保温 3~8min（视零件的种类及大小而异），淬入 $w(\text{NaOH})$ 为 50% 的碱浴；200°C × 1~1.5h 回火。GCr15 钢零件（卸载阀）的热处理工艺为：淬火温度（840±10）°C，保温 6~8min，淬油；（220±10）°C × 1~1.5h 回火。

根据多年来的废品情况分析，我们确认球化质量不理想，是高碳钢及 GCr15 钢零件淬火易裂的根本原因。针对这种情况，我们探索球化退火新工艺，经多次试验，最后确定图 10-21 和图 10-22 所示的循环球化退火

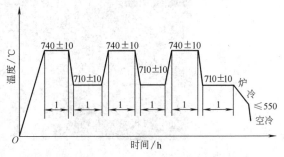

图 10-21　T7A 钢循环球化退火工艺

工艺，获得成功。高碳钢的球化级别达到 GB/T 1298—1986 标准 2~3 级，球化组织为球状珠光体（见图 10-23）；轴承钢的球化级别达到 JB/T 1255—2001 标准 2~3 级，球化组织为球状珠光体 + 极少量片状珠光体（见图 10-24），最终热处理淬火裂纹基本消除。

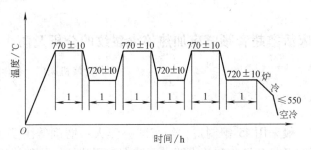

图 10-22　GCr15 钢循环球化退火工艺

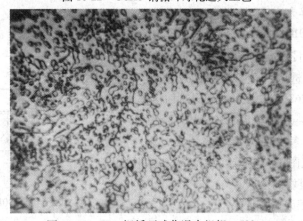

图 10-23　T7A 钢循环球化退火组织　500×

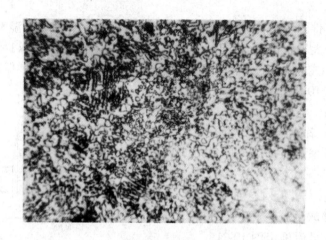

图 10-24 GCr15 钢循环球化退火组织 500×

3. 结论

高碳钢和 GCr15 轴承钢制零件淬火易裂的主要原因是预备热处理等温退火球化质量不好造成的。采用循环球化退火工艺改善了球化质量,使淬火裂纹问题得到解决。

10.1.7 机床活塞超音频感应加热淬火裂纹的分析及防止措施

贵州险峰机床厂 程学渝 何 甦

1. 概况

机床活塞一般采用 45 钢制造,经车削→淬火→磨削等主要工序加工而成。根据活塞的不同形状、尺寸和技术要求,淬火常用盐炉加热整体淬火和感应加热表面淬火两种淬火方法。

我厂 M1080B 型无心磨床活塞见图 10-25,热处理技术要求为 ϕ45mm 圆柱面淬火。淬火选用超音频感应加热,工作频率为 30 ~40kHz,加热透入深度 2.5 ~ 2.89mm。用感应器 a(见图 10-26a)对活塞进行同时加热淬火时,常在尖角处崩裂,甚至沿 ϕ30mm 台阶根部开裂(见图 10-27),多次造成活塞淬裂成批报废。改用感应器 b(见图 10-26b),并对淬火方式作相应改变后取得了很好的效果。

2. 试验结果及分析

(1)断口分析 活塞裂纹为横向弧状。宏观

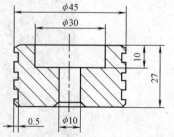

图 10-25 M1080B 型无心磨床活塞简图

断口呈灰白色，有金属光泽，粒状组织明显。裂纹都产生于活塞上部尖角和截面积发生较大突变处（ϕ30mm 台阶根部），如图 10-27 所示。这说明活塞淬裂的主要原因是局部过热，使活塞在淬火过程中的组织应力增大，尖角及尺寸突变处产生应力集中而开裂。

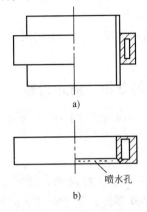

图 10-26　感应器形状示意图

a）同时加热水冷淬火　b）连续加热喷水淬火

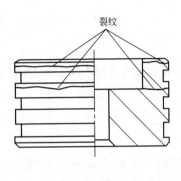

图 10-27　裂纹示意图

（2）感应器和淬火方式影响　用感应器 a 对活塞进行同时加热水冷淬火和采用感应器 b 对活塞进行连续加热喷水淬火，淬火试验结果见表 10-7。

表 10-7　淬火试验结果

感应器	序号	处理件数/件	报废件数/件	废品率(%)	备　　　注
a	1	26	15	57.7	硬度不均匀
	2	49	39	79.6	
	3	47	7	14.9	
	4	27	7	29.9	
b	5	48	2	4.2	1. 硬度均匀
	6	40	2	5.0	2. 最后一栏为一年统计数
	7	198	2	1.0	

用感应器 a 对活塞进行同时加热时，所需加热时间较长，工件上下温差较大，上部尖角处温度较高，容易造成淬火开裂。水淬前采取预冷，往往造成工件下半部温度偏低，淬火后硬度不够，使工件表面硬度不均匀。缩短水冷时间，提高活塞出水温度，对改善硬度均匀性效果不明显。

用感应器 b 对活塞进行连续加热喷水淬火时，所需加热时间较短，工作温差小，淬火后工件表面硬度均匀，开裂倾向大大降低。

感应器 a、b 的内径基本相同，而 a 的高度比 b 约大 3 倍。故用感应器 a 时，实际加热活塞的比功率比用感应器 b 连续加热时小。要用感应器 a 加热活塞至淬火温度，就不得不延长加热时间。这样不但增加了活塞上部尖角处的过热，而且使加热层深度显著增加，导致热应力和组织应力的增大，造成淬裂。采用连续加热淬火可提高加热工件的实际比功率，提高加热速度，缩小工作温度，明显减小淬火开裂倾向。

3. 结论

尖角多、截面尺寸变化大的工件进行感应加热表面淬火，应优先采用较短感应器连续加热喷水淬火。

10.1.8 汽车转向节中频感应加热淬火裂纹的分析及防止措施

云南汽车制造厂 李从富

1. 概况

转向节是汽车最重要的零件之一。在 1988 年 7 ~ 10 月期间，我厂生产的 EQ140 汽车转向节中，中频感应加热淬火裂纹竟有 700 多件，是严重的质量问题。

转向节如图 10-28 所示。选用 40Cr 钢，锻造成形，毛坯调质，要求硬度为 241 ~ 285HBW，金相组织为回火索氏体（1 ~ 4 级）。机加工后，轴颈、圆角及端面同时中频感应加热淬火硬化，要求硬化区表面硬度为 52 ~ 63HRC，硬化层深度为 3 ~ 6mm，硬化层金相组织应为针状或细针状回火马氏体（3 ~ 7 级）。

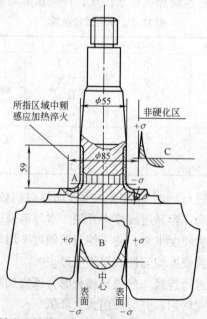

图 10-28 转向节结构及中频感应加热淬火应力分布特点示意图
A—截面变化应力分布 B—沿硬化层深度分布
C—非硬化区中过渡层应力分布

热处理工艺：调质处理是在井式炉中加热，$860°C \times 70min$，聚乙烯醇的质量分数为 0.2%的水溶液中淬火冷却，$600°C \times 3h$ 回火；采用圆柱形感应器连续中频感应加热表面淬火，中频加热电参数和淬火工艺参数，见表 10-8。

表 10-8　中频加热电参数和淬火工艺参数

淬火方法	中频加热电参数							淬火工艺参数				
	变压比	电容/μF	频率/Hz	输出电压/V	输出电流/A	输出功率/kW	功率因数($\cos\varphi$)	加热温度/°C	加热时间/s	风冷时间/s	淬火介质和冷却方式	喷冷时间/s	压力/(N/cm^2)
连续	12/1	107	8000	450	110～85	47～38	+0.8～+0.95	880～920	22s,包括延时加热7s	1.5～2	0.1%～0.2%聚乙烯醇水溶液喷冷	18	12～16
同时		68		530	140～100	65～52	+0.9～+0.98	880～920	23	1		14	

2. 试验结果及分析

经磁力探伤检查裂纹发生位置：一是在圆角区域内，呈周向裂纹，如图 10-29 所示；二是在盲孔口，呈径向裂纹。前者裂纹件数占 98.3%，周向裂纹长度一般在 15～45mm 范围，无折叠等痕迹。

转向节表面粗糙度 R_a 为 3.2～6.3μm，符合工艺的规定。周向裂纹在长度方向上与刀纹不重合。

化学成分分析结果是 C、Si、Mn、Cr、S、P 等元素含量，均在标准规定范围内。

金相组织分析结果表明，裂纹无氧化脱碳现象，裂纹断口呈银灰色，周向裂纹深度在硬化层内，小于 1.5mm，硬化层为隐晶马氏体，淬火区与非淬火区的过渡带在圆角区域内，心部组织为均匀回火索氏体（3～4 级）。对盲孔口径向裂纹检查，盲孔无倒角，有轻微过热现象。

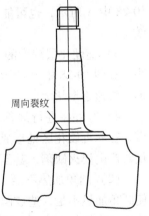

周向裂纹

图 10-29　裂纹发生位置

取 5 件无裂纹的转向节，进行台架试验，结果见表 10-9。其中有 3 件，循环次数不到 3×10^5 次，在圆角区域内就开始产生裂纹，硬化层深度都小于 1.5mm。

综上所述，裂纹绝大多数都发生在圆角区域，属于中频感应加热淬火裂纹，与转向节在中频感应加热淬火前的状态基本无关。影响转向节中频感应加热淬火裂纹产生的主要原因如下：

表 10-9　转向节疲劳寿命试验结果

试样号	载荷/N·m		频率/Hz	疲劳寿命/万次	损坏部位和形式	硬化层深度/mm
	M_{min}	M_{max}				
1	1078	10786	17.5	100	未坏	3.4
2	1078	10786	17.5	23.4	圆角,产生裂纹	1.2
3	1078	10786	17.5	31.7	圆角,断裂	1.4
4	1078	10786	17.5	100	未坏	2.8
5	1078	10786	17.5	21.8	圆角,断裂	1.2

（1）拉应力集中　中频感应加热淬火后，构成表面受压、中间受拉或受压的应力分布特点，如图 10-28 中 A、C 所示。拉应力峰值位置是在靠近硬化层内侧处，或在硬化层结束的过渡区中。拉应力峰值的位置和大小取决于：

1）加热速度愈快，温度梯度愈大，则淬火层中的过渡层深度愈小，拉应力峰值愈大，且切向应力愈大于轴向应力，其峰值位置愈接近表面硬化层。

2）在零件表面淬火区域内截面积变化处，淬火时形成拉应力集中，如图 10-28 中 A 所示，也可能使拉应力值接近或超过钢的破断抗力，从而产生淬火裂纹。

3）随硬化层深度的增加，拉应力峰值位置向中心移动，拉应力峰值逐渐减小，如图 10-28 中 B 所示；反之，随硬化层深度减少，拉应力峰值位置向表面移动，峰值逐渐增大。

4）零件在进行局部表面淬火时，表面存在着淬火区与非淬火区间的过渡带，在靠近硬化区处形成拉应力峰值，如图 10-28 中 C 所示。因此，在过渡带不仅常产生淬火缺陷，甚至可能造成淬火裂纹。

（2）圆角加热不足　转向节连续感应加热表面淬火时，由于堵孔等因素致使圆角加热不足，造成圆角区域硬化层深度过小，或硬化区结束在圆角区域内，拉应力峰值集中在圆角区域，并接近表面。

（3）盲孔过热　盲孔内侧一半在要求硬化区内，为了保证圆角及端面在淬火加热时达到正常淬火温度，而盲孔口的温度却往往会偏高，甚至会过热，如盲孔口无倒角，或倒角太小时，过热的可能性更大。其结果，一是在淬火过程中形成应力过大；二是使该区内钢的破断抗力降低，容易导致淬火裂纹产生。

3. 结论

转向节连续中频感应加热表面淬火时，由于圆角加热不足，硬化层深度浅（<1.5mm），拉应力峰值大并趋近表面；淬火区与非淬火区间的过渡带在圆角

区域内，或在邻近处，致使图 10-28 中的 A、B、C 应力分布的最大拉应力峰值汇集在圆角区域内或邻近处，各种拉应力峰值彼此互相接近，或相互交叉，甚至可能重合。当拉应力超过钢的破断抗力时，在圆角区域内导致产生周向裂纹。盲孔无倒角，或倒角太小，导致出现过热现象、应力过大，引起径向裂纹。

4. 改进措施

（1）稳定调质处理质量 提高并稳定转向节调质处理质量，以获得良好的均匀回火索氏体组织，为中频感应加热淬火做好组织准备，减小淬火应力和开裂倾向。

（2）强化圆角加热

1）正确设计圆柱形感应器结构和尺寸，必须保证有效圈内圆锥面小底直径在 $\phi 66 \sim \phi 67 mm$ 范围，锥面顶角设计正确。在圆角及端面延时加热保持感应器与转向节端面的间隙在 $4 \sim 4.5 mm$ 范围内。严格按工艺规定选用中频加热电参数和淬火工艺参数。这样，既可保证转向节的圆角及端面加热至正常淬火加热温度，硬化层深度达到 $3 \sim 6 mm$ 要求，同时又不致使盲孔发生过热现象。

2）采用"C"形感应器，对整个硬化区进行同时感应加热表面淬火。参数见表 12-8，代替连续感应加热表面淬火。比功率小，前者相对加热时间约为后者的 4 倍，加热速度慢，温度梯度小，硬化层深度增加，过渡层增厚，拉应力峰值位置愈向中心移动，且峰值降低。

（3）减小盲孔过热 加大盲孔倒角，淬火加热后风冷 $1.5 \sim 2.0 s$，使盲孔温度迅速降低，减小淬火应力。

10.1.9 大型工件热处理过程中内裂的分析及防止措施

西安冶金机械厂 牛俊民

1. 概况

多年来，人们对于大型工件中的内裂十分重视，因为内裂难于被发现，且在使用中易造成突发事故。通常人们把未延伸至表面的内部断裂统称为"内裂"，大型工件的内裂主要是由热处理应力引起的，我们称它为"热应力型内裂"。近年来，由于无损探伤技术的发展和应用，对于内裂等严重缺陷的检测有了一定的手段，但内裂还是时常漏检，由此造成的突然断裂也时有发生。因此，研究热应力型内裂的成因，寻求预防热应力型内裂产生的措施，是十分必要的。

热应力型内裂多出现在热处理过的大型轴类锻件中，在大型铸钢件中，在方形截面的零件及大型齿圈中也有时出现。在轴类锻件中有纵向内裂和横向内裂之分，其裂纹特点是弯弯曲曲，一般不延伸至工件表面。其剖面形态如图 10-30 所示。

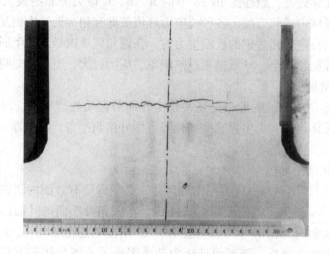

图 10-30　热应力型内裂的纵向特征

2. 热应力型内裂的断口分析

　　图 10-31 所示为劳特轧机轧辊的断口。轧辊规格为 ϕ780mm × 1100mm × 2950mm，60CrMnMo 钢锻制，单件质量 7.4t。轧辊工作时，压下量正常，轧制温度正常，安全销未断。新辊初上轧机第一支坯未轧完就发生断辊。该轧辊曾经两次检查均未发现表面裂纹和内部白点缺陷。从图 10-31 断口上看，它明显分为两个区域，中心部位（区域 1）呈纤维状，放射状裂痕起源于心部；边缘有一圈 20 ~ 50mm 厚度的较细断口（区域 2），为宏观脆性断口。

　　扫描电子显微镜观察内裂断口表明，内裂部分为解理断裂或沿晶断裂，ZG80CrMo 轧辊内裂断口电子金相如图 10-32 所示。这说明热应力

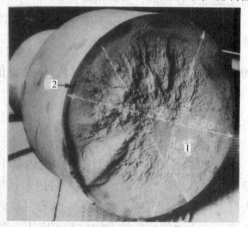

图 10-31　劳特轧机轧辊的断口 (1:10)

型内裂多系淬火后的脆性断裂。轧辊的热处理工艺为 850℃ 加热，空冷 12min，油冷 70min，空冷 10min，油冷 30min，640℃ 回火；表面淬火工艺为加热 600℃ 送工频表面淬火，350℃ 回火。断口上的不同部位取样金相组织如表 10-10 所示。

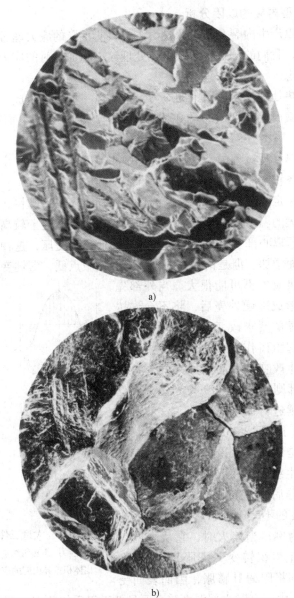

a)

b)

图 10-32　ZG80CrMo 轧辊内裂断口电子金相

a）解理断裂　320×　b）沿晶界断裂　40×

表 10-10　劳特轧机上轧辊金相组织

部　位	金 相 组 织
表层(0~25mm)	细的回火隐晶马氏体 + 少量托氏体
过渡区(距表面 25mm 左右)	回火马氏体 + 托氏体 + 珠光体
心部(距表面 240mm)	珠光体

3. 热应力型内裂的成因分析

工件之所以产生内裂及断裂，是由于材料所承受的应力超过了材料本身的破断抗力。因此，我们的分析也必须从热处理淬火和加热时的应力及材料的强度和塑性两方面考虑。

大型工件热处理淬火过程中的应力，主要由三种应力组成，即热应力、组织应力以及由于截面上转变组织的比体积不同引起的应力。下面我们分别加以讨论。

热应力是热处理过程中，工件表面和中心或薄和厚之间，由于加热或冷却速度不一，导致体积膨胀或收缩不均匀而产生的内应力。

一个尺寸一定的圆形工件，从高温快速冷却，表面冷却快，心部冷却慢，内外之间存在较大的温差。由于表面先冷却要收缩，仍然处于较高温度的心部将阻止它的收缩，所以心部使表面受拉，相反表面使心部受压，这种应力随着工件内外温差的加大而增加。但是钢在高温塑性阶段屈服点低，塑性变形后应力将得到松弛，这时的热应力不可能很大。当外部先进入弹性阶段形成冷硬外壳后，将不允许按照心部需要收缩的要求改变容积和形状，对心部的收缩将起阻碍作用。这时工件中的热应力分布将发生改变，表面由原来的受拉转变为受压，心部则由受压转变为受拉，而且随着冷却的继续进行而不断增大。这就形成了残留热应力，如图 12-33a 所示。

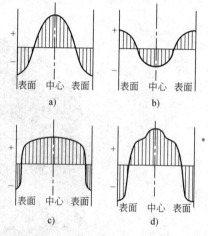

组织应力是钢在淬火冷却时，由于表面冷却得快先发生组织转变（膨胀），中心或冷却较慢的部分后发生转变（亦膨胀），从而造成体积转变的不等时性所产生的内应力。仍以圆形工件为例，当淬火时，它从高温急冷，表面先发生组织转变（膨胀），未发生组织转变的心部将阻碍其膨胀，因而表面受

图 10-33　大型工件淬火残留应力
a) 热应力　b) 组织应力　c) 截面组织比体积差异引起的应力　d) 合应力

压，心部受拉。由于这时心部温度较高而且处于奥氏体状态，塑性较好，将发生不均匀的塑性变形使应力松弛。继续冷却，当心部也开始转变并体积膨胀时，由于表面已形成弹性的外壳，将阻碍它的膨胀，应力反转为心部受压，表面受拉形成残留组织应力，如图 10-33b 所示。

大型工件由于截面较大，不容易完全淬透，往往只淬硬一定深度的表层，这样就产生了沿截面上组织比体积差异引起的应力。表 10-11 列出了钢的各种组织比体积。

表 10-11　钢的各种组织的比体积

组　　织	室温下的比体积/(cm³/g)	组　　织	室温下的比体积/(cm³/g)
奥氏体	$0.1212 + 0.0033w(C)$	铁素体 + 渗碳体	$0.1271 + 0.0005w(C)$
铁素体	0.1271	马氏体	$0.1271 + 0.0025w(C)$

　　表 10-12 列出了我厂曾解剖分析过的大锻件淬火组织分布情况。从表 10-12 中看出，完全淬为马氏体的层深距表面不过 10mm 左右，马氏体消失一般都在 25～50mm 以内。

表 10-12　大型锻件淬火组织分布情况

工　　件	直径/mm	热　处　理	淬火组织分布　距表面距离/mm		
			全马氏体层	半马氏体层	马氏体消失
40Cr 钢叉头	φ640	850℃ 油淬	10.5	15	25
40CrMnMo 钢连接轴	φ818	860℃ 油淬	10	30	50
			贝氏体出现:10	78	160
45 钢柱塞	φ500	860℃ 水淬	8	—	—
40Cr 钢齿轴	φ760	840℃ 水淬油冷	—	—	28
50Mn2 钢齿轴	φ310	860℃ 水淬油冷	—	—	25～30

　　由于组织转变的比体积不同，以及在随后冷却过程中残留奥氏体的分解，便形成了表面马氏体层受压，心部受拉的残留应力，如图 10-33c 所示。

　　大型工件淬火后的残留应力主要是三种应力的叠加，其叠加结果如图 10-33d 所示。它的淬火应力属热应力型的，其最大拉应力峰值位于圆形截面的中心区或壁厚的 1/2 处。

　　图 10-34 是文献介绍的 φ150mm 碳钢在未淬透情况下的残留应力曲线。从图中看出，内应力的分布是热应力型的，中心拉应力达到最大值，并且轴向拉应力大于切向与径向拉应力。这就是大型工件在淬火内应力作用下容易产生横向内裂的原因。

　　由于大型工件在淬火后的特殊应力分布，加之表面的淬硬层有较高的强度，所以从心部拉应力峰值区开始的断裂，若延伸至表面比较困难，从而形成内裂。

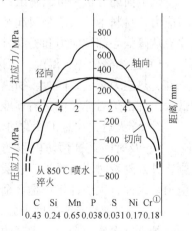

图 10-34　φ150mm 碳钢淬火残留应力曲线

① 元素含量均为质量分数

在淬火以后，一般都进行回火处理，回火加热的升温速度控制也十分重要。因此，加热时内外温差形成的应力仍是表面受压、心部受拉的热应力。它与淬火时的残留应力正好叠加，故此时最易在工件心部形成开裂。对于那些含合金元素较高的材料，由于导热性差，回火加热时更要特别注意控制升温速度。

一般来说，回火对消除热处理残留应力是有效的。据文献介绍，对于碳的质量分数为0.4%的碳钢，400°C回火能使残留应力减少到1/3；500°C回火则减少到1/5以下；600°C回火则能基本上消除。但在实际生产中，为了保持工件有足够的硬度往往采用低温回火，这时的残留应力还保持了一个相当大的数值。

从材料角度来讲，大型工件中常存在各种内部缺陷。这些缺陷破坏了工件的连续性，往往在淬火应力作用下成为断裂起源。在产生热应力型内裂的工件中有时发现白点。这是由于在残留应力作用下，氢含量过高并向应力集中处扩散，产生氢脆开裂。但实践中发现，有些内裂的方向与白点裂纹方向相垂直，而与残留拉应力的最大方向相吻合，说明残留应力起主导作用。

在热应力型内裂中，断裂起源于中心附近。因为中心部位经常出现冶金缺陷，这些夹杂类缺陷常常成为热应力型内裂的起源点。在中心钻孔的大型轧辊中，热处理淬火拉应力峰值在1/2壁厚处，因而开裂也常起源于壁厚的一半处。

实践证明，在我们遇到的热应力型内裂与断裂中，低倍检验与高倍检验也有未发现异常缺陷的。它们的开裂主要是由于淬火操作不当或回火不及时致使工件中残留应力过大所致。

4. 大型工件热应力型内裂的预防

从上面的分析中可以看出，热应力型内裂产生的主要原因是工件淬火时的残留应力，材料中的缺陷是引起开裂的辅助原因。为了预防内裂及断裂的发生，主要应从降低心部拉应力和提高材料破断抗力两方面加以考虑。

1）适当降低淬火温度，可以减少热应力，对防止内裂有利。因为淬火温度越高，热应力越大，同时，加热温度过高也会使奥氏体晶粒粗化，使材料强度降低。工件出炉后淬火前适当预冷，也对减小热应力预防内裂有利。

2）淬火时，注意工件的均匀冷却。

3）及时回火是预防内裂的有效措施。淬火后不及时回火导致残留应力加剧，并且随着时间的延长，表层的残留奥氏体继续分解，进一步加剧了内部的拉应力。因此，大锻件特别是合金钢大锻件，淬火后必须及时回火。

4）控制加热升温速度十分重要，快速加热会导致内外温差加剧，热应力增大。特别是含碳与合金元素高的大型锻件，低温阶段的升温速度要严加控制。一般来说，大锻件在低温阶段的升温速度要控制在30~70°C/h。回火加热时，因工件有很大的残留应力，升温时更要注意。

5）减少材料中的缺陷，提高材料本身的强度对防止淬裂也很重要。为了提高材料本身的强度，对于晶粒粗大的工件，可先进行一次正火，以便细化晶粒，提高强度。

　　6）带有内孔的大型工件淬火时，内孔同时冷却对防止淬裂有利。在调质热处理 $\phi640mm \times 1100mm$（带有 $\phi380mm$ 盲孔）40Cr 钢叉头时，由于吊装时盲孔朝下，盲孔内壁得不到充分冷却，致使 4 个工件全部在盲孔底部产生裂纹。后来改用盲孔朝上吊装，孔内冷却条件改善，本批处理的 6 件全部合格。

10.1.10　高速钢焊接工具裂纹的分析及防止措施

陕西工学院　杨仁山　胡廷法

1. 概况

　　高速钢焊接工具要比相同尺寸、相同外形的整体高速钢工具更易形成裂纹。裂纹主要发生在高速钢焊接工具制造加工的两个工艺阶段：毛坯焊后的冷却过程中和高速钢焊接工具的淬火过程中。为了便于区别，我们将前者简称为焊接裂纹，后者简称为淬火裂纹。在圆柱形工具的表面，这两者裂纹外观都是环状，但两者是有明显区别的。

2. 试验结果及分析

　　（1）焊接裂纹　高速钢焊接工具在焊后冷却过程中形成的焊接裂纹特征是，平行于焊缝向心部扩展（见图 10-35），焊缝和裂纹之间的距离在 0.5 ~ 6mm 范围变化，裂纹深度达 1 ~ 5mm。在圆柱形工具的横截面上，裂纹常常呈一个不封闭的圆环，而在纵截面上，呈平行于焊缝的直线状。因此，沿裂纹断裂时形成一个几乎与焊缝平行的平状断口。由于焊后需经退火，在退火过程中裂纹表面被氧化，氧化物也会沿裂纹伸入一定深度。我们可以根据裂纹周围的形态和断口颜色，判断裂纹经历的温度范围和开裂的工序，据此可以将高速钢焊接工具的焊接裂纹和淬火裂纹区分开来。

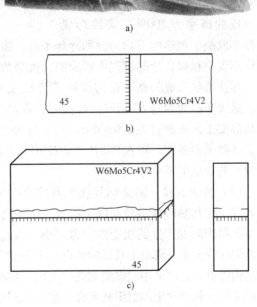

图 10-35　焊接时形成的裂纹分布情况

a）在圆柱形工具的表面　b）沿圆柱形工具的纵截面

c）在扁形工具的表面

焊缝附近沿纵向硬度分布测量结果如图 10-36 所示。焊缝附近硬度变化最大。焊接时由于产生不同的组织转变，引起相当大的相变内应力。焊接工件在焊接过程中产生的裂纹位于最大硬度区，一般距焊缝有一定的距离，位于淬硬层的一端。裂纹与焊缝的距离与焊接时热作用区的大小有关，热作用区的宽度越大，则裂纹距焊缝越远。钢的裂纹部分断口为细晶粒瓷状平断口。

对焊的工具焊接裂纹形成的概率与工件毛坯直径有关。根据统计，直径为 $\phi20mm$ 的毛坯，摩擦焊接时马氏体区的宽度为 0.5 ~ 1.75mm，其焊接裂纹形成的概率较小，约为 8%；直径为 $\phi45 ~ 60mm$ 的毛坯，摩擦焊接时马氏体区的宽度为 3 ~ 5.5mm，其焊接裂纹形成概率为 60%，若焊后直接空冷，则焊接裂纹形成的概率为 100%。裂纹形成

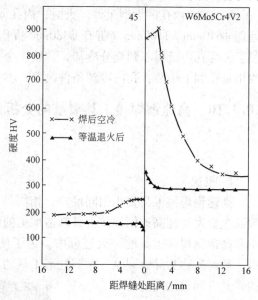

图 10-36 $\phi20mm$ 坯料摩擦焊焊接接头热影响区硬度分布曲线

的概率取决于加热的不均匀性和冷却条件。需特别指出，高速钢焊接工具的焊接裂纹不仅是在焊后冷却过程中形成的，大多数是在冷却以后形成的。

焊接裂纹形成的概率也与焊接工艺参数有很大的关系。我们的研究结果表明，退火态高速钢与 45 钢摩擦焊接时，在高速钢一侧硬度最大值与高速钢的成分和焊接工艺参数有关。W6Mo5Cr4V2 与 45 钢摩擦焊接时，硬度最大值与焊接工艺参数关系颇大，可在 950HV 与 720HV 之间变化，而硬度最大值越低，则焊接裂纹的形成概率越小。

（2）淬火裂纹 高速钢焊接工具淬火时易形成淬裂，因此大多数热处理工作者都主张加热时盐浴液面低于焊缝一定距离，即焊缝下加热淬火，此时焊缝区发生的组织转变产生的相变内应力较小，因此不易导致淬裂。但有些工具，因为高速钢部分太小，或由于其结构特点，不可能实现焊缝下加热淬火。有时为了提高其结构强度，必须采用超焊缝加热淬火时，焊缝及其邻近区都被加热到淬火温度，随后冷却过程中发生的组织转变会引起很大的相变内应力，而增大淬裂的危险。

高速钢焊接工具淬火时形成的淬火裂纹与焊接过程中形成的焊接裂纹不同。在圆柱形工具表面上，淬火裂纹距焊缝距离与工具的尺寸无关，总是 0.1 ~ 0.5mm，要此焊接裂纹更趋近于焊缝，且裂纹随着深入工件内部的尺寸增大，则

与焊缝的距离越来越远，如图 10-37 所示。因此工具沿淬火裂纹断裂而形成的断口为杯锥状。在焊接工具中，由于焊缝的存在对热应力和相变内应力分布有极大的影响，因此大多数情况下观察到的淬火开裂主要是这种横向环裂纹。此外，由于高速钢碳化物偏析而导致焊接工具淬火时形成的纵向裂纹，如图 10-38 所示。

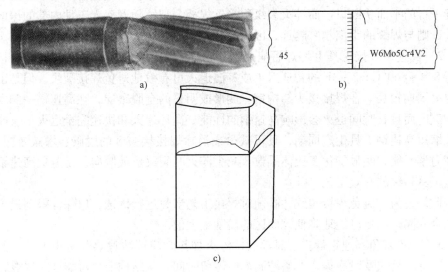

图 10-37　高速钢焊接工具淬火时形成的淬火裂纹

a）立铣刀的表面　b）圆柱形工具纵截面　c）扁形刀具的表面

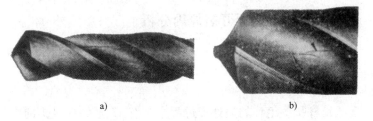

图 10-38　由于碳化物偏析形成的淬火裂纹，裂纹在钻头中心部位沿纵向分布，裂纹长为 5~20mm

a）φ28mm W18Cr4V—45 钢摩擦焊接钻头，高速钢碳化物级别为 4 级

b）φ65mm W18Cr4V—45 钢摩擦焊接钻头，高速钢碳化物级别为 5 级

还有一类裂纹可看作是焊接裂纹和淬火裂纹复合而成的环状裂纹。沿裂纹断裂时其断口也为杯锥状，与图 10-37 所示杯锥状断口的区别在于"唇口"不在一个平面上，为"阶梯"形"唇口"，离焊缝最近处约 0.1~0.5mm，最远处约为 3~5mm。

高速钢焊接工具表面脱碳，则焊缝附近易形成淬火裂纹，其裂纹的深度和方向取决于焊缝的位置。

3. 结论与改进措施

1）高速钢焊接工具加工制造过程中易形成两类环状裂纹，一类是毛坯焊后冷却过程中形成的焊接裂纹；另一类是淬火过程中形成的淬火裂纹。前者的特征是裂纹位于最大硬度区，平行于焊缝向心部扩展，沿裂纹断裂则形成一个几乎与焊缝平行的平面状断口。而淬火裂纹更接近焊缝，裂纹随着深入工件内部的深度增大，则与焊缝的距离越来越远，因此沿裂纹断裂时则形成一个杯锥状断口。

2）高速钢焊接工具毛坯焊后应迅速投入 720～760°C 保温炉中，然后直接进行 840～860°C×2～3h 的普通退火或等温退火可有效地避免焊接裂纹。但是由于退火周期较长，在焊接接头结构钢一侧形成明显的全脱碳层，在高速钢一侧发生增碳。而且长时间退火会影响高速钢的性能。循环退火和快速完全退火不仅能大大缩短高速钢工具生产周期，且可减少或消除焊接接头区的脱碳、增碳效应，提高力学性能，明显细化奥氏体晶粒，减少淬火时裂纹形成倾向，是避免高速钢焊接工具裂纹的有效工艺。

此外，为了避免焊接裂纹，必须对焊接工艺参数进行优选，以保证得到最牢固结合的同时，尽可能地降低淬硬区的硬度最大值。

3）为了避免高速钢焊接工具淬裂，淬火加热时应严防过热，防止工件表面脱碳。淬火后应及时回火，严格控制淬后停留时间。从结构上尽可能消除焊缝附近的附加应力集中。

此外，采用真空热处理是避免高速钢焊接工具淬火裂纹的有效手段。

10.1.11 石油钻杆接头表面开裂原因分析

辽宁锦华机械厂 张 勇

1. 概况

在某批石油钻杆接头毛坯的热处理过程中，有 43 根钻杆接头的中部表面出现裂纹。产品所用坯料为抚顺特种钢厂生产的 40CrMnMo 合金结构钢，直径 $\phi140mm$。

钻杆接头加工工艺如下：钢材进厂验收→割断→加热→锻压（压形、冲孔）→机械加工→超声波检验→调质处理→超声波检验→性能分析。钻杆接头表面裂纹是在调质处理后外观检验时发现的。

2. 试验结果及分析

（1）宏观检查 图 10-39 所示为两个送检试片表面裂纹的宏观形貌。图 10-39a 中的有些裂纹较平直，其走向大致沿钻杆接头轴向开裂。此外，钻杆也出现图 10-39b 箭头所示的横向裂纹或者裂纹走向偏离钻杆接头轴向较明显的裂纹。不难看出，裂纹呈网状分布，而且这种网状呈多边形，该多边形的每条边即每条裂纹都较平直。对图 10-39 试片的两个横截面着色探伤后观察，发现裂纹从钻杆接头外表面沿径向延伸，而且延伸深度较小，一般不超过 5mm。

从图 10-39 试片切取带裂纹试样，沿裂纹将试样分开得到裂纹断口。肉眼观察说明裂纹断口部分呈黑灰色，表明这部分断口被 Fe_3O_4 覆盖，说明裂纹附近曾经受过高于 430°C 氧化，裂纹尖端前方原来未开裂部分，被折断后得到的新鲜断口则呈银灰色。

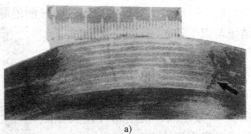

a)

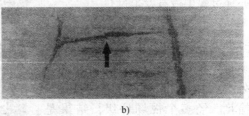

b)

图 10-39　试片表面裂纹宏观形貌

a）轴向裂纹　b）偏离轴向裂纹

（2）金相检验　对带裂纹的试样作金相检验。图 10-40a 为一条裂纹在横截面上的完整形貌，可以看出裂纹从钻杆接头外表面到内部的宽度逐渐变窄，这说明裂纹是由钻杆接头外表面向管壁内部扩展的。试样经 4% 硝酸酒精溶液浸蚀，结果示于图 10-40b。由图 10-40b 可知，钻杆接头组织为索氏体，并且裂纹两侧脱碳不明显，说明钻杆接头确实经过调质处理。

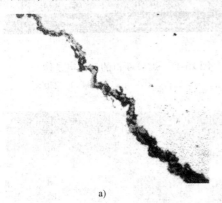

a)

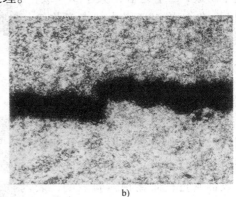

b)

图 10-40　钻杆接头裂纹金相组织

a）完整裂纹形貌　18×　b）金相组织　80×

（3）断口观察　图 10-41a 所示为裂纹断口的较低放大倍率的二次电子像，图中 AB 线以下部分为裂纹断口，以上部分为新鲜断口。图 10-41b 为图 10-41a 中 AB 线以上新鲜断口的二次电子像，为韧窝断口，其形貌与沿晶断口明显不同。图 10-42 所示为距裂纹尖端较远部分的裂纹断口形貌，箭头指未脱落的氧化层，说明虽然因断口表面覆盖着 Fe_3O_4，使得断口的沿晶断裂形貌变得不易分辨，但 Fe_3O_4 脱落后仍表现出较明显的沿晶断裂。对另一裂纹断口进行观察，其结果与以上结果一致。

经检测，沿晶断口处的晶粒尺寸为 0.056mm。由晶粒度评级标准可以确定开裂钻杆接头的晶粒尺寸在 5~6 级之间，说明钻杆接头在热处理过程中没有发生过热。

（4）钻杆接头坯料夹杂物检验 根据 GB/T 10561—2005《钢中非金属夹杂物含量的测定——标准评级图显微检验法》，对坯料试片进行检验。经多个视场评级，结果是：塑性夹杂物为 2 级、脆性夹杂物为 1 级。而根据 GB/T 3077—1999《合金结构钢》要求，40CrMnMo 钢的夹杂物塑性和脆性夹杂物含量分别不大于 3 级，二者之和不大于 5.5 级，因此，钻杆接头坯料中的夹杂物含量符合标准要求。该材料在进厂验收过程中及发现裂纹后均进行了化学成分分析，分析结果符合标准要求。

（5）钻杆接头表面裂纹形成原因分析 宏观检查表明，钻杆接头表面裂纹较平直，分布于钻杆接头外表面附近；而金相检验表明，裂纹两侧没有明显脱碳且裂纹由钻杆接头外表面向内部扩展，断口观察表明裂纹沿晶界扩展。上述特征说明，这种裂纹应为淬火裂纹。至于裂纹断口发生了氧化，则是因为工件淬火出现裂纹后，又经 590 ~ 600°C × 2h 回火，裂纹表面氧化形成

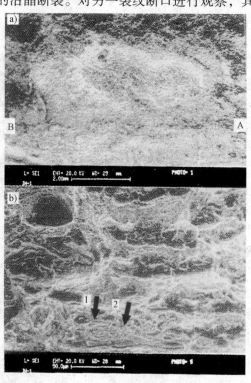

图 10-41　裂纹断口的二次电子像
a）裂纹断口　8×　b）新鲜断口　280×

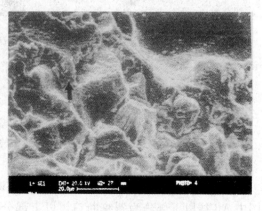

图 10-42　试样裂纹尖端的断口形貌　560×

FeO，工件回火后冷却过程中又发生了 FeO 向 Fe_3O_4 的转变。

由此也说明钻杆接头表面裂纹的出现与钻杆接头制造过程中的冲孔、拉深工艺无关。由于钻杆接头热处理后无需超声波检验，肉眼即可看到钻杆接头的表面裂纹，恰好说明裂纹的形成与钻杆接头热处理直接相关。

钻杆接头在淬火过程中，由奥氏体向马氏体转变过程中比体积增大而产生内应力，从而造成产品开裂。并且又因为钻杆心部与表面的组织转变不是同时进行，表面冷却快先发生马氏体转变，形成表面压应力、心部拉应力。当表面完成马氏体转变后，心部才开始发生马氏体转变，从而在轴向和切向均使工件表面受到向外胀大的拉应力作用，心部受到压应力作用。

当表层拉应力达到或超过工件材料的脆断强度时，工件开裂。对于钻杆接头，因淬火工件表面受到的拉应力，既有引起产品轴向开裂的切应力分量，又有引起产品横向开裂的轴向应力分量，而这两种分量同时作用，将会产生既非纵向又非横向的其他取向裂纹。

当材料成分一定时，影响淬火开裂的主要因素是工件冷却速度和淬、回火之间的停留时间。对于前者，除了与工件淬火温度高低（温度高，工件开裂倾向大）有关外，还与淬火介质（成分、温度）有直接关系。对于后者，及时回火有利于防止工件淬火裂纹的产生。

石油钻杆接头调质处理中淬火采用水基淬火介质。影响工件开裂的主要因素在于淬火介质的冷却强度的选择和控制，即淬火介质的成分和温度选择和控制。

3. 结论

由于钻杆接头坯料中夹杂物含量符合标准要求，因此钻杆接头表面裂纹与产品的热加工过程中的加热、冲孔没有关系。裂纹的产生是由于水基淬火介质（成分、温度）选择控制不当造成的，属于淬火裂纹。

4. 改进措施

石油钻杆接头调质处理淬火采用水基淬火液，在石油钻杆接头的热处理过程中，要严格控制淬火液的浓度及温度，从而控制淬火介质的冷却强度。

10.1.12　高碳低合金冷作模具钢开裂原因分析

深圳出入境检验检疫局　李树华　张庆波

1. 概况

一块牌号为 100MnCrW4（材料号 1.2510）、规格为 23mm × 310mm × 330mm 的高碳低合金冷作模具钢钢板，经机加工挖孔、热处理，在进行最后的表面磨削加工时发现钢板边角崩裂和裂纹。

钢板的热处理工艺为：820°C × 1h 加热（直接装入 820°C 箱式热处理炉）

后，油冷至约50℃，240℃×2.5h两次回火。

宏观检查该模具钢板，存在3处相对独立的开裂或裂纹；

1）图10-43所示的边角崩裂，共有3段。其中掉落的崩裂块长约155mm，高约13mm，厚达5mm。裂口方向沿钢板横向。

2）位于上述裂纹左侧中间大圆孔处的裂纹，沿孔壁最薄处（钢板纵向）完全裂开。

3）图10-43所示钢板下侧面的裂纹，距钢板左下角约110mm，有两条自钢板棱边向厚度方向扩展的细裂纹，基本上与钢板平面垂直。

检查钢板发现其棱边、角及孔口存在粗糙的机加工痕（见图10-44），图10-43所示的8个大孔均存在无明显圆弧过渡的直角台阶，且孔壁偏薄（仅6mm，孔径约φ15mm）。

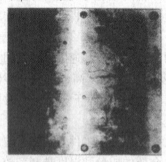 

图10-43　钢板整体形貌　　　　　　　　图10-44　钢板开裂形貌

2. 试验结果及分析

（1）化学成分分析及硬度检验　经分析，该模具钢的化学成分（质量分数,%）为：0.88C，0.30Si，1.10Mn，0.022P，0.001S，0.65Cr，0.54W，0.07V，符合100MnCrW4钢材料标准的技术要求。模具钢的平均硬度为58HRC。

（2）断口形貌分析　在低倍放大镜下观察，开裂断口呈银灰色，无明显塑性变形；在扫描电镜下观察，断口形貌呈典型的冰糖块状特征（见图10-45），属沿晶脆性开裂。能谱分析表明，断口面存在大量的碳化物（见图10-46），未发现杂

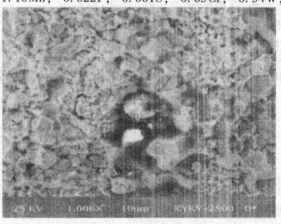

图10-45　典型的断口形貌

质元素在晶界偏聚。

（3）裂纹微观分析　金相分析表明，裂纹扩展呈椭圆弯曲，裂纹前缘细小且无钝化现象，局部裂纹处存在未脱落的碳化物液析，碳化物旁已形成了显微孔洞；裂纹两侧未发现氧化、脱碳组织，裂纹处存在未脱落的碳化物。这表明，裂纹系淬火开裂，而不是热处理前形成的。

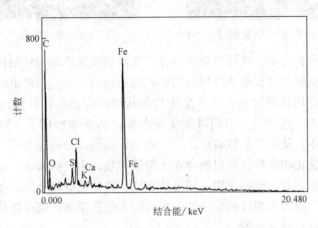

图 10-46　图 10-45 断口面的能谱分析

（4）显微组织分析　钢板横截面显微组织（见图 10-47）为回火马氏体 + 颗粒状碳化物 + 少量块状碳化物 + 少量残留奥氏体。由图 10-48 可见存在明显的碳化物带状偏析，按照 GB/T 18254—2002 标准第八级别图，带状偏析为 2.5 级。局部存在半封闭或封闭的二次网状碳化物，碳化物偏析带内存在拉长的灰色塑性夹杂（见图 10-49），但未发现非金属夹杂物、气泡等异常冶金缺陷。按照 GB/T 1299—2000 标准第二级别图，网状碳化物横截面为 3 级，水平面为 4 级。在距钢板面 14mm 的水平面存在局部偏聚的碳化物液析（见图 10-50），按照 GB/T 18254—2002 标准第九级别图，液析纵截面为 1 级；水平面为 4 级。

图 10-47　横截面显微组织　500×　　　　图 10-48　碳化物带状偏析(纵截面)　100×

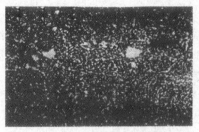

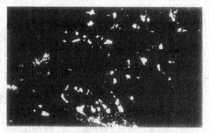

图 10-49 二次网状碳化物（横截面） 500×   图 10-50 碳化物液析 100×

显微组织分析表明，该模具钢板存在二次网状碳化物和带状偏析，以及局部偏聚的碳化物液析。这说明热处理前的组织很不均匀。不均匀的组织结构很容易产生内应力，在热处理时也容易产生不均匀相变内应力。在其他内应力（如机加工残留内应力、热应力、不同时相变应力等）的叠加作用下，导致很大且复杂的内应力集中，从而产生微裂纹，并导致钢板崩裂。分析还表明，局部裂纹处存在未脱落的碳化物液析，断口面存在大量碳化物。由此可推断，碳化物在裂纹的起源和扩展中起着重要的作用。与基体相比，碳化物既硬又脆，相界处容易产生内应力集中，成为微裂纹的发源地。在内应力的作用下，裂纹也易沿碳化物扩展，最终导致钢板淬火开裂。

钢板棱边、角和加工孔口粗糙的机加工痕和不合理的结构设计，很容易产生局部应力集中，也是潜在的微裂纹源。上述第三处裂纹很可能就是起源于棱边机加工痕，然后在内应力的作用下向里扩展。

3. 结论

材料内部组织不均匀（碳化物液析局部偏聚、二次网状碳化物及带状偏析），是模具钢板淬火开裂的主要原因；粗糙的机加工痕、不合理的结构设计，以及热处理时加热过快（未预热），属次要原因。

4. 改进措施

1）热处理前，最好将模具钢坯料进行改锻，以消除带状偏析，获得尽可能均匀分布的碳化物组织，降低开裂倾向。

2）机加工后淬火热处理前，若能进行去应力退火，也可大大降低或消除淬火开裂倾向。

3）模具的结构和设计应尽可能合理，否则必须在热处理时采取必要的保护措施。

10.1.13 45A 钢卡爪淬火开裂原因分析

唐山钢铁集团有限责任公司技术中心　李智博　张贺宗

1. 概况

卡爪是车床主轴卡盘上的零件，常用优质 45 钢（圆钢）制作。一般须经过锻造—正火—机加工—整体淬火、回火—高频感应加热淬火、回火—精加工。在整体淬火后，发现部分卡爪齿部有纵向裂纹，见图 10-51。卡爪齿面部发生沿齿面边缘的轴向开裂，最深处约 12mm，开裂的材料已部分脱落。为此对卡爪的化学成分、硬度、金相组织等进行了检验和分析，进一步分析产生断裂的原因，并提出预防措施。

图 10-51　卡爪整体淬火后断裂宏观状况图

2. 试验结果及分析

（1）化学成分分析　将开裂的 45A 钢卡爪进行化学成分分析，其碳的质量分数为 0.52% ~ 0.54%（质量分数）。正常 45A 钢的碳的质量分数为 0.43% ~ 0.48%，而该批卡爪的碳含量都偏高。钢的化学成分是确定淬火温度的主要因素，不同含碳量的碳钢常采用的加热温度在图 10-52 的阴影线区域。

一般 45 钢常用淬火加热温度为 820 ~ 840°C，淬火介质为盐水，而碳的质量分数为 0.52% ~ 0.54% 碳钢的淬火加热温度约为 810 ~ 830°C。这批卡爪仍按 820 ~ 840°C 加热，加热温度偏高，工件很容易开裂。

（2）硬度检验结果及分析　根据卡爪开裂情况，对其齿面部、齿面下部约 12mm 处及卡爪侧面（分别记作 1、2、3，取样位置见图 10-51）进行硬度检测。

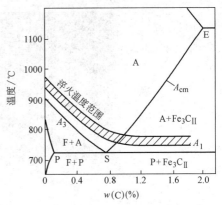

图 10-52　碳钢的淬火温度范围

从裂纹处切取包括齿面的试样一块，边切边冷却，以防试样受热回火引起硬度及组织变化。将试样两面磨平磨光，检验洛氏硬度，检验结果见表 10-13。

表 10-13　45A 钢卡爪硬度检测结果

编　　号	测 量 部 位	硬度　HRC
1	齿面	51.5、52.5、52.0
2	齿面下约 12mm 处	35.0、33.0、36.0
3	侧面	51.0、47.5、49.0

卡爪表面硬度要求为 53～58HRC。从表 10-13 可以看出，卡爪硬度偏低并且分布不均匀，尤其在齿面下 12mm 处硬度明显偏低。其原因可能是工件在淬火冷却的蒸汽膜阶段（500～600°C），未及时晃动，蒸气膜阶段过长，冷速不够，冷却不均匀，使卡爪淬硬层过浅，且有软点。

（3）金相组织分析　金相试样的取样与硬度试样取样位置相同（见图 10-51）。在 3 个不同的位置各取 1 块，金相组织见图 10-53。

1 号样组织主要为淬火马氏体，见图 10-53a。2 号样组织主要为铁素体 + 托氏体，见图 10-53b。3 号样组织主要为淬火马氏体 + 回火马氏体，见图 10-53c。

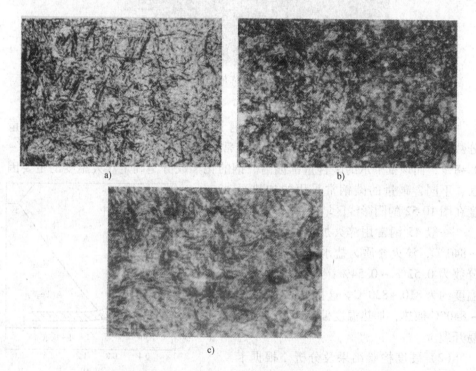

图 10-53　45A 钢卡爪不同部位的金相组织　200 ×
a）齿面　b）齿面下约 12mm 处　c）侧面

1 号样取自齿面部分，因为齿面加热和冷却都比较充分，绝大部分奥氏体组织都转变为马氏体。

2 号样取自齿面下 12mm 处。由于淬火加热温度偏低或保温不够，使部分铁素体保留下来。同时由于齿面下 12mm 处冷速比较低，温度下降慢，45 钢淬透性比较差，在 550°C 时奥氏体等温转变图（C 曲线）鼻尖区，过冷奥氏体最不稳定，齿面下 12mm 金相组织主要为铁素体 + 托氏体。

3 号样取自齿的侧断面，由于断面冷速相差较大，外侧已转变为马氏体，而里侧转变较慢，同时受心部余热的影响，部分马氏体得到回火。

3. 断裂原因分析

（1）淬火介质和冷却速度　卡爪水淬，冷到 500 ~ 600°C 的蒸气膜阶段，冷却速度较低，奥氏体易发生高温转变，所以在淬火冷却时，工件须在水中不断晃动，以破坏蒸气膜的隔热作用，避免产生软点。而在马氏体转变的 100 ~ 300°C 范围内，水正处于沸腾阶段，冷却速度很高，易使工件发生严重变形，甚至开裂。本卡爪在淬火过程中（蒸汽膜阶段），工件在水中晃动不均匀，不及时，使有些地方产生软点。在 100 ~ 300°C，水的冷却速度很高，易使工件开裂。

（2）淬火温度　对 45A 钢，淬火加热温度为 820 ~ 840°C，淬火冷却介质用盐水为宜，淬火后硬度 >55HRC。由于卡爪碳的质量分数为 0.52% ~ 0.54%，根据其淬火温度应低于 840°C，在 810 ~ 830°C 较合适。仍按 820 ~ 840℃淬火，容易开裂。

（3）工件形状和尺寸的变化引起裂纹　45A 钢卡爪形状较复杂，易变形和开裂，宜用较低的淬火温度。齿面部发生的淬火开裂很可能是淬火温度偏高，冷却速度相应快造成的。

（4）从裂纹形态分析　观察裂纹形态，此为淬火裂纹。淬火裂纹是由于淬火内应力在工件表面形成的拉应力超过冷却时钢的强度而引起的。一般发生在 M_s 以下的冷却过程。此时，钢因发生马氏体的转变，塑性急剧降低，而组织应力急剧增大，所以易形成裂纹。如图 10-51 所示，该淬火裂纹沿轴向发生，裂纹较深，导致裂纹的应力是表面切向拉应力，故产生纵向裂纹的原因是后期组织应力，常出现在全部淬透的部分。因此，降低 M_s 以下的冷却速度，可有效地避免这类裂纹。

4. 结论

对 45A 钢卡爪热处理断裂情况进行分析，并进一步深入分析了产生开裂原因，淬火开裂原因是材料碳含量偏高，淬火温度偏高，淬火操作不当。

5. 预防措施

1）工件形状的合理设计，工件的结构应尽量具有对称性，避免尖角和薄边。

2）正确选材，对结构形状复杂、易变形和淬裂的零件，尽量使用合金钢。

3）满足使用性能情况下，尽量降低硬度要求。

4）毛坯要经过适当的预备热处理，以满足机加工等的要求。

5）采用合理的热处理工艺，如合适的加热速度、加热温度、加热方法及合适的冷却规范。

10.1.14　高碳马氏体钢球淬火开裂原因分析

西安交通大学材料科学与工程学院　周根树　金堆城钼业公司　薛小敏　颜战勇

1. 概况

某企业采用 T7、T8 钢的热轧方坯（90mm × 90mm × 120mm）锻制直径为 120mm 钢球。该钢球用于球磨机，要求表面硬度大于 60HRC，而钢球整体还应具有一定的韧性。为简化生产工艺，提高经济效益，该厂采用锻后余热淬火。钢球初锻温度为 1050°C，终锻温度为 850°C。锻后利用锻造余热进行单介质淬火，淬火介质为水，温度为 40 ~ 60°C。淬火后钢球开裂严重，开裂比例超过 50%。为揭示钢球出现开裂的原因，从而降低废品率，对材料的化学成分、组织、断口形貌及工艺进行了综合分析。

2. 试验结果及分析

（1）材料成分分析　该批钢坯化学成分如表 10-14 所示。

表 10-14　钢坯化学成分（质量分数,%）

炉号	C	Si	Mn	S	P
102055	0.73	0.27	1.17	0.026	0.034
033584	0.75	0.29	1.29	0.037	0.036

化学成分分析表明，该材料为 T7、T8 钢，符合要求。P、S 含量较高。

（2）断口分析

1）宏观断口观察分析。对料坯和开裂钢球的断面进行了宏观检验。原材料方坯断面平齐，表现出明显的脆断特征。表明该材料本身的塑性、韧性就不是很高。开裂钢球的断裂面位于钢球中心面上。其宏观形貌见图 10-54。

从图 10-54 可以看出，在钢球中心线上裂纹线条平直，朝图示上下两个方向裂纹线呈弧状。断面中间为木纹状断口，而在距表面约 20mm 的区域，断口平齐，有金属光泽，表现出晶粒粗大的脆性断口形貌。以上观察表明裂纹起源于钢球中间。

2）微观断口分析。在扫描电镜上对钢球断口形貌进行了观察。

图 10-54　开裂的淬火钢球断面宏观形貌

试样 1 取自于开裂钢球断口表面。试样 2 是在用线切割于钢球上取样时，样品自行断裂所得到的断口。

在开裂钢球表面区域，微观断口为解理断口形貌，见图 10-55。在距表面约 20mm 左右，以脆性解理断裂为主，并伴随有少量韧性断裂，见图 10-56。

用线切割于另一钢球上取样（10mm×10mm×120mm）时，有一样品自行断裂。观察发现其断面附近有裂纹，断口局部呈棕红色。断口微观分析发现断裂方式为沿晶断裂，而且晶粒非常粗大，见图 10-57。这表明在锻造加热过程中，有些钢球存在热脆或过烧缺陷。

（3）金相组织分析　对原材料和淬火钢球的金相进行了检验。

1）原材料：从图 10-58 可以看出，原材料组织为珠光体，组织细小。

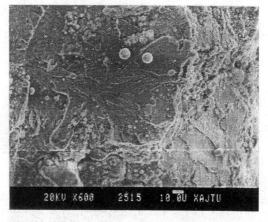

图 10-55　钢球的脆性解理断裂形貌

2）淬火钢球：表面为板条低碳马氏体，表明有表面脱碳现象存在。亚表面为片状高碳马氏体，见图 10-59；内部组织粗大，并有明显的层状特征，见图 10-59。心部组织为层状组织，见图 10-60。该层状组织与压力加工过程中元素的偏析有关。组织组成为片状马氏体加上珠光体（索氏体/托氏体），见图 10-61。随着深度增加，马氏体比例逐渐下降。

（4）工艺分析

1）锻造工艺分析。该厂所采用的锻造温度区间为 1050～850℃。T7、T8 钢作为高碳钢，其终锻温度可以到 800°C，甚至到 770°C。试样 2 存在热裂的现象

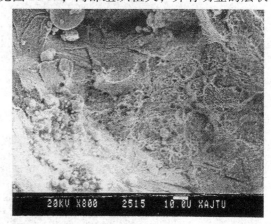

图 10-56　钢球的解理断裂伴随小量韧窝断裂

表明，材料在锻造加热过程中可能存在由于加热温度或加热时间控制不当，造成过热甚至过烧现象，导致晶粒粗大，使材料塑韧性下降。

用 90mm×90mm×140mm 的方坯模锻直径为 120mm 的钢球，材料中间部位的变形量小，再加上冷却速度也相对较小，因此该部分的再结晶晶粒粗大。这也

是导致断裂容易在截面中心上发生的原因之一。

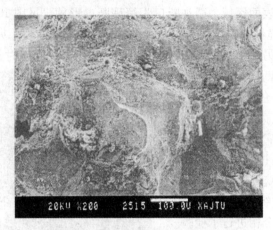

图 10-57　钢球脆性沿晶断裂形貌

图 10-58　方坯金相形貌

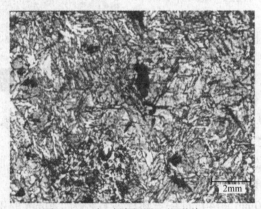

图 10-59　钢球淬硬层组织形貌

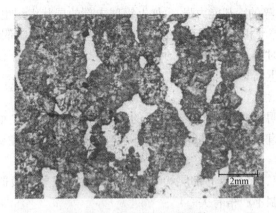

图 10-60　钢球心部组织形貌

图 10-61　钢球心部组织形貌

2）热处理工艺分析。对于 T7、T8 钢，普通的热处理规范是锻造冷却后，采用球化退火预备热处理，得到粒状珠光体。然后加热到 790～810°C，进行水-油双介质淬火，淬后立即回火。

该厂采用锻后余热淬火的新工艺。由于未经球化退火，晶粒粗大，且有带状组织。淬火马氏体中的含碳量将很高。此外，锻后淬火时的入水温度控制也不够严格，容易偏高。入水温度越高，则淬火时的温度不均匀性越高，淬火应力将越大。

淬火时会形成热应力和组织应力，而且组织应力常常占主导。采用冷却能力很强的水单介质淬火，对于直径达 120mm 的钢球，其温度分布将极不均匀，会形成很高的组织应力。其组织应力分布为淬硬区压应力，内部拉应力。断口分析表明内部的拉应力是导致断裂的主因。

另外,由于水淬的冷却能力强,再加上钢球内部的层状组织也比较粗大,因此在接近心部处还有淬硬相存在,导致心部的韧性差,进一步加剧心部断裂的可能。

生产过程中对淬火件也未及时回火,巨大的淬火应力由于没有得到消除,从而导致淬火后发生断裂。

3. 结论

以上分析表明,原材料不存在明显的问题。淬火应力大,而且钢球韧性差是导致钢球断裂的直接原因。热处理工艺不合理是形成断裂的主要原因。具体有以下各个因素:

1) 锻造组织,特别是心部层状组织粗大。这一现象与锻造比较小,锻造温度和加热工艺控制不严格有关。

2) 淬火组织粗大,马氏体含碳量高。这主要与淬火前未经球化退火有关。

3) 淬火应力大。可能的影响因素包括:入水前预冷不充分;水单介质淬火;回火不及时或根本未回火。

4. 改进措施

1) 严格控制锻后的预冷,尽可能降低淬火时的入水温度。

2) 建议采用水-油双介质淬火,严格控制出水温度并及时回火。

根据失效分析结果,企业对生产工艺进行了改进。仅通过降低淬火入水温度,提高出水温度,钢球淬火开裂现象基本消除。

10.1.15 42CrMo钢高强度螺母裂纹分析

江苏南通航运职业技术学院机电系 陈文婕 宋菊强

1. 概况

某厂生产加工的成套高强度螺栓、螺母为某水利工程发电站用丁水下工作的叶轮连接于底盘的重要受力件,一旦失效破坏将导致严重事故。一批经过调质处理的螺栓、螺母毛坯在机加工过程中,发现400件中有近28%存在裂纹,其中螺母较为严重。检查数件有裂纹的螺母,观察到在螺母的两端面上均存在数条长短不等、呈同心圆状分布的裂纹,且在内孔表面也分布着2~3条不同长短的纵向裂纹,有的裂纹从端面一直穿透于内孔表面。

该螺母材料为42CrMo钢,规格为M64。工艺流程:原材料(ϕ100mm棒料)下料→锻压、冲孔为ϕ107mm×ϕ58mm×68mm的螺母毛坯→灰筒内冷却→正火、回火→粗车→调质处理→精加工→成品。调质处理工艺为(850 ± 10)℃×1.5h,油冷+(590 ± 10)℃×2h,水冷。

2. 试验结果及分析

(1) 化学成分分析及硬度检测 在有裂纹的螺母及原材料上取样进行化学

成分分析，结果列于表 10-15。可见其化学成分符合 GB/T 3077—1999 合金结构钢标准要求，但含硫量都较接近上限。在螺母端面上进行硬度测试，结果为：31HRC、33HRC、26HRC、31HRC、28HRC，表明其硬度分布不均匀。

表 10-15　化学成分分析结果（质量分数,%）

元素	C	S	Si	Mn	P	Cr	Mo
42CrMo 钢	0.41	0.030	0.26	0.62	0.012	0.97	0.20
GB/T 3077—1999	0.38~0.45	≤0.035	0.17~0.37	0.5~0.8	≤0.035	0.9~1.20	0.15~0.25

（2）金相检查　纵向截取螺母进行夹杂物检查。按 GB/T 10561—2005《钢中非金属夹杂物含量的测定——标准评级图显微检验法》评定结果列于表 10-16，可见工件中含有较多的夹杂物，且塑性夹杂物级别为合格级别的上限。

表 10-16　非金属夹杂物评定结果

夹杂物类型	脆性夹杂物	塑性夹杂物	两者之和
实测级别	1.5	3	4.5
GB/T 10561—2005	≤3	≤3	≤5.5

纵向剖面试样经磨抛并用质量分数为4%的硝酸酒精溶液侵蚀后，肉眼可观察到有明暗交替的带状组织分布在裂纹到内表面之间，如图 10-62a 所示，而距外表面约4mm 左右的区域则是均匀区。其组织分布极不均匀，这与硬度波动相对应。图 10-62b 是带状组织放大的照片，一半为粗针状回火索氏体，是低碳低合金带；另一半为细线状回火索氏体，是高碳高合金带区，中间有一条夹杂物带。

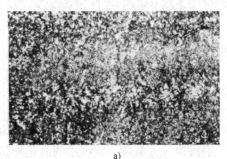 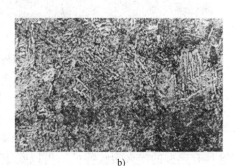

a)　　　　　　　　　　　　　b)

图 10-62　42CrMo 钢中的带状组织

a) 100×　　b) 500×

对裂纹附近及尾部组织进行检查，裂纹附近未发现异常，尾部为细针状的回火索氏体组织，裂纹沿着细针状的回火索氏体带延伸，且其附近分布着较多 MnS 夹杂物（见图 10-63）。对裂纹进行观察，裂纹从表及里由粗变细，刚劲有力，尾部尖细形似"闪电";裂纹两侧无脱碳现象,具有典型的淬火裂纹特征;裂纹内部有氧化物,裂纹深度在 4 ~ 6mm。

(3) 原材料组织检查 自 φ100mm 原材料棒料上切取通过钢材轴心纵截面金相试样,肉眼可见有沿纤维方向平行分布、长短不等的灰白色条带状组织,轴心区域的条带略宽些。图 10-64a 为原材料的带状组织照片,原材料组织为珠光体 + 块、条状铁素体 + 灰白色条带区。白色条带区组织为针状马氏体 + 粒状贝氏体 + 残留奥氏体,夹杂物 MnS 主要分

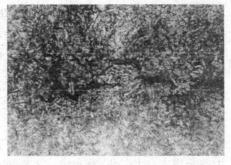

图 10-63 试样裂纹的尾部形貌 500 ×

布在马氏体和贝氏体条带上,图 10-64b 即为白色条带区放大组织照片。由此可明显看出,原材料组织中存在严重成分偏析,白色条带区属高碳高合金带,致使显微组织极不均匀。这与调质处理后的裂纹螺母中存在着的不均匀带状组织相吻合。

a)   b)

图 10-64 42CrMo 钢原材料中的带状和灰白色条带状组织

a) 100 × b) 500 ×

3. 分析

从观察到的裂纹的宏观形貌、显微形貌及裂纹两侧无脱碳现象均表明,该裂纹具有典型的淬火裂纹特征。可以断定,裂纹为淬火裂纹,裂纹中的氧化物是在调质处理工序中的高温回火过程中产生的。

尽管化学分析结果表明螺母的化学成分符合要求,但通过对螺母裂纹件及其原材料微观检查中所观察到的金相组织表明,原材料中存在严重的带状成分偏析,而裂纹的走向及扩展与带状组织一致。很明显,严重的带状组织是螺母产生淬火裂纹的主要原因。化学分析结果含硫量接近上限,带状偏析中存在的夹杂物

聚集分布说明夹杂物的聚集分布易诱发成分偏析。严重偏析将使整个工件产生不均匀的组织，以及使钢的各部分性能不均匀，从而导致硬度测试结果的极不均匀。而在热处理淬火的加热、冷却条件下，由于工件本身尺寸较大，使得内外温差悬殊和沿截面的冷却速度差异，又使组织不均匀性进一步加剧，在这种热应力和组织应力相叠加下而使工件开裂。夹杂物的聚集分布在一定程度上也增加了淬火裂纹产生的几率。

4. 热处理改进措施及效果

像这样严重带状偏析的钢材，调质处理前应进行高温均匀化退火，以消除带状组织。为此，在原材料及已调质且有裂纹的工件上分别切取试样若干，在高温试验炉内将试样加热到1050°C，保温6h进行均匀化退火，经均匀化退火的试样再经860°C正火处理，以细化组织。退火、正火的试样经金相检查，带状组织获得明显改善，组织中原较严重的偏析带的宽度显著缩小，部分偏析带已消失，组织趋向于均匀化。图10-65a即为经均匀化退火后的试样组织，原严重的偏析带区组织已明显改善，带内主要组织为粗细不等的珠光体，见图10-65b。

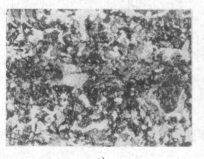

a)　　　　　　　　　　　　　　　　b)

图 10-65　42CrMo 钢高温均匀化退火后的组织

a) 100 ×　b) 500 ×

由于均匀化退火对该批材料的组织能起到明显的均匀化效果，因此对用该批材料生产的剩余工件在调质处理前增加了均匀化退火及正火。改进工艺后的螺母经检测，硬度比较均匀，也没有再出现开裂现象。

5. 结论

42CrMo 钢高强度螺母裂纹属于淬火裂纹。产生的原因主要是原材料中存在严重带状组织，预备热处理没能消除带状组织，调质工序淬火时产生很大内应力引起淬火裂纹。调质处理前增加均匀化退火及正火，消除了淬火裂纹。

10.1.16　销轴淬火裂纹的产生及预防措施

浙江宁波天安集团股份有限公司　张启军

1. 概况

我公司是专业输配电产品生产企业，在制造的电器产品中，有许多销轴需进行淬火、回火处理，以满足耐磨及强度等方面的性能要求。尽管每批处理的销轴数量不是很大，但工件规格杂，批次多，交货期短，销轴在淬火过程中时常发生淬裂的事故，给生产部门的正常生产造成困扰。在一时难以改变材料品质、零件加工线路及设备性能的状况下，通过严格控制销轴的热处理工艺，可有效防止销轴淬火裂纹的产生，并在实际生产应用中得到了证实。

（1）缺陷状况 由于此类销轴用于各种转动机构中，对其在耐磨及强度方面有较高要求，因此销轴一般选用 T8A 材料。因多方面的原因，销轴在淬火过程中时常发生淬裂的事故。现场随机抽取部分淬裂销轴观察，裂纹走向比较平直，且均为轴向裂纹，由表面裂向心部。该裂纹为典型的淬火裂纹，如图 10-66 所示。裂纹大部分出现在销轴 41mm 长度段上，少部分出现在 30.5mm 及 8.5mm 长度段，说明裂纹的产生与机加工中在车削 $\phi11mm \times 1.2mm$ 及 $\phi11.2mm \times 1.1mm$ 二退刀槽时，因尺寸突变而在其边缘

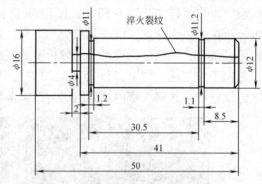

图 10-66 销轴尺寸示意图及裂纹发生的位置

处产生的应力集中有很大关系，淬火裂纹很有可能从二槽边缘处开始形成并发展至一定长度。

随机抽取 15 个淬裂销轴进行硬度检查，其中最高硬度达 68HRC，最低也有 63HRC，平均为 64.5HRC，且淬裂销轴的硬度均超过 63HRC。抽检同批次未裂销轴硬度，硬度低于淬裂销轴硬度，如表 10-17 所示。

表 10-17 销轴硬度检测结果

销轴状况	抽样数	硬度值 HRC	平均值 HRC
淬裂销轴	15	63，64，63，63，67，65，64，68，65，64，65，63，64，64，66	64.5
未裂销轴	15	65，61，62，63，66，64，60，58，60，62，64，65，60，59，58	61.8

正常状况下，用淬火液淬冷后，销轴硬度通常 <60HRC。由表 10-17 可知，淬火后销轴硬度较常态高。

（2）工艺流程 T8A 销轴经下料→粗车→淬火、回火→机加工→磨削→电镀等加工工艺处理。淬火、回火硬度要求为 43～48HRC。销轴在热处理前的加工形状及尺寸如图 10-66 所示。由于原材料质量、车床性能及使用的车刀等方面的限制，棒料经粗车后销轴表面比较粗糙，销轴两端面及退刀槽处存在大量龟裂状细纹。

2. 淬火裂纹及原因分析

在生产现场，T8A 销轴经加热淬冷后 95% 出现淬火裂纹，现场采用的具体工艺如表 10-18 所示。

表 10-18　淬裂销轴的热处理工艺

设备	加热温度/°C	保温时间/min	装炉方式	冷却方式及介质	处理结果
RX3-20-12 箱式电阻炉	840	35	铁丝扎串	淬火液中冷却 5～6s 后→空冷	95% 销轴淬裂

1）从现场调查并结合硬度检查的结果来看，发生淬裂的关键因素为销轴在淬火液中冷却时间控制不当，出液过晚，造成 ϕ12mm 左右的 T8A 销轴完全淬透。由于组织应力及热应力的共同作用，当销轴表面形成的切向拉应力大于轴向拉应力，且超过材料的断裂强度时，销轴便发生轴向淬火裂纹。

2）销轴的装炉方式及处理方法不适宜。销轴用 20#镀锌铁丝扎编成串后入炉加热（300 件/炉左右），且加热保温时间过长（35min），而销轴出炉后又没经预冷（790°C 左右）就直接用淬火液淬冷。这样造成了销轴在炉内受热状况的差异及随后淬冷过程中，上下不同深度处销轴的冷却状况及冷却时间等方面的不同，铁丝下端的销轴（即淬火时间相对较长）更易淬裂。随着加热温度的提高及保温时间的增加，销轴淬裂的倾向也随之增大。

3）炉温的不均匀性也是值得关注的方面。由于长时间的频繁使用，造成炉丝及炉门的严重损伤，致使在加热过程中，炉口与炉内深处销轴的加热温度明显不同。为了使炉内销轴的加热温度趋于一致（炉口与炉内销轴颜色大体一致），只好延长销轴的加热保温时间，进而也增大了淬裂销轴的倾向。

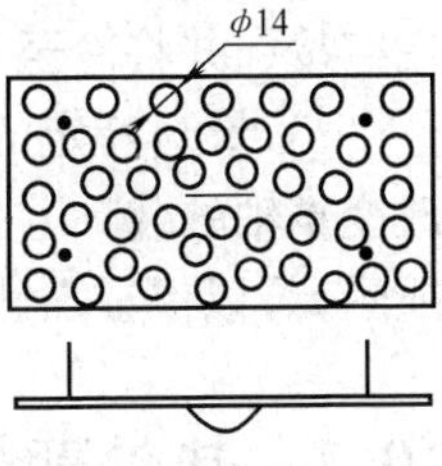

图 10-67　淬火销轴吊盘示意图

3. 验证试验及结果

（1）模拟试验结果　根据上述分析结果，对 600 多件用同批棒料车制的同样 T8A 销轴，采用铁盘吊装的装炉方式（见图 10-67），按重新制定的热处理工艺进行淬火、回火处理。具体工艺及结果如表 10-19 和表 10-20 所示。

表 10-19　改进后的淬火工艺

设备	加热温度/°C	保温时间/min	装炉方式	冷却方式及介质	淬后硬度 HRC	结　果
RX3-20-12 箱式电阻炉	840	15	铁盘吊装	预冷 2～3s→淬火液冷却 3～4s→空冷	57，56，54，56，58，55，55，54，53，56	平均硬度 55.4HRC，全部销轴未出现淬火裂纹的现象
说明	装炉量为 300 件/炉左右，销轴空冷至 80°C 左右就入炉进行回火处理					

表 10-20 销轴的回火工艺

使用设备	回火温度/°C	保温时间/min	冷却方式	结　果
RJ2-35-6	385±10	60	空冷	在随后的检验及装配中，未发现一只淬裂的销轴，其硬度也全部合格

验证结果表明，只要严格执行上述改进后的热处理工艺，T8A 销轴的淬火裂纹是可以有效预防和控制的。

（2）扩大试验结果　根据模拟试验的结果，结合多年的实际操作经验，在生产现场凡遇到类似的 T8A 销轴时，我们便采取上述热处理工艺进行淬火处理。经 2 年多对几十批次数万件 T8A 销轴的现场处理后的效果来看，采用改进后的热处理工艺淬火，不仅满足设计硬度要求，而且能有效地防止淬火裂纹的产生。

4. 结论

T8A 销轴淬裂的原因为淬火液浓度低，同时销轴出液温度过低；加热保温时间过长，销轴未进行预冷处理直接入淬火液冷却；加上销轴因采用铁丝扎绑而使其在加热与淬冷过程中的状况不尽一致等。这些因素致使销轴发生轴向淬火裂纹。

5. 改进措施

1）提高淬火液浓度，严格控制销轴在淬火液中的冷却时间。对易裂销轴在淬火液或水中的冷却时间一般按 1.5s/6mm 计，并在冷却过程中上下窜动吊盘，以尽量使工件均匀冷却。在 230°C 左右（T8A 的 Ms 点）出液迅速转入油中或采用空冷，并将冷至 60~100°C 左右的销轴立即入炉进行回火。

2）针对特定的材质及机加工工艺，在热处理设备条件有限的前提下，首先改变销轴的装炉方式，即将销轴用铁丝扎编成串改为铁盘吊装（吊盘如图 10-67 所示），以保证加热，淬冷及出液时销轴温度的均匀与一致性。

10.2　热处理变形

10.2.1　曲线齿锥齿轮热处理变形的分析及防止措施

福建省建瓯齿轮厂　邱连财

1. 概况

曲线齿锥齿轮是汽车驱动桥中的重要零件，对热处理后性能、变形情况都有较高的要求；因其几何形状较为复杂，在渗碳淬火时不可避免会产生变形。影响其变形的因素很多，也十分复杂。为解决曲线齿锥齿轮变形问题，我们采用了碳氮共渗直接淬火工艺与加补偿片挂放装炉相结合的方法，取得了比较满意的效果。

曲线齿锥齿轮的制造工艺流程为：下料→锻造→一次正火→粗车→二次正火

→精车→铣齿→碳氮共渗淬火→清洗→回火→抛丸→磨内孔→配对研磨→入库。

2. 试验结果及分析

为分析曲线齿锥齿轮在一定工艺条件下的变形情况，掌握其变形规律，我们作了如下试验：

以 BJ130-2402 070 汽车后桥被动齿轮为例，该齿轮的外形如图 10-68 所示，材料为 20CrMnTi 钢。其技术要求为：渗碳层深 1.2 ~ 1.6mm，表面硬度 58 ~ 62HRC，心部硬度 33 ~ 48HRC，内孔圆度≤0.075mm，外缘平面度≤0.10mm，内缘平面度≤0.20mm。

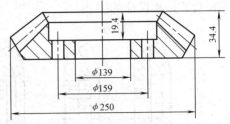

图 10-68　汽车后桥被动齿轮简图

采用的碳氮共渗处理工艺如图 10-69 所示，在 RJT-75-9 炉中进行。图 10-69 中的 0 号渗剂为酒精和含氮基有机物，1 号渗剂主要由煤油组成。淬火油为 1 号淬火油（油温 120 ~ 140℃）。分别以四种不同装炉方式进行试验比较：不加补偿片挂放（见图 10-70a），内加补偿片挂放（见图 10-70b），外加补偿片挂放（见图 10-70c）加垫片平放（见图 10-70d）。所加的补偿片如图 10-71b 所示，补偿片用 2 个 M10 螺钉固定在曲线齿锥齿轮相应的位置上。

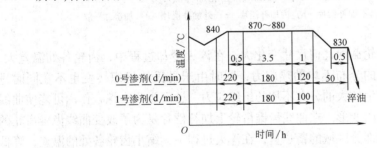

图 10-69　齿轮的碳氮共渗工艺

曲线齿锥齿轮采用上述装炉方法、经碳氮共渗处理后的变形情况如表 10-21 所示。

表 10-21　各种装炉方法变形情况

装炉方式	件数	内孔圆度/mm		内孔变形量/mm		内圆平面度/mm		外圆平面度/mm	
		平均值	合格率（%）	平均值	合格率（%）	平均值	合格率（%）	平均值	合格率（%）
不加补偿片挂放	20	0.045	100	-0.08	100	0.27	15	0.04	95
内加补偿片挂放	20	0.043	100	-0.07	100	0.35	5	0.18	75
外加补偿片挂放	20	0.047	100	-0.07	100	0.18	93	0.091	90
加垫片平放	20	0.17	21	-0.1 ~ +0.1	15	0.27	30	0.16	50

从以上试验结果表明，以采用外加补偿片的方法，其综合变形最小，合格率最高。

曲线齿锥齿轮形状复杂，如装炉不当，在渗碳过程中，由于高温时强度低，极易产生变形。故在渗碳时要使之处于自然状态，不能互相挤压。考虑到齿轮淬火入油方向对变形的影响，应采用垂直挂放装炉。曲线齿锥齿轮内孔圆度主要是靠挂放装炉来保证的。

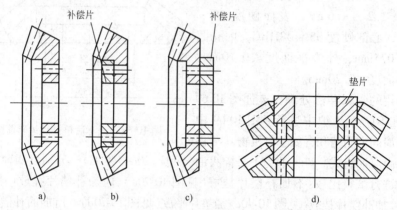

图 10-70　曲线齿锥齿轮加补偿片方法

a）不加补偿片　b）内加补偿片　c）外加补偿片　d）加垫片平放

曲线齿锥齿轮截面几何尺寸变化大，在淬火冷却过程中，齿轮各处温差大，因此易产生较大的分布不均的热应力，同时由于马氏体组织转变也不在同时进行，因而也可产生较大的分布不均的组织应力。这两类应力综合作用可能使曲线齿锥齿轮产生翘曲变形。在曲线齿锥齿轮上加补偿片是为了改变曲线齿锥齿轮的几何结构，增加部分区域的蓄热量，在淬火过程中，缩小齿轮各处的温差，降低或均衡了热应力；同时也相应地缩小了马氏体组织转变不同时性，降低或均衡了组织应力。以此达到控制其翘曲变形目的。

3. 验证试验

应用此法已加工曲线齿锥齿轮 8 个品种，近 10 万套，无论是内在质量，还是变形的控制都得到满意的结果。

渗层组织、表面硬度、心部硬度等项目可通过调整碳氮共渗工艺参数加以控制，其一次合格率达 98% 以上。

齿轮变形的控制：内孔缩孔 0.05 ~ 0.08mm，圆度 ≤0.07mm，合格率 98% 以上；端面翘曲变形，内缘端面圆跳动合格率达到 92%，外缘端面圆跳动合格率达到 90%。

在长期生产实践中，对 8 种曲线齿锥齿轮适用的补偿片尺寸进行统计分析，得出如下的经验公式：

$$A = D + 30\text{mm} \quad B = E \quad C = F$$
$$H \approx G \pm (0 \sim 4)\text{mm}$$

式中，A、B、C、D、E、F、G、H 值如图 10-71 所示。H 值要按选用的碳氮共渗工艺经试验来确定。如 BJ130 曲线齿锥齿轮最佳值为 17mm。

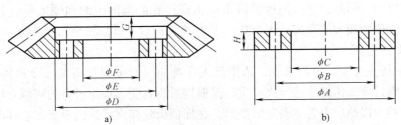

图 10-71　曲线齿锥齿轮及补偿片示意图

a) 曲线齿锥齿轮　b) 补偿片

在调整补偿片 H 值时，要综合考虑外缘、内缘的翘曲变形情况，以控制在中值为好。如要减少内缘的翘曲变形可适当加大 H 值，但外缘翘曲变形可能会增大；反之要减少外缘翘曲变形可适当减少 H 值，但内缘翘曲变形有可能增大。

4. 结论

采用碳氮共渗直接淬火与加补偿片挂放装炉相结合方法，能有效地控制曲线齿锥齿轮的变形。

10.2.2　无压淬火减少曲线齿锥齿轮平面翘曲变形

湖南省益阳齿轮厂　苏成盘

1. 概况

汽车、拖拉机上的曲线齿锥齿轮（以下简称盘齿）一般都用 20CrMnTi 等低合金渗碳钢制造，其形状如图 10-72 所示。渗碳淬火后最易出现平面翘曲变形，一般采用淬火压床加压淬火控制这种变形。对于产品生产批量不大，

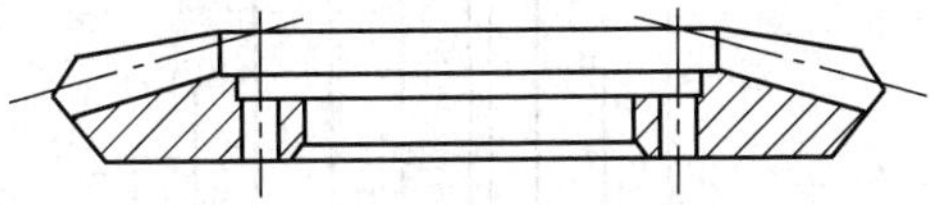

图 10-72　盘齿示意图

或者缺少专用设备的中小工厂，探求不用压床淬火，减少盘齿平面翘曲变形的工作就显得很重要。

2. 试验结果及分析

减少盘齿渗碳淬火的变形措施，首先应优选和控制渗碳淬火的工艺参数；第二应合理设计盘齿的装挂方式。

（1）优选热处理工艺参数试验

1）渗碳温度。齿轮常规渗碳温度一般选用 920～930°C。渗碳后直接淬火时，渗碳温度越低，淬火后变形越小。但是，渗碳温度的降低势必导致渗速减慢，为此，采用稀土催渗方法来提高渗速。根据齿轮渗层的深浅和工件大小厚薄一般在 840～880℃的温度之间进行选择。

2）淬火温度。淬火温度低有利于减少工件与淬火介质的温差，相应也就会减少热应力。但是，淬火温度的降低应保证齿轮心部的组织和硬度符合技术要求，对于模数较大的盘齿采用 830～840℃淬火；对于模数较小的盘齿可采用 800～820℃淬火。

3）淬火介质。一般来说，选用淬火介质应尽量采用在高温区冷却能力大，而在低温区冷却速度小的淬火介质。但根据对齿轮变形规律研究的资料介绍，为了尽量减少以热应力为主引起的变形，在保证齿轮淬火后达到表面和心部硬度的前提下，应尽量采用在高温区冷却能力低，而在低温区有较高冷却速度的淬火介质，为了使淬火的各个齿轮和每个齿轮的各个部位尽可能均匀冷却，淬火油应有较好的流动性。热油能够增大淬火介质的流动性，又能缩小与工件的温差。因此，热油-空冷分级淬火更有利于减少盘齿平面翘曲变形。以工厂习惯采用的全损耗系统用油进行试验，粘度较大全损耗系统用油对减少变形有利，一般选用 L-AN46～L-AN85 全损耗系统用油，油温控制在 140～160°C。

图 10-73 所示为 72.05.227A 摩托车盘齿用优选热处理工艺参数处理后抽样 60 件的平面翘曲变形数据所绘制的直方图。其工艺参数为稀土碳氮共渗温度 840°C，淬火温度 810～820°C，淬火介质 L-AN85 全损耗系统用油，油温 140～160°C。

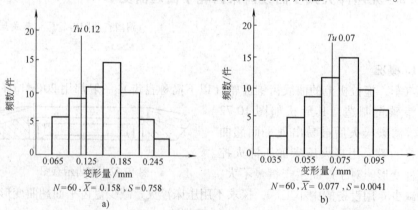

图 10-73　72.05.227A 盘齿平面翘曲变形直方图

a）内圈底面　b）外圈底面

N—抽样总件数　$\overline{X}$—平均数　S—标准偏差　Tu—公差上限

从图 10-73 中可以看出，外圈底面变形都在 0.10mm 范围内，最大翘曲量与

公差上限 $Tu = 0.07$ 较接近，但内圈底面变形平均尺寸 $\overline{X} = 0.158mm$，单向公差 $Tu = 0.12mm$，说明一大部分产品内圈底面翘曲的尺寸超过公差。因此，可以看出控制不合理，按常规渗碳工艺，变形较严重。

（2）盘齿的装挂试验

1）垂直装挂。齿轮的装挂方式应根据其形状大小和变形要求来选择。盘齿属扁薄件，平面度要求严格，采用垂直装挂对减少平面翘曲变形是有利的。

2）加垫补偿垫圈。从图 10-73 看出，72.05.227A 盘齿以优选热处理工艺参数试验后，内圈底面变形超差比外圈底面变形超差严重。其主要原因是内外圈处齿轮厚薄不均。为促使齿轮加热和冷却均匀，在齿轮内圈底面加垫一个补偿垫圈，如图 10-74 所示。通过对几种类型盘齿平面翘曲变形试验得出：补偿垫和齿轮装挂配合方式是减少内圈底面翘曲变形的有效办法。

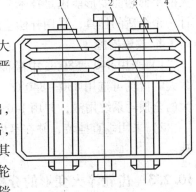

图 10-74　BJ212 盘齿和补偿垫圈挂装配合
1—补偿垫　2—挂柱
3—盘齿　4—支承框

3）设计合理的挂具。挂具设计要满足同炉工件加热和冷却均匀；进出炉时平稳；支撑工件尽量减少集中受力；齿块和齿轮冷却有一致性。

在总结盘齿试验过程中，我们对 BJ212-2402060 盘齿的挂装设计了如图 10-75 所示的挂具。其优点是：①齿轮挂装在方框形挂具内，进出炉平稳，晃动小，各个齿轮冷却均匀；②齿轮挂装在带弧形的挂柱上，接触面积大，减少支撑时重力集中；③垫块与工件的冷却基本一致。

通过对几种规格不一，厚薄不均的盘齿采用以上多种措施结合的试验后，对于减少盘齿渗碳后直接淬火平面翘曲变形是有效的，合格率可达 90% 以上。对于 BJ212-2402060 这类较易变形的盘齿（内圈底面平面度≤0.12mm，外圈底面平面度≤0.08mm），也能大大地减少变形，合格率可达 75% ~ 80%。

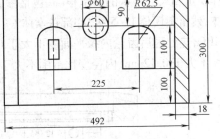

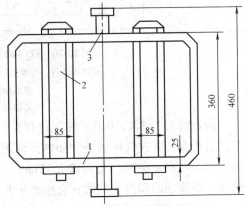

图 10-75　BJ212-2402060 盘齿挂具
1—支承框　2—活动挂柱　3—吊耳

3. 结论

平面翘曲变形是盘齿热处理一种不可避免的缺陷。为使盘齿在渗碳后直接淬火的平面翘曲变形能满足技术要求,应在优选热处理工艺参数基础上,进一步设计一个合适的挂具,采用补偿垫圈等多种措施,并进行仔细操作。

4. 改进措施

1) 采用 840~880℃ 中温稀土渗碳或碳氮共渗。尽可能降低淬火温度,模数大的齿轮可选用 830~840℃,模数小的齿轮可选用 800~820℃。采用粘度较大的全损耗系统用油,并用 140~160℃ 的热油-空冷分级淬火。

2) 采用垂直挂装,并在盘齿内圈底平面加垫补偿垫圈。设计合适的挂具装挂。

10.2.3　齿轮淬火变形的分析及防止措施

贵州省汽车配件厂　龙光福

1. 概况

在汽车齿轮中,EQ-140 后桥被动锥齿轮是双曲面齿轮,如图 10-76 所示。其热处理质量和尺寸精度的要求很高,包括渗碳层深度 1.5~1.9mm,碳化物 1~5 级,马氏体、残留奥氏体 1~5 级,心部铁素体 1~5 级,齿面硬度 58~63HRC,心部硬度 33~48HRC,热处理后齿轮内缘平面度不大于 0.20mm,外缘平面度不大于 0.12mm,内孔圆度不大于 0.12mm,内径变化范围不大于 ±0.16mm。

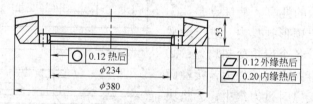

图 10-76　EQ-140 被动锥齿轮简图

技术条件:渗碳层深度:1.5~1.9mm

表面硬度:58~63HRC

心部硬度:33~45HRC

齿轮材料为 20CrMnTi。加工过程是:圆钢模锻,正火,机械加工。热处理工艺过程是:井式气体渗碳炉加热,渗剂为甲醇 + 煤油,930℃ ×7h 渗碳,随炉降温至 860℃ × 0.5h,直接淬火 15min,回火 180~200℃ ×3h。生产中出现齿轮的内、外缘翘曲和内孔涨大,合格率很低。

2. 试验结果及分析

（1）原材料化学成分分析　锻坯取样化学成分分析结果是:$w(C) = 0.19\%$,

$w(\mathrm{Si}) = 0.30\%$，$w(\mathrm{Mn}) = 0.99\%$，$w(\mathrm{Cr}) = 1.22\%$，$w(\mathrm{Ti}) = 0.053\%$。符合 GB/T 3077—1999 标准中的 20CrMnTi 化学成分规定。

（2）锻坯正火试验　锻坯经模锻后，950～970℃×2h 加热保温，单件分散空冷和风冷，硬度为 159～207HBW。经机械加工后，进行最终热处理。结果是各种正火工艺对齿轮在渗碳淬火后的变形没有明显好转。说明齿轮在渗碳淬火后的变形根本原因不在正火，主要在渗碳淬火方面。

（3）渗碳试验

1）930℃ 渗碳。以甲醇 + 煤油为渗剂，在井式气体渗碳炉中进行 930℃×7h 渗碳，860℃×0.5h 直接淬火试验。由于渗碳温度高，齿轮热膨胀量增加，高温强度下降，表面碳浓度高，降温时间长，心部与表面温差大，引起齿轮的淬火变形不稳定。

2）880℃ 碳氮共渗。以甲醇尿素 + 煤油为渗剂，双滴管分滴控制，在井式气体渗碳炉中进行 880℃×7h 碳氮共渗，860℃×0.5h 直接淬火试验。由于渗碳工艺控制较稳定，降温时间短，在淬火前能保证齿轮的内外温差接近，所以淬火变形有所下降。

因此，适当降低渗碳温度，稳定渗碳浓度和提高淬火前的齿轮内外各部位的温度均匀性，对淬火变形的降低是有利的。

（4）淬火试验

1）齿轮外缘淬火快冷试验。在齿轮内缘垫以上、下两块圆平板。在井式气体渗碳炉内以 880℃×7h 碳氮共渗，860℃×0.5h 直接淬火试验。结果齿轮内孔直径涨大 0.5～0.60mm。原因是，齿轮在淬火时，外缘首先接触淬火介质冷却，由于受到仍处于高温膨胀状态的内缘影响，而不能收缩恢复至原尺寸；随后，内缘冷却，同样被处于低温、高强度的外缘所制约。结果造成齿轮内孔直径涨大超差。

2）齿轮内缘淬火快冷试验。按上述的渗碳淬火工艺对齿轮内缘进行快冷，外缘进行缓冷的淬火试验。其结果也与上述试验结果一致。

从上述试验结果表明，齿轮淬火的内孔涨大，是由于齿轮的内、外缘在淬火介质中存在热胀冷缩不协调所致。

3）轻度压淬试验。在一叠锥齿轮中间，每个齿轮的背面都垫着一个与齿轮形状相当的垫块，在垫块上面磨平，下面加工成与锥齿轮的顶锥角相同的锥形体。按上述的渗碳淬火工艺进行试验，相当于轻度压淬模型试验。结果是齿轮的内孔圆度、内缘的平面度和硬度等合格，而齿轮的外缘全部翘曲和内孔直径全部涨大，分别为 0.20～0.30mm 和 0.14～0.23mm。原因是，齿轮在淬火时，齿轮的齿面冷却速度比背面快，也同样存在着齿面部位与背面部位的热胀冷缩不协调因素。因此，造成齿轮外缘上拱翘曲和内孔直径涨大。

4）垫板试验。在齿轮的底部垫一个与产品同型号的废齿轮，经磨平齿顶面后作垫板。相当于给齿轮增加一块"盾牌",以躲避齿轮在淬火时受淬火介质的冲击,有较好的效果。

综上所述淬火试验表明,齿轮淬火变形是由于淬火时齿轮内、外缘产生热胀冷缩不协调,而引起齿轮内孔直径涨大;齿轮的齿面和背面产生热胀冷缩不协调,引起翘曲。因此,解决齿轮淬火变形的问题,其关键在于设计齿轮热平衡淬火挂具,使齿轮在整个淬火过程中,保持各部位的温差最小,从而达到提高齿轮淬火合格率的目的。

(5) 挂具设计 设计齿轮淬火挂具应考虑以下两方面因素,即齿轮内、外缘的蓄热量之比与齿轮内、外缘的单位表面积散热量之比。以此调整控制齿轮内、外缘的淬火介质的流量,即齿轮底部中心孔尺寸,如图 10-77 所示。

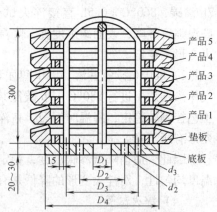

例如,EQ-140 型汽车后桥被动锥齿轮,其内、外缘的蓄热比与散热比有 5 倍关系。因此,挂具底板的中心孔直径 D 为齿轮直径的 1/5,D_1 为 $D - 8d_2$ 的平方根,d_2 为 $\phi18mm$,d_3 为 $\phi16mm$。

由于在挂具中的齿轮有重叠关系,所以在底板外层增加 12 个 d_3 小孔,以调整淬火油量的热平衡流量。

图 10-77 锥齿轮叠式挂具

3. 验证试验

按图 10-77 制作热平衡淬火挂具,装挂产品 EQ-140 型汽车后桥被动锥齿轮,在 RJJ-105-9T 改型井式气体渗碳炉中进行 880℃×6h 加热,甲醇、尿素+煤油双管分注控制碳氮共渗,于 850℃×0.5h 直接淬入室温全损耗系统用油中约 15min 后空冷,180~200℃×3h 回火。检验结果如下:

渗碳层深度:试块合格。

金相检验:试块合格。

表面、心部硬度:工件、试块合格率 100%。

内孔尺寸精度:工件合格率 100%。

内孔不圆度:工件合格率 100%。

内、外缘平面度:工件合格率 93.3%。

配对率:工件合格率 93.3%。

总检合格率为 93.3%。

4. 结论

齿轮在渗碳淬火后,产生变形主要由于齿轮在淬火时内、外缘及齿面、背面存在较大的温差，而引起齿轮内孔涨大及翘曲。采用齿轮热平衡淬火挂具，控制齿轮内孔的进油量，使齿轮在淬火过程中，各部位所产生的温差减少，是控制齿轮淬火变形的一种方法。

10.2.4　锥齿轮花键孔变形的分析及防止措施

山东济宁齿轮厂　龚锐锋　李万泗

1. 概况

本厂生产的 20CrMnTi 锥齿轮（见图 10-78）要求碳氮共渗后表面硬度 58 ~ 64HRC，心部硬度 33 ~ 48HRC，渗层深度 1.0 ~ 1.5mm。但经碳氮共渗淬火后，多数锥齿轮花键孔出现内孔缩小，综合量规通过率不到 10%，影响了该齿轮的产量和质量。

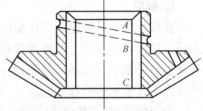

图 10-78　锥齿轮

2. 试验结果及分析

（1）内孔缩小的原因　一般来说，花键孔经热处理内孔都缩小，从图 10-78 可以看出，由于结构原因，该锥齿轮 A、B、C 三点收缩量是不同的，A 点收缩最大，C 点最小。这样的缩小无论冷热加工怎么配合，都是很难控制的。如果要求花键孔不淬硬，可采用先碳氮共渗后缓冷，再对花键及齿部高频淬火，内孔缩小问题是可以解决的。如果要求花键孔淬硬，就不能采用上述工艺，而用穿心轴来解决内孔缩小。这样会使操作烦琐、费时，而且心轴制作困难，也消耗心轴用料。

（2）控制内孔缩小的方法

1）正火质量对花键孔变形影响很大。如果正火质量不好，硬度偏低或偏高，组织不均匀或带状组织严重，都会影响内孔缩小量和规律性。多年经验表明，如果图 10-78 所示的锥齿轮正火质量不合要求，则无论采用什么样的控制花键孔变形方法，其碳氮共渗后综合量规通过率都不会超过 30%。因此，重视正火质量是控制花键孔变形的有效易行的方法。

2）我们用预涨心轴（见图 10-79）对锥齿轮在碳氮共渗前进行预涨孔，使 A 点预涨大 150μm 左右，涨大后立即进行碳氮共渗处理。如正火质量合格，则综合量规通过率达 90% 以上。该预涨心轴结构简单，制造容易，预涨量可调节，不需要专用设

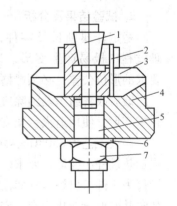

图 10-79　预涨心轴

1—心轴　2—涨套　3—锥齿轮

4—底塞　5—螺栓　6—垫圈

7—螺母

备，有校直压力机即可进行，对于控制类似于图 10-78 结构的齿轮的花键孔变形，非常有效。

3. 结论

严格控制正火质量，采取热处理前预涨孔，是控制锥齿轮变形的实用方法。采用这种方法，图 10-78 锥齿轮花键孔的综合量规通过率达 90% 以上。

10.2.5 汽车稳定杆淬火工艺的改进

唐山汽车制造厂　赵瑞军　孟庆珠

1. 概况

在旅行轿车悬架上，采用横向稳定杆以提高其行驶的稳定性。我厂生产的稳定杆，淬火后半数以上严重变形超差，必须进行返修，甚至多次返修，因返修而反复加热使稳定杆表面质量恶化，疲劳寿命降低，同时生产成本也大大提高，为此研究了改进的热处理工艺。

稳定杆用 60Si2MnA 钢制造，零件简图如图 10-80 所示。技术要求：①淬火、回火后硬度 44 ~ 50HRC；②成品全部探伤，不得有裂纹、斑痕及脱碳等缺陷；③两耳环应在同一平面内，偏差 ≤3mm，两耳中心距偏差 ±1.5mm；④喷丸后涂黑漆。

稳定杆的生产流程为：下料→锻压成形→校正→退火→校正→机加工→淬火、回火→检查→喷丸→涂漆。

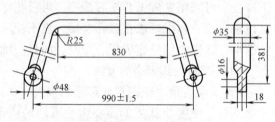

图 10-80　稳定杆简图

2. 试验结果及分析

稳定杆属细长类零件，热处理过程中极易产生变形，为达到要求的形位公差，必须严格控制各道工序的变形。

锻后改善组织及消除应力退火工艺为 850°C×1.5h。为防止稳定杆退火时因自重变形，使用退火台架支撑，将稳定杆平行摆放在台架上，不得挤压。

淬火工艺为 850°C×40min 油冷，回火工艺为 460°C×60min 水冷。为防止淬火加热过程中变形，要求炉底板水平，将稳定杆平摆在炉内，不得挤压，最大装炉仅为 4 件。出炉后立即油淬，入油方式对稳定杆的变形至关重要，入油顺序改变时其变形量变化不定，变形规律难以掌握，应力求入油方式一致，变形一致。工艺规定两耳平面必须垂直油面同时入油，在油中静止冷却。经上述处理后稳定杆的变形情况见表 10-22。其中 50% 以上因淬火变形超差而无法校正，必须重新加热返修。从表 10-22 可以看出，小于中心距的变形比例较高，说明组织应力对稳定杆变形起的作用较大，但热应力及自重附加应力对变形的作用亦不可忽视。其最终变形是热处理过程中产生的组织应力、热应力及附加应力综合作用的结果，难以利用稳定杆自身变形规律控制变形超差。

表 10-22　原工艺变形情况

	大于中心距变形超差	小于中心距变形超差	两耳平面度变形超差
比例（%）	21	34	5
平均超差/mm	1.7	2.2	3.4

为彻底解决稳定杆变形超差，采用了装夹淬火方法，设计制作了图 10-81 所示的淬火夹具。为了保证性能，改进了淬火工艺，如图 10-82 所示。将原淬火温度由 850°C 提高到 880°C，将原生产流程中两次校正改为淬火前一次校正。利用 20 ~ 30s 时间在 850 ~ 830°C 温度范围内在校正平台上校正稳定杆，并装入图 10-81 所示的淬火夹具，然后一同入油淬火。用淬火

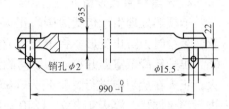

图 10-81　淬火夹具

夹具抑制淬火过程中的变形，同时稳定杆在校正和装夹具过程中温度下降 30 ~ 50°C，还有一定的预冷作用，有利于减少淬火时的组织应力和热应力。这样使稳定杆变形超差问题得以解决。改进后的淬火、回火工艺如图 10-82 所示。

改进工艺后稳定杆中心距平均偏差小于 1.2mm，两耳平面度平均偏差小于 1.7mm，同时简化了生产工序和操作过程，装炉量由原来 4 件提高到 8 件，无需返修，表面质量得到提高，生产成本降低。

卸去淬火夹具后回火，回火后中心距平均增大 1.2mm，将淬火夹具两销轴

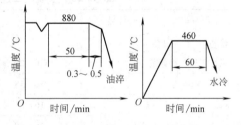

图 10-82　改进后淬火、回火工艺

中心距调整为（990$^{+0}_{-1}$）mm，使稳定杆回火后的最终尺寸全部达到要求。

3. 结论及改进措施

汽车稳定杆热处理严重变形超差是由于热处理时应力过大造成的。采取适当提高淬火温度，预冷校正装夹，夹具淬火等措施，解决了稳定杆热处理变形超差问题。

10.2.6　工字卡规热处理变形的分析及防止措施

华中精密仪器厂　刘　科

1. 概况

为节约高碳工具钢材料，我厂在生产大型工字卡规（见图 10-83）时，采用

厚 8mm 的 20 钢或 Q235A 钢板，经渗碳和淬火回火，满足 60 ~ 64HRC 的硬度要求。工艺路线为：机加工→渗碳→正火→淬火→回火→磨削→氧化。卡规实际渗碳层深度 1 ~ 1.5mm，硬度 61 ~ 64HRC，生产中发现，热处理变形始终超差，卡规工作部分的尺寸由机械加工后的 167.2mm 缩短到 165 ~ 165.7mm。因此，控制卡规的收缩变形成为热处理生产的关键。

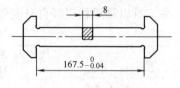

图 10-83　工字卡规外形图

2. 试验结果及分析

卡规热处理生产包括渗碳、正火及淬火、低温回火。渗碳采用装箱固体渗碳，装箱时为防止变形，将卡规侧立于渗碳剂中，渗碳工艺为（920 ± 10）℃ ×6h，出炉箱冷至室温开箱。为了消除渗碳产生的网状碳化物，在淬火之前进行正火，正火在盐炉中进行，工艺为（850 ± 10）℃ ×4min，空冷。正火结束后立即进行淬火加热，淬火工艺为（810 ± 10）℃ ×4min 加热，160℃ 碱浴分级淬火，保持 8 ~ 10s，然后空冷至室温，（180 ±20）℃ ×30min 硝盐浴回火。

为了弄清卡规收缩的原因，卡规渗碳、正火及淬火、回火每道工序后测量工作部分尺寸，结果见表 10-23。结果表明，卡规收缩变形主要发生在淬火过程中，控制卡规的收缩变形主要是正确地选择淬火加热温度和冷却方式。

表 10-23　卡规经每道热处理工序后尺寸变化　　　（单位：mm）

件号 状态	1	2	3
机加工后，渗碳前	167.20	167.28	167.22
920℃ ×6h 渗碳后	167.18	167.24	167.12
840℃ ×4min 正火后	167.02	167.15	166.90
810℃ ×4min 分级淬火后	165.80	165.65	165.10
180℃ ×30min 回火后	165.86	165.75	165.18

在选择淬火工艺参数时，主要考虑冷却介质影响。试验中分别采用了油、低温硝浴、碱浴、三硝水及盐水，试验结果见表 10-24。从表中可以看出，淬油不能保证硬度要求，淬盐水、三硝水、160℃ 碱浴，硬度达到 61 ~ 65HRC，但出现挠曲变形，工作尺寸缩短及退刀槽开裂等问题。而淬 160℃ 硝盐浴工作尺寸收缩小，硬度达到 60.5 ~ 62.5HRC。于是选择 160℃ 低温硝浴作为卡规的淬火介质。淬火温度试验发现，780℃ 加热与 810℃ 加热对硬度影响很小，所以淬火温度改为 780℃。

众所周知，零件的热处理变形是由热应力和组织应力综合作用的结果。热应力是由于加热或冷却不均匀使工件表里存在温差，热胀冷缩不一致造成的，其特点是：如轴类零件长度变短，径向增加；组织应力是由于相变引起的比体积变化不等时造成的，其特点是：长度增加，径向缩短。尽管卡规经过渗碳，表层碳的质量分数达 0.8% ~ 1.1%，但是心部含碳量低，淬火应力以热应力为主。经正火及淬火处理后，卡规工作尺寸必然收缩。

表 10-24 不同的淬火介质对卡规变形的影响

淬火介质	硬度 HRC	变形及开裂情况
60℃ 油	40 ~ 50	工作尺寸收缩 0.3 ~ 0.5mm，无挠曲等其他变形
160℃ 硝盐	60.5 ~ 62.5	工作尺寸收缩 0.2 ~ 0.3mm，无挠曲等其他变形
160℃ 碱浴	61 ~ 63	工作尺寸收缩 1.5 ~ 1.8mm，挠曲 0.2 ~ 0.5mm
30℃ 三硝水	62 ~ 64	工作尺寸收缩 1.6 ~ 2mm，挠曲 0.4 ~ 0.7mm
30℃，w（盐水）=5% 水溶液	63 ~ 65	工作尺寸收缩 1.7 ~ 2.1mm，挠曲 0.5 ~ 0.8mm，部分件退刀槽开裂

低温硝浴作为淬火介质，其冷却速度介于水油之间。其特点是：在 650℃ 区域内冷却能力较强，使卡规的冷却速度大于其临界冷却速度，避免了奥氏体分解；200℃ 左右冷却能力接近油，降低了奥氏体向马氏体转变的组织应力及热应力，因而采用低温硝浴作卡规的淬火介质，既能保证卡规淬硬要求，又减少了卡规的热应力和组织应力，其变形、开裂倾向较小。碱浴的冷却能力大于低温硝浴，卡规淬碱浴的热应力要大于淬低温硝浴，所以采用低温硝浴冷却的变形要小于碱浴。

3. 结论及改进措施

卡规热处理变形主要由热应力引起的。降低加热温度，选用冷却能适中的低温硝浴可以减小卡规收缩变形。根据卡规变形规律，特制定以下控制卡规热处理变形的措施：

（1）机加工时不留磨削余量 因为卡规在正火及淬火过程中，热处理应力以热应力为主，工作尺寸必然收缩，其收缩量能够提供足够的刃口磨削余量。不留余量还可以减少校正量。

（2）渗碳正火后进行必要的校正 卡规经渗碳正火处理后，工作长度发生收缩，对于收缩量超过 0.2mm 的卡规，用冷校方法使其伸长。校正时，将卡规平放在平台上，用铝或铜制圆头锤子敲击卡规两面（敲击时用力要均匀，两面敲击次数应相等，以免卡规产生挠曲变形），在卡规表面产生压应力，从而使卡规工作尺寸伸长。

（3）改变淬火工艺，降低卡规热应力 淬火温度及冷却方式是决定热应力的主要因素，将淬火温度由 810℃ 降低到 780℃，淬火冷却介质由碱浴改为硝盐浴，可有效地降低卡规淬火变形。改进后淬火工艺如图 10-84b 所示。

通过以上措施，卡规渗碳淬火后，工作长度控制在 167.2 ~ 167.3mm，解决了卡规渗碳淬火后工作尺寸缩短超标的难题。

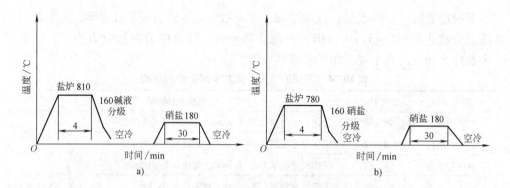

图 10-84　工字卡规淬火、回火工艺曲线

a）原工艺　b）改进工艺

10.2.7　利用热应力预弯曲减少上导轨淬火变形

杭州纺织机械总厂　马火金

1. 概况

图 10-85 所示为一扁钢型零件，称为上导轨。材料为 65 钢，刃口部位（Ⅰ部位）要求全长淬硬至 50～55HRC。试淬时发生如图 10-86 所示的凹形翘曲，不能校直，刃口磨削未能达到形位公差要求。

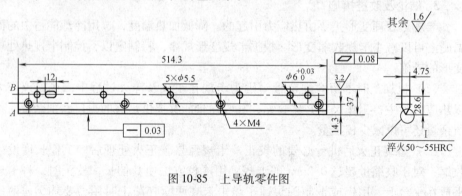

图 10-85　上导轨零件图

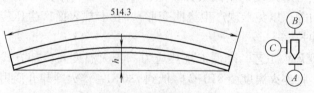

图 10-86　凹形翘曲示意图

分析了局部淬火产生弯曲的原因，采用了反向热应力预弯曲淬火工艺，使凹形翘曲变形控制在磨削余量范围内，成功地解决了这一技术难题。

2. 试验结果及分析

图 10-86 所示为零件经局部淬火后形成的凹形翘曲情形，弧形曲线的弦高 h 达 3～5mm。众所周知，此凹形翘曲系局部淬火时形成应力所致。若用反击法锤击校直，会破坏刃口；而改变工艺规范，采用局部亚温淬火，减少变形，效果不甚显著，且实施难度较大。我们受热点校直法的启示，在上导轨不允许淬火的 B 面，预先进行连续加热急冷，在 B 面形成热应力预弯曲，造成反向凹形翘曲，再在 A 面（即刃口）淬火，结果两种翘曲变形互相抵消，效果很好。因为 B 面不允许淬硬，所以预弯加热温度应低于该钢种的相变温度 Ac_1。试验结果表明，热应力预弯曲加热温度越高，反向凹形翘曲越大，淬火后变形就越小。

如图 10-87 所示，a、b 为同一零件的两部分。未加热时，长度为 L_0；当 b 表面快速加热至 550～650℃ 时，b 部分具有较大的塑性，伴随产生较大热膨胀。而 a 部分因加热缓慢，尚处于较低温度

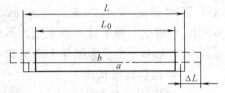

图 10-87　加热时 a、b 两部分变形情况分析

的弹性变形区域，热膨胀量较小，故 a、b 两部分产生了较大的膨胀差 ΔL。b 因 a 的牵制受压应力，a 受拉应力。因在 550～650°C 的温度下，钢材已经具有较高塑性，b 部分因受压应力作用发生塑性压缩，缩短为 b'，而受拉应力作用的 a 部分，只产生弹性伸长变形，急冷至室温后，a 部分的弹性变形又恢复到原尺寸。由于 b 部分不能恢复到原长度，所以产生如图 10-88 所示的 b 部下凹的弯曲变形，从而达到了反向热应力预弯曲的目的。

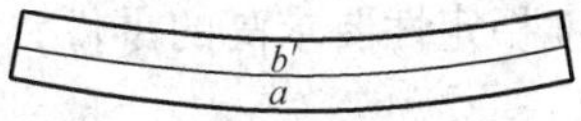

图 10-88　冷却后变形情况

（1）改变工艺流程　为了实施热应力预弯曲，必须改变原加工工艺，以保证尺寸精度和形位公差要求。原工艺为：落料→刨、铣各平面及刃口→钻孔、攻螺孔→A 部位淬火→校直→磨两个工艺平面及刃口。现改进为：落料→刨、铣各平面及刃口→B 面预弯曲变形及 A 部位淬火→磨刃口→钻孔、攻螺孔。

经批量生产验证表明，在 B 面进行连续加热急冷，使之产生热应力而形成了反向凹形翘曲，不论是感应加热还是火焰加热，效果都很好，预弯弧的弦高 h 为 3～6mm。当 A 部位局部连续淬火后，凹形翘曲抵消，直线度控制在磨削余量 0.4mm 范围以内，不需校直。由于 B 面不允许淬硬，预弯曲加热温度应严格控制低于 Ac_1。

（2）预弯曲淬火工艺

1）去应力回火。扁钢经过刨、铣加工后，厚度减薄至 4.75mm，零件产生了较大的机械加工内应力和变形，必须去除内应力，否则会增加淬火时的变形和扭曲。采用的去应力回火工艺为 (550 ± 10)°C ×2.5h 炉冷。零件去应力回火时，

采用数件合并夹紧，垂直装炉。

2）热应力预弯曲。设计了如图 10-89 所示的感应圈，在 GP100—C3 型高频感应加热设备上加热 B 面，半波整流，$I_{阳} = 4A$，$I_{栅} = 0.8A$，加热温度控制在 $550 \sim 650°C$，连续喷水急冷。B 面凹形翘曲都在 5mm 左右，达到预弯曲目的。

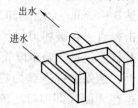

图 10-89　加热感应圈

3）刃部高频感应加热淬火。刃口部分（A 面）淬火，也采用图 10-89 所示的感应圈，间隙放大点（约 2 ~3mm），半波整流，电流参数 $I_{阳} = 4A$，$I_{栅} = 0.8A$ 左右，连续加热喷水淬火。淬火后，硬度达到 58 ~ 62HRC。由于实施了这一新工艺，刃口部位淬火，几次批量生产验证，直线度数值为 $\leqslant 0.3mm$，小于磨削加工余量 0.4mm，达到了预期目的。

3. 结论和改进措施

1）利用长工件单面加热，产生热应力使其形成凹形预弯曲，再进行全长范围刃口部位淬火，成功地解决了不易校直的淬火凹形翘曲难题。此工艺，对类似工件淬火，效果也很理想。如大型剪板机刀板刃口淬火，采用热应力预弯曲淬火后，不经校直，即可磨削；针织机长针板采用此工艺淬火，有效地降低了磨削工时等。

2）热应力预弯曲量大小，取决于预弯加热温度高低，由实践调整。

3）有些合金工具钢制件，在实施热应力预弯时，改进为空冷即可。有些精度稳定性要求高的零件，在淬火和磨削后，增加一道低温去应力回火工序。

10.2.8　碟形刀片的防止变形热处理

贵州云马飞机制造厂　袁培柏

1. 概况

碟形刀片（见图 10-90）系由 $1.2 \sim 1.5mm$ 厚 45 钢或 65Mn 钢板冲压成形的，车制刃口后进行热处理，最后磨刃。要求热处理后硬度为 48 ~ 53HRC，圆周平面翘曲变形量 $\leqslant 0.2mm$。由于该刀片刃口极薄（$0.05 \sim 0.1mm$），在冲压、车削过程中已有一定的变形，在增加了热处理工序后，解决变形方面有一定的难度。

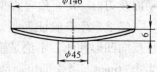

图 10-90　碟形刀片简图

众所周知，对于这类薄片状刀片，在热处理过程中，保证达到所需要的硬度并不难，而要满足变形量要求却并非易事。一般采用保护气氛电阻炉加热，淬火压床加压淬火，但这需要有专门的设备且投资巨大。采用盐浴炉加热，在模具上加压淬火，但由于粘附在刀片上的熔盐，很快凝固，甚至滴于模具上，不仅操作复杂（需及时清理），生产效率低，还常常满足不了变形量要求，硬度也不均匀，返修品率达60%以上。实践证明，在常规设备条件下，要想在淬火过程中完全解决变形问题是困难的，而且生产效率低、成本高，为此我们研究了一套防变形热处理工艺。

2. 试验结果与分析

在淬火工序中，主要设法保证达到硬度要求，又尽可能减小变形，再利用钢的相变超塑性原理，通过装夹具回火校正来满足变形量的要求，通过反复试验，建立了一套快速加热、分级淬火、装夹具回火校形的工艺。

（1）快速加热和分级淬火　为适应大批量生产的需要，设计制作了一批专用淬火夹具（见图10-91），每个夹具上可装挂20件，每件间保持10~15mm的间距，在(900 ± 10)°C的盐浴炉中快速加热18~20s，迅速平稳地淬入200~230°C的硝盐浴中，保持30s左右，取出空冷至室温。经金相和硬度检验证明，刀片整个截面均淬透，组织均匀一致，硬度在78HRA（54HRC）以上。采用900°C快速加热，不仅可提高生产效率，也可细化晶粒；硝盐浴分级淬火，既可有效地减少变形，又可提高塑性，有利于装夹具回火校形。

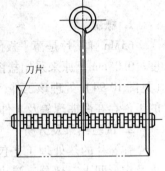

图 10-91　淬火夹具

（2）热水清洗，除尽盐污　为保证刀片在装夹具时能紧密贴合无间隙，经分级淬火后的刀片，应连同夹具在大于60°C的热水中泡洗，除尽盐污，并卸下逐个擦去污渍，用压缩空气吹干。

（3）装夹具回火校形　经清洗干燥后的刀片，码齐装入回火夹具，见图10-92，每个夹具可装150~200件，借助压力机压紧，拧紧螺母。

在箱式电阻炉或空气循环电阻炉内进行回火，回火温度300°C（45钢）或350°C（65Mn），保温3h，然后出炉空冷。必要时还可在回火中途取出，仍借助压力机再紧一次螺母，入炉继续回火。但必须注意，装夹具回火校形是利用了钢的相变超塑性原理。因此，在回火过程中取出夹具再次拧紧螺母时，必须注意掌握时机，若相变已完成，再返回炉中继续回火，对校形来说，作用已经不大。在生产中，由于本工艺是采用200~230°C硝盐分级淬火，零件的塑性较好，在加压装夹具过程中，不会发生脆裂，因此第一次就可在压力机上压实，将螺母拧紧。

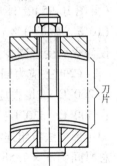

图 10-92　回火校形
夹具

碟形刀片经上述工艺热处理后，硬度符合技术要求，变形量一次合格率达95%以上，不符合要求者，还可适当提高20~30°C重新回火校正一次。个别的亦可用木锤点击轻敲校正过来。采用上述工艺，大大提高了生产效率，一台盐浴炉的班生产能力达到5000件以上。

3. 结论

碟形刀片采用盐浴炉快速加热、热介质分级淬火，既可保证获得所需要的硬度，又能有效地减少淬火变形，且有较好的塑性；然后利用钢的相变超塑性原理，装夹具回火校形达到变形要求，具有相当高的生产效率。

10.2.9 65Mn 弹簧片热处理变形的分析及防止措施

江苏南通渔船柴油机厂 何同平

1. 概况

65Mn 弹簧片是薄平板件（见图10-93），技术要求为硬度25~30HRC，平面度≤0.05mm。原来采用盐浴加热油淬及定形工艺（见图10-94）处理该工件，在生产中发现定形后的工件存在翘曲现象及工件表面不清洁的问题。

2. 试验结果及分析

弹簧片的热处理工艺包括：淬火、去应力回火及定形回火三部分。淬火应力是引起工件变形的主要因素。去应力回火工艺的应用是为了减少淬火应力，消除脆性；定形工艺是保证零件最终尺寸的关键工序。

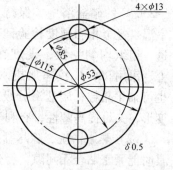

图 10-93 弹簧片简图

（1）淬火工艺试验 采用图10-94 油淬工艺后，工件卷曲，表面粘有盐渣，不易清洗干净。改用 160°C 硝盐分级淬火后（见图10-95），外形变形较小，淬火硬度达 80HRA（58HRC），盐渣在 $NaCO_3$（10%，质量分数）溶液中浸泡5min，即可洗净。后者的淬火内应力较前者小，使淬火后变形减少。

（2）去应力回火工艺试验 采用200°C×2h 去应力回火工艺后，在500°C、530°C、560°C采用改进的定形方法单组连续定形回火三次，总时间为 3×2.5h = 7.5h，发现定形后的工件依然存在内应力，影响工件的平整度。改用400°C×2h 去应力回火工艺后，三组工件分别在500°C、530°C、560°C 下进行定形

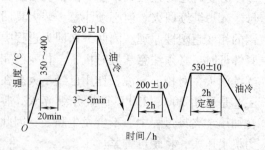

图 10-94 改进前的热处理工艺

回火2h，定形后的工件内应力大为减少，工件平整无翘曲，硬度也达到要求。

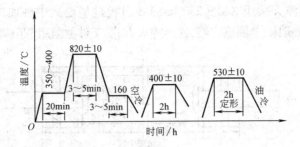

图 10-95 改进后的热处理工艺

在压紧状态定形回火时,工件内部存在外加压应力、淬火内应力,以及回火组织转变释放的应力等三重应力。淬火应力在外加应力的作用下,即使长时间保温,也不易完全消除。试验表明,适度提高去应力回火温度,使工件在自由状态释放大部分乃至全部淬火应力,再经定形回火,工件内应力得到较好消除。

（3）定形工艺试验 原定形夹采用 M10 螺栓穿过工件
4 孔(ϕ13)螺纹拧紧,由于压力不足,及加热时应力松弛,整
组工件不易压紧压平,改用销紧夹具（见图 10-96）,在 100t
液压机上压紧,然后进行定形时,工件外形平整。

3. 结论及改进措施

综上述所述,淬火变形过大,回火内应力消除不充分
及定形夹具不当,导致了 65 弹簧片热处理变形,采用下
列措施能预防变形:

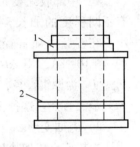

图 10-96 改进后的夹具
1—销子 2—弹簧片

1）淬火冷却由油淬改为 160°C 硝盐分级淬火。

2）适当提高去应力回火温度。

3）改进定形夹具及装夹方法,采用销紧装夹定形。

10.2.10 空心辊中频感应加热表面淬火变形的分析及防止措施

鞍钢矿山机械制造厂 廉以澍

1. 概况

半连轧厂热输出辊道的大型空心辊,进行中频表面淬火时曾出现较大的变形,而大直径辊子的校直是十分困难的,有时因中部收缩变形而报废。

空心辊用 45 钢无缝钢管制成,两端热装配轴头,如图 10-97 所示。在直径方向留余量 1.50mm,淬硬区长度 1640mm,辊面要求硬度≥40HRC,辊面变形不超过 1.00mm,中部收缩变形不超过 0.7mm。

2. 试验结果及分析

中频表面淬火采用 KGPS 250-100-1-8 可控硅逆变式中频加热设备,频率 1 ~ 8kHz,立式淬火机床,单圈感应器,连续淬火方式,工件测温用 WGG2 型光学高温计。

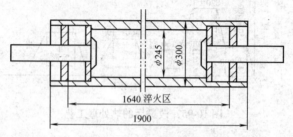

图 10-97　空心辊示意图

空心辊进行表面淬火时,辊面有不同程度的变形,包括长度加长和辊面中部收缩变形的叠加。为了研究方便,我们将其分为中部收缩变形和弯曲变形两部分进行讨论。

1)中部收缩变形。辊面淬火后,辊身有不同程度的加长,直径有不同程度的缩小。在辊身中部直径方向上的缩小量最大(见图 10-98),用 ΔD 表示,即 $\Delta D = D_{原} - D_{变}$,$D_{原}$ 为原辊直径,$D_{变}$ 为淬火后辊中部收缩处最大直径。这种变形危害大,出现超差,无法挽救而报废。

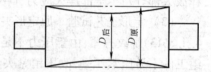

图 10-98　中部收缩形示意图

2)弯曲变形。空心辊表面淬火时操作不当会产生弯曲变形。这种变形虽可用压力机或火焰加热校直,也可在回火中控制摆放位置,使变形改善,但终究是十分困难的。

(1)变形原因分析　对于感应加热的工件来说,只有表面被加热至较高温度,而工件内部温度却较低。在淬火激冷过程中,工件不但产生热应力,表面也产生相变应力,从而引起工件内外的不均匀塑性变形。这是感应淬火变形的原因。

1)热应力。钢被加热和冷却,就产生热应力。如果钢的加热温度在 A_1 点之下,则不引起任何组织转变,冷却时只产生单纯的热应力。可分为三个阶段,如图 10-99 所示。

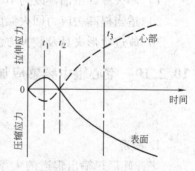

图 10-99　冷却过程中表面和中心的热应力变化

快冷的前几秒钟为第一阶段,即图 10-99 中的 t_1 时刻,由于急冷表面与中心部分产生很大的温差,尚处于高温状态下的心部妨碍表面自由收缩,因此产生拉应力,中心产生压应力。在这种压力作用下,心部发生塑性屈服,继续冷却至 t_2

时，心部产生塑性变形，使应力松弛，因而内应力为零。继续冷却到 t_3 时，这时内部的冷却速度超过了外部，产生与 t_1 时相反的热应力，此时钢的表面已经冷到相当低的温度，对塑性变形有较高的抗力，所以这时表面为压应力，心部为拉应力，在钢中呈平衡状态。试样的表面收缩，圆柱形试样趋于球形，圆管形试样产生了中部收缩变形。

试验表明，对于空心辊，表面温度达 870℃ 时，内表层温度在 600℃ 左右，空心辊温度大部分在 A_1 温度之下，内应力以热应力为主。因此，感应加热变形遵循上述热应力引起的变形规律，即空心辊在热应力的作用下产生中部收缩变形。

2）相变应力。从淬火温度冷到室温，由于冷却速度不同，奥氏体分别转变为马氏体、贝氏体、托氏体或索氏体。由奥氏体转变为马氏体比体积变化最大，其次是下贝氏体、上贝氏体和托氏体、索氏体，因此产生不同相变应力，而且在 Ms 点以下，马氏体的转变量随温度的下降而增加，这种不同时的转变也产生相变应力。

在相变应力的作用下，圆柱形试样产生中部收缩变形，而圆筒形试样表面淬火时，其变形为外圆涨大，中部凸起最大。

由于感应加热层较浅，相变应力不明显。降低频率提高电流透入深度，增加淬硬层，相变应力增加。材质对相变应力也有影响，中碳钢显示出最大的相变应力。空心辊进行感应表面淬火时，也显示出相变应力作用下的变形特征。

3）热应力与相变应力的叠加。在热处理过程中，工件内的实际应力状态是热应力和相变应力复合作用的结果。上述分析表明，热应力与相变应力相反，所造成的变形也是相反的。

空心辊中频表面淬火试验和生产中发现，淬火温度的变化对其中部收缩及弯曲变形的影响很大，如图 10-100 所示。

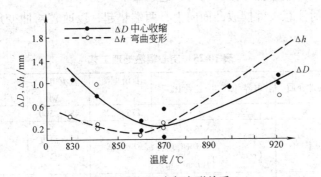

图 10-100　温度与变形关系

图 10-100 表明，淬火温度提高，中部收缩量下降，到 870℃ 左右降至最低。淬火温度继续提高，变形量随之增高。这是因为感应加热升温速度快，过热度大，奥氏体化温度比 A_3 高 70～150°C。45 钢感应加热到 840°C 时尚不能达到完全奥氏体化，急

冷后不能得到完全的马氏体组织。试样金相组织为马氏体、索氏体和铁素体的混合物,因此相变应力并不明显。在这一温度下,热应力对变形起主导作用。随着淬火温度提高,冷却后产生的马氏体量增多,相变应力加大,抵消了一部分热应力的作用,可使变形量减小。到870℃奥氏体全部转变成了马氏体,相变应力最大,抵消热应力的作用也最大,变形量最小。温度再升高,冷却后产生的马氏体量与870℃淬火一样,相变应力达到了最高值。然而,由于温度升高,工件内外温差加大,热应力增大,相变应力和热应力叠加的结果是,热应力起主导作用,工件便显示出较大的热应力变形,即中部收缩变形加大,曲线呈上升趋势。

影响弯曲变形的因素较多,如冷却不均匀,感应器未对正,在加热过程中机械加工应力释放不均匀等,都造成工件内部不对称的局部热应力,从而引起弯曲变形。从理论上说,如果能在完全理想的状态下进行热处理,应该能够避免弯曲变形。但是,在生产现场是难以达到的。我们试验中得到的弯曲变形数据比较分散,图10-100示出了弯曲变形随温度变化的趋势。

总之,通过对图10-100曲线的分析,可以认为860~870℃为最佳感应加热淬火温度。

(2)试验结果 根据以上分析,我们将淬火温度严格控制在860~870℃之间。在操作中还注意:

1)工件旋转时不能晃动,尾架弹簧不能压的太紧。

2)辊子、感应器、喷水器严格对正,感应器、喷水器要保持水平。

3)提高主轴转速,主轴旋转线速度大于感应器上升速度,使冷却更加均匀,并可减小辊面硬度差。

4)喷水环的喷水孔分布要均匀,进水口不少于3个。

5)回火时注意工件摆放凸面向上,两端垫起,以改善弯曲变形。具体工艺如表10-25。

表10-25 空心辊热处理工艺

淬火温度/℃	冷却介质	电容/μF	匝比	直流电流/A	直流电压/V	中频电压/V
860~870	水	32	10:1	175~225	480~500	850~880
功率/kW	频率/Hz	主轴转速/(r/min)	感应器上升速度/(mm/min)	感应器	回火温度/℃	回火时间/h
150~180	5000	100~200	80~120	单圈,宽20mm	180~200	4

采用这种工艺,空心辊淬火取得较好的效果。硬度为42~44HRC,全部合格,中部收缩变形从1.10mm降到0.24mm,弯曲变形从1.30mm下降到0.3mm左右,达到了技术要求。

3. 结论

空心辊中频表面淬火时，控制淬火温度在 860～870℃，采取严格按工艺装夹工件和进行淬火操作等措施，减少了热处理变形，达到了技术要求。

10.2.11　气体氮碳共渗零件变形的分析及防止措施

沈阳风动工具厂　吴　岩　沈本龙

1. 概况

以氮-氨-二氧化碳（N_2-NH_3-CO_2）为介质的气体氮碳共渗工艺生产时发现，对于变截面、尺寸十分不均匀的薄形零件，变形很大。

生产中曾遇到过两种变截面的套筒形零件，材料为 40CrNiMo，壁薄厚十分不均，如图 10-101 所示。其中 01 号零件薄处 1.5mm，厚处 9.85mm；02 号零件薄处 2mm，厚处 14.35mm。气体氮碳共渗工艺为：570℃×1.2h 油冷，处理后检查尺寸时发现有 90% 变形超差，形状呈喇叭口状。

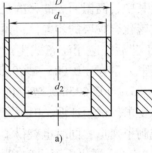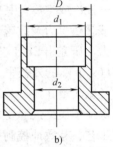

图 10-101　典型零件简图
a)01 号零件　b)02 号零件

2. 试验结果及分析

01 及 02 号零件经气体氮碳共渗工艺处理后，尺寸发生变化，其变形情况如表 10-26 所示。

表 10-26　零件气体氮碳共渗变形情况

件号	壁厚/mm（薄/厚）	外径胀大量/mm	
		薄端	厚端
01	1.5/9.85	+0.038～+0.085	+0.028～+0.045
02	2/14.35	+0.045～+0.055	+0.020～+0.025

试验统计结果表明，01 号零件薄壁端外径胀大量为厚壁端的 2～3 倍，02 号零件薄壁端外径胀大量为厚端的 1.8～2.5 倍，两个零件的变形量在 +0.020～+0.085mm 范围内。由于薄壁端比厚壁端外径胀大量多，因此形成类似于喇叭口的形状。

根据上述结果，经过分析，认为影响套筒变形的因素有以下三个方面：

（1）化合物层组织的影响　工件经过气体氮碳共渗处理后，在表面形成以 ε 相为主加少量 γ' 相化合物层。由于新相与基体相的比体积差，导致工件尺寸胀大；同时，由于渗层本身很薄，而工件各部位的渗层厚度差别不大，因此由渗层组织引起工件尺寸胀大，通常是均匀胀大。我们在壁厚均匀的套筒件气体氮碳共渗试验中得到了证实，因此不会由此而造成类似于喇叭口的形状。

（2）热应力的影响　由于零件装炉温度较高，入炉后工件薄壁部分温度升高比厚壁部分快，体积膨胀亦较快，从而形成热应力。同时，由于薄壁部分温度上升较快，该部分金属的塑性提高亦较快。当热应力超过金属的屈服极限时，便产生外径胀大的塑性变形，从而导致零件薄、厚端外径胀大量相差较大；反之，在冷却过程中，由于薄、厚薄冷却速度不同，也产生变形。

（3）机械加工应力的影响　工件在气体氮碳共渗前经过机械加工，残存着内应力。在气体氮碳共渗过程中，由于残余应力松弛，成为零件变形原因之一。

01号和02号零件的变形数据是经过很多炉次验证的，因此对于上述两种零件不能采用一般气体氮碳共渗工艺。为了减少变形，寻找预防和减少变形的措施。根据分析结果，针对影响零件变形的各种因素，研究出了控制零件变形的特殊气体氮碳共渗工艺SF，即高温回火—预氧化—预热—气体氮碳共渗—预冷却—油冷或空冷。其中，高温回火的目的是为了消除机械加工应力；预氧化是为了减缓热应力及改善化合物层的均匀性；预热和预冷是为了减少加热和冷却时的应力。研究出SF工艺后，应用于正式生产，处理了151个零件，其中01号零件（69个）的外径胀大量在 +0.005 ~ +0.030mm 范围内，02号零件（82个）外径胀大量在 +0.005 ~ +0.025mm 范围内，均在产品图样要求的尺寸公差之内，保证了最终尺寸要求。试验证明，01号及02号零件采用SF特殊气体氮碳共渗工艺，有效地控制了变形；同时也获得了满意的表面硬度和硬化层深，表面硬度在 400 ~ 550HV1 之间，硬化层深达 0.12mm。

3. 结论

01、02号零件采用一般气体氮碳共渗工艺，变形很大，但采用了SF特殊气体氮碳共渗工艺后，变形问题得到解决。生产试验表明，引起气体氮碳共渗变形的原因主要是热应力的作用，其次是机械加工应力和氮化物相形成的影响。因此，在气体氮碳共渗过程中，必须严格控制加热速度和冷却速度以及工艺参数。

4. 改进措施

1）工件在精磨之前进行 550 ~ 600℃ 高温回火，以消除机械加工应力。

2）根据工件气体氮碳共渗前后的尺寸变化规律，会同产品设计人员提出零件气体氮碳共渗前工件精磨的尺寸公差。

3）气体氮碳共渗前将零件及装夹具用清洗剂清洗干净，不得有油污、锈斑和污物。

4）气体氮碳共渗前必须进行预氧化，以减缓热应力的影响及改善化合物层的均匀性。

5）在保证达到技术要求的前提下，尽量缩短气体氮碳共渗工艺时间和减少扩散层深度。

6）出炉前工件应在炉内缓冷一定温度，停止供 NH_3 和 CO_2，通 N_2 保护；然后出炉空冷或油冷，均能满足要求。

10.2.12　大型渗碳齿轮圈热处理畸变及控制

重庆工学院材料学院　程　里

重庆邮电大学　程　方

1. 概况

大型重载渗碳齿轮圈（见图 10-102）是焊接重载齿轮的外圆工作部分。由于缺少内部支撑，该齿轮圈在热处理过程中会出现明显的外圆齿顶长大和节圆尺寸外扩，形状出现椭圆和锥度变化。由于渗碳层的加工余量很小，给机械加工造成困难。

大型重载渗碳齿轮圈一般采用 20CrMnMo 或 17CrNiMo6 钢制造，工艺流程为：钢锭锻造（3 镦 3 拔→冲孔→心轴扩孔）→消除锻造组织预备热处理（正火 + 回火）→锻坯粗加工→渗碳、淬

图 10-102　大型重载渗碳齿轮圈实物照片

火、回火→将齿轮圈与 ZG310—510 铸钢轮毂或板辐堆焊组接为大型重载渗碳齿轮→去应力退火→磨齿及精加工→装配。

2. 大型齿轮圈热处理特点及分析

（1）大型齿轮圈热处理特点　大型齿轮圈为齿顶外径 $\phi2000 \sim \phi2500mm$，圈厚 240mm 的环形结构，重量达 4 ~ 5t，热容量大，加热和冷却时间较长。热处理基本工序为齿轮段长时间高温渗碳→空冷后高温回火→再淬火回火。渗碳层深 5.0 ~ 5.5mm，淬火时齿部基本淬透，其余部位淬硬层深约 15 ~ 20mm（50% 马氏体 + 50% 非马氏体），中心部分未淬硬。热处理畸变主要产生在淬火工序。热处理主要通过控制齿顶尺寸和齿面畸变，以保证齿圈的法线尺寸和啮合精度。

（2）大型齿轮圈热处理畸变特征　以 20CrMnMo 钢 3 个规格（$\phi2375mm$，$\phi2165mm$ 和 $\phi2040mm$）的两个齿圈渗碳和淬火前后的尺寸进行对照，60°三分圆周进行测量，尺寸变化情况如表 10-27 所示。由表 10-27 数据可知：热处理畸变主要来源于渗碳工序产生的上小下大的锥形畸变，以及淬火回火的外圆长大和椭圆畸变。

表 10-27　20CrMnMo 钢齿轮圈淬火前后尺寸变化　（单位：mm）

规格	状态	1 号齿圈（圈厚 240mm）			2 号齿圈（圈厚 240mm）		
2375	渗碳空冷	2374.0/2376.0	2375.0/2376.0	2375.8/2376.5	2373.8/2375.8	2374.4/2374.2	2374.6/2375.6
	淬火回火	2380.0/2381.5	2381.0/2381.0	2380/2381.0	2378.4/2381.0	2379/2379.5	2380.0/2381.0

(续)

规格	状态	1 号齿圈（圈厚 240mm）			2 号齿圈（圈厚 240mm）		
2165	渗碳空冷	2165.5/2166.0	2165.5/2166.0	2165.5/2166.0	2165.0/2166.0	2165.0/2165.0	2164.5/2165.0
	淬火回火	2169.6/2169.7	2168.8/2170.0	2168.5/2171.0	2169.7/2169.6	2169.7/2170.0	2169.0/2169.5
2040	渗碳空冷	2039.5/2039.0	2039.8/2039.8	2038.0/2039.8	2039.5/2039.0	2038.0/2038.8	2039.0/2039.0
	淬火回火	2041.0/2044.0	2041.5/2044.0	2042.0/2043.5	2041.6/2042.0	2040.0/2041.8	2041.5/2042.0

注：2374.0/2376.0 表示上端面尺寸/下端面尺寸，余同。

（3）大型齿轮圈热处理畸变分析及对策

1）锥度：自重加上长时间高温渗碳引起蠕变，导致齿轮圈渗碳后上小下大，产生锥形畸变。对应措施为淬火时不翻面，按上小下大的方向入油。

2）膨胀度：在渗碳和空冷阶段，前后组织构成大致相同（渗碳和残留应力引起的体积和形状变化可忽略），除锥度变形外，齿轮圈尺寸基本未发生改变。外圈长大主要发生在淬火工序：①尽管齿轮圈淬硬层有限，但其表面积非常大，表层转变为马氏体的金属量依然很大，淬火后体积发生膨胀。②淬火过程中因外圆和内圆的面积和圆周率不同，且热收缩和相变膨胀的方向相反，产生齿轮圈外膨的径向力和切向力。③渗碳降低了渗层齿面的 Ms 点，外表层的马氏体转变时间较内表层迟。回火时外表层的马氏体转变为低碳马氏体 + ε 碳化物引起的收缩与残留奥氏体转变引起的膨胀相互抵消，外观上看不出变化。以上因素综合作用的结果，齿顶尺寸会增加 4～5mm。在实际生产中，对于 $\phi2000～\phi2500$mm 齿轮圈，一般将圈的厚度规定为 240mm，按直径大小根据经验数据，预留 4～5mm 的膨胀余量，以保证加工精度。

3）椭圆度：材质不均匀，加热和冷却不当，造成热处理时不均匀胀缩、不对称畸变，形成椭圆。淬火时取下限淬火温度及降低 Ms 点以下的冷却速度，可减少椭圆度。有条件最好采用硝盐等温淬火。

3. 大型齿轮圈热处理注意事项和生产工艺

（1）生产工艺

1）渗碳热处理。用热碱水清洗齿轮轴油污，对不需要渗碳部位（内孔及上下端面）涂防渗剂。930℃气体渗碳 120h，加 BH 催渗剂，用量为 10mL/min。强渗时碳势为 1.2%，扩散时碳势为 0.8%。空冷时，采用炉内强制鼓风向外散热冷却方式，以消除渗层网状碳化物，使内部组织正常化。此时渗碳层深 5.0～5.5mm。

2）680℃高温回火。使渗层析出含 Cr 的碳化物，进一步消除渗层网状碳化物，并使碳化物球化，为淬火作好组织准备。

3）淬火。在齿轮圈表面涂防脱碳涂料或在保护气氛中加热。650℃保温 3～5h 后加热到 820～840℃保温 9h，在 180～204℃的硝盐槽中等温淬火，充分循环，冷却 1.5～2h。

4）回火。齿轮圈进行 200℃×16h，180℃×16h 回火，使残留奥氏体转变为马氏体，淬火马氏体转变为回火马氏体，实现渗层组织的碳化物及合金碳化物强化，保证组织及尺寸的稳定性。

（2）注意事项

1）加热温度是否均匀，直接影响齿轮圈的椭圆畸变和内部组织，保证炉膛内齿圈圆周线上各处温度的一致性特别重要。

2）为防止齿轮圈因放置不平，倾斜造成的错移及翘曲，对长期使用严重变形的淬火吊具，加垫块调平。

3）渗碳时往往是多个齿轮圈重叠在一起放置，下层齿轮圈的畸变程度比上层齿轮圈严重得多。因此，渗碳时应将质量轻或精度高的齿轮圈堆放于上层。

4）如果齿轮圈从淬火炉到油槽需作长距离转移，为防止齿部温度在转移过程中降低，需要在淬火加热时预放保温罩，入液前去除保温罩。或齿轮圈出炉前先提高炉温 10~20℃保温 10min，确保淬入液中的温度。

5）淬火时确保齿轮圈垂直入液，保持圆周冷却的均匀性。

6）齿轮圈的外圆淬火冷却速度优于内圆，呈"X"形畸变，内圆淬火冷却速度优于外圆，呈"0"形畸变。因此油槽应足够大，冷却液循环充分。

7）低温淬火容易造成齿圈成分偏析中的低碳区域出现未溶铁素体，充分锻造可改善成分的均匀性。

8）淬火时沿纤维组织方向及其横截方向胀缩量差异很大，锻造时应尽量保证整圈纤维组织的一致性。

4. 结论

1）热处理畸变主要来源于渗碳工序产生的上小下大的锥形畸变，以及淬火回火的外圆长大和椭圆畸变。

2）ϕ2000~ϕ2500mm 大型齿轮圈的淬火畸变结果为顶部外圆向外扩展 4~5mm，内孔扩大，高度降低。主要通过预留 4~5mm 膨胀余量的办法，以保证齿顶节圆的加工精度。下限淬火温度及降低 Ms 点以下的冷却速度，以减少椭圆度。淬火时上小下大的方向入油，以减少其锥度。

3）大型齿轮圈的热处理畸变控制涉及材料与制造。零件设计、锻压及机械加工对齿轮圈热处理畸变有直接影响，也应从零件设计、锻压及机械加工各方面着手，共同解决齿轮圈热处理畸变问题。

5. 返修

对于畸变过度、无法加工的齿轮圈，以及金相组织和硬度达不到要求的齿轮圈，需要重新热处理进行返修。为避免畸变叠加，应先高温回火降低表面硬度，滚齿修正齿面，重新渗碳补碳，再淬火回火。

10.2.13　高速柴油机曲轴渗氮畸变规律与控制措施

河南柴油机集团有限责任公司　高一新　任伟霞　刘小东

1. 概况

我集团公司生产的 TBD620V12 高速大功率柴油机曲轴使用的表面强化方法为渗氮处理。渗氮处理后，曲轴表面形成的渗氮层提高了轴颈表面的耐磨性，扩散层中氮的渗入阻止铁晶格的滑移，产生残留压应力，使整个曲轴表面包括曲颈圆角、曲柄均得到强化，因而能显著提高曲轴的疲劳强度，并且渗氮能减弱曲轴应力集中和表面质量对强度的影响。但渗氮过程中大功率柴油机曲轴因其很大的自重、连杆轴颈和曲臂的不对称性等复杂因素的作用，造成渗氮后各主轴颈径向圆跳动严重超差。

TBD620V12 柴油机曲轴材质为 40CrNiMoA 电渣重熔钢，经弯曲镦锻成形。加工工序：弯曲镦锻→正火＋高温回火→粗车主轴颈、连杆轴颈及外圆端面→调质→精车主轴颈、连杆轴颈及开档→稳定回火→精车、半精磨主轴颈、连杆轴颈及开档→时效→半精磨、精磨主轴颈、连杆轴颈及钻铰直油孔、斜油孔→渗氮→抛光。曲轴形状及几何尺寸如图 10-103 所示。

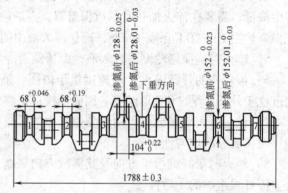

图 10-103　曲轴形状及几何尺寸

曲轴的卧式炉渗氮工艺为：曲轴随冷炉升至 (510 ± 10)℃，保温 50h，氨分解率 15% ~ 35%，渗氮后随炉降温至 200℃ 以下出炉。渗氮技术要求：①渗层深度 0.25 ~ 0.40mm，表面硬度 ≥550HV0.3。②径向圆跳动：以 1、7 主轴颈为基准，第 4 主轴颈径向圆跳动 ≤0.12mm，第 3、5 主轴颈径向圆跳动 ≤0.08mm，第 2、6 主轴颈径向圆跳动 ≤0.05mm。

2. 试验结果及分析

曲轴按重心自然放置于渗氮炉平板上，用铜垫片垫平其他接触炉底板的连杆轴颈，进行渗氮处理后的畸变如表 10-28 所示。将曲轴调整为水平放置，曲轴转动一圈百分表指示的最低点距零点（基准点）的差定义为下垂。

表 10-28　曲轴自然放置状态下各主轴颈渗氮后的畸变情况

（单位：mm）

编号	测量方法	主轴颈测量位置				
		第 2	第 3	第 4	第 5	第 6
5-1	渗氮前下垂			0.09		
	渗氮后下垂			0.15		
	渗氮前径向圆跳动	0.02	0.05	0.07	0.04	0.02
	渗氮后径向圆跳动	0.09	0.10	0.13	0.09	0.07
5-2	渗氮前下垂			0.11		
	渗氮后下垂			0.18		
	渗氮前径向圆跳动	0.03	0.04	0.08	0.05	0.03
	渗氮后径向圆跳动	0.11	0.14	0.16	0.13	0.09
5-3	渗氮前下垂			0.09		
	渗氮后下垂			0.16		
	渗氮前径向圆跳动	0.02	0.04	0.06	0.03	0.02
	渗氮后径向圆跳动	0.08	0.10	0.12	0.09	0.08
5-4	渗氮前下垂			0.10		
	渗氮后下垂			0.18		
	渗氮前径向圆跳动	0.03	0.04	0.08	0.05	0.03
	渗氮后径向圆跳动	0.10	0.13	0.15	0.12	0.10

从表 10-28 中看出，曲轴在自然放置状态下渗氮后摆差进一步加大，超出工艺要求。

分析影响曲轴渗氮畸变的因素：

（1）曲轴截面对称性的影响　零件的热处理畸变与其热处理前的精度、对称度和刚度有直接关系，精度越高，对称度越高，热处理畸变越小。通常对称度高的零件在加热和冷却的过程以及组织转变的过程中，热传递和组织转变对称度高，产生的热应力和组织应力分布对称度也高，所导致的畸变也小；另一方面对称度高的结构抵抗内应力畸变的能力也强。

620V12 曲轴 1、6 连杆轴颈和 2、5 及 3、4 连杆轴颈的夹角为 120°，截面不均匀，为不对称结构。由于曲轴在渗氮温度下屈服强度下降，内部产生高温蠕变，在水平放置时曲轴的不对称性引起重力分布不均，引起渗氮表层应力分布不均匀。这是造成渗氮后畸变的主要因素。

（2）渗氮前机加工应力及加工工序的影响　曲轴在调质处理后与渗氮处理前有相当大的加工量，致使曲轴有很大的加工应力。如果此时的机加工应力不完全消除，渗氮过程中，应力释放，在塑性状态下就会转化成畸变。TBD620V12曲轴因尺寸大，粗加工不能用铣床，只能用车床进行。渗氮前车削过程中造成的曲轴畸变也将增大在渗氮过程控制的难度。首先，在加工曲轴时，由于切削力和切削热的影响，会使工件产生弯曲畸变，增大曲拐轴颈对支撑轴颈的平行度误差。其次，由于曲轴并不是形体均衡的工件，因此加工时的静平衡差异会产生离心力,造成回转轴线弯曲,使圆周上各处的背吃刀量不均,从而使曲轴外圆产生圆度误差。第三,在加工曲轴时,在曲轴两端面预先钻出主轴颈中心孔和曲轴轴颈的偏心孔,曲轴的轴颈之间及与主轴颈的位置精度,由两端偏心中心孔来保证(对于偏心距较大,无法在端面上直接钻偏心中心孔的曲轴,可安装一对偏心夹板,中心孔钻在偏心夹板上)。若中心孔钻得歪斜(两端中心孔不在同一条直线上或两端中心孔的轴线歪斜),则曲轴在加工回转时便产生轻微摇晃,造成轴颈圆度误差,有时还会损坏中心孔和顶尖。上述原因都会使曲轴在车削过程中产生较大的畸变。

粗加工后进行 (540±10)℃ 高温消除应力回火,温度应在保证曲轴基体组织与心部力学性能的前提下尽量升高,保温时间也应尽可能延长,以保证应力充分消除。在随后的半精加工过程中产生的内应力可通过 250℃ 低温时效来消除应力。

渗氮前低温时效后连杆轴颈半精磨和精磨的总磨量为 0.9mm,主轴颈半精磨和精磨量为 0.8mm。为保证磨削精度,用磨床中心架支撑轴颈磨削,不可避免地要产生一定的加工应力,增大曲轴渗氮畸变的趋势。

综上所述,曲轴结构的不对称性是引起渗氮畸变的最重要因素。曲轴第 1、2 及 5、6 连杆轴颈开档的收缩是造成主轴颈径向圆跳动加大的直接原因。

3. 验证试验

为验证造成曲轴渗氮畸变的原因,进行了工艺试验。试验方法:采用在第 1、2 及 5、6 连杆轴颈开档处加 V 形铁预校正的方法,控制第 4 主轴颈的下垂量,见图 10-104。试验划分为 3 组:第一组下垂预校 0.02 ~ 0.05mm;第二组下垂预校 0.06 ~ 0.09mm;第三组下垂预校 0.10 ~ 0.12mm,测量结果如表 10-29 所示。

图 10-104 V 形铁校正曲轴渗氮示意图

装炉前,在平台上以 1、7 主轴颈为基准调平曲轴,测量第 4 主轴颈下垂。对于 6 缸曲轴由于加工及曲轴自身形状的特点,机加工后第 4 主轴颈下垂的方向为 3、4 连杆轴颈竖直向上时的方向。渗氮前第 4 轴颈下垂量一般在 0.10 ~

0.12mm 范围内。在 2、5 连杆轴颈处加 V 形铁校正，调整 V 形铁宽度使下垂在原基础上减少 0.02 ~ 0.12mm。校正后的曲轴以 3、4 连杆轴颈为水平方向放置于渗氮平板上。渗氮出炉后，测量各主轴颈径向圆跳动及第 4 主轴颈下垂。

表 10-29　各主轴颈在第 4 主轴颈下垂预校 0.02 ~ 0.05mm、0.06 ~ 0.09mm、

0.10 ~ 0.12mm 后的畸变量　　　　　　　　　（单位：mm）

编号	测量方法	主轴颈测量位置				
		第 2	第 3	第 4	第 5	第 6
1 号	渗前下垂			0.12		
	校后下垂			0.07		
	渗前径向圆跳动	0.03	0.04	0.07	0.05	0.05
	渗后径向圆跳动	0.09	0.09	0.12	0.10	0.07
2 号	渗前下垂			0.10		
	校后下垂			0.08		
	渗前径向圆跳动	0.02	0.04	0.06	0.03	0.02
	渗后径向圆跳动	0.09	0.12	0.15	0.13	0.19
3 号	渗前下垂			0.11		
	校后下垂			0.07		
	渗前径向圆跳动	0.03	0.04	0.07	0.03	0.03
	渗后径向圆跳动	0.07	0.11	0.13	0.11	0.08
4 号	渗前下垂			0.11		
	校后下垂			0.08		
	渗前径向圆跳动	0.03	0.05	0.08	0.04	0.03
	渗后径向圆跳动	0.10	0.12	0.14	0.11	0.09
5 号	渗前下垂			0.12		
	校后下垂			0.04		
	渗前径向圆跳动	0.03	0.04	0.07	0.05	0.03
	渗后径向圆跳动	0.03	0.05	0.09	0.06	0.04
6 号	渗前下垂			0.10		
	校后下垂			0.04		
	渗前径向圆跳动	0.02	0.03	0.06	0.04	0.03
	渗后径向圆跳动	0.03	0.06	0.10	0.07	0.04
7 号	渗前下垂			0.11		
	校后下垂			0.04		
	渗前径向圆跳动	0.02	0.05	0.06	0.03	0.03
	渗后径向圆跳动	0.03	0.05	0.08	0.06	0.02
8 号	渗前下垂			0.10		
	校后下垂			0.01		
	渗前径向圆跳动	0.03	0.05	0.07	0.04	0.02
	渗后径向圆跳动	0.04	0.06	0.11	0.07	0.05
9 号	渗前下垂			0.11		
	校后下垂			0.01		
	渗前径向圆跳动	0.03	0.04	0.06	0.04	0.02
	渗后径向圆跳动	0.07	0.10	0.13	0.09	0.06

（续）

编号	测量方法	主轴颈测量位置				
		第2	第3	第4	第5	第6
10 号	渗前下垂 校后下垂 渗前径向圆跳动 渗后径向圆跳动	 0.03 0.09	 0.05 0.12	0.10 -0.01 0.07 0.15	 0.04 0.12	 0.03 0.08
11 号	渗前下垂 校后下垂 渗前径向圆跳动 渗后径向圆跳动	 0.03 0.08	 0.04 0.12	0.12 0.00 0.08 0.15	 0.05 0.11	 0.03 0.09
12 号	渗前下垂 校后下垂 渗前径向圆跳动 渗后径向圆跳动	 0.03 0.09	 0.05 0.11	0.11 0.00 0.07 0.14	 0.04 0.10	 0.03 0.07

注：1~4 号预校 0.02~0.05mm，5~8 号预校 0.06~0.09mm，9~12 号预校 0.10~0.12mm。

从表 10-29 中看出：采用在第 1、2 及 5、6 连杆轴颈开档处加 V 形铁预校正第 4 主轴颈下垂的方法，可以有效控制曲轴渗氮畸变。

分析试验数据，1~4 号预校取得一定效果，但预校量过小，径向圆跳动达不到工艺要求；5~8 号预校量合适，取得预期效果，径向圆跳动达到工艺要求；9~12 号预校量较大。因此，控制径向圆跳动的最佳预校量为：0.06~0.09mm。

4. 结论

对于大功率柴油机曲轴，曲轴自身结构形状及渗氮处理是影响曲轴渗氮畸变的主要因素。采用装炉前预校正下垂的方法，可以有效控制 TBD620V12 曲轴渗氮过程中的畸变，渗氮后第 4 主轴颈，3、5 主轴颈，2、6 主轴颈径向圆跳动分别小于 0.12mm、0.08mm、0.05mm。

5. 改进措施

1）加 V 形铁预校是控制曲轴渗氮畸变的主要措施。加 V 形铁预校可以控制曲轴连杆开档收缩，防止畸变。其操作过程是：V 形铁支撑 1、7 主轴颈，多次转动曲轴，调整 V 形铁使 3、4 连杆轴颈朝上时，曲轴以 1、7 主轴颈为基准呈水平状态。零点（基准点）一定要调准，不能有偏差，否则会引起校正测量不准。调好零点后，在 2、5 连杆轴颈开档处加 V 形铁校正。曲轴装炉时要轻吊轻放，防止因振动、碰撞引起 V 形铁松动，若有此现象应取下 V 形铁重新校正，出炉后要等冷至室温再去掉 V 形铁。

2）渗氮时，缓慢升温及降温是操作过程中控制渗氮后畸变的重要一环。渗氮炉在升温时为了缩短升温时间，通常在开始时采用全功率，当达到炉温后采用半功率，以减小炉温的波动；但是从控制渗氮畸变的观点出发，开始时升温速度过快是不妥当的。因为渗氮炉的炉罐比较大，升温速度过快势必造成曲轴靠近炉罐的外侧温度高，而内侧温度低，由于曲轴两侧存在温差，还由于线胀系数的不同，势必会使曲轴产生弯曲畸变，即靠近炉罐外侧凸起，内侧凹入。因此，为了减小曲轴畸变，必须采用阶段升温的方法，就是在 250~300℃ 以及 350~400℃ 停留 1~2h，这样，就能有效控制因升温时炉温不均匀而造成的畸变。同样，渗氮冷却过程中尽量使炉子缓慢降温也是控制曲轴畸变的重要措施之一。渗氮结束后，使曲轴随炉冷至 150℃ 左右开出炉膛，待马弗罩降至室温后再吊开，便可将曲轴冷却过程中的畸变降至最低。

10.2.14 活塞环的渗氮变形与控制

武汉大学动力与机械学院 肖文凯

1. 概况

活塞环是汽车发动机中的关键部件，同时又是易损件，我国每年制造的活塞环达数亿片之多。为了提高活塞环的耐磨性，传统的制造工艺是在活塞环的外圆工作面上电镀硬铬。此工艺有效地提高了活塞环的使用寿命，但却带来了极大的能源消耗与环境污染。随着节能意识的日趋增强和环保呼声的日益高涨，多种表面处理技术都被尝试应用于活塞环上以代替镀铬。其中，渗氮处理技术以其出色的效果和较低的成本取得了优势地位。近年来，在西方发达国家，渗氮活塞环已经取代镀铬活塞环成为汽油机所需低油耗的标准设计，占据了发动机配置的主流地位。大量的试验研究结果表明，要想使渗氮活塞环达到镀铬活塞环的耐磨效果，必须采用高碳高铬马氏体不锈钢才行。西方发达国家主要采用 Cr13 系和 Cr18 系两类不锈钢作为渗氮活塞环的材料，对应于我国的钢号大致相当为 6Cr13Mo 和 9Cr18Mo。然而，在生产实践中，国内针对这两种高碳高铬马氏体不锈钢制造的活塞环进行渗氮处理时，碰到的突出问题是，马氏体不锈钢活塞环在渗氮处理中发生了一定程度的变形，破坏了活塞环精确的椭圆曲线外形，改变了其原有的接触压力分布，使得环的密封性能达不到要求，造成大量活塞环报废，严重影响了活塞环生产企业的经济效益和这一无污染新工艺的推广。针对这种情况，我们经大量试验，成功地解决了这一问题。

2. 试验结果及分析

活塞环的形状类似于自张式卡簧，其在自由状态下是一开口的椭圆，如图 10-105a 所示。此椭圆外形曲线经过特定的数学与力学的分析运算所得到，使得环在工作状态

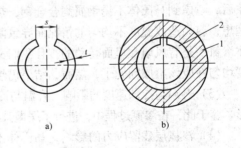

图 10-105 环在自由状态和工作状态下的形状
a）自由状态 b）工作状态
s—自由开口 t—径向厚度 1—气缸 2—活塞环

下置于气缸内时成为一标准的正圆，并与气缸壁紧密贴合以密封气体，如图 10-105b 所示。环与气缸壁紧密贴合所需的弹力主要由环的自由开口的大小与其截面的几何尺寸所决定。对于同型号的环，自由开口尺寸越大，弹力也就越大；自由开口尺寸减小，弹力亦随之减小。

活塞环因渗氮而产生的变形主要有两种。一种是"缩口"，即经过渗氮处理后，活塞环的自由开口尺寸变小了，依上述理论，这将导致环的弹力减小，从而影响密封性能，此种现象是由活塞环的制造工艺所导致的。国内企业普遍采用类似绕制弹簧的方法将矩形截面的成形扁钢丝绕成长筒状，再将长筒沿轴线方向切断，从而得到单片状的活塞环毛坯，此时毛环的自由开口很小，约 2mm 左右，且形状为正圆；然后将毛坯环装到特定形状的椭圆长轴上，通过热定形将环定成自由开口为一定大小的椭圆形状，环的椭圆曲线就是这样获得的。因此，在后来的渗氮处理中，环处于较高温度下时，由于材料本身惯性的作用，又力求回复到原来的那种小自由开口的毛坯状态。这样造成自由开口尺寸减小，缩口幅度一般为 30% 左右。这就会使弹力减小很多，从而造成废品。

另外一种变形的情况是"漏光"。将环放入与同型号气缸尺寸相同的检测环规中，如果环准确的椭圆曲线形状遭到破坏，则环与环规壁因贴合不紧密而存在微小间隙，一束光打在环规的前方，在环规后方就可观察到间隙处存在亮点，这就是"漏光"现象。有漏光缺陷的环在使用过程中即会发生漏气现象，是不合格的产品。环的外圆面是经过珩磨加工，并经"漏光"检验合格后才进行渗氮的，渗氮后发生了"漏光"，说明环在渗氮这一工序环节发生了变形。那么这种变形的原因何在呢？我们归纳了以下几种可能的原因并一一进行了排查。

（1）缩口的影响　将环装到上述的用来热定形的椭圆轴上进行了渗氮处理。这意味着在渗氮过程中，同时也进行着定形，当然就不会发生缩口的现象，但环取下后经测试，仍然漏光。

（2）温度均匀性的影响　开始采用的是离子渗氮，发现渗氮引起漏光的现象后，考虑到马氏体不锈钢属高合金钢，热导率较低，离子渗氮的热传导性不够理想，容易造成温度不均匀的情况而导致漏光；随后又采用了气体渗氮方式，气体渗氮炉是有风扇在里面转动的，且我们又加强了对温度的准确测量与控制，温度均匀性应该不成问题了，然而，结果仍然是漏光。

（3）升温与冷却速度的影响　升温与冷却速度过快有时也会导致渗氮工件变形。鉴于此，在渗氮过程中，进行了缓慢升温和缓慢冷却的试验，结果还是漏光。

（4）渗氮层残留应力的影响　马氏体不锈钢活塞环经 560℃ 左右热定形处理后，产生氧化膜。在渗氮过程中，这层氧化膜能够阻止 N 原子的渗入，使渗氮难以进行。活塞环的外圆面是工作面，与气缸直接接触，表面质量要求很高，需经珩磨处理再进行渗氮，这样一来，外圆面的氧化膜就被珩磨磨掉了；而内圆面是非工作面，既不需要渗氮也不需要精加工，所以氧化膜就没有被去掉而被保留下来。在渗氮处理中，外圆面形成了一层渗氮层，而内圆面因氧化膜的阻碍没有生成渗氮层。我们知道，渗氮这一表面强化处理手段，能够在材料表层产生一定大小的残余压应力，这能提高材料的疲劳极限。但在本例中，它会不会产生另外一种效应，即渗氮层的残余压应力影响了活塞

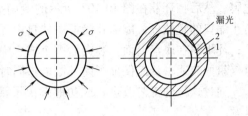

图 10-106　环受到残留应力的影响而变形

σ—残留应力　1—环规　2—活塞环

环精确的椭圆外形曲线和其原有的接触压力分布呢？对一般的渗氮零件而言，这层应力很小是不会影响其形状改变的，但因为活塞环的径向厚度尺寸(t)也很小，只有 2～3mm，如图 10-105a 所示，所以即便是很小的不平衡应力，都有可能造成变形，而微量的变形就可产生漏光，变形示意情况如图 10-106 所示。

按照以上分析及思路，可以认为，尽管环内圆为非工作面，并不需要渗氮，但从解决变形的问题出发，如果将环内外圆面同时进行渗氮，因它们渗氮层上的残余压应力的方向刚好相反，这样一来，应力

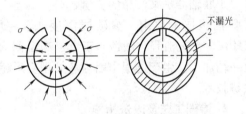

图 10-107　环形状因应力平衡而恢复正常

σ—残留应力　1—环规　2—活塞环

对环的影响则可大致相互抵消，也许能解决这一问题，其示意情况如图 10-107 所示。随后，对活塞环的内圆进行了去除氧化膜的机械加工，这样环的内外圆就可同时进行渗氮了。渗氮结果显示，内外圆渗氮层的厚度与硬度梯度分布几乎完全相同，检测结果显示，环的漏光现象终于被消除了，合格率接近百分之百。

3. 结论

活塞环的渗氮变形是由于环热处理定形工艺造成的回缩惯性和外圆单边渗氮造成的残留应力不平衡所致。若能采用专门夹具及调整渗氮预处理工艺，使环内外圆同时进行渗氮，从而使渗氮层的残留应力得以相互比衡，就能保证活塞环外形和原有的接触压力分布状态的稳定性，从而解决这一难题。

4. 改进措施

既然原因已经查明，就可以采取有针对性的措施了。首先在环渗氮前，增

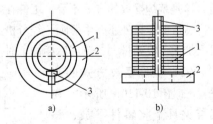

图 10-108　环渗氮专用夹具

a）俯视图　b）主视图

1—活塞环　2—底盘　3—定位杆

加一道去除环内圆氧化膜的工序。试验表明,强力喷砂和磨削均能清除掉这层氧化膜。然后将环装在图 10-108 所示的专门夹具上进行渗氮。此夹具上固定有一防止缩口的定位杆,能够在渗氮中使自由开口的尺寸保持稳定,不会产生缩口现象;环堆码在底盘上面,装夹后整个成一中空的筒状,这就有利于渗氮处理时渗氮气氛的流通,从而保证了内外圆能够同时均匀地渗氮。

通过这样的工艺改进,成功地解决了活塞环渗氮变形而引起"漏光"这一难题。

10.2.15 半联轴器渗碳淬火畸变的分析及改进措施

山西平阳重工机械有限公司 夏德全 李炳坤 杨东立

1. 概况

半联轴器是某产品的关键部件,材料为 12Cr2Ni4A 钢,经渗碳淬火热处理。半联轴器技术要求:渗碳层深度 1.3 ~ 1.5mm,淬火后内径表面硬度 60 ~ 65HRC。工艺流程:锻造→正火、高温回火→粗加工→920℃渗碳→再加工→淬火→精加工。生产过程中因为热处理变形超差,因此,控制半联轴器的变形成为关键技术。

2. 渗碳工艺及改进措施

(1) 渗碳过程 半联轴器渗碳前尺寸见图 10-109。渗碳在 RQ3-105-97T 井式渗碳炉中进行,装炉前将半联轴器清洗干净,平摆放在工装夹具上,如图 10-110a 所示。920℃吊进炉内,于 920℃渗碳 12h。渗碳后空冷,680℃高温回火两次。检测其畸变量,有一定的规律,最上方的零件内径收缩量为 0.6mm,中间零件内径收缩量为 0.4mm,最底层的零件内径收缩量为 0.2mm。经分

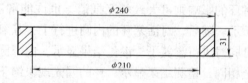

图 10-109 渗碳前工件的尺寸图

析,这是装炉摆放的方式不妥,工件在空冷过程散热不均匀,不同位置的工件收缩不一样造成的。另外还产生椭圆,经分析这与冷却时温差不均有直接关系,使后期淬火难度加大,收缩量大,造成后期加工时渗碳层被磨掉而报废。

(2) 工件摆放方式的改进 如图 10-110b 所示,在吊装夹具上将零件平放,每件相互隔开,留有一定的间隙,在空冷时散热均匀,对减少工件畸变起到一定的效

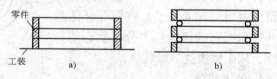

图 10-110 半联轴器的装炉方式
a) 以前的装炉方式 b) 改进后的装炉方式

果。改进装炉方式后，内径收缩量均在 0.1~0.2mm 范围内，在淬火前仍须作校圆处理，以免淬火后畸变加大甚至报废。

3. 淬火工艺及改进措施

半联轴器的内径尺寸在渗碳前已处于最后完成阶段，其余尺寸仍处于待加工，渗碳过程的畸变直接影响其余尺寸的再留量问题。因此，进入最后淬火阶段，半联轴器各部位余量已很小，内径为 $\phi 0.5mm$，外径为 $\phi 0.5mm$，端面余量为 0.2mm。半联轴

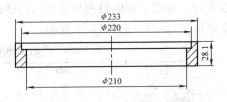

图 10-111　淬火前工件的尺寸图

器不仅要保证良好的组织性能，更重要的是保证其尺寸精度，超出其留量范围则零件报废。工件渗碳后加工的尺寸如图 10-111 所示。

（1）原淬火工艺　淬火加热是在流态炉中进行的，零件平放在夹具上，800℃入炉，温差上下不超过 10℃，保温 15min 后在热油中冷却，工件出现收缩倾向和椭圆。原因主要是半联轴器属于薄套环类型，在冷却时外表冷却要比内径快，而内径表面处于冷却介质对流不充分的缓冷状态，因此引起淬硬层应力分布的不均匀，致使零件发生畸变及喇叭口现象。收缩倾向于内径与渗碳后中间工序再加工有关，由于中间工序将外径表面及端面碳层全部加工去除，使零件内外径表面碳量失去平衡，外径与端面为原始组织，而内径表面为渗碳后的高碳成分，在淬火时因体积变形和组织应力的变化趋向于内径表面，造成零件收缩现象。

（2）淬火工艺改进　在设备夹具均不变的情况下，采用了调整型胎尺寸的淬火方法，在热处理操作中，运用马氏体相变过程体积胀大与收缩的畸变规律，达到淬火过程中零件的尺寸定形。淬火工艺为 780℃淬火保温 15min，在 30~40℃油中冷却。零件以垂直加热方式垂直淬火，为达到冷却均匀，零件尽量上下垂直运动 20s，出油温度控制在 100℃左右，然后将零件快速套装在型胎上，随着温度下降零件已被型胎固定在需要的尺寸上，然后将零件在手动压力机上挤压出来。检测内径尺寸及留量部位，实测内径值与机加工留量相一致，相差仅 0.02mm，椭圆度 0.02mm，端面平行度 0.01mm，180℃回火后硬度 60~65HRC，完全符合技术要求。说明采用淬火整形方法对易畸变的套环类零件涨大、收缩现象进行整形处理是非常有效的，可以通过调整型胎尺寸，控制零件所需要的尺寸。

淬火过程中热装固定整形的原理为：零件的畸变有时需要设法在淬火奥氏体转变为马氏体的时间内加以控制。其原因是在相变开始时塑性增加的效果很大，过冷奥氏体开始发生马氏体的组织转变，零件的体积涨大，将零件套装在型胎上进行整形，受热胀冷缩的影响，零件随热量的损失内径收缩，这一热作矫正过程是在很短的时间内完成。

半联轴器经过淬火固定整形，即使渗碳前造成内径严重收缩，在淬火过程中采取不同的冷却介质，先控制其内径胀大，再套装在固定型胎上，然后在冷却缓慢的介质中冷却使其内径收缩进行整形。此时，内径拉应力的大小与整形量大小成正比，椭圆、喇叭口现象就会自行消除，达到所需要的尺寸。表 10-30 所示为半联轴器淬火后畸变量检测结果。

表 10-30 半联轴器淬火后畸变量检测结果

检测位置	内径	外径	端面	子口
留量/mm	0.5	0.3	0.2	0.5
畸变量/mm	0.02	0.03	0.10	0.20
合格率（%）	100	100	100	100

4. 结论

根据零件在热处理过程中的尺寸变化规律，改进了工件渗碳中的装炉摆放方式，淬火中采用型胎调整零件尺寸变化量的工艺方法，解决了热处理过程中零件的尺寸收缩及变形现象，从而减少了后续机械加工磨量，提高了零件的表面质量，有效地降低了材料消耗和成本。

5. 改进措施

1）渗碳时改进装炉方式，每件相互隔开，留有一定的间隙，冷却过程达到散热均匀，对减少变形起到了一定的效果；也可采用型胎套装控制变形，更为有效。

2）淬火过程需保持垂直加热，垂直淬火，控制好零件的出油温度在 100℃ 左右，然后快速套装整形，合格率达到 100%。

10.2.16 控制氮碳共渗零件变形的措施

嘉兴职业技术学院 毛 杰
沈阳凿岩机械股份有限公司 吴 岩 赵丽艳

1. 概况

活塞是凿岩机上最重要的易损件，其主要失效形式是：①活塞头部凹陷或崩碎；②活塞体因磨损而报废。因此，必须要求活塞具有高的耐磨性、好的耐冲击性和耐疲劳性能。某公司每年为用户生产约 2000 件活塞，在气体氮碳共渗过程中，零件常因畸变，使尺寸超差而报废。为解决变形问题，选用了一些零件进行研究，以找到畸变特点和原因，提出改进措施。

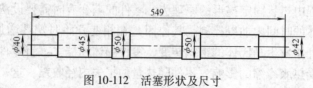

图 10-112 活塞形状及尺寸

试件用材料为 5CrNiMo 钢，其形状及尺寸见图 10-112 所示。热处理在井式炉和气体渗碳炉 RJ2-35-6，RQ3-35-9D 炉中进行。为提高渗层均匀性和氮碳共渗速度，共渗前增加了一道预氧化处理工序，具体工艺如图 10-113 所示。

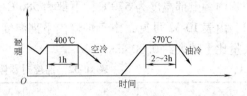

图 10-113　气体氮碳共渗处理工艺
［渗剂成分（体积分数）：5% ~ 10% N_2 +40% ~ 45% CO_2 +45% ~ 50% NH_3］

2. 试验结果及分析

（1）试验结果　试验件为精加工后的零件，零件经气体氮碳共渗处理后，直径整体胀大，具体结果见表 10-31。由表 10-31 可见，活塞类零件采用常规气体氮碳共渗处理时，其直径胀大量约为 0.025 ~ 0.035mm。在正常操作条件下，一般只改变零件的体积，而不改变外形，并且没有明显的方向性。当氮碳共渗层厚度均匀时，在各个方向上的胀大量是相同的。

表 10-31　零件经常规气体氮碳共渗处理后直径胀大量

试件号	1	2	3	4	5	6	7	8	9
共渗前直径/mm	φ49.950	φ49.950	φ49.945	φ49.945	φ49.945	φ49.945	φ49.950	φ49.945	φ49.945
共渗后直径/mm	φ49.975	φ49.975	φ49.968	φ49.970	φ49.975	φ49.980	φ49.980	φ49.980	φ49.975
直径胀大量/mm	0.025	0.025	0.023	0.025	0.030	0.035	0.030	0.035	0.030

（2）影响直径胀大的因素分析　钢铁零件在进行氮碳共渗处理时，表面形成 ε 相 ［Fe（NC）］ 和 γ′相（Fe_4N）组成的化合物层及含氮的 α 相的扩散层，合金钢尚有合金氮化物存在。由于 ε 相和 γ′相的比体积（ε 相约为 0.1453cm^3/g，γ′相约为 0.1406cm^3/g）大于基体相的比体积（基体 α 相约为 0.1269cm^3/g），从而导致零件直径（体积）胀大。

从试验结果及分析得出，在氮碳共渗处理时，影响零件直径胀大的主要因素有以下几个：

1）氮碳共渗层厚度。零件表面的氮碳共渗层（尤其是化合物层）厚度是影响直径胀大量的主要因素。图 10-114 所示是氮碳共渗层（包括化合物和扩散层）厚度与直径胀大量的关系。由图 10-114 可以看出，随着氮碳共渗层厚度的增加，直径胀大量加大，且直径胀大量约为氮碳共渗层厚度的 25% 左右。

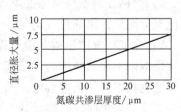

图 10-114　氮碳共渗层厚度与直径胀大量的关系

2）温度。零件装入井式炉中，于 570℃×3h 进行氮碳共渗处理。经测定，炉罐内，上部温度为 570℃，下部为 580℃。温度对零件胀大量的影响列于表 10-32。由表 10-32 可见，由于炉罐内下部温度比上部温度高，导致零件下端直径胀大量比上端大约 0.005mm。

表 10-32　温度对零件胀大量的影响　　　　　　（单位：mm）

项目	1	2	3	4	5	6	7	8
上端(570℃)胀大量	0.015~0.020	0.010~0.015	0.010~0.015	0.015~0.020	0.015	0.015~0.020	0.010~0.020	0.010
下端(580℃)胀大量	0.020~0.025	0.015~0.020	0.015~0.020	0.020~0.025	0.020	0.020~0.030	0.015~0.020	0.015
上、下端胀大量差值	0.005	0.005	0.005	0.005	0.005	0.005~0.010	0.005	0.005

3）合金元素。对 5CrNiMo 钢活塞进行氮碳共渗处理时，零件表面形成了由 ε 相和 γ' 相组成的化合物层，同时形成合金氮化物。合金氮化物的形成，伴随零件直径（体积）胀大。显然，含有氮化物形成元素的合金钢，经过氮碳共渗处理后，受到铁的氮化物和合金氮化物的共同作用，它的直径（体积）胀大量比碳钢要大。

3. 结论及改进措施

1）零件在精磨前，进行 550~600℃ 回火，以清除机械加工应力，防止无规律变形。

2）零件在气体氮碳共渗处理前，用清洗剂清洗干净，表面不得有油渍、锈斑污物等。

3）零件在气体氮碳共渗处理前，先进行活性气体预处理，去除表面的钝化膜，提高零件表面金属的活性，促进渗层均匀性，防止零件直径局部胀大超差。

4）严格控制氮碳共渗工艺参数，炉罐内各部位的温度偏差 ≤5℃，炉内气氛应充分搅拌，保证炉气均匀。

5）在进行气体氮碳共渗处理前，操作者必须仔细核对零件尺寸。

采取以上控制措施后，活塞零件直径胀大量控制在 0.010~0.015mm，零件尺寸达到技术操作条件规定，结果见表 10-33。依据零件在气体氮碳共渗处理过程中直径胀大规律，会同设计人员，提出零件在氮碳共渗前的尺寸公差。这是保证零件最终尺寸公差的最重要的措施。该方法应用在凿岩机的活塞、长轴等零件的热处理中效果良好，每年可减少因变形超差造成的损失 10 万多元。

表 10-33　采取措施后零件的直径胀大量

件号	工艺	氮碳共渗前直径/mm	氮碳共渗后直径/mm	胀大量/mm
1		$\phi49.935$	$\phi49.950$	0.015
2		$\phi49.865$	$\phi49.875$	0.010
3		$\phi49.860$	$\phi49.875$	0.015
4		$\phi49.940$	$\phi49.950$	0.010
5	575℃×2.5h 油冷	$\phi49.950$	$\phi49.962$	0.012
6		$\phi49.950$	$\phi49.965$	0.015
7		$\phi49.950$	$\phi49.965$	0.015
8		$\phi49.945$	$\phi49.955$	0.010
9		$\phi49.945$	$\phi49.955$	0.010
10		$\phi49.945$	$\phi49.955$	0.010

10.2.17　50CrV 钢针热处理工艺

上海材料研究所　王　荣

1. 概况

制造纺机"钢针"的材料为 50CrV 钢，形状如图 10-115 所示，技术要求为：热处理后增、脱碳层深度 $\leqslant 0.075\text{mm}$，弯曲变形量 $\leqslant 0.15\text{mm}$，硬度为 45 ~ 50HRC。由于该零件端头无法加工顶针孔，热处理变形不能用预留机加工余量的办法解决，而且批量大，热处理后不能单独校直。生产实践证明，采用合理的热处理工艺可以解决这个问题。

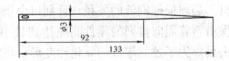

图 10-115　钢针形状尺寸

2. 原钢针生产热处理工艺

钢针的原热处理工艺为 850℃ 油淬，400℃ 回火空冷。在生产中也曾采用盐浴炉或空气炉加涂料保护的方法处理该零件，表 10-34 为钢针经不同炉型处理后的试验结果。由表 10-34 可见，结果均不能满足产品的技术要求。

表 10-34　钢针经不同炉型处理后的试验结果

炉型	全长跳动量/mm	距表面 0.075mm 处和心部硬度差值　ΔHV0.5
盐浴炉	0.32	-56
空气炉	0.60	-52
技术要求	≤0.15	+10 ~ -40

3. 改进后的钢针热处理工艺

真空热处理的显著特点是无氧化脱碳，淬火变形小，表面光亮。真空加热时，在升温速率相同的情况下，试件内外最大温差出现在 450 ~ 650℃ 之间，在真空淬火加热时宜选用较为缓慢的升温速度，且保温时间要适当延长。另外，此温度范围也正是材料的弹性变形阶段，应力的叠加将产生塑性变形甚至开裂。因此，建议低温时缓慢升温，并于 650℃ 左右进行均热，尽量缩小零件内外温差，把加热过程中的变形和开裂控制到最小限度。为了确保钢针的弯曲变形和增、脱碳要求，决定对该零件进行真空油淬处理，并增加预热工序。400℃回火时，零件的氧化倾向不是很大，可采用普通回火炉进行。改进后的热处理工艺见图 10-116。

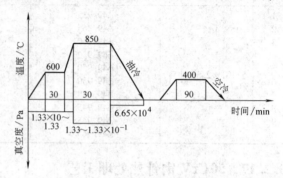

图 10-116　钢针热处理工艺

4. 热处理夹具的选择

由于钢针属细长工件，为保证淬火硬度，工艺要求零件单个淬火转移时间≤7s。但采用合适的夹具，把多个零件放在一起进行淬火，则淬火转移时间可相对长一些，比较容易操作，试验表明淬火转移在 15s 之内，即可保证钢针的淬火硬度。而且，合适的淬火夹具对于钢针的淬火变形也有一定的控制作用。图 10-117 所示为热处理钢针时的淬火夹具，操作时可先用 φ0.5mm 的不锈钢丝通过零件上的腰形孔将零件窜起来，然后再按图 10-117 所示的方法将零件固定好。在选择钢管时，必须根据钢针的外径和计划每个钢管装夹钢针的数量来确定钢管的外径，确保沿钢管周向排列的零件间隙达到最小。图 10-118 所示为热处理钢针时的回火夹具。为了控制零件的氧化和变形，将零件装入钢管内部，用铸铁屑和木炭进行填充保护，两端用石棉绳或石棉布堵塞。每次处理前，将铸铁屑、木炭和石棉绳（布）充分干燥。整个热处理过程，零件随同夹具垂直吊挂。处理后减少了热处理后的校正、磨削等工序。

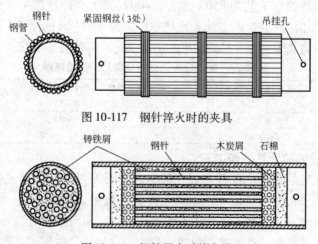

图 10-117　钢针淬火时的夹具

图 10-118　钢针回火时的夹具

5. 新工艺应用效果

采用改进后的热处理工艺和夹具对该零件热处理后，弯曲变形检查结果为：弯曲变形量 <0.15mm；硬度和增、脱碳层厚度符合产品技术要求。零件真空油淬后表面光亮，回火后亮度稍有降低。该工艺于 1993 年成功用于实际生产，已处理该零件上万件，全部一次性合格，而且可以简化零件热处理后的机加工工序，提高了生产效率，解决了生产中的实际问题，取得了较好的经济效益。随后将该方法应用于其他一些要求严格的细长杆类零件的热处理，同样也获得了成功。

10.2.18　传动轴凸缘内孔收缩产生的原因及改进方法

邵阳学院　彭北山

1. 概况

40 钢传动轴凸缘（见图 10-119）是某纺织机厂生产的纺织机上的一个零件，要求在 $\phi55\text{mm} \times 72\text{mm}$ 处高频感应加热淬火，淬硬层深度为 1.2 ~ 2.0mm，硬度为 45 ~ 55HRC。原采用的工艺流程为：锻造—正火—机加工—拉内花键—机加工—粗磨外圆—高频淬火—精磨外圆。在生产中按常规方法进行高频感应加热淬火，其内孔收缩量达 0.10 ~ 0.15mm，而且花键变形，质量极不稳定。

2. 试验结果及分析

套管类零件高频感应加热淬火后，通常表现为内孔缩小，主要是由于高频加热速度快，受热部位因热膨胀总是受压缩应力，加热到塑性状态时会产生压缩畸变。在随后的冷却过程中，线长度收缩，并对未加热的内孔压缩，从而使内孔收缩。一般来说，钢的屈服强度和工件淬火内部应力是决定工件淬火畸变的一对关键影响因素，当内应力达到或超过钢的塑性变形抗力时，便产生塑性变形。为了减小变形，必须从减小淬火应力和提高钢的塑性变形抗力入手。而 40 钢传动轴凸缘高频感应加热淬火时，由于急热急冷，必然会产生内应力。想从淬火加热规范和冷却方法想办法来减小内应力，经多次试验证明效果不佳，不能从根本上解决变形问题。因此，提高工件基体的屈服强度是减小套

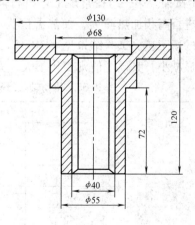

图 10-119　传动轴凸缘零件图

管类零件高频感应加热淬火后变形的较理想的方法。而影响钢件屈服强度的主要因素是钢的化学成分、组织结构以及钢件所处的温度和应力状态。对具体零件而言，影响因素则主要是钢的温度，温度升高，钢的屈服强度下降，同时应力-应变曲线上的屈服平台也变短。对于40钢传动轴凸缘而言，由于基体强度低，当在外表面进行高频感应加热淬火时，内部温度可升到400～500℃以上，这时屈服平台消失，钢进入了塑性状态。由于40钢的基体强度较低，内层承受不了外表层应力的作用，使内孔缩小。

为了降低传动轴凸缘内层的温度，防止其处于热塑状态，从而引起内孔的收缩变形，本试验采用了新工艺。具体方法是：在GP-100型高频淬火机的水轮上安装一个定位座，零件大端朝上，使高频加热部分穿入感应线圈，放置在定位座上，将工件的花键内孔注满水（见图10-120）。打开水阀，冲击水轮转动，水轮带动定位座和工件一起转动（转速为200～250r/min），然后启动高频感应器加热，工件由下而上连续加热，加热温度为860

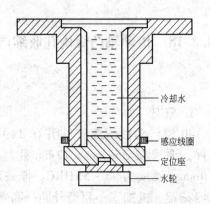

冷却水

感应线圈

定位座

水轮

图10-120 淬火装置示意图

～900℃，并喷水进行冷却。由于内孔注水，吸收了大量外壁加热时传来的热量，当外壁加热到850～900℃时，内孔温度仍保持在200～300℃，不会处于热塑状态，从而阻止了内孔的收缩变形。

为了对比常规高频感应加热淬火工艺和改进工艺的效果，试验分两组，每组5个试样。第一组按常规工艺进行高频感应加热淬火，在GP-100型高频淬火机上进行高频加热淬火，加热温度为860～900℃，冷却介质是水；第一组采用改进的新工艺。试验结果见表10-35。从表中还可以看出，改进工艺后，内孔收缩明显减小，其硬度值则变化不大，完全达到该零件的技术要求。

表10-35 传动轴凸缘高频淬火后内孔尺寸的变化及硬度

检测项目	内孔直径/mm			淬火后的硬度 HRC
	淬火前	淬火后	畸变量	
第一组	$\phi40$	$\phi39.88$	-0.12	48
	$\phi40$	$\phi39.92$	-0.08	50
	$\phi40$	$\phi39.87$	-0.13	50
	$\phi40$	$\phi39.90$	-0.10	51
	$\phi40$	$\phi39.86$	-0.14	52

（续）

检测项目	内孔直径/mm			淬火后的硬度 HRC
	淬火前	淬火后	畸变量	
第二组	φ40	φ39.99	-0.01	53
	φ40	φ39.98	-0.02	51
	φ40	φ39.98	-0.02	52
	φ40	φ39.98	-0.02	47
	φ40	φ39.97	-0.03	48

3. 结论

40 钢传动轴凸缘内孔收缩产生的原因是采用高频感应加热淬火常规工艺时，由于急热急冷，凸缘内层的热量无法及时散去，会引起内部温度的升高；而当 40 钢内部温度加热到 $400 \sim 500℃$ 以上时，将使钢处于塑性状态，基体强度较低，这时凸缘内层承受不了外表层压缩应力的作用，从而使内孔缩小。

4. 改进措施

为了使 40 钢传动轴凸缘内层的热量能及时散去，本试验通过内孔注水，使外壁加热到 $850 \sim 900℃$ 时，内孔温度仍保持在 $200 \sim 300℃$，使基体保持较高的强度，从而阻止了内孔的收缩变形。

10.2.19　主减齿轮渗碳淬火畸变的控制

哈尔滨哈汽集团发动机厂　李常民　胡本洋　王　锐

哈尔滨航空工业集团　张胜宝

1. 概况

控制渗碳淬火畸变，降低废品率是主减齿轮进入大批量生产的关键。哈尔滨汽车集团发动机厂热处理车间采用在周期式可控气氛箱式多用炉中进行渗碳淬火、回火工艺处理，在生产中连续发现 20CrMoH 钢制造的主减齿轮渗碳淬火、回火处理后端面畸变、内孔畸变量严重超差，废品率高达 40% ~50%。

图 10-121 所示为主减齿轮零件图，其材料为 20CrMoH。要求零件表面硬度（82 ± 2）HRA，心部硬度 30 ~ 43HRC，有效硬化层深度 0.5 ~ 0.7mm，金相组织检验按 HB5022—1977《渗碳、碳氮共渗、氮化零件金相组织检验标准》进行，φ107.8mm 内孔畸变量要求热处理前 ≤0.01mm，热处理后 ≤0.03mm；B 端面畸变量要求热处理前 ≤0.02mm，热处理后

≤0.05mm。

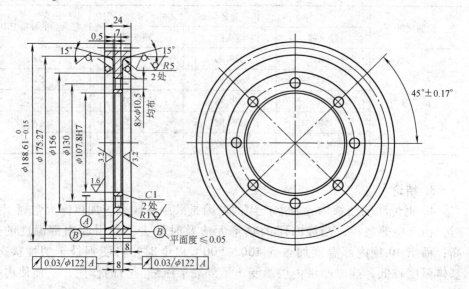

图 10-121 主减齿轮零件图

主减齿轮的热处理工艺为：主减齿轮渗碳淬火采用 VKSE5/Ⅰ 多用炉加热渗碳淬火和低温回火，工艺曲线见图 10-122a。渗碳温度为（920±10）℃，淬火介质为德润宝 729 分级淬火油。零件装炉采用如图 10-123a 所示的平摆装炉。

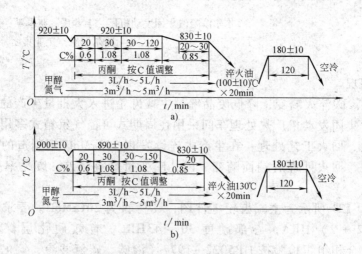

图 10-122 主减齿轮渗碳淬火回火工艺曲线
a) 原工艺 b) 改进后工艺

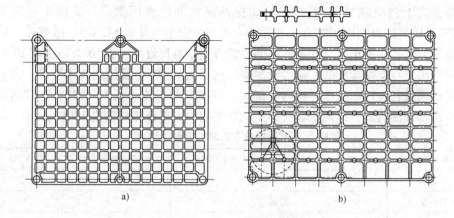

图 10-123　零件装炉方式

a）原工艺　b）改进后工艺

2. 试验结果及分析

表 10-36 为按不同工艺生产出的主减齿轮实际情况。由表 10-36 可见，原工艺生产的主减齿轮内孔跳动量、B 端面畸变量都严重超差。

表 10-36　主减齿轮原工艺及试验工艺生产结果

工艺	有效硬化层深度/mm	渗碳表面组织	心部组织	表面硬度 HRA	心部硬度 HRC	ϕ107.8mm 内孔跳动/mm	B 端面畸变量/mm
技术要求	0.5 ~ 0.7	高碳马氏体 + 碳化物 + 残留奥氏体	低碳马氏体 + 少量游离铁素体	82 ± 2	30 ~ 43	≤0.03	≤0.05
原工艺	0.68	高碳马氏体 + 碳化物 + 残留奥氏体	低碳马氏体 + 少量游离铁素体	80 ~ 81	31 ~ 34	0.06 ~ 0.08	0.1 ~ 0.15
改进工艺	0.5 ~ 0.7	高碳马氏体 + 碳化物 + 少量残留奥氏体	低碳马氏体 + 少量游离铁素体	81 ~ 83	32 ~ 34	0.02 ~ 0.03	0.03 ~ 0.04

由图 10-121 可见，主减齿轮的形状复杂，内孔尺寸、外径尺寸较大，有效厚度相差较大。从主减齿轮畸变尺寸胀大特征看，属于组织转变应力作用结果。从生产主减齿轮平摆装炉方式可知，横截面厚度相差越大的端面畸变量越大，这可能是厚度大部位淬火前的均温时间不够，心部温度高，使得淬火过程中渗碳层和一定深度范围的基体发生了马氏体转变，因体积膨胀对心部产生拉应力，此时心部尚处于较高温度范围，抵抗外层的拉应力差而造成端面畸变量大。同时内孔也发生同样的马氏体转变而体积膨胀，造成主减齿轮截面的温差越大畸变量超差越大的结果，导致后续工序中无法修复而全部报废。

为了减少主减齿轮畸变，降低零件渗碳淬火、回火后的废品率，经试验改进采取以下工艺措施：①降低渗碳温度，试验选定为 890℃，以减少渗碳淬火零件的畸变，工艺曲线见图 10-122b。②提高淬火油的使用温度，试验中选定为 130℃，提高淬火油冷却能力（实际淬火过程中表示温升到 142℃）。③采用不同的装炉方式，从中选定畸变量最小的装炉方式，对比效果见表 10-37。由表 10-37 可以看出三点支撑摆放的主减齿轮渗碳淬火回火后 100% 都达到技术要求。根据试验结果进行设计、制作专用内孔端面三点支撑的工装见图 10-123b，这样可以减少冷却油的流量，以降低马氏体组织转变应力，保证零件畸变 100% 合格。

表 10-37　不同摆放方式对比结果（300 件）

装炉方式	$\phi107.8$mm 内孔跳动量≤0.03mm 合格率	A 端面变形量≤0.05mm 合格率
平摆	28%	40%
自由吊挂	50%	70%
三点支撑	100%	100%

注：共生产 9 炉次，每炉次装 100 件。

3. 结论

经试验改进后的工艺方法处理的主减齿轮，渗碳淬火和回火质量都满足了资料要求的技术条件，同时，畸变量得到了有效控制。连续生产至今 18642 件，保证了主减齿轮渗碳淬火、回火后畸变的一次交检合格率，取得的良好的经济效益和社会效益。按年产 5 万件计算，可节约各种费用 70 多万元。

4. 改进措施

1）主减齿轮装炉时采用三点支撑，保证产品热处理后主减齿轮端面畸变、内孔畸变量最小。

2）改进原渗碳淬火工艺参数，将渗碳温度有原 920℃降至 890℃渗碳。

3）渗碳后直接淬火分级淬火油油温由原 100℃提高至 130℃。

10.3　残留内应力

10.3.1　T10A 模具线切割开裂的分析及防止措施

国营山西冲压厂　高　华

1. 概况

在模具制造中，我们发现 T10A 钢模具在线切割过程中经常出现开裂现象。

T10A 模具原工艺路线为：下料→锻造→粗加工→热处理（淬火 + 低温回火）→磨削→线切割→装配。其热处理工艺为：（800±10）℃加热，油中淬火，180～200℃回火，硬度为 58～62HRC。开裂现象大部分发生在线切割过程中，也有在线切割后开裂的，开裂的部位不固定。多数裂纹产生在线切割附近，裂纹较直，裂纹两侧无氧化脱碳现象。

2. 试验结果及分析

金相观察发现，线切削模具表层约有 50μm 厚的白层，即熔化凝固淬火层。从金相组织上可以看出，在白亮重熔区有颇多细小裂纹，自表面向内延伸，白亮层组织为 $M_淬$ + 大量 A_R，其下为重新淬火层，组织为 $M_淬$ + $M_回$，有极少量 A_R，再次层为高温回火层，组织为 $T_回$ 及少量 $M_回$，再向里为正常的基体组织。

我们用 X 射线残留应力仪进行残留应力测定，线切割模具表面的残留应力为 620MPa。为此，我们调整了线切割工艺参数，在线切割过程中采取了措施，但残留应力只下降 80MPa，线切割过程中仍然开裂，测定了淬火 + 低温回火的残留应力，其残留应力为 380MPa 左右。因此，T10A 钢模具线切割过程中开裂，不仅与线切割过程中表层产生的残留应力有关，而且与淬回火后的残留应力大小有直接关系。

3. 结论

T10A 钢模具线切割过程开裂是模具淬火 + 低温回火残留应力和线切割加工应力叠加的结果。

4. 改进措施

1）将淬火并低温回火的模具，用高频振动（WZ-86A 振动时效仪）来消除残留应力，可使残留应力降到 20 ~ 50MPa。只要线切割过程中不因工艺等问题产生较大的残留应力，T10A 模具线切割中，就不会产生开裂现象。

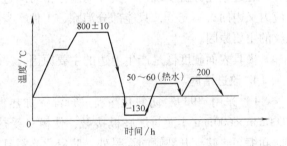

图 10-124　改进后的热处理工艺

2）把淬火的模具在 -130℃冷处理后，立即返回到约 50 ~ 60℃的热水中，吹入蒸汽，再进行回火处理。其具体热处理工艺见图 10-124，可使残留应力控制在 40MPa 以下，因而避免了 T10A 钢模具线切割过程中的开裂。

10.3.2　大型冷冲模具热处理缺陷分析及改进措施

河北省邢台汽车车架厂　耿聚兴

1. 概况

我厂是生产轻型汽车车架的专业厂，车架上大部分自制件是冲压件，所以我厂冲压模具的制造任务多，并且尺寸大。冲压模具采用微机控制线切割机，使凹凸模一次成形，在切割中，模具时常出现沿切割方向开裂的现象；此外，模具刃口易出现毛边，使用寿命短。

2. 模具原热处理工艺及分析

模具材料为9CrSi钢，尺寸为600mm×450mm×60mm，用箱式电阻炉加热，模具用铁屑装箱保护，在650℃装炉加热，到800℃后保温1.5h，油冷淬火，200℃回火一次。

1）工件用铁屑装箱保护，增加了工件的有效厚度，加热保温时间加长，助长了模具在高温区的停留时间，一般会增加钢的开裂倾向。

2）模具在650℃热装炉，加热升温速度过快，会在淬火加热工件的截面上产生很大的温差，形成很大的瞬时拉应力。当内应力超过钢的断裂强度时就引起开裂。应对钢件加热速度进行限制，即应降低模具的装炉温度。

3）回火不充分。仅经一次200℃低温回火，模具表面的残留应力只能部分地被消除。因此，也增加了线切割时开裂的倾向。

4）尽管模具用铁屑保护，但是淬火后发现仍有氧化脱碳现象，表面硬度仅为50～55HRC。因此，模具表面硬度低是产生毛边的主要原因。

3. 结论

经过上述分析发现，模具在高温停留时间过长，淬火形成很大的拉应力，此应力又因回火不充分，只能部分消除，工件本身残余的拉应力是线切割时产生裂纹的主要原因。

模具表面硬度低是产生毛边的主要原因。

4. 改进措施

1）采用"939"防氧化涂料进行淬火加热保护，并将模具竖放炉中，即将600mm×600mm小面与炉底板接触，使模具受热面积增大，工件在高温区停留时间缩短，减少开裂倾向。另外，防氧化涂料具有良好防氧化脱碳作用，又不影响淬透性，可使模具表面硬度有所提高。

2）工件经300℃装炉，升温至880℃，保温50min后油淬。

3）采用180℃两次低温回火，使应力大部分消除，稳定模具尺寸，模具最终硬度为58～62HRC。

此工艺试用一年来，效果显著，线切割时没有再出现开裂现象，并且模具的使用寿命得到明显提高。

10.3.3 热处理工艺对零件表面组织及磨削裂纹的影响

保定螺旋桨制造厂　张自国

1. 概况

在生产过程中发现GCr15钢淬火回火件和18Cr2Ni4WA、12Cr2Ni4A钢渗碳

件热处理后磨削工序裂纹率达 50% ，装配磨合后裂纹率达 30% ，20CrMnTi、
20CrMnMo 钢渗碳件热处理后磨削裂纹率约 80% 。

零件上磨削裂纹的数量、尺寸、形状与零件的热处理炉次有一定关系。发现
同种零件、同一磨削条件下，某些热处理炉次生产的零件裂纹率相当高（有时
裂纹率达 100% ），而某些炉次生产的零件裂纹率则为零。并且同炉次热处理的
零件所产生的磨削裂纹的形状、大小和数量都很接近。这说明磨削时产生的裂纹
与零件热处理后表层组织状态有密切关系。

2. 试验结果及分析

磨削裂纹如图 10-125 所示，裂纹主要是与磨削方向基本垂直的条状裂纹。

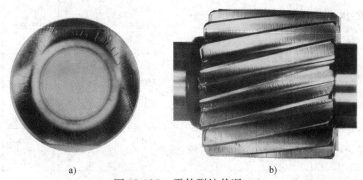

a)　　　　　　　　　　　　　　　　　　　　b)

图 10-125　零件裂纹状况

a）GCr15 轴承圈　b）20CrMnTi 齿轮轴

一般认为，零件表面产生裂纹是因表面拉应力大于其抗拉强度所造成的。而
磨削零件的表面最终受力状态是零件热处理后的表面应力及磨削时产生的应力的
综合结果。

研究表明，渗碳件热处理后表面受压应力，磨削使零件表面受拉应力，因此
零件表面综合拉应力不会很大。据文献介绍，在砂轮太硬的情况下，GCr15 钢磨
削后残余拉应力可达到 800MPa，渗碳件及高碳合金钢热处理后的抗拉强度一般
大于 2300MPa。零件磨削后，表面产生的综合残余拉应力远低于其表面抗拉强
度，是不应该产生磨削裂纹的。因此，磨削裂纹的出现说明在零件表层组织中存
在比其强度低的薄弱环节。使磨削时并不太高的表面拉应力，就能超过薄弱环节
处的强度，而导致磨削裂纹。

渗碳件淬火和回火后，表层组织是回火马氏体、碳化物和残留奥氏体的多相
组织。碳化物硬度很高，回火马氏体的硬度也很高。奥氏体虽然软，但在应力作
用下，首先产生变形，通过变形释放应力。因此，这三相在正常情况下不可能引
起磨削裂纹。

为此，我们对残留奥氏体做了定量分析，结果见表 10-38。

表 10-38　渗碳件淬火后和不同次数回火后表面残留奥氏体量

试块编号	钢号	热处理工艺	淬火后残留奥氏体量 $\varphi^{①}$（%）	一次回火工艺	一次回火后残留奥氏体量 $\varphi^{①}$（%）	二次回火工艺	二次回火后残留奥氏体量 $\varphi^{①}$（%）
7	20CrMnTi	控制碳势1.2% 910℃渗碳，850℃淬火	6.98	160℃ 3h	6.45	—	—
8	20CrMnTi	不控制碳势 910℃渗碳，850℃淬火	11.97	160℃ 3h	6.54	—	—
23	12Cr2Ni4A	控制碳势 1.2%~1.25% 910℃渗碳，740℃淬火	12.81	160℃ 45min	12.27	160℃ 105min	11.42
82	18Cr2Ni4WA	控制碳势 1.2%~1.25% 910℃渗碳，840℃淬火	5.73	160℃ 3h	4.86	—	—
89	18Cr2Ni4WA	910℃渗碳，840℃淬火	18.69	160℃ 3h	17.29	—	—
811	18Cr2Ni4WA	910℃渗碳，840℃淬火	20.89	160℃ 105min	15.29	160℃ 3h	11.29

①　φ 为体积分数的符号。

表 10-37 说明渗碳件淬火后，表层残留奥氏体量经回火而减少，回火工艺不同其减少的程度也不同。残留奥氏体的减少说明发生了相变。回火后由于应力松弛（低温回火可降低约30%的残留应力），部分残留奥氏体在回火后的冷却过程中向马氏体转变，形成二次淬火马氏体。这种高碳淬火马氏体的强度很低，如图 10-126 所示。

从图 10-126 可以看出碳的质量分数在 0.9%~1.1% 时，淬火马氏体的正断抗力约 500~700MPa，并且韧度极差，这就是前文所说的薄弱环节。因此，若渗碳件表层出现淬火马氏体组织，则磨削过程中即使产生的磨削应力不很高，也很容易超过这部分组织的正断抗力，从而造成磨削裂纹。然而，二次淬火

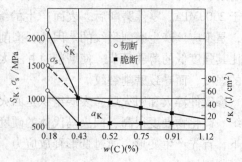

图 10-126　马氏体的强度、韧度与碳含量的关系

马氏体只有经过回火，转变成回火马氏体才能使其强度提高。

有时由于残留奥氏体较多，两次回火后仍有二次淬火马氏体存在。如表 10-37 中 811 号试件两次回火后，仍存在 4% 的二次淬火马氏体。这就需要再次回火。只能采取多次回火，才能消除渗碳件的磨削裂纹。

3. 验证试验

根据以上分析，进行了验证试验。试验数据见表 10-39。通过表 10-39 可以说明以下三点：

1）延长回火保温时间，对磨削裂纹没有明显的改善。

2）回火保温时间不能低于 2h。

3）回火次数在两次以上，一般情况就能避免磨削裂纹的产生。

表 10-39　不同热处理工艺对五种材料磨削裂纹后影响

钢号	热处理总数/件	渗碳、淬火后一次回火工艺		二次回火工艺		三次回火工艺		数量/件	磨后检查	裂纹情况	裂纹率(%)	备注
		温度/℃	时间/h	温度/℃	时间/h	温度/℃	时间/h					
18Cr2-Ni4WA	187	160	4	—	—	—	—	21	裂纹	深度>0.3mm	100	
		160	4	150	5	—	—	10	无		0	
		160	4	150	3	—	—	15	无		0	
		160	4	120	3	—	—	50	裂2件	裂纹深度<0.05mm	4	
		160	4	120	2	160	3	52	无		0	有一件磨削时烧伤，但未出现裂纹
		-70	1.5	160	4			39	无		0	经冷处理
12Cr2-Ni4A	39	160	4					19	裂15件		79	
		160	4	150	2			20	无		0	
20Cr-MnTi（大型零件）	51	160	4	—	—	—	—	17	裂	严重	100	
		160	4	—	—	—	—	3	无		0	控制碳势 $w(C)$ = 1.0% 渗碳
		200	>10	—	—	—	—	3	裂		100	
		180	4	—	—	—	—	8	裂7件		87.5	
		160	4	160	4	—	—	5	裂2件		40	
		160	4	200	1.5	200	1.5	4	裂2件	停放14h后出现微裂	50	精磨后，去掉了裂纹
		200	10	200	2	200	2	3	无		0	
		160	4	200	3	200	3	8	无		0	

（续）

钢号	热处理总数/件	渗碳、淬火后一次回火工艺		二次回火工艺		三次回火工艺		数量/件	磨后检查	裂纹情况	裂纹率（%）	备注
		温度/℃	时间 h	温度/℃	时间/h	温度/℃	时间/h					
20CrMn-Mo	6	180	4	—	—	—	—	3	裂 3 件		100	
		180	4	160	4	—	—	3	无		0	
GCr15	2000	160	4	—	—	—	—	500	裂		50	
		−70	2	160	4	120	2	1200	裂 2 件	轻微	0.16	
		−30	1.5	160	4	—	—	150	裂		100	停放一周后出现裂纹
		−70	2	160	4	150	2	150	无		0	磨后增加回火工序

4. 结论

研究与实践表明，磨削以后所形成的与磨削方向基本垂直的有规则排列的条状磨削裂纹，是由于低强度的二次淬火马氏体的存在和磨削应力所引起的。

可以通过多次回火消除二次淬火马氏体，提高残留奥氏体的稳定性。

5. 改进措施

为解决磨削裂纹问题，根据研究结果，对本厂所生产的部份零件采取了如下措施：

1）对 12Cr2Ni4A、18Cr2Ni4WA 钢渗碳件淬火后，进行冷处理或多次回火。

2）GCr15 钢零件淬火后进行冷处理，并在粗磨后进行 120℃保温 2h 以上的回火。

3）20CrMnTi、20CrMnMo 钢零件经渗碳后，采用三次低温回火，每次保温 3h 以上。对 208 个零件生产情况的统计，采用三次低温回火后，磨削裂纹率为零。

4）在粗磨后，增加回火工序，对避免精磨时产生裂纹有显著效果。因为回火不但使淬火马氏体转变，还能减少一部分磨削应力，所以对磨削有利。

5）渗碳件表面碳势过高，将引起残留奥氏体量多，淬火马氏体量也多。因此，采用控制碳势渗碳，对避免磨削裂纹非常有利。最终表面碳势宜控制在 0.9% 左右为最佳。

6）对磨削后停放一定时间零件才产生裂纹的情况，可在最终磨削后增加一道低温回火工序，消除淬火马氏体和减少残留应力。

10.3.4　大直径曲轴热处理后的残留应力研究

中原工学院材料与化工学院　张振国

1. 概况

8240 内燃机曲轴直径约为 $\phi200\text{mm}$，其结构简图如图 10-127 所示，材料为 42CrMoA 钢。

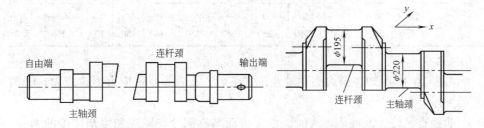

图 10-127　8240 内燃机曲轴成品简图及主轴颈、连杆颈图

大直径锻造曲轴的生产工序包括：锻坯→粗车→调质→半精车→定形→精车→中频感应加热表面淬火→磨削→成品。一般认为：机加工产生表面拉应力；定形是为了去除机加工产生的拉应力；中频表面硬化产生能提高耐磨性及疲劳强度的压应力。热处理工艺参数如表 10-40 所示。

表 10-40　曲轴的热处理工序参数

工序	温度/℃	时间/h	冷却方式
调质	淬火：850	8~9	全损耗系统用油
	回火：560	10~12	空气
定形	480	10~12	空气
中频感应加热表面淬火	电压：750~780V 电流：200~210A 功率：150~160kW 回火：360	加热时间：1min 冷却时间 50s 10	质量分数为 15% 的 AQ251 空气

对于尺寸较小或尺寸虽大但淬透性较高的零件，调质淬透后，表面处于零应力或拉应力状态；但对于直径达到 $\phi100\text{mm}$ 左右的零件，应力情况较为复杂，调质后工件表面的残留应力可能是压应力状态。如调质后产生压应力，则可能抵消一部分下一步机加工产生的拉应力。因此，在半精车后是否需要进行定形处理，应根据表面残留应力的实际测定值来确定。

基于此，下面以直径为 $\phi200\text{mm}$ 左右的 8240 曲轴为对象，研究工艺对残留应力的影响及残留应力沿截面的分布规律。

2. 试验结果及分析

曲轴调质前后、定形前后、中频感应加热表面淬火前后表面残留应力的测试结果见表10-41。

表 10-41 曲轴热处理工艺残留应力测试结果   （单位：MPa）

热处理工序	调质前		调质后		定型前		定型后		中频感应加热表面淬火前		中频感应加热表面淬火后	
应力方向	σ_x	σ_y	σ_x	σ_y	σ_x	σ_y	σ_x	σ_y	σ_x	σ_y	σ_x	σ_y
残留应力	150 ~ 250	150 ~ 250	-130 ~ -250	-150 ~ -250	-200 ~ -250	-150 ~ -250	-40 ~ -150	-60 ~ -140	0 ~ 150	0 ~ 200	-300 ~ -560	-350 ~ -550

由表 10-41 可知，退火态曲轴经机加工后，其表面残留应力为拉应力，经调质后为压应力。

曲轴直径较大，调质淬火时，由于表面与心部冷却顺序和冷却速度的差异，使表面与心部存在温度、组织的差异，产生了热应力和组织应力。直径较大时，表现为表面残余压应力的热应力居于主导地位，因此，直径较大的连杆颈与主轴颈，调质后表现为明显的压应力。

定形处理通过热松弛效应来调整残留应力，其目的是消除或降低对工件使用性能不利的残留拉应力，使表面应力降为零。由表 10-40 可见，定形处理使表面应力明显降低。

为了研究曲轴是否淬透，以及中频感应加热表面淬火后残留应力沿截面的分布规律，测定了调质后、中频硬化后曲轴不同深度上表面的残留应力，测试结果见图 10-128。调质和中频感应加热表面淬火后，表面均为压应力，心部为拉应力，中频感应加热表面淬火压应力更大。

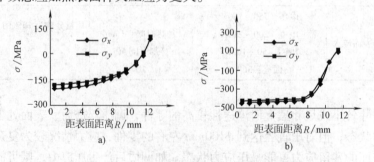

图 10-128 调质后、中频感应加热表面淬火后残
留应力 σ 沿轴径深度 R 分布

a) 调质后 b) 中频硬化后

一般来说，工件热处理时，热应力和组织应力共同发生作用。热应力引起的

残留应力分布，表层是压应力，心部为拉应力。零件的截面尺寸越大，则产生的热应力越大。组织应力的分布规律是，在淬透的情况下，在心部发生组织转变以前，组织转变主要部分发生在表面，则表面形成拉应力，心部为压应力。

油淬时，表面部分冷却速度较快，造成表面和次表面之间温差较大，产生了热应力，造成表面层为压应力，次表层为拉应力；由于未能淬透，在表面刚刚开始马氏体、贝氏体的组织转变时，其心部就发生了相应的珠光体组织转变，且转变的主要部分发生在心部，组织作用较弱。可以认为，尺寸为 $\phi 200mm$ 的曲轴，其残留应力由热应力和组织应力共同作用，其中热应力占主要地位，导致表层压应力，次表层拉应力。

中频感应加热表面淬火，只在工件表面一定深度内发生组织结构的变化，并且将产生很大的热处理应力。在 AQ251 淬火介质作用下，曲轴剧烈淬火，产生了很大的温差，使冷却后的曲轴表面压应力，心部拉应力。在很薄的表层发生马氏体相变，而心部不发生相变的曲轴，发生相变时体积急剧膨胀，使表层产生较大的压应力，随着进一步冷却，表层的压应力又会增加。可见残留应力是表面的快速加热、急冷而引起的热应力和组织应力的综合作用结果，曲轴表面产生较高的残留压应力，由表面往里逐渐由压应力变为拉应力。

3. 改进工艺试验

由于曲轴调质后，表面处于压应力状态，随后的机械加工尽管产生拉应力，但未能全部抵消压应力，定形前的曲轴仍处于压应力状态，使定形的前提失去了意义。因此，进行了取消定形处理的热处理残留应力检测，结果见表 10-42。

表 10-42 曲轴热处理工艺残留应力测试结果 （单位：MPa）

热处理工序	调质前		调质后		中频感应加热表面淬火前		中频感应加热表面淬火后	
应力方向	σ_x	σ_y	σ_x	σ_y	σ_x	σ_y	σ_x	σ_y
残留应力	$150 \sim 250$	$150 \sim 250$	$-130 \sim -250$	$-150 \sim -250$	$-30 \sim 70$	$-40 \sim 80$	$-350 \sim -560$	$-380 \sim -560$

由表 10-41 可以看出，定形使表面压应力减少了 100MPa 左右，加之随后的机加工产生的拉应力，造成在中频硬化前表面为拉应力状态，且拉应力状态对中频硬化是不利的；从曲轴表面残留应力变化情况表明，定形工序可予取消。取消定形处理的新工艺在中频硬化前，连杆颈和主轴颈表面均呈现压应力状态，有利于中频感应加热表面淬火。

由表 10-42 可见，取消定型工序后，中频感应加热表面淬火前曲轴表面残留应力为压应力，压应力有利于控制淬火过程中的变形、开裂。

4. 结论

大直径曲轴调质处理后，表面残留应力是压应力，层深约 15mm。定形处理后，表面残留压应力减少了100MPa，依然为压应力。原因在于调质处理产生的压应力大于机加工产生的拉应力。中频感应加热表面淬火后，表面呈现压应力状态，总层深约13mm。取消定形处理不影响中频感应加热表面淬火后压应力，取消定形（中间去应力退火）工艺是可行的，同时对防止曲轴的变形和开裂有利。

10.3.5　CrWMn钢模具炸裂原因分析

重庆大学材料科学与工程学院　　王　勇　　冯大碧　　高家诚等

1. 概况

某机械工厂生产的冷作模具，材料为CrWMn钢，其外形尺寸约为120mm × 210mm × 250mm。送检方称该模具经锻造、热处理及线切割等工序加工而成，硬度要求为55 ~ 58HRC。在线切割过程中，大约切至中心部位时，模具发生炸裂，其断块（图10-129a中左边的残块）飞出约3m。为了查明事故原因，对该失效件进行了分析。

图 10-129　模具炸裂情况
a）炸裂模具两匹配断口宏观形貌　b）取样部位

炸裂模具断口大致与其长边轴向垂直，属横断类型。断面较为平整、光滑，略成弧形，无塑性变形痕迹，显示脆性断裂特征，并且两断面匹配良好，见图10-129。宏观观察发现，该断口的裂纹源区位于图10-129b所示断口的上边缘偏右位置，其附近有放射状花样；断口中部为裂纹扩展区，但未见疲劳裂纹；裂纹扩展至两边时发生转折，最后呈现快速撕裂特征。根据上述情况，决定在断口的不同部位截取6个试样进行硬度测试和微观分析，见图10-129b。其中，1、2号样处于裂纹源区，3、4号样位于裂纹扩展区，5、6号样则属最后断裂区。

2. 试验结果及分析

（1）硬度测定　分别测定了6个部位试样的洛氏硬度，结果见表10-42。由表10-43可见，模具的硬度远低于设计所要求的55 ~ 58HRC。其内部硬度均匀性较差；而表层硬度较为均匀，且稍高于心部。

表 10-43　**CrWMn 钢模具不同部位的硬度测定结果**

试样	硬度　　HRC			
1 号	42.0	41.0	33.5	38.5
2 号	38.7	37.3	35.3	34.5
3 号	33.0	36.5	37.0	37.5
4 号	34.2	38.7	42.0	37.5
5 号	39.0	41.0	41.0	40.5
6 号	40.0	41.0	41.0	39.0

（2）金相观察　观察发现，模具不同部位的金相组织差别较大，而且其分布很不均匀。6 号样取自表层，其组织为回火索氏体 + 回火托氏体，见图 10-130a，表明模具表层在淬火时得到了全马氏体组织；但是 1 ~ 4 号样均为回火托氏体、碳化物与片间距不等的珠光体类组织组成的混合组织，并有明显的珠光体聚集区和碳化物聚集区，其碳化物还有沿晶分布特征，见图 10-130b ~ d。这说明模具内部未能完全淬透，而且其成分分布不均匀。

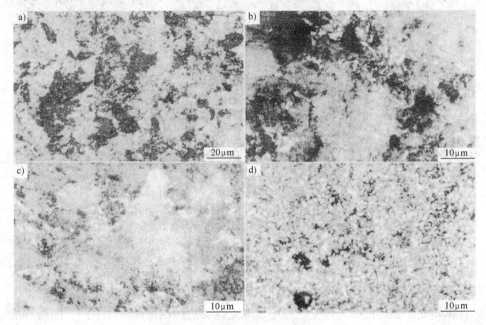

图 10-130　CrWMn 钢模具不同部位的金相组织形貌
a）模具表面的组织　b）模具内部的组织
c）模具内部聚集的珠光体　d）模具内部聚集的碳化物

（3）断口观察　为了查明裂纹的形成和扩展机制，在扫描电镜下观察了不同部位试样的断口形貌。图 10-131a 为 1 号样裂纹源区的形貌，可见裂纹起源于非金属夹杂；图 10-131b ~ d 显示了断口不同区域的形貌特征，可以看出，无论是裂纹源区、扩展区，还是最后断裂区，断口形貌均以解理、准解理和沿晶裂纹等脆性断裂特征为主，仅在部分晶界处存在少量沿晶韧窝。这说明该模具系典型的脆性断裂。

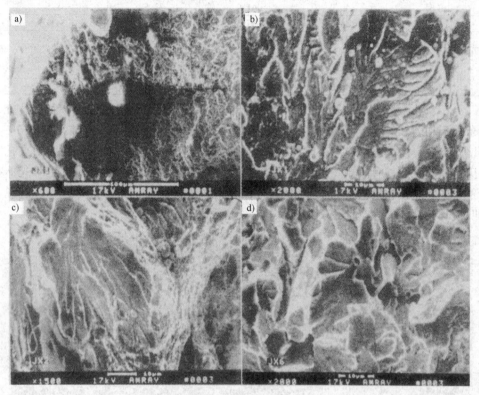

图 10-131　CrWMn 钢模具不同部位的断口形貌
a）裂纹源区的非金属夹杂物　b）裂纹源附近的解理河流特征
c）裂纹源附近的解理河流及沿晶韧窝　d）最后断裂区的准解理及沿晶裂纹

（4）分析与讨论

1）模具热处理工艺。由于模具尺寸较大，淬火冷却时其截面不同部位的实际冷速差异较大，表层冷速快，得到了全马氏体组织；而内部冷速较慢，产生了珠光体转变。在连续冷却转变过程中，珠光体类组织的形成温度不同，因而其片层间距不等，在冷却速度合适的部位，还有碳化物颗沿晶析出。

模具金相组织不均匀，局部出现碳化物偏聚，这是由于其原始组织的严重不均匀所造成的。说明该模具的锻造质量不高，锻后又没有进行充分退火，因而没能有效地改善原材料中碳及合金元素的偏析。成分不同的马氏体，其耐回火性各异。其中，含 Cr 和 W 较高的马氏体的分解速度较慢。在该模具的回火条件下转变为回火托氏体，而那些合金元素含量较低的马氏体则分解为回火索氏体。另外，成分不均匀也是造成模具硬度不均匀的主要原因。模具表层最高硬度仅为

42HRC，则反映出其热处理工艺不当，回火温度偏高。

2）裂纹的产生和发展原因。金相分析证明，热处理过程中，炸裂模具整体并未淬透，并且淬硬层较薄，具备"大型非淬透性件"的特征。在淬火后获得了Ⅲ型残留应力，这类残留应力的特点是其最大拉应力出现在工件内部，其值受诸多因素的影响。模具原材料质量不高，造成热处理后组织不均匀，进一步增大了残留应力。存在于内部的非金属夹杂物引起应力集中，致使其超过了材料的抗拉强度，于是在该处萌生裂纹而成为断裂源。

裂纹一旦萌生，就由内向外扩展，而且其扩展是以脆性方式进行的。即使在未淬硬区，也具有解理和准解理花样。这是Ⅲ型残留应力导致的淬火裂纹的重要特征。沿晶分布的碳化物降低了晶界强度，促使裂纹沿晶扩展。随着裂纹的扩展，残留应力逐步释放。在回火过程中，残留应力继续减小，加之模具尺寸大，裂纹扩展路径长，因此进行线切割以前，裂纹休止于内部而未露出表面，线切割至心部时，裂纹得以暴露。此时模具实际承载面积已大为减小，而且其回火并不充分，未能完全消除淬火残留应力，因此裂纹再次启动，并以极快的速度扩展，引起炸裂。

3. 结论

1）该模具的成分和组织不均匀，并且没有淬透。其回火温度偏高，硬度未能达到技术要求。

2）模具淬火后，内部产生的残余拉应力是导致裂纹的主要原因。存在于心部的非金属夹杂物引起应力集中，成为裂纹源。

3）模具回火不充分，没有完全消除残留应力，致使其线切割时发生炸裂。

10.4 组织不良

10.4.1 木工锯条热处理残品的挽救措施

丹东调谐器总厂 全伟东 隋文华

丹东市建筑五金工具二厂 常学政

1. 概况

丹东市五金工具厂是木工锯的专业化生产厂。在大批量生产中，进行热处理时不断出现残品，已成为不可忽视的问题。

木工锯条材料为 65Mn 钢，生产流程为：木工锯条在 840℃盐浴炉中加热→热油中淬火→趁热整平→上夹板后在 360℃硝盐中回火→修磨→压齿→分齿→安手把→检查出厂。生产中每年有几千把锯条由于热处理后弯曲变形及硬度低等质量问题造成残品，其比例占总产量的 3%。

2. 试验结果及分析

为弄清由热处理引起的残品原因，作了化学成分、硬度及金相分析。

（1）原材料化学成分分析　从淬火加热没有进入盐浴里的安手柄部分取样，进行化学成分分析。其分析结果为质量分数（%）：0.67C，0.28Si，1.10Mn，0.18Cr，0.15Ni，0.02P，0.03S，化学成分符合 GB/T 1222—1984 中的 65Mn 钢规定。

（2）硬度检查　检查淬火后报废的锯条硬度，均低于技术标准要求（≥61HRC）；回火后硬度也低于技术标准（≥45HRC）要求。

（3）金相分析　金相试样取自淬火报废件，金相观察发现锯条表面部位产生了严重的不均匀脱碳层，如图 10-132 所示，严重的单面全脱碳层为 0.13mm，半脱碳层为 0.1mm，总脱碳层为 0.23mm。14in（355.6mm）木工锯的厚度为 1.6mm，单面脱碳层占 14.3%。为了进一步弄清脱碳层原因，我们在残品的安手柄处末端上取样（因该部位没进行淬火加热）观察原材料情况。金相观察发现，原材料只有轻微的脱碳，见图 10-133。

图 10-132　65Mn 钢木工锯条盐浴炉加热淬火后脱碳层照片　40×

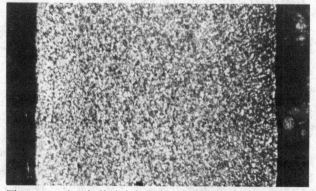

图 10-133　未经加热淬火的锯条只有轻微脱碳照片　40×

因淬火加热时锯条两侧脱碳层厚度不同，所受的应力状态不同，向脱碳层厚的面产生弯曲。从上述分析可以确认，严重的脱碳层是在淬火加热中产生的。

3. 验证试验

据了解，一到雨季该厂热处理报废件数量就增多。说明盐浴炉虽然进行了脱氧，但间隔时间以及加入脱氧剂量等都存在不严之处。加强盐浴脱氧制度后，彻底避免了上述热处理残品的重复出现。

4. 结论

综上所述，65Mn 钢木工锯条生产中，出现残品的原因是由于盐浴脱氧不佳，在加热过程中表面发生严重脱碳所导致。因此，严格执行盐浴脱氧工艺，是保证热处理产品质量不可忽视的重要环节。

5. 改进措施

五金工具厂在加强盐浴脱氧工艺的同时，按残品分析及改进意见，对库存残品进行了补救。即对脱碳轻微的和加工余量多的残品，磨去脱碳层后经正火、淬火和回火成为合格品；对脱碳严重且没有磨量的废品，进行 900℃ ×2.5h 气体复碳后直接正火、淬火及夹板回火处理，使报废件全部得到挽救。复碳处理后直接正火并重新加热淬火的金相组织如图 10-134 所示。可见上述因淬火加热中严重脱碳而造成的废品件，实施重新复碳、正火等补救热处理工艺是行之有效的。

图 10-134　有严重脱碳层的 65Mn 钢锯条经复碳、正火、淬火
后的金相组织　500 ×

10.4.2　气体渗碳件的补修工艺

武汉船用机械厂　吴英竹

1. 概况

我厂生产的 20CrMo 钢螺杆，螺纹宽 4mm，高 10mm，如图 10-135 所示。经

2h 气体渗碳后，渗层均为 0.8mm，渗层中只有亚共析层，无共析层和过共析层，因出炉温度过高边缘有 0.18mm 的脱碳层，如图 10-136 所示。不符合技术要求，必须返修。

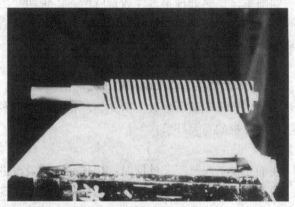

图 10-135　螺杆　0.25×

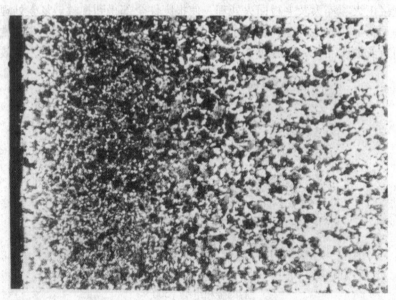

图 10-136　不合格件渗层组织　100×

2. 试验结果及分析

在工件渗层的深度已达到 0.8mm（技术要求为 0.5~0.8mm）的情况下，要保证工件渗层的深度不再明显增加，而渗层的组织又达到技术要求，必须选择适当的补渗工艺。根据经验，确定采用（920±10）℃的温度，大滴量（原滴量为 160~180 滴/min，现改为 180~220 滴/min）、短时渗（1~2h）的补渗工艺。用新试样（20Cr）和旧试样（20CrMo，取自螺杆），对此试验，试验结果列于表 10-44。

表 10-44　补渗后的组织与渗碳层厚度　　　（单位：mm）

炉　次		1 炉	2 炉	3 炉
		105min	95min	65min
20Cr	过共析层	0.15	0.20	—
	共析层	0.15	0.30	—
	层总深	0.70	0.80	0.60
20CrMo	过共析层	—	—	—
	共析层	0.35	—	0.45
	层总深	1.00	—	0.80

　　试验的三炉中，1、2 炉的 20Cr 钢试样均有过共析、共析组织，20CrMo 钢试样也有共析组织，但深度过深。第 3 炉两种钢试样深度均好，20CrMo 试样有 0.45mm 的共析层，总层深仍为 0.8mm，渗层组织和碳含量较为理想。

　　全部返修件采用第 3 炉的工艺补渗，用 20Cr 和 20CrMo 试样作终检，全部合格，如图 10-137 所示。

图 10-137　合格件渗层深度和组织　100×

3. 结论

　　在工件的渗碳层深度已达到技术要求，但渗层组织和碳含量不理想的情况下需要补渗。采用（920±10）℃、200～220 滴/min、1h 左右的补渗工艺补渗后，可使工件重新获得技术要求的渗碳层深度和合格的金相组织。

10.4.3 高频感应加热淬火构件低应力疲劳脆断的分析及防止措施

重庆气体压缩机厂 刘鑫扬 赵宗才

1. 概况

我厂生产的 L4—17/320 型氮-氢压缩机的十字头销，系采用 $\phi65\text{mm} \times 155\text{mm}$ 的 45 钢经调质、高频感应加热表面淬火和低温回火后制成。在工作运转 8 个月后，发生十字头销突然脆性断裂（见图 10-138），造成了严重的设备事故。

压缩机的十字头销是连接连杆和活塞杆的关键零件，在工作中除承受摩擦和冲击外，还要承受交变的弯曲和切应力。根据工作的特性，要求它具有高的强度和硬度，足够的冲击韧度，良好的耐磨性和耐疲劳性等。因此，十字头销的技术要求为：调质硬度 24～32HRC，$\phi50$ 处表面高频感应加热淬火回火硬度 57～67HRC，在同一零件上的硬度偏

图 10-138 十字头销断裂情况

差不得超过 3HRC，表面淬火层深度为 1.3～2.0mm；外圆表面不允许有凹痕、擦伤和裂纹，应进行无损探伤检查无裂纹等缺陷。

2. 试验结果及分析

根据十字头销的技术要求，对此断裂的十字头销进行了全面的分析。

（1）化学成分分析 化学成分分析结果见表 10-45，分析结果表明此断裂十字头销系 45 钢制成，化学成分合格。

表 10-45 化学成分分析结果

编 号	化学成分（质量分数,%）							
	C	Si	Mn	P	S	Cr	Ni	Cu
124（断裂十字头销）	0.48	0.24	0.67	0.026	0.011	0.083	0.11	0.072

（2）磁性探伤检查 此断裂十字头销经磁力探伤发现，十字头销表面存在垂直于零件轴向的螺旋状的磁粉痕迹。用质量分数为 30% 的硝酸腐蚀后，原磁粉痕迹变为螺旋状的黑色条纹，见图 10-139。

（3）低倍分析 从断裂的十字头销上取样进行热酸蚀试验，按钢的低倍缺陷组织标准评定，一般疏松为 1.0 级，无白点等其他缺陷。从分析中发现，同机的另一个十字头销经热酸蚀后，其表面沿螺旋状黑色条带产生裂纹。

图 10-139　十字头销表面螺旋状条纹

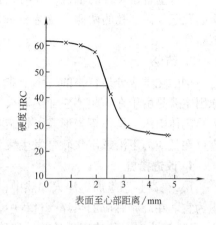

图 10-140　十字头销截面硬度分布

（4）硬度试验　在断裂十字头销表面螺旋状的黑条和白条上分别进行硬度试验，黑条硬度为 54～56HRC，白条硬度为 60～62.8HRC，心部硬度为 27.5HRC。十字头销截面硬度分布见图 10-140，以 45HRC 为标准测定淬硬层深度为 2.35mm。

（5）金相分析　根据中碳钢与中碳合金钢高频感应加热淬火金相组织等级标准评定：马氏体级别为 1.0 级，表面为成排分布的粗针状马氏体，心部组织为索氏体和少量铁素体。淬层深度为 2.30mm 左右。从纵向分析发现，螺旋状条纹的白区为马氏体，黑区为马氏体和托氏体（见图 10-141），螺旋状黑带宽度为 0.7～0.9mm 左右。

图 10-141　螺旋状条纹白区和黑区组织　50×

钢中非金属夹杂物相关标准评定：脆性夹杂物为 1.0 级，塑性夹杂物为 1.0 级。

（6）断口分析　断口明显分为疲劳条纹区和瞬时断裂区，如图 10-142 所示。疲劳面积约占断口总面积的 83% 左右；瞬时断裂面积仅占断口总面积的 17% 左右。

图 10-142　十字头销断口金相

断口垂直于零件的轴线，并与螺旋状黑色软带重合，成为螺旋状断口。疲劳源起源于零件油孔的两侧，疲劳面积大于瞬断面积。因此，十字头销系低应力疲劳断裂。

3. 结论

钢的化学成分是合格的，钢中非金属夹杂物和低倍组织良好。十字头销断裂原因主要是由于在高频感应加热淬火过程中局部温度过高，形成了成排分布的粗大马氏体组织，操作不当形成了螺旋状的软带组织，而在交变应力作用下，导致零件在低应力下沿螺旋状软带发生疲劳断裂。

4. 改进措施

1）在高频感应加热淬火加热中，应严格选择工艺参数，以获得细马氏体组织为宜。在高频感应加热淬火过程中，防止过热现象的发生。

2）淬火时必须使工件的转动和移动速度协调，适当增加感应圈的高度，以防止产生软带。

3）由于高频感应加热存在尖角效应，致使尖角产生过热，因此在感应圈设计时，应考虑感应圈与工件尖角处的间隙大小，使工件表面各处加热均匀。同时，淬火工件的孔应有倒角，在高频感应加热表面淬火时用铜销子认真将孔堵好，防止工件局部过热。

10.4.4 20 钢板冷冲压产生裂纹的原因及解决方法

航空工业总公司 3117 厂 彭展里

1. 概况

图 10-143 为我厂生产的某种卡箍件，材料为 20 钢板，在进行弯曲冲压加工时，有85%以上的零件发生严重的裂纹。

2. 试验结果及分析

初步分析认为是再结晶退火不彻底所致。后又进行了一次再结晶退火，但还是出现了类似的裂纹。

裂纹主要发生在卡箍的大变形外，裂纹方向与纵向平行。

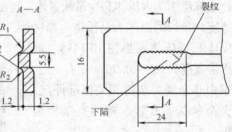

图 10-143 卡箍简图

为此我们把裂纹的卡箍进行了金相检查，发现珠光体组织呈明显带状纵向分布。

为了消除带状组织，使珠光体弥散均匀分布，提高塑性，我们按表 10-46 中所列热处理工艺进行了试验。表 10-47 为工艺 1、2、3 和原材料的拉伸试验结果。

表 10-46　试　验　方　案

序号	工艺名称	设备	加热温度/℃	加热时间/min	冷却方式	组织	备注
1	正火	盐浴炉	900	18	空冷	细片状珠光体	
2	正火 + 再结晶退火	电阻炉	700	60	≤550℃出炉空冷	弥散球状珠光体	正火与工艺 1 同批处理
3	正火 + 完全退火	电阻炉	890	60	≤550℃出炉空冷	块状铁素体 + 块状珠光体	装箱保护,正火与工艺 1 同
4	再结晶退火	电阻炉	700	90	≤550℃出炉空冷	带状珠光体	
5	不完全退火	电阻炉	760	50	≤550℃出炉空冷		
6	不完全退火	电阻炉	760	50	空冷		

表 10-47　不同热处理后的拉伸试验结果

工艺编号	σ_b/MPa	δ（%）
原材料	420	—
1	475	27.75
2	413	28.5
3	421	28.77

注:表中数据为三个试件的平均值。

　　工艺 1:正火,可消除珠光体的带状分布,并能获得细片状珠光体,为再结晶退火,完全退火作好组织准备,但强度比原材料稍高。

　　工艺 2:正火 + 再结晶退火,因为正火已消除了带状珠光体组织,所以退火可使片状珠光体转变成弥散分布的球状珠光体。

　　工艺 3:正火 + 完全退火,正火后完全退火,使强度下降,塑性提高,但由于冷却速度太慢(约30℃/h),出现了粗大块状铁素体和片状珠光体。

　　工艺 4:再结晶退火,虽然时间比过去长了,因为没有发生相变,所以不能消除带状组织。

　　工艺 5、6:不完全退火,虽然温度较高(760℃),但因在两相区加热,奥氏体转变不完全,所以消除带状珠光体组织不彻底。

　　对按工艺 2、3、4、5、6 处理的零件(5 个一组)分别进行了冲弯试验。结果只有工艺 2 的零件没有产生裂纹,其他都发生了程度不等的裂纹。

　　3. 结论

　　20 钢板冷冲压产生裂纹的主要原因,是由有明显的带状珠光体组织引起的。采用正火 + 再结晶退火(工艺 2),可获得较理想的弥散分布球状珠光体组织,冲弯时不产生裂纹,能满足生产的需要。

10.4.5 20CrMnTi 钢预备热处理组织缺陷分析

内蒙古汽车齿轮厂 杨 凌

1. 概况

20CrMnTi 钢采用成熟的常规正火工艺进行预备热处理，出现了较严重的组织缺陷，不合格率达 90%。

2. 缺陷组织分析及试验研究

20CrMnTi 钢试块 14mm × 14mm，长为 400mm，正火工艺为：加热温度 950 ~960℃，保温时间为 2h，空气中自然冷却，试块整个截面积均为缺陷组织。根据拖拉机齿轮正火组织检验标准规定：P +F≤3 级为合格。试样不合格，可达 4 ~6 级，铁素体呈断续网状形式出现，组织较粗大并伴有严重混晶现象，用高倍显微镜观察还发现少量魏氏组织，如图 10-144 所示。

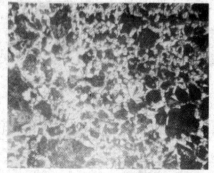

图 10-144 正火异常组织 100×

20CrMnTi 钢属低碳合金钢，平衡状态下冷却，其室温组织应为先共析铁素体和珠光体，铁素体以小块状均匀分布为好，若以网状分布，其力学性能将发生明显变环，不仅硬度低、强度低，而且塑性也低。因此，在正常热处理后的钢件组织中，一般不允许有网状先共析相出现。

常规的正火工艺为什么会出现严重的缺陷组织呢？我们进行了分析：钢的化学成分一定时，魏氏组织的形成主要取决于两个条件：奥氏体晶粒的大小和冷却速度。等轴块状铁素体往往是在奥氏体晶粒较细的情况下产生的。对于珠光体转变，冷却速度快，过冷度大，组织就细密。冷却速度慢，过冷度就小，组织就粗大。通过分析，我们认为：造成缺陷组织的原因，一可能是锻造组织有严重过热，即钢件在锻造加热过程中由于温度太高或时间太长，造成奥氏体晶粒粗化；二可能是正火后冷却速度太慢而且不均匀。

（1）检查钢件锻造组织有无过热试验 按照检查正火金相组织的方法与手段，在 100× 显微镜下，观察锻造后再正火前的金相组织。我们发现，在随意抽取的五件样件中，没有一件有明显过热现象，而且组织都较均匀细腻。

（2）加快冷却速度重新正火试验 为了保证冷却速度快而均匀，采取了单件风冷的冷却方式。即采用 950 ~960℃ 的正火温度，保温 2h，然后出炉散开吹风冷却。按此工艺试验结果，不仅混晶更加严重，而且组织更为粗大，不合格程度达 6 级，如图 10-145 所示。

有关资料认为：正火后冷却速度太快，先共析产物自由铁素体不能充分析出，即先共析相数量较平衡冷却时少。同时奥氏体将全部转变为类似共析体的组织——伪珠光体。而且当钢的转变温度较低，冷却速度较大的情况下，自由铁素体可以呈网状分布在原奥氏体晶界下。

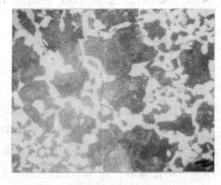

图 10-145　单件正火风冷组织　100×

（3）等温退火试验　为了使冷却速度较慢而且均匀，又采用了等温退火工艺，即加热温度为 950~960℃，保温 1.5h，随炉降温至 640℃后等温 2h，然后出炉空冷。其结果为先共析铁素体已充分析出，组织也比较均匀，但是出现了带状组织，如图 10-146 所示。

（4）改进正火工艺试验　20CrMnTi 材料属低碳合金钢，在冷却速度太慢时，除了机加工粘刀外，极易形成带状组织。综合考虑，正火工艺应既要使先共析铁素体能充分均匀，而且呈等轴块状形式析出，又要防止带状组织产生。最后采用了加热温度为 950~960℃，保温时间 2h，然后迅速倒入 150~200℃炉中随炉冷却的正火工艺，经试验获得成功。合格组织如图 10-147 所示。

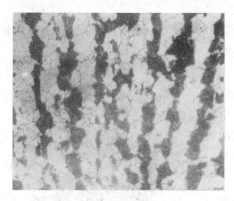

图 10-146　正火后 640℃等温退火
　　　　　空冷组织　100×

图 10-147　合格组织　100×

3. 结论

20CrMnTi 钢采用常规正火工艺出现缺陷组织是由于正火的冷却速度不合适造成的。预备热处理后金相组织不合格，除了考虑分析预备热处理的温度、保温时间及使用设备的状况以外，还应对冷却方式作一些试验研究。

采用加热温度为 950~960℃，保温时间 2h，然后迅速倒入 150~200℃炉中随炉冷却的正火工艺，可以使截面较小的 20CrMnTi 钢材获得均匀而细密的正火组织，为以后的热处理作好组织准备。

10.4.6 45 钢渣浆泵主轴早期疲劳断裂分析

中国矿业大学机电工程学院 孙 智

山西平遥减速器厂 钱永康

1. 概况

某发电厂用的渣浆泵主轴安装后运行不足 24h 即发生断裂。主轴材料为 45 钢，转速为 900r/min。渣浆泵输送物料为水煤灰，煤灰粒度 60，固液比为 0.4: 1（质量比），泵的设计扬程 10m，2 级串联工作。从泵运行时的电流记录和现场操作人员的记录看，泵安装后运行时未出现异常现象。

渣浆泵主轴结构为阶梯轴，轴的输出端加工成 T 形螺纹，螺纹底部轴的直径为 ϕ100mm。断裂发生在轴与叶轮配合的接触处，即 T 形螺纹第一级螺旋根部。从轴的结构与受力状态可知，断裂部位为轴的次最大受力面，且有较大的应力集中。

该厂使用这类泵已有十几年，以前也有断轴现象，但轴的运行时间没有这么短。为了明确此次断轴发生的原因，避免此类问题再次发生，我们对断轴的原因进行了分析。

2. 断口分析

（1）宏观分析 断轴的断口形貌如图 10-148 所示。主断口断面平齐，与断轴的轴线基本垂直。断口的大部分为裂纹扩展区，最后瞬断区很小，约占断口面的 8%。多个裂纹从轴的表面起裂，显示明显的多裂纹源特征。在裂纹快速扩展区，中间一条为最后瞬断区。在轴的两侧形成的裂纹最后汇合时形成撕裂台阶，台阶高度为梯形螺纹的一个螺距。裂纹开始扩展时与轴向大约成 45°，扩展到一定长度后转向与轴向垂直方向继续扩展，在断面上可观察到裂纹扩展形成的微小台阶（见图 10-149），这些台阶几乎与最后断裂区垂直而

图 10-148 断口宏观形貌

不是指向轴心。裂纹扩展到一定长度后发生瞬间断裂，贯穿整个轴的直径，宽度只有 5~7mm，断面粗糙、平齐，与轴线垂直。

从断口形态和裂纹走向可以确定断裂为多向弯曲疲劳断裂。由于在 T 形螺纹根部的轴表面存在严重的加工刀痕和加工造成的表面龟裂，断裂即由这些类裂纹起始，实际上无需疲劳裂纹萌生期，裂纹在弯曲交变载荷作用下直接由加工裂

图 10-149　裂纹开始扩展区形貌

纹根部向纵深扩展，因而严重缩短了轴的疲劳寿命。

（2）微观分析　用扫描电子显微镜对断口的裂纹起始区、扩展区和瞬断区进行微观分析，断口用超声波丙酮液清洗。

图 10-150 所示为裂纹起始区的微观形貌。裂纹从螺纹根部的加工裂纹和表面剥离处向内扩展，形成的放射线细小。图 10-151 所示为疲劳裂纹与表面类裂纹的关系。可清楚地看出，裂纹从表面加工裂纹和螺纹根部的交界处起裂、扩展，形成台阶，在每两个台阶之间对应一条较大的加工裂纹；裂纹扩展过程为典型的解理断裂，可清楚地看到珠光体片的解理形貌，在裂纹起始区的台

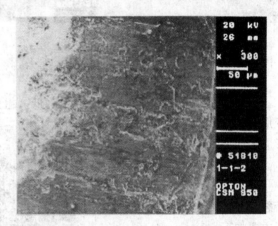

图 10-150　裂纹起始区微观形貌

阶和裂纹快速扩展区有大量的二次沿晶裂纹（见图 10-152），这些裂纹的形成与粗大的晶粒和网状铁素体有关。微观分析可进一步看出，加工表面类裂纹与疲劳裂纹扩展的关系，以及显微组织对裂纹形成与扩展的作用。

3. 钢的化学成分与组织分析

断轴钢的化学成分（质量分数，%）分析结果如下：C0.44，Mn0.71，Si0.30，S0.021，P0.019。显然，钢的化学成分符合 GB/T 699—1999 的要求。

用普通金相技术制备的试样的显微组织如图 10-153 所示。钢的显微组织为铁素体和珠光体，珠光体晶粒度约为 4 级，组织中有少量魏氏组织。

渣浆泵主轴的热处理工艺为正火＋回火，而常规的 45 钢正火后的珠光体的晶粒度应为 8～10 级。由此可知，该断轴热处理时的加热温度可能偏高，导致奥氏体晶粒粗大，正火后形成粗大的珠光体和铁素体组织，且有少量的魏氏组织。

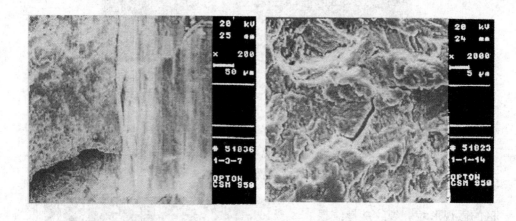

图 10-151　疲劳裂纹与表面类裂纹的关系　　　图 10-152　裂纹扩展区微观形貌

类似的组织也导致表面加工质量的降低。粗大的珠光体团和网状铁素体之间变形的不协调性，使得加工时易形成表面裂纹。

4. 讨论

分析确定，轴的断裂属疲劳断裂。导致轴早期断裂的根本原因主要如下：

1）轴的加工表面存在的加工裂纹为疲劳断裂提供了现成的疲劳源，疲劳裂纹即从这些裂纹与螺纹根部的交界处扩展，不需要疲劳裂纹的萌生阶段，轴一开始便进入疲劳裂纹扩展的第Ⅱ阶段。

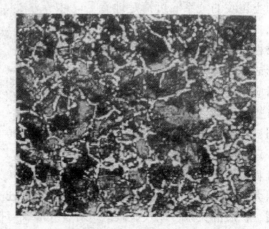

图 10-153　断轴的显微组织（质量分数为 4% 的硝酸酒精浸蚀）　200×

2）粗大不均的珠光体组织和严重的网状铁素体组织提高了裂纹的扩展速率，导致疲劳裂纹快速扩展，加速了断裂的过程。

3）泵的实际运行状况偏离其设计点，增加了叶片的转动阻力，使轴上的交变弯曲应力水平提高，为裂纹的扩展提供了力学条件。

大量的试验表明，承受交变载荷零件的表面加工质量对零件的疲劳寿命有很大影响。在断轴的表面可见明显的加工刀痕，而且在危险部位存在明显的表面类裂纹，这就进一步降低了轴的疲劳寿命。

关于金属组织对疲劳寿命影响的研究结果比较复杂，缺乏必要的对比数据，但普遍地认为钢组织的晶粒大小和组织中的缺陷对疲劳强度有较大的影响。这一影响要比对静载强度的影响大得多，金属的疲劳极限随晶粒的增大和缺陷的增多而降低。上述断轴的金相组织为粗大的珠光体和网状铁素体，与细小的珠光体和非网状铁素体相比，严重降低了轴的疲劳寿命。

1）疲劳裂纹扩展速率与晶粒尺寸呈线性关系。

2）在疲劳裂纹扩展前沿，网状铁素体极易形成微裂纹，加速疲劳裂纹扩展。

3）在疲劳裂纹扩展前沿形成应力集中，使实际应力水平提高，促进裂纹扩展。

如前所述，由于泵的实际运行工况偏离了其设计工作点，因而增加了轴与叶轮的联合部位的弯曲应力。按照第四强度理论校核，如不计表面应力集中的影响，该轴在实际工况下仍具有较大的安全系数，从断口上也可看出，最后瞬断区所占比例极小，轴的名义应力很低。然而，实际上轴的表面，尤其是梯形螺纹根部存在类裂纹和较大的应力集中，因此在螺纹根部和类裂纹的裂尖，其实际应力远远高于名义应力，使螺纹根部的类裂纹快速扩展。断口的宏观和微观分析已表明，疲劳裂纹的起裂起源于类裂纹。因此，可以说，虽然在使用中泵的实际工况偏离设计点，但不是造成轴过早断裂的根本原因；然而，如果泵严格在设计工况点运行，则轴上产生的弯曲应力就小得多，类裂纹及其根部形成的局部应力也小，裂纹扩展速率就小，轴的断裂时间增加；如果即使有应力集中和类裂纹，而轴上的应力低到不足以使类裂纹扩展，则可能不产生疲劳断裂。

5. 结论

1）轴的断裂为在交变弯曲载荷作用下的疲劳断裂。疲劳裂纹从加工表面的类裂纹处扩展形成断裂。轴在危险截面处存在严重的加工裂纹和组织不良是导致轴早期断裂的根本原因。

2）轴没有严格按正火处理工艺处理，其金相组织为粗大的珠光体和网状铁素体，使表面加工质量降低，并加速疲劳裂纹扩展。

3）提高轴的使用寿命应从三方面考虑：首先应全面提高轴的加工质量；其次严格执行合理的热处理工艺，尽力减小应力集中和改善其金相组织；还应改善泵的运行工况，使其在接近设计工况点运行。

10.4.7 桥间差速器壳输入花键轴失效分析

安阳钢铁集团公司 马 喆 董文玲 甘春瑾

中国重汽集团济南桥箱公司 韩 树

1. 概况

42CrMo 钢制汽车用桥间差速器壳在装车使用行驶 2300 ~ 5277km 时，输入花键轴部位连续出现多起早期断裂现象。

该零件热处理工艺为锻造成形—正火（预备热处理）—调质处理—表面中频感应加热淬火。该批花键轴采用 880 ~ 920℃ 中频感应连续加热淬火，喷射聚合物淬火剂冷却，然后经 180℃ × 2h 回火处理。根据产品设计要求，花键轴表面中频感应加热淬火后，淬硬层深 3.2 ~ 5.2mm，淬火区的范围从花键轴前端至 R1.6 过渡圆角及 φ74 轴端面、轴肩（见图 10-154），回火硬度 ≥ 54HRC，花键轴前端留有 3 ~ 5mm 的过渡区。由于该批零件断裂位置及断口形态均极为相近，选择其中一个断裂花键轴进行了失效分析。

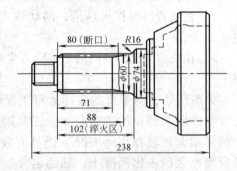

图 10-154 花键轴断裂部位示意图

断裂部位发生在花键轴花键末端过渡区，距花键轴端面 80mm 处，断口较平，垂直于轴向方向，断裂前断口附近发生明显塑性变形，花键出现约 15° 的扭转。

2. 试验结果及分析

（1）试验方法及要求 按 QC/T 502—1999《汽车感应淬火零件金相检验》要求，零件经感应淬火后淬火组织按马氏体针叶大小分为 10 级，其中 3 ~ 7 级为合格，4 ~ 6 级为理想组织。按照 GB/T 8539—2000《齿轮材料及热处理质量检验的一般规定》，要求其差速器壳金属基体组织均匀细致、纯净，带状组织不大于 2 级。按照 GB/T 10561—1989《钢中非金属夹杂物显微评定方法》要求脆性夹杂 ≤3 级，塑性夹杂 ≤3 级，两者之和 ≤5.5 级。

（2）试验结果 断口附近取样化学成分分析结果符合 42CrMo 钢的技术要求。表 10-47 为断裂花键轴表面硬度测试结果。由表 10-48 可见，在花键末端断口附近存在一个明显低于其他正常淬硬层硬度的低硬度区。

表 10-48 花键轴表面硬度测定结果

距轴端距离/mm	35	50	73	76	90
硬度 HRC	54.0	55.0	47.0	44.5	54.5

金相检验结果发现，该花键轴基体内有少量点状氧化物夹杂（1.5 级）。淬硬区内除花键末端外，淬硬层分布较均匀，硬化层深 5mm。淬硬层组织为细针状马氏体，其级别为 5 级。在断口附近的硬化层深度明显减少，其分布如图 10-155a。在硬化层深度严重不足处发现有垂直于轴向分布的裂纹，裂纹细长且周围无脱碳现象，组织为正常的细针状马氏体，见图 10-155b。花键轴心部为粗大回火索氏体和极少量铁素体（见图 10-156a），并伴有严重的带状组织（见图 10-156b），其级别为 3.5 级。

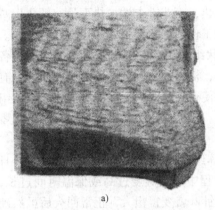
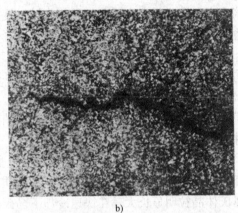

a)　　　　　　　　　　　　　　　b)

图 10-155　断口处硬化层分布及裂纹显微组织
a）断口处硬化层分布　b）裂纹显微组织　100×

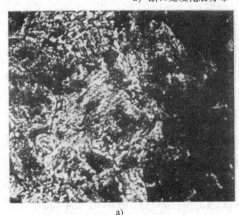
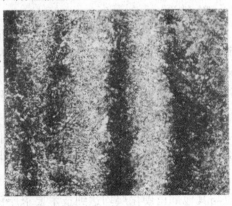

a)　　　　　　　　　　　　　　　b)

图 10-156　花键轴心部显微组织
a）粗大组织　500×　b）带状组织　100×

（3）结果讨论与分析

1）邻近效应的影响。该花键轴采用圆环感应器进行连续淬火，即从 φ74 轴肩处（靠近 φ60 轴端）开始连续移动并加热至花键轴前端。当加热经过花键轴末端时，花键右端的光轴相对键槽底出现直径突变，使感应器与工件间的间隙发生变化。花键右端的光轴直径比键槽底径大，此处与感应器间的间隙和键槽底径与感应器间的间隙相比相近甚至更小。由于邻近效应，该处磁导率相对较高、磁阻小，磁力线密度仍高于相邻的键槽底。当感应器通过光轴时，光轴仍"拉住"磁力线不放，致使光轴继续加热升温，甚至过热。当感应器离开光轴的距离大于感应器内表面与花键键槽底径表面的距离时，穿过键槽的磁阻小于穿过光轴的磁阻，磁场立即从光轴处跳跃到略离开花键末端，即出现"磁场跳跃"。在花键末端产生一个磁场强度低谷，致使光轴过度加热，而花键末端加热不足，硬化层减薄，出现花键过渡段软带问题，将大大降低工件的静扭转强度和扭转疲劳寿命。

2）带状组织的影响。花键轴基体内带状组织达 3.5 级，使力学性能产生各向异性，即沿着带状纵向的强度高，韧性好，横向的强度低，韧性差。此外，有带状组织的工件热处理时，易产生畸变，且使得硬度不均匀。淬火前存在带状组织，在淬火的加热过程中，不可能全部消除。淬火后残余的带状组织，会引起零件较大的组织应力，甚至导致开裂。

3）显微组织粗大的影响。该花键轴基体组织不仅有较严重的带状偏析，且回火索氏体较粗大。这主要是由于在调质过程中加热温度过高或保温时间过长，奥氏体晶粒明显长大，在快速冷却下马氏体针叶就变得粗大，正常回火后虽然硬度在正常范围内，但组织中的索氏体组织粗大，并保持原马氏体位向，在一定程度上也会影响零件的力学性能和使用寿命。

3. 结论

汽车桥间差速器壳输入花键轴的早期失效原因是：受邻近效应的影响，经表面中频感应加热淬火的花键轴末端表面局部硬化层深度不足；同时基体内存在严重带状组织，并且轴心部的调质组织过于粗大。这些因素均严重降低了花键轴静扭转强度和扭转疲劳寿命，最终导致零件扭转剪切断裂。

4. 改进措施

1）改进设备。中频感应加热淬火时，设备控制系统采用 PLC 可编程控制器替代过去的逻辑电路，并配备变频器控制产品工进速度。针对差速器壳不同部位采取不同的感应加热方式，通过合理的工进速度，使得花键轴花键末端过渡区部位与其他部位硬化层均达到技术要求层深范围。如 R1.6 过渡圆角处采取定点加热方式，并由 PLC 内的计时器精确控制定点感应加热的时间，该处的硬化层深度达到 3~5mm 的技术要求，控制精度得到可靠的保证。

2）改进定位工装。在对该批失效差速器壳的检验中还发现：由于感应加热夹紧定位采用的是顶尖顶住差速器壳下端的顶针孔定位，不同的工件其顶针孔大小并不相同，使得工件轴向定位失准，造成感应器与工件的轴向相对位置发生错动。这样感应加热时，加热效果不稳定，尤其是对 R1.6 过渡圆角处硬化层深度影响较大。现改用弹簧顶尖顶住顶针孔的径向定位和差速器壳下端面的轴向定位，工件定位准确且重复性好，提高了差速器壳的整体热处理质量稳定性。

3）由于该零件的原始组织存在严重的带状偏析，后经正火、调质等一系列热处理均未能消除、改善。现在严格控制外供毛坯质量，保证了原材料组织合格和热处理调质组织合格。

10.4.8　钻机制动毂裂纹失效分析和改进

南阳二机石油装备（集团）有限公司 质量检测中心　张子中　刘爱军　张　昶

1. 概况

石油橇装钻机是石油钻采的主要装备，其制动系统的关键件制动毂裂纹失效是一件非常危险的事件。某橇装钻机制动毂在出厂使用 3 个月左右，即出现裂纹不能正常使用。该工件材料为 ZG35SiMn，裂纹在制动毂外圆表面发生，且大部分沿轴向呈直线状分布，如图 10-157 所示。其中有三条主裂纹基本贯穿整个工件（图 10-157a 中显示一条主裂纹），少部分裂纹呈分散短直线分布，有少量分叉（见图 10-157b）。

2. 试验结果及分析

（1）试验结果　对制动毂在主裂纹处取样，然后加工成 20mm（保留表面主裂纹）×36mm×15mm 的试样，进行化学成分、硬度试验、金相分析。

1）化学成分分析。化学成分分析结果见表 10-49。从化学成分分析结果看，工件材料的化学成分符合标准要求，说明材料应用上没有偏差。

在主裂纹处取样进行化学成分、金相分析和硬度检验

损坏的制动毂

a)

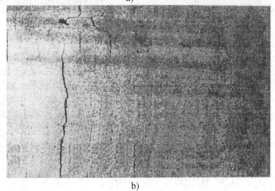

b)

图 10-157　裂纹宏观形貌

a）失效件主裂纹　b）裂纹形态

表 10-49　化学成分分析结果（质量分数,%）

主要元素		C	Si	Mn	P	S
标准允许范围		0.32~0.40	0.60~0.80	1.10~1.40	≤0.030	≤0.030
实际测试含量	光谱分析结果	0.37	0.68	1.28	0.022	0.009
	化学分析结果	0.36	0.68	1.28	0.020	0.008

2）硬度试验。该工件的原热处理工艺采用正火＋中频感应加热淬火及自回火。从表面到心部进行硬度检查，检查结果见表 10-50。表面硬度在 240～359HBW，平均值为 298HBW；心部硬度为 176HBW。从表面硬度要求＞240HBW来看，符合设计要求。

表 10-50　硬度试验结果

距表面距离/mm	表面	1	3	6	9	12	15	18
硬度值 HBW	298	246	225	199	187	184	181	176

3）金相分析。使用德国产 NEOPHOT-32 金相显微镜进行金相观察。距表面10mm 左右处（硬化层过渡区）的金相组织为块状铁素体和回火托氏体，铁素体呈网状、半网状分布，局部地区组织粗大，见图10-158a；图 10-158b 所示为工件中心部位的典型组织，为铁素体＋珠光体及少量夹杂物，铁素体和珠光体分布不均匀，且有大块铁素体，个别硫化物呈集中分布；晶粒较粗大，魏氏组织比较明显，说明工件没有充分正火，铸态组织没有充分转变。

a)

图 10-159 为裂纹形态照片。裂纹从工件表面向内发展延伸，从图 10-159a 的显微组织照片看出，裂纹刚直穿晶发展，且有多处分叉。从图 10-159b 照片看出，裂纹尖端沿着夹杂物向前发展，裂纹两侧未见有氧化脱碳现象。

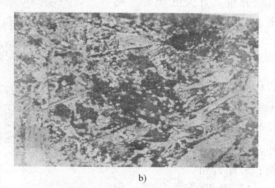

b)

（2）分析与讨论

1）使用工况分析。制动毂在制动过程中由于干摩擦且摩擦

图 10-158　制动毂不同部位处的金相组织
（质量分数为 4% 的硝酸酒精溶液侵蚀）
a）过渡层　50×　b）心部组织　250×

力较大，经常出现过热发红，此时工作人员常往制动毂上浇水以降低其温度。制动毂不断强烈摩擦产生热量，使其表面温度升高。当其表面颜色呈樱红色时，表层局部温度可达 800℃ 以上，已可引起组织结构的变化和塑性变形。用水降低制动毂的温度，足已起到淬火作用，使表层局部硬度增加，内应力增高，冷脆性增强。同时由于切向力的反复作用，导致在表面层的块状碳化物和夹杂物处局部萌生裂纹，随着不规则交变冲击力的作用，加快了该处的裂纹扩展。

2）材料内部缺陷及工艺分析。该制动毂的组织大部分处于铸造状态，晶粒粗大，见图 10-158；在裂纹附近有许多沿裂纹点状分布的夹杂物颗粒，同时在裂纹处及其附近的晶粒大小很不均匀，见图 10-159。这些组织缺陷在很大程度上降低了材料的强度和塑性，易引起应力集中。由于这样的部位应力集中严重，使得裂纹的穿晶扩展容易进行，而且微裂纹和分支也容易形成。用 500 倍显微观察，在主裂纹及扩展方向上不仅有较大块夹杂物存在，而且在其附近还有较多点状分布的细小夹杂物。这些都说明铸造缺陷的存在，从而造成其晶粒内部和一部分晶界成为薄弱环节，促成了主裂纹的穿晶扩展和部分沿晶微小裂纹的形成。

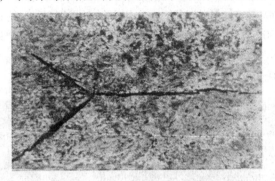

a)

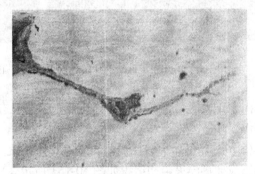

b)

图 10-159　制动毂的裂纹形貌

a）质量分数为 4% 的硝酸酒精溶液侵蚀　50×

b）未作任何侵蚀　250×

该工件的原热处理工艺采用正火 + 中频感应加热淬火及自回火。从组织分析来看，正火工艺存在以下问题：①加热温度与保温时间不够，保留了相当部分的铸态组织。②炉温均匀性差，使组织不均匀。由于该制动毂尺寸比较大（φ1270mm），正火加热又是在燃煤炉中进行的，温度均匀性较差。原工艺中注明保温温度为 850 ~ 900℃，而实际上测温热电偶所指示的温度是火焰温度，因此实际正火温度要比工艺要求的温度低。

综上分析，该制动毂产生裂纹失效主要是因为正火温度不够，组织大部分还处于铸造状态，晶粒粗大，工件强度低，且有局部夹杂物聚集。另外，工件使用条件较恶劣，经常发生急热急冷现象，内应力较大，从而引发工件从夹物处形成裂纹源，并逐渐扩展开裂。

3. 验证试验

（1）降低温度正火　制作相近材质［化学成分（质量分数）为：C0.40%，Si0.71%，Mn1.34%，P0.019%，S0.014%］的铸件当量试块，正火温度控制在750℃左右，保温2h，并检查结果来看，铸态组织比较明显，如图10-160所示。

（2）等效模拟　将电阻炉升温至800℃后，将当量试块放入炉内10min，出炉水冷，金相组织如图10-161所示。

图10-160　铸件当量试块750℃
正火金相组织

图10-161　铸件当量试块800℃
正火金相组织

由于正火不足，组织大部分还处于铸造状态，晶粒粗大，表层硬度增加量为18HBW。

（3）充分正火　铸件当量试块880℃正火并调质后金相组织如图10-162所示，感应加热淬火金相组织如图10-163所示。

图10-162　铸件当量试块880℃
正火调质金相组织

图10-163　铸件当量试块880℃
正火调质后感应加热淬火金相组织

4. 结论

该制动毂的内部组织大部分处于铸造状态，晶粒粗大，内应力较大，工件强度低，且有局部夹杂物聚集、淬硬层厚度不足等，这是产生裂纹的主要原因。说明工件铸造过程或热处理工艺执行过程等方面需要进一步严格要求或改进。另一方面，在工件使用时，工作条件比较恶劣，经常发生急热急冷现象，从而引发工件从夹杂物处形成裂纹源，并逐渐延伸也是比较重要的原因。

5. 改进措施

针对该制动毂尺寸较大（φ1270mm），可采取以下改进措施：

（1）装炉　铸件装炉应平稳、牢固、整齐，尽量利用炉体容积，但必须有相当的空隙，使气体流通，铸体均匀受热，铸件与炉壁距离不大于200mm，装炉高度以不妨碍火焰流通为宜。大的、厚的铸件应放在炉子温度较高处，小的、薄的铸件应放在温度较低处，炉门处应装松些。装炉时，应考虑避免在热处理过程中造成铸件变形。

（2）升温、加热保温和冷却　升温时间不低于4h，在600~650℃均温1~2h，保温时间根据主要工件壁厚而定。当工件的有效尺寸＜50mm时，一般保温2h；当工件有效尺寸＞50mm时，每增加25mm，保温时间增加1h。因测温热电偶的位置关系，显示温度实际只是

图 10-164　改进后热处理工艺

火焰温度，不是铸件温度。工艺规定铸件的正火保温温度为850~900℃，为了保证铸件的实际加热温度，将仪表的显示温度提高到980~1080℃。在加热和保温过程中，注意调整风量和烟道闸门，使炉内保持微正压状态。完成保温后停火，工件随炉冷却至850℃以下出炉空冷，如图10-164所示。

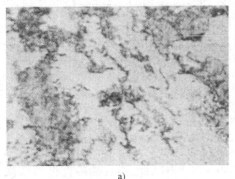

a)

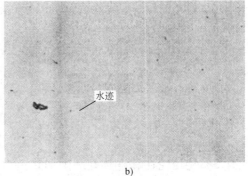

b)

图 10-165　改进热处理工艺后的单铸试棒心部显微组织

a）心部显微组织　500×　b）夹杂物　250×

在执行上述改进措施后，产品性能得到了显著改善。图 10-165a 所示为改进热处理工艺后的单铸试棒心部显微组织，可以看出工件的铸态组织已经基本消失，没有魏氏组织残留；从图 10-165b 的显微照片可以看出，尽管仍有夹杂物存在，但夹杂物细小且无聚积现象，分布相对较为均匀。成品工件经超声波检测，无超标缺陷，符合 GB/T 7233—1987 要求；通过用户一年多的使用，未发生类似的失效故障。

10.4.9　Cr12MoV 钢旋压成形轮早期断裂失效原因分析

江汉大学　夏书敏

1. 概况

采用旋压成形工艺生产高速小型带轮的工艺过程是：将 3mm 厚的 08Al 钢板经落料冲孔，分别经二次正反向拉深后，将拉深件在车床上加工出旋压加工基准面，然后在一台数控多工步旋压机上一次完成压槽、预成形及成形旋压，得到成品带轮；旋压成形过程见图 10-166。旋压时，毛坯金属在旋压轮轮齿间塑性流动，在坯料上挤出所要求的沟槽。坯料金属在塑性流动过程中，对旋压轮轮齿产生强烈的摩擦和挤压，并对最上部的轮齿形成强烈的交变弯曲和剪切。

成形旋压轮采用 Cr12MoV 钢制造的。其制造工艺过程为：

1）锻造毛坯并球化退火至硬度为 220～240HBW。

2）机械加工旋压轮至要求的形状尺寸，见图 10-167。

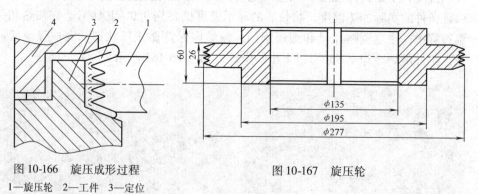

图 10-166　旋压成形过程
1—旋压轮　2—工件　3—定位
支撑模　4—定位压紧模

图 10-167　旋压轮

3）旋压轮在真空热处理炉加热至 1030～1050℃后保温后油冷，进行两次 180～220℃低温回火，控制最终硬度在要求的 57～61HRC。

4）精加工，钳修、检验入库。

按以上工艺制造的旋压轮，在生产过程中使用寿命较低，一个旋压轮生产的零件，最高不超过 2000 个，个别甚至只生产几件就开裂。图 10-168 是早期断裂失效的旋压轮实物，箭头所指处为裂纹；开裂部位及过程见图 10-169。

图 10-168　早期断裂失效的旋压轮

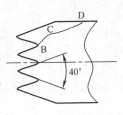

图 10-169　失效旋压轮开裂部位及过程

2. 试验结果及分析

（1）试验结果　从断裂失效旋压轮上取样进行化学成分定量分析，结果为（质量分数，%）：1.65C，0.35Si，0.30Mn，0.025P，0.020S，12.15Cr，0.54Mo，0.24V。化学成分符合 Cr12MoV 钢的国家标准。

对失效旋压轮进行硬度检测分析，所检测的旋压轮硬度基本均匀，不同旋压轮间的硬度值在 57 ~ 61HRC 之间波动，符合技术要求。

从失效旋压轮上取样进行金相检测分析，共晶碳化物分布不均匀。图 10-170 所示为铸态残余树枝状分布的共晶碳化物；图 10-171 所示为呈网带状分布的共晶碳化物；图 10-172 所示为呈条状分布的粗大条状碳化物；图 10-173 所示失效旋压轮的金相组织为：回火马氏体 + 残留奥氏体 + 共晶碳化物 + 二次碳化物，奥氏体晶粒度为 10 级；主裂纹边缘的二次裂纹沿晶界扩展。

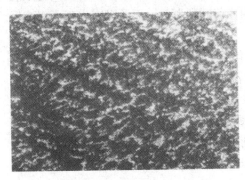

图 10-170　铸态残余树枝状
分布的共晶碳化物　50 ×

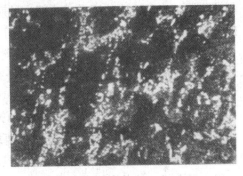

图 10-171　呈网带状分布
的共晶碳化物　100 ×

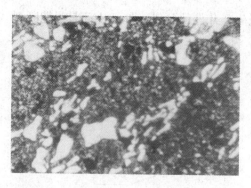

图 10-172　呈条状分布的
粗大条状碳化物　400×

图 10-173　二次裂纹沿晶界扩展　200×

从失效旋压轮上取样，制备 3 根弯曲试样，进行力学性能试验；试验测得的平均抗弯强度为 2440MPa。

进行宏观断口检验，在断口上可见到明显的贝壳状花样，见图 10-174，断裂属疲劳破坏。

失效旋压轮工作表面可见明显的车削痕迹。在双镜筒显微镜下检测，其表面粗糙度值 R_a 为 1.2μm，大于技术要求的 0.4μm。

图 10-174　失效旋压轮宏观断口

（2）结果分析　根据硬度检测结果分析发现，在技术要求规定的硬度范围内，硬度愈高，则旋压轮寿命愈短。这说明对旋压轮的硬度值所提的技术要求不合理，过多考虑了硬度及耐磨性对旋压轮寿命的影响，忽视了强韧性对其寿命的制约作用。旋压轮的破坏形式全部为早期疲劳断裂失效，而并没有出现磨损或塌模失效。

图 10-170 至图 10-172 显示的共晶碳化物形态、大小及分布说明，旋压轮毛坯在锻造成形过程中锻造不充分，未进行反复镦粗及拔长。原材料中的枝晶偏析，网带状分布的共晶碳化物和粗大的共晶碳化物，较完整地保留下来，而热处理又无法改变它们。参照 GB/T 1299—1985 合金工具钢技术条件，其碳化物不均匀度为 4~5 级，超过了不大于 3 级的要求。图 10-172 中粗大共晶碳化物的尺寸约为 0.31mm，高碳高合金钢制冷作模具显微组织检验标准中规定，碳化物级别不得大于 3 级，即共晶碳化物最大尺寸不得大于 0.17mm，所以旋压轮的共晶碳化物的尺寸过大，不符合要求。旋压轮沟槽表面附近粗大共晶碳化物的存在，易产生应力集中而成为裂纹源。

从图 10-173 可以看出，旋压轮在锻造、淬火等热加工过程中未出现过热、过烧等不良情况。

抗弯试验结果显示抗弯强度偏低，可能是淬火温度偏高的结果。Cr12MoV 钢在一定温度范围内，淬火温度愈高，其抗弯强度愈低，韧性也愈低。这是因为随淬火加热温度升高，奥氏体晶粒长大，碳化物溶解量增大，且奥氏体固溶的碳及合金元素增多，使随后淬火生成的马氏体组织变得粗大，脆性增加。

图 10-174 中的断口上存两个不同方向的贝壳状花样，显示旋压轮的疲劳破坏过程分两个阶段进行。第一阶段，由于带轮毛坯经压槽后形成的折叠侧面刚度小，加上压紧定位模直径偏小，随被加工坯料金属的塑性流动，使旋压轮上部的齿根处产生较大的交变弯曲应力，在齿根表层附近的粗大共晶碳化物处，因应力集中而形成疲劳裂纹核，如图 10-169B 处所示；裂纹核在交变弯曲载荷作用下，沿图 10-169 中所示 BC 方向扩展至 C 处，受带轮坯料及压紧模的制约，裂纹 BC 同时沿齿根沟槽圆周方向扩展约 10mm。第二阶段，受压紧定位模限制，裂纹在交变切应力作用下沿图 10-169 中所示 CD 方向扩展，直至最终完全断裂。

3. 结论

1）淬火加热温度及硬度要求偏高，使 Cr12MoV 钢抗弯强度降低，韧性不足；锻造不充分，使 Cr12MoV 钢中共晶碳化物呈网带状分布；粗大共晶碳化物的存在及较高的表面粗糙度值，造成应力集中，使裂纹形核容易，从而使之成为裂纹的发源地。这是导致旋压轮早期断裂失效的主要原因。

2）压紧定位模直径偏小，使旋压轮上部齿承受较大的弯曲载荷。这是导致旋压轮早期断裂失效的另外一个原因。

4. 改进措施及效果

1）锻件毛坯生产中，增大锻造比至 10，变形严格限制在锻造温度范围内，反复多次进行镦粗拔长，确保共晶碳化物破碎且分布均匀，达到不超过 3 级的标准。

2）将技术要求中的硬度降为 56～58HRC，淬火加热温度降为 1000～1020℃，控制奥氏体晶粒度在 11～12 级。

3）旋压轮淬火回火后，在螺纹磨床上精磨齿形，保证其表面粗糙度值 R_a 不大于 0.4μm。

4）适当加大压紧定位模直径。

经改进后工艺生产的旋压轮，生产 6000 件带轮还未出现异常断裂失效，寿命较改进前提高两倍以上。

10.4.10 Q235 钢波形护栏室温脆断原因分析

中国矿业大学材料科学与工程学院 王温银

1. 概况

室温下的 Q235 低碳结构钢具有较高的塑性、韧性及适中的强度，是应用最广泛的一种结构钢。高速公路波形护栏选用 Q235 钢，就是利用其优良的塑性及一定的强度来保护高速行驶的汽车。但某公司在安装高速公路波形护栏时发现有些护栏脆性极大，甚至经手锤敲击即可脆断，完全失去了 Q235 钢的良好塑性。

2. 试验结果及分析

（1）护栏材料的化学成分分析 失效件和试验件化学成分如表 10-51 所示，结果均符合 GB/T 700—1988 的要求。

表 10-51 护栏材料的化学成分（质量分数,%）

元　素	C	Mn	Si	S	P
失效件	0.21	0.40	0.25	0.045	0.045
试验件	0.17	0.45	0.20	0.040	0.035
GB/T 700—1988	0.14 ~ 0.32	0.30 ~ 0.65	≤0.30	≤0.050	≤0.045

（2）宏观分析 护栏板厚度为 3mm，表面经镀锌处理。护栏断口无宏观塑性变形，断口能很好地吻合，用肉眼观察断口形貌呈结晶状，并有镜面反光现象。由此可见，护栏的断裂性质属于宏观脆性断裂。

（3）断口微观分析 在日本产 S-250 扫描电镜下，对失效护栏断口进行微观观察，其形貌如图 10-175 所示。从图 10-175a 中可看出明显的河流花样，由此可以确定该护栏的微观断裂机制主要是解理型断裂；但是有些部位也可看到沿晶型断裂，如图 10-175b 所示。

（4）金相分析 因护栏使用的是 Q235 低碳结构钢，热轧后空冷的材料应该得到正火组织。正常的低碳钢正火组织是铁素体 + 珠光体。失效件经常规制样后用质量分数为 4% 的硝酸酒精溶液腐蚀，却看不到珠光体组织，只能看到白色的、大小不均的晶粒状组织，如图 10-176 所示。经显微硬度测试，大晶粒硬度为 117HV0.02，小晶粒为 757HV0.02，大小晶粒的硬度差别较大。又根据铁素体与渗碳体在质量分数为 4% 的硝酸酒精溶液腐蚀后，都为白亮色的特征，改用碱性苦味酸钠溶液腐蚀，小晶粒全部被染成黑色显现出来，大晶粒不变色，如图 10-177 所示。根据碱性苦味酸钠溶液可以腐蚀渗碳体的原理，以及小晶粒硬度值较高和分布规律，可确定其小晶粒为游离渗碳体组织，渗碳体颗粒长 $37.5\mu m$，宽 $7.5\mu m$ 左右，大晶粒为铁素体，晶粒大小为 5～6 级。由此可确定，失效件的显微组织为粗大的铁素体 + 渗碳体的反常组织。

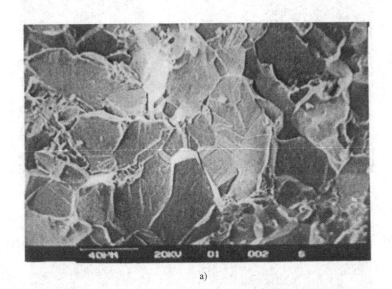

a)

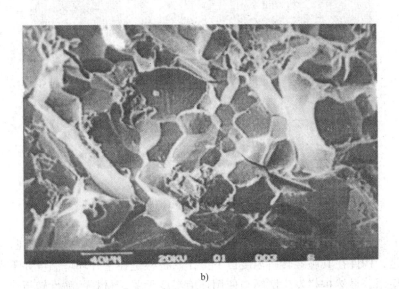

b)

图 10-175　失效护栏断口微观形貌

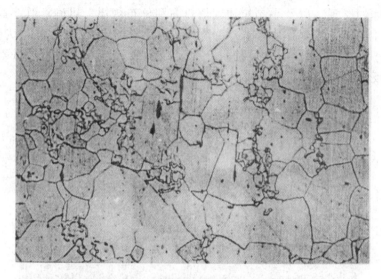

图 10-176 失效护栏经硝酸酒精溶液腐蚀后的组织 120×

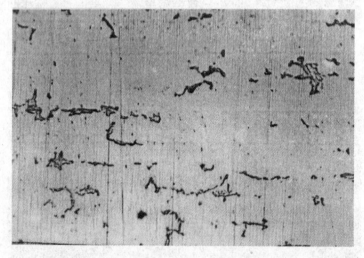

图 10-177 失效护栏经碱性苦味酸钠溶液腐蚀后的组织 120×

（5）脆断原因分析 Q235 钢材属于冷脆金属。冷脆金属发生解理断裂的必要条件是，构件在其脆性转折温度以下工作。护栏是在室外环境温度并不太低的情况下使用，显然护栏发生脆断与使用环境温度无关。材料的脆性转折温度为什么推移至室温呢？一是粗大的渗碳体硬脆相沿晶界分布，起着微裂纹的作用，使致密材料转变为存在大量微裂纹的材料，致使脆性转折温度升高。二是材料的晶粒尺寸与脆性转折温度有如下关系：$T_0 = A - B\ln d^{-1/2}$，即随着晶粒尺寸的增加，T_0 向高温推移，并在半对数坐标中，呈线性关系。正是由于上述两个内在因素的双重作用，使 Q235 护栏在受到冲击载荷（锤击）时发生室温脆断。

3. 反常组织形成的验证试验

据文献介绍，出现反常组织的原因是：亚共析钢退火时，在 Ar_1 点附近冷却过慢，特别是略低于 Ar_1 点的温度下长期停留。根据以上原因选择正常组织的护栏试样一批，确定验证试验的热处理工艺见表 10-52。

表 10-52　热处理工艺

试样号	奥氏体化温度/℃	冷却方式	等温温度/℃	冷却方式	结　　果
1			720		
2	920	炉冷	700	炉冷	F + P
3			680		
4			660		
5			720		
6	920	空冷	700	空冷	F + P
7			680		
8			660		
9			720		F + P
10	920	空冷	700	炉冷	F + P + Fe₃C（少）
11			680		F + P + Fe₃C（多）
12			660		F + P + Fe₃C（少）

注：表中奥氏体化保温时间均为 10min，等温时间均为 1h。

从表 10-51 中可看出，冷却方式与等温温度对形成反常组织影响较大。试验结果表明：920℃ 加热空冷至 680℃ 保温 1h 后炉冷易形成反常组织。由于在 680℃ 左右（Ar_1 附近），碳在铁素体中扩散速度过大，碳在奥氏体中的扩散是向着优先析出渗碳体的方向进行的，渗碳体的凝聚速度加大。另外，反常组织的出现还与钢材的冶炼和脱氧方法有关。采用铝脱氧后，铝与氧的亲和力极强，易形成 Al_2O_3 及 AlN 等。由于晶界是面缺陷的一种，所以不但氧化物易聚集在此处，而且相同条件下渗碳体也易于沉淀在晶界的氧化物上。由验证试验结果推测，失效护栏在轧制钢板时，由于终轧温度过高，钢板随空气冷却后可能堆垛在一起，压在中间部位的钢板不能及时散热，使其处于 Ar_1 温度附近，这样就造成了在 Ar_1 温度长时间保温的环境。其结果是，不仅晶粒粗大，而且易形成严重的反常组织。

4. 结论

1）Q235 钢波形护栏室温条件下发生的脆断现象，是由于所用钢材中出现严重的反常组织（粗大的铁素体 + 游离渗碳体）所致。

2）反常组织是由于钢板轧制后冷却不充分，使其在 Ar_1 点温度附近长期停留而产生的。

3）低碳结构钢中的反常组织可用正火或退火工艺消除。

5. 改进措施

将失效件加热至奥氏体化温度（900℃）保温一定时间，按不同冷却方式，空冷、炉冷后，均可以消除反常组织，得到均匀的珠光体＋铁素体组织。预防低碳钢中出现反常组织的关键措施是，终轧温度不能过高，以防出现过热组织；轧钢后不要将钢板堆垛，使钢板快速降至 Ar_1 温度以下，避免在 Ar_1 温度附近长时间停留。

10.4.11 斜齿轮早期断裂的原因分析

中航（保定）惠腾风电设备有限公司　张自国

1. 概况

一批 6 台 8m 风机减速器中的被动斜齿轮，在使用很短的时间内就出现齿部早期断裂现象，断裂情况见图 10-178，失效率达 100%。设计规定寿命大于 10000h，而使用最短的仅有几个小时。由于齿轮断裂必须更换整台减速器（单台价值数万元），损失严重，给化工厂造成停机的损失更大。因此，必须避免这类问题发生。

此产品在保定惠阳航空螺旋桨制造厂是一个定型产品，已生

图 10-178　被动齿轮断裂情况

产了数百台，工艺成熟，质量比较稳定。虽然过去也出现过个别齿断裂的情况，但像这样成批齿轮早期齿断裂现象还是首次。因此，对这批失效被动齿轮进行了研究分析和试验。

2. 试验结果及分析

（1）缺陷分析及各种试验结果　经检测，失效齿轮尺寸符合设计要求，其他情况见表 10-53。

表 10-53　6 台主、被动齿轮的情况

检测名称	数量	出厂前齿面探伤情况	断齿件数	单件齿数	单件断齿数	齿面硬度 HRC	齿面情况	备注
主动齿轮	6	无裂纹	0	19	0	60	正常	—
被动齿轮	6	无裂纹	6	70	5～24	62	断齿面有严重裂纹	断齿面裂纹属于磨削裂纹

主动齿轮和被动齿轮的材料都是 20CrMnTi 钢。经同样的工艺进行渗碳、淬火、回火温度及硬度也相同。从设计角度计算，主动齿轮在传动过程中受力较大，比被动齿轮更易断裂。而实际使用中，被动齿轮断齿严重，主动齿轮无断齿现象。

设计要求主、被动齿轮齿部强度（$\sigma_b \geqslant 1080\text{MPa}$）相同。在同样运行的情况下仅被动齿轮断裂，说明被动齿轮的齿部强度低。

对材料进行复检，结果符合 GB/T 3077—1999，材料是合格的。因此，主要从热处理工艺和表面组织方面进行分析。

从齿轮原始热处理记录上查出，这 6 件齿轮分两炉渗碳，在一炉次中进行的淬、回火工序，淬火、回火之间的时间间隔为 30min。

由于零件较大，单件重量约 230kg，数量又多，热容量大。考虑到在油槽（装油量 3000kg）中淬火，使油温升高太多，冷却很不充分，可能造成组织转变不完全。因此，对此进行试验，采用同种零件 6 件，进行淬火冷却方面的测量，见表 10-54。

表 10-54 淬火前、后的油温和零件表面温度

零件号	淬火前油温/℃	淬火后油温/℃	冷却时间/min	零件齿部温度/℃
1	40	92	30	108
2	45	92	27	110
3	60	92	24	115
4、5	90	128	15	145
6	100	128	10	152

测试结果表明，淬火后零件表面最低温度达到 108℃，最高达 152℃。在这么高的温度下，零件立即转入回火炉中回火，使热处理后残留奥氏体增加，表层存在淬火马氏体组织过多，从而降低了齿部的强度。

按以上实际情况给出热处理曲线图，见图 10-179。

由于 20CrMnTi 钢渗碳后 Ms 点较低，约 150℃，而齿轮淬火后齿部温度高达 108～152℃，其马氏体转变量很少或者没转变。这样，齿轮在存在大量的残留奥氏体的情况下就加热到 200℃回火（保温 3.5h），由于奥氏体的陈化稳定现象，会增加残留奥氏体的含量。因此，这样热处理后齿轮表层会存在大量的淬火马氏体和残留奥氏体组织。

图 10-180 所示为齿轮的金相组织，可见表层白色区域较多。一般认为，白色区域应该是残留奥氏体组织。但对白色区域进行硬度检测，发现硬度较高，达 593～644HV。说明白色区域并不是残留奥氏体组织，分析认为多数是淬火马氏体组织。

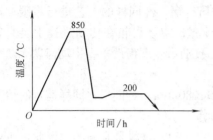

图 10-179 齿轮实际热处理工艺曲线

图 10-180 失效齿轮金相组织

据文献介绍：淬火马氏体的强度随含碳量的增加而降低。当碳的质量分数为 1% 时，淬火马氏体的抗拉强度 σ_b 只有 $600 \sim 700MPa$，冲击韧度 $a_K < 100kJ/m^2$。

采取不同的工艺对其进行性能测试，结果见表 10-55。

表 10-55 20CrMnTi 钢渗碳后经不同工艺热处理后的性能数据

件号	热处理工艺	σ_b/MPa	$a_K/$（kJ/m²）	硬度 HRC
1	840℃淬油	525	41	65
2	840℃淬油，180℃回火	1252.6	50.2	61
12	840℃淬油（120℃），180℃回火	538	42	62
13	同 12 号工艺，增加一次 180℃回火	1300		60

试验说明：20CrMnTi 钢渗碳淬火后强度很低，$\sigma_b = 525MPa$，在 120℃油中淬火，180℃回火后的强度也很低（$\sigma_b = 538MPa$），和淬火后强度接近。从而证明这两种工艺处理后钢的组织相似，基本组织都应该是淬火马氏体。

（2）理论分析 无论资料介绍，还是实测结果都表明，高碳马氏体强度较低，达不到齿轮设计规定值 $\sigma_b \geqslant 1080MPa$。而实测结果 $\sigma_b = 538MPa$ 只相当于设计水平的 49.8%。此产品的设计保险系数为 1.387，也就是说，运行情况下受力达到 778.7MPa（相当于设计强度的 72.1%）。

按以上生产工艺热处理后的齿轮齿部强度低于使用应力，所以在使用过程中很容易产生断齿现象。

在调查中发现此批齿轮断齿程度不同，最少的断 5 个齿（占总齿数的 7%），并且齿面上存在的磨削裂纹数量较少。严重的断 24 个齿（占总齿数的 34%），并且齿面上磨削裂纹数量较多。经分析认为，这一现象可能与淬火顺序有关，先入油槽淬火的油温低，比后入槽淬火的零件冷却要充分，表面温度较低，马氏体转变要多，在回火后低强度的淬火马氏体量相对地少一些，热处理后的强度相应地就高一些。因此，在使用时断齿相对较少。比较而言，最后淬火的零件，热处理后表面残留奥氏体和淬火马氏体量相对地多，强度较低，在使用过程中断齿最严重。并且，由于残留奥氏体和淬火马氏体的存在量大，在磨削加工时最易出现磨削裂纹。这也是断齿严重的零件齿表面上磨削裂纹也多的原因。

根据以上的研究分析认为，引起斜齿轮早期失效的原因是由于淬火零件一次投入冷却介质中数量太多，使淬火介质温度升得太高，淬火冷却不充分，表面温度较高，造成回火后表层残留奥氏体和淬火马氏体组织较多，使齿面强度降低（达不到设计要求），从而在使用时引起早期断齿现象。

3. 验证试验

根据以上分析对热处理工艺进行改进，见表 10-56。

表 10-56 两种热处理工艺的差别和效果

工艺	装炉量/件	冷却时间/min	冷却温度	回火次数/次	σ_b/MPa	硬度 HRC
原工艺	≤6	无规定	无规定	1	538	62
新工艺	≤3	≥30	室温	2	1373.7	60

按新工艺试验后，$\sigma_b = 1373.7$ MPa 已经达到设计要求（$\sigma_b \geq 1080$ MPa），并且保险系数达 1.764（设计要求 1.387）。

采用新工艺生产的齿轮已经在使用厂家运行数年，未发现断齿现象，最多的已使用 10 年以上，现仍在正常运行中。

4. 结论

1）齿表面存在较多的低强度残留奥氏体和淬火马氏体组织是引起本批齿轮早期失效的主要原因。

2）表面残留奥氏体和淬火马氏体组织过多是淬火冷却不充分造成的。

5. 改进措施

淬火冷却到室温和进行充分回火，能有效地避免齿轮断齿现象。

10.4.12 40Cr 钢活塞开裂原因分析

太原科技大学 材料科学与工程学院 田香菊 郑建军 孙钢

1. 概况

图 10-181 所示为某厂已开裂活塞端部切片宏观形貌。该活塞材料为 40Cr，经调质和表面淬火后端面发现裂纹。由图 10-181 可见，裂纹呈锯齿状无规律分布，在表面的边缘处有局部烧熔的痕迹。

活塞的热处理工艺为：870℃ × 1.5h 加热，油冷，560℃ × 4h 回火；半精加工后进行表面淬火，180℃ × 6h 低温回火。

2. 试验方法及结果分析

（1）化学成分分析和宏观金相检验 试验结果表明，活塞材料化学成分符合技术要求，在淬火表面的反面（距淬火面约20mm厚度处的横截面上）进行硫印及热酸浸，结果均在合格范围内，且在酸浸面上肉眼未发现可见的其他缺陷。这说明锯齿状裂纹不是由于材料原始缺陷引起的。

（2）硬度检测　采用里氏硬度计在活塞表面测试硬度，共测30点，其硬度值范围为20～57.5HRC。这表明表面淬火硬度极不均匀，且成明显带状波动。

3. 断口检验

1）图10-182a 所示为穿过裂纹及中心孔处的活塞断口形貌。由图10-182a 可见，在银灰色的结晶状断口上分布有致密的呈亮灰色的瓷状

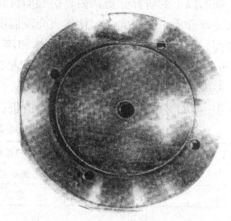

图10-181　活塞端部切片宏观形貌

断口，且裂纹与瓷状断口相伴生。瓷状断口正是表面硬化层典型断口。图10-182b 所示为经冷酸浸试验后纵向断口的形貌。由图10-182b 可见，其中灰色区域为淬硬区，图中箭头所指为裂纹，这与断口形貌完全吻合。

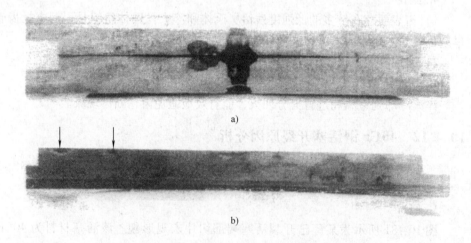

a)

b)

图10-182　断口宏观形貌和断口纵向冷酸浸形貌
a）穿过裂纹及中心孔处的活塞断口形貌　b）经冷酸浸试验后纵向断口形貌

2）图10-183 所示为活塞断口的金相组织。图10-183a 为由珠光体和沿晶分布的铁素体组成的心部组织，晶粒度为5级。这与调质工序不符，说明此活塞在表面淬火前未经调质或调质工艺及操作不正确。图10-183b 为裂纹旁边的淬硬层

组织。由图 10-183b 可见，不仅淬火马氏体针非常粗大，而且附近已出现沿晶分布的棱角状熔坑。这表明此处的加热温度非常高，以致于在晶界出现了熔化现象，发生了过烧，正常情况下淬火后应得到细小的隐晶马氏体，而不应出现粗大针状马氏体。图 10-183c 为过渡层组织，在靠近淬硬层处淬上火的地方出现了严重的魏氏组织，这表明过渡区的加热温度都非常高，已远远超出正常的加热温度范围。结合图 10-181 所示的局部烧熔点和硬度测试结果，以及断口面上所作的纵向冷酸浸试验结果，即可充分说明其表面淬火工艺及操作很不规范，加热温度很高，而且非常不均匀。

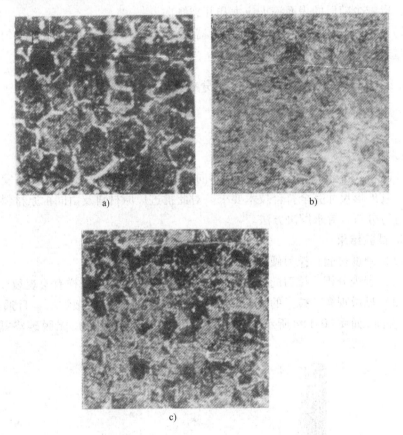

图 10-183 活塞断口的金相组织
a）心部 200× b）裂纹旁边 200× c）过渡层 100×

3）断口附近夹杂试验结果为：A 类—2.5 级，B 类—0.5 级；C 类—2 级；D 类—0.5 级。试验结果表明，C 类夹杂物级别较高，但按标准规定均在合格范围；而且通过观察发现裂纹与夹杂物无直接关系，这说明裂纹不是由夹杂物直接引起的。

4. 结论

由以上宏观和微观试验结果及讨论分析可综合判定：40Cr 钢活塞端面出现的锯齿状、无规律分布的裂纹主要是由于热处理工艺或操作不当引起的。特别是表面淬火时，加热温度极度不均匀，局部过热、过烧所致。在以后的生产中加强热处理工艺或操作规范，再无活塞开裂的现象发生。

5. 改进措施

1）表面淬火前，对活塞应实施规范的调质热处理，使之获得均匀的索氏体组织，以减少随后的表面淬火应力和开裂倾向。

2）表面淬火应采用平面中频感应器加热，这样可有效地避免不均匀加热引起的过热、过烧及开裂倾向。

10.4.13　W18Cr4V 钢拉刀断裂分析

朝阳现代职业技能培训学校　刘　敏

1. 概况

W18Cr4V 钢制作的 CA10C 汽车转向器箱体内孔拉刀，使用过程中发生崩刀断裂，其外形尺寸完全符合技术要求。对此批进厂原材料及由同批原材料制作的拉刀进行分析，寻求解决方法。

2. 试验结果

（1）硬度检验　拉刀硬度为 62～65HRC，合格。

（2）宏观分析　拉刀的崩刀部位在顶端，断裂处径向试样有宏观裂纹。

（3）显微观察　拉刀的径向试样，未侵蚀就发现有显微裂纹，且通向拉刀的外表面，如图10-184所示。在裂纹周围有大块状碳化物，无脱碳渗盐现象，

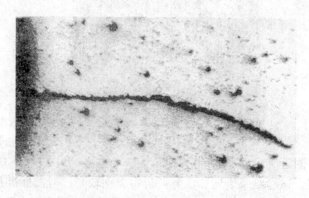

图 10-184　W18Cr4V 钢拉刀微观裂纹　60×

如图 10-185 所示。基体组织为淬火马氏体 + 回火马氏体 + 残留奥氏体 + 块状碳化物，如图 10-186 所示。个别视场一次碳化物形状略有改变，角状碳化物呈网状沿晶界析出，视为过热组织，如图 10-187 所示。拉刀纵向试样碳化物呈带状分布，原材料径向试样的碳化物分布亦为带状，如图 10-188 所示。基体组织为回火索氏体 + 块状碳化物，如图 10-189 所示。

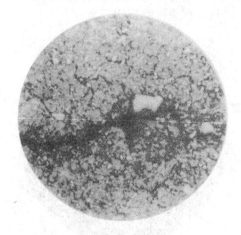

图 10-185　W18Cr4V 钢拉刀裂纹周围有
较大块状碳化物分布　460×

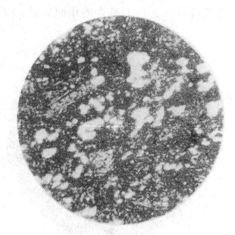

图 10-186　W18Cr4V 钢拉刀
淬火 + 回火组织　460×

3. 分析

通过检验裂纹周围无氧化、脱碳及渗盐现象，因此裂纹的产生不在淬火之前，其可能产生的原因如下：

（1）碳化物不均、大块状碳化物引起裂纹高速钢含有较高的碳和合金元素，能形成大量碳化物，一般以块状、网状或带状出现，造成碳化物分布不均。带状越宽表明碳化物偏析越严重。由检验结果可见拉刀及原材料试样均存在带状、大块状碳化物。这些硬而脆的粗大碳化物，使材料脆性增加，容易开裂、剥落，并与基体分离，往往成为裂纹源。由于该处应力集中，使裂纹扩展，导致完全破坏。碳化物不均匀在淬火加热时，使碳化物聚集处的奥氏体溶解较多的碳及合金元素，使该处的 Ms 点下降，淬火

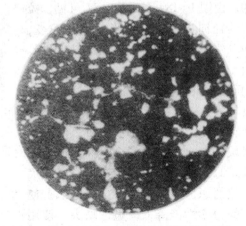

图 10-187　W18Cr4V 钢拉刀过热组织　460×

后的残留奥氏体量增加，而且稳定性高，以致经 3 次回火，残留奥氏体还未转变为马氏体，造成回火不足。这种组织不稳定，并且内应力集中，易引起畸变及开裂，同时碳化物不均，使局部区域碳和合金元素的含量较高，增加热处理时的过热敏感性和淬火时畸变及开裂倾向。由此可见，高速钢中碳化物不均分布，会显著降低钢材的强度与韧性，使力学性能呈各向异性，并降低刀具在热处理后的硬度及红硬性，使刀具在使用时容易崩刀、落齿，严重影响使用寿命。

a)　　　　　　　　　　　　b)

图 10-188　W18Cr4V 钢带状组织　82×

a) 拉刀纵向试样　b) 原材料

　　(2) 淬火过热引起裂纹　高速钢的过热组织是淬火时由于加热温度过高，晶粒边界的碳化物部分熔化，冷却时析出半网状或网状、角状碳化物造成的。由图 10-184 至图 10-187 可见，拉刀的径向试样碳化物形状略有改变，而且沿晶界析出，故属于过热组织。由于淬火加热温度高，溶入奥氏体中的碳化物比较多，奥氏体内过饱和程度较大，淬火冷却后析出网状或半网状碳化物。由于碳化物偏析，使局部区域碳和合金元素的含量高，增加热处理时的过热敏感性，乃是形成淬火过热的原因之一。这种过热组织，使钢的力学性能降低，脆性增大，使用过程中易发生崩刀，降低寿命，是拉

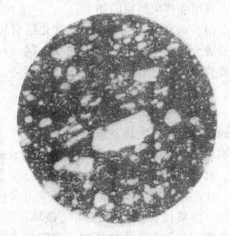

图 10-189　W18Cr4V 钢原材料
块状碳化物　460×

刀早期崩刀原因之一。

（3）回火不足引起裂纹　生产中对回火不足的检验，一般是金相试样用4%（质量分数）硝酸酒精溶液侵蚀2min（室温15～25℃）后，在500倍显微镜下进行观察，如果试样的基体组织为暗黑色，均一的回火马氏体和白亮色的未溶碳化物，就称为回火充分。若在试样基体上的部分区域出现白色，或者有少量晶界未完全消失，说明马氏体分解不充分，且有部分残留奥氏体没有转变，称为回火不足。用这种方法检验拉刀试样，得到基体组织为淬火马氏体＋回火马氏体＋残留奥氏体＋块状碳化物，由图1～3可见为回火不足组织。如前所述，碳化物不均是形成回火不足的原因之一，淬火过热后很容易出现回火不足。因为淬火后，钢中存在数量较多的残留奥氏体，降低了马氏体转变温度，增加了回火稳定性，所以在正常回火温度和回火次数下，仍然回火不足。这种回火不足组织，使刀具的组织稳定性降低，内应力集中，脆性增大，易使刀具变形，不耐磨，崩刀等早期磨损缺陷。

4. 结论

拉刀断裂是由于高速钢中碳化物不均，淬火过热，回火不足引起的。钢中碳化物偏析，对材料的性能影响极大，即使热处理没有过热，也给性能带来严重的方向性，降低红硬性，同时强烈增加热处理（过热）敏感性，大块状碳化物发生堆积，将降低这一局部区域的熔点。这样即在正常温度淬火，对偏析区也意味着出现网络状过热组织。另外，在严重的碳化物偏析区域，加热时由于该局部区域奥氏体中含碳及合金元素的含量高，马氏体点相应下降。若后经正常回火，碳化物偏析区域就出现回火不足现象，这种现象的存在，使得刀具组织不稳定，内应力集中，易引起拉刀脆性开裂。显而易见，碳化物偏析是拉刀断裂的主要原因。

5. 改进措施

应对原材料进行反复镦锻，以改善碳化物偏析，选择正确的热处理工艺，适当增加回火次数，可消除回火不足等缺陷，保证拉刀的各项性能。

10.4.14　碳氮共渗离合器主轴的疲劳断裂

浙江大学材料系　曾跃武　吴进明　张升才　吴年强　李志章
杭州齿轮箱厂　黄海东

1. 概况

离合器主轴是摩托车的关键零件，形状结构复杂，除了要求形状精度以满足配合精度外，还要求良好的耐磨性和抗疲劳性，以达到平稳变速和安全行驶的要求。目前常用的渗碳、碳氮共渗等表面强化技术都可以满足这些要求。但在碳氮共渗生产实际中，常由于没有注意解决好淬火强化和控制变形之间的矛盾关系，致使这类表面强化主轴的抗疲劳性能受到严重影响，常在跑合或行驶过程中断裂，造成很大的损失。

某厂选用 20CrMnMo 钢制造摩托车离合器主轴，用液体碳氮共渗进行表面强化。共渗温度取 820℃，并降温直接淬火，180℃ 低温回火。该轴在装配或服役过程中经常在花键与光轴或花键与固定螺纹之间的截面突变处发生断裂，如图 10-190 所示。

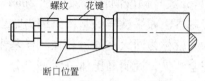

图 10-190　离合器主轴示意图

2. 试验结果及分析

化学分析结果表明，断轴化学成分符合 20CrMnMo 钢标准，液体碳氮共渗剂配比符合工艺要求。

图 10-191 所示为典型断口形貌，呈皿状，有两个明显的区域：①分布于断口外周，呈金属光泽的光亮圆环区；②呈扇状放射花样，并聚焦了光滑圆环区内侧边界处（见图 10-191 中 A 处）的中央区。圆环区厚度在 0.2 ~ 0.3mm 左右，约占断口半径的 5% ~ 10%。结合离合器主轴的受力分析，可以判明，该主轴的断裂性质属旋转弯曲疲劳断裂。光亮圆环

图 10-191　断轴宏观形貌

区是疲劳裂纹扩展区，其深度与断轴服役时间长短有关；呈放射花样的中央区是疲劳瞬时断裂区。

在断口附近横截面取样进行金相分析，并由表及里进行显微硬度测定，结果示于图 10-192。由图 10-192a 可见，碳氮共渗层表面有厚约 50 ~ 80μm 的带状和网状黑色组织，显微硬度压痕尺寸较大。断轴的心部由块状铁素体、托氏体和马氏体组成，块状铁素体含量高达 40% ~ 50%（体积分数，见图 10-192b）。图 10-192c 的硬度分布曲线显示出明显的"低头"现象，即表面硬度比次表层要低得多，不到 350HV。为了进一步了解断轴的裂纹形核及其扩展情况，对装机时因敲打而开裂的离合器主轴纵截面进行了金相检查，发现一明显裂纹（见图 10-193）。该裂纹起始于轴截面突变尖角处，分两部分：表面原始微裂纹（长约 50μm 左右）和因敲打而继续向心部扩展的裂纹。

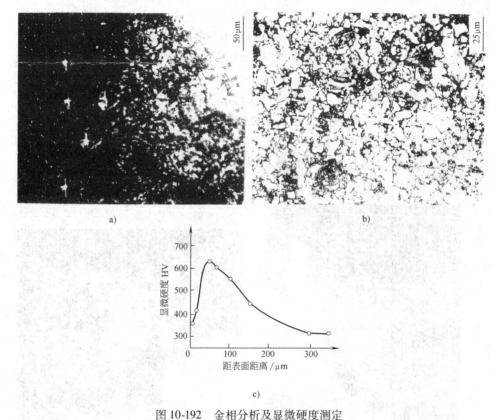

图 10-192　金相分析及显微硬度测定

a）断轴横截面金相组织和显微硬度压痕　200×　b）断轴心部的金相组织　400×

c）断轴由表及里的硬度分布曲线

对断口外圆表面光亮区的扫描电镜观察分析表明，光亮区的外侧存在着很狭的断续的破碎区（见图 10-194 左上角）。可见光亮区由两部分组成：破碎的裂纹源区和光滑的扩展区，后者是裂纹两侧面在交变应力作用下不断地开闭、研磨形成的。早期形成的最外圆表面的裂纹，因其周围组织破碎剥落严重，两侧面未发生相互接触和研磨，因而仍保持原始裂纹面形貌，其厚度为 10μm 左右。

宏观及微观检查结果表明，裂纹源位于断轴表面。微观裂纹可能形成于服役过程中或服役前即已存在。该轴热处理之所以选用碳氮共渗，不仅因为碳氮共渗处理温度低于渗碳处理温度，利于控制变形，而且碳氮共渗件比渗碳件更具优良的抗疲劳性。因钢的奥氏体溶入氮后，Ms 点显著降低。含氮量越高，Ms 点越低。由于共渗层的含氮量是由表及里依次降低，故 Ms 点由表及里依次升高。淬火时奥氏体向马氏体的相变由里层开始，表面最后完成。因此，碳氮共渗轴表面具有很大的残余压应力，具有优良的抗疲劳性。但由于20CrMnMo钢碳氮共渗时渗层容易被碳氮所过饱和，在共渗后降温淬火的空冷阶段，表面容易氧化脱碳。尤其对尺寸较小的轴类零件，降温淬火前空冷控制不当，会造成表面先发生奥氏体向托氏体相变，产生许多非马氏体组织，其后次表层发生奥氏体向马氏体的相变，从而在表面产生很大的拉应力。另外，较低的共渗温度易使表面形成严重的黑色带状和网状组织，它可使表面的抗疲劳性能下降50%～70%。因此，在使用或装配过程中，在表层的变截面尖角应力集中处极易形成微裂纹。

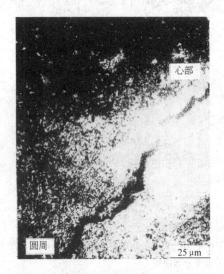 

图 10-193　纵向剖面原始裂纹　　　　图 10-194　断口外圆表面光亮区形貌
及扩展后裂纹的形貌　400×

　　由扫描电镜检查结果可知，裂纹扩展区深度基本与共渗层深度一致（0.2～0.3mm左右）。裂纹一旦形成，便迅速贯穿黑色组织的深度。黑色组织层越厚，原始微裂纹长度越大。尽管次表层标准的回火碳氮马氏体组织具有良好的强度和抗疲劳性能，疲劳裂纹扩展门槛值 ΔK_{th} 较大。但由 $\Delta K_{th} = Y\Delta\sigma\sqrt{a}$（$\Delta\sigma$ 为无限疲劳寿命的承载能力，a 为裂纹尺寸，Y 为常数），对于标准碳氮马氏体层，ΔK_{th} 值一定，随着 a 的增大 $\Delta\sigma$ 下降。因此，黑色组织愈深，$\Delta\sigma$ 愈小，轴的抗疲劳性能越差。裂纹扩展必须通过具有高疲劳性能的碳氮马氏体层，其扩展速度由黑色组织严重程度、碳氮马氏体层厚度及加载大小等因素决定。

断轴的瞬时断裂区呈放射状花样，且尺寸很大。这表明轴裂时承受的应力已大大超过其承受能力，裂纹扩展迅速。心部存在的大量块状铁素体（已达国家标准 7~8 级）是放射状花样形成的主要原因。当裂纹扩展穿过碳氮共渗强化层后，裂纹很深，承载有效面积减小，又由于与应力集中很大的裂纹前沿相遇的是强度、硬度很低，且几乎连成一片的块状铁素体，因此裂纹便快速扩展最终引起轴断裂。放射状花样正是裂纹快速扩展的明证。该轴心部存在大量块状铁素体，是因为共渗温度较低，游离铁素体没有完全溶入奥氏体。另外，淬火时预冷控制不当也可能析出铁素体。

3. 结论

碳氮共渗强化层表面严重的黑色组织和过多的心部块状铁素体数量严重影响轴的抗疲劳性能，是该摩托车主轴断裂的主要原因。20CrMnMo 钢在碳氮共渗时易形成黑色组织。为了控制零件的形状尺寸精度而采用较低的碳氮共渗温度和降温淬火时，使表面形成严重的黑色带状、网状组织，以及表层非马氏体组织，从而使表面的抗疲劳性能下降，并使心部存在大量块状铁素体。

4. 改进措施

1）在变形允许的范围内，适当提高碳氮共渗温度，严格控制淬火预冷时间，避免在表层形成黑色带状、网状组织和非马氏体组织，避免在心部形成块状铁素体。

2）选用碳氮共渗处理时相对不容易形成黑色组织的渗碳用钢，如 20CrMnTi，以取代 20CrMnMo 钢。

3）适当加大主轴变截面处圆弧的半径，避免表面应力集中。

10.4.15　通用汽油机曲轴断裂分析

重庆重型铸锻厂　古丽努尔
重庆工学院材料学院　程　里

1. 概况

某批次中 3 根 168F 通用汽油机曲轴在模拟运行试验时，未达到规定的寿命要求，在输出端轴颈台阶处发生了断裂。试验时转速 4000r/min，最大扭矩为 13.5N·m，断裂位置见图 10-195。曲轴材料为 40Cr 钢，其加工工序为：热模锻成形→850℃×1h 好富顿 K 油淬火，560~580℃×2h 高温回火→机加工→局部中频感应加热淬火→精磨轴→模拟运行试验。

2. 试验结果

（1）化学成分分析　对断裂件进行化学成分分析，试验结果如表 10-57 所示。从表 10-56 可以看出，材料符合 GB/T 3077—1999 标准的要求。

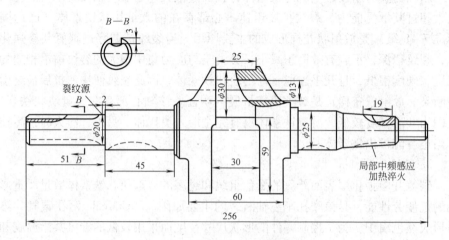

图 10-195　曲轴尺寸及断裂位置

表 10-57　化学成分（质量分数,%）

元　　素	C	Si	Mn	Cr	P	S
标准值	0.37 ~ 0.44	0.17 ~ 0.37	0.50 ~ 0.80	0.80 ~ 1.10	≤0.035	≤0.030
测定值	0.39	0.26	0.62	0.92	0.015	0.016

（2）断口分析　图 10-196 所示为断裂曲轴断口的宏观照片。由图 10-196 可见，断口呈螺壳状，断后的继续旋转造成断口凸出部位有较大的磨损，可见由小渐大的螺旋状扩展区以及最后扭转瞬断区，表现为明显的塑性扭转疲劳断裂特征（见图 10-196a）。同时在断口边沿轴颈台阶处发现了 1.5mm 深的退刀槽（见图10-196b）。裂纹源在退刀槽根部以 45°切入表面。

（3）显微组织及硬度　心部组织为回火索氏体 + 条状铁素体 + 半网状铁素体组织（见图 10-197），中碳钢调质组织 5 级；硬度偏下限 22 ~ 25HRC（要求值23 ~ 29HRC）；金相组织不符合 GB/T 3077—1999 技术要求。在心部组织与表面感应淬火组织过渡区有针状马氏体组织 + 回火索氏体 + 大量块状铁素体 + 碳化物颗粒。

3. 分析与讨论

（1）退刀槽　机械加工不规范，曲轴轴颈根部处出现加工退刀槽，退刀槽减小了轴的截面积及曲率半径的减小，致使运转时在退刀槽根部产生应力集中。

（2）键槽　图 10-198 所示为曲轴实际感应加热部位及加工方式。为加工方便采用了卧式铣床加工曲轴键槽，这种加工方式键槽末端距轴颈台阶仅 2mm。

预期的感应淬火时加热部位为图 10-198 中 1 位置，但是由于键槽的存在使感应淬火时电流涡流的走向发生了改变，实际加热部位为图 10-198 中 2 位置，使靠近键槽部位的台阶根部组织受到热影响，碳化物明显聚集，强度下降。

图 10-196　断口宏观特征　　　　　　　图 10-197　显微组织
　　a）正面　b）侧面　　　　a）心部组织　400×　b）过渡区组织　400×

（3）受力分析　如图 10-199 所示，在主轴颈上，作用有输入扭矩 T 和阻力扭矩 $(T+F'R)$（在某些情况下，它又是输出扭矩）。F_1 为垂直于曲拐平面的力，F_2 为垂直于轴向的力。由于在轴颈处有应力集中，同时承受一定的扭矩 T 和阻力扭矩 $(T+F'R)$，使轴颈变化处受力加大，该处易形成裂纹，裂纹将以螺旋状的方式向前扩展，最后这些裂纹在轴的中央汇合，形成螺壳状扭转疲劳断口。

（4）表面残留应力　感应淬火使轴台阶处出现了残余拉应力，在旋转时与退刀槽出现的应力相叠加，使得轴退刀槽底部交替出现拉应力峰值（见图 10-199）。

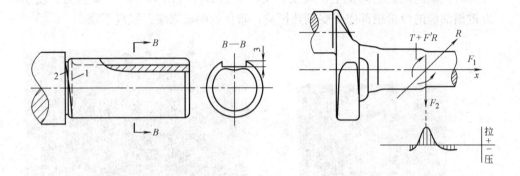

图 10-198　键槽使表面　　　　　图 10-199　受力方式及
　　　淬火层发生变化　　　　　　　　表面残留应力分布

4. 结论

该曲轴为扭转疲劳破坏。机械加工方式不恰当的退刀槽是引起应力集中的主要原因，其次是键槽的加工方式使感应淬火的涡流热影响导致轴颈变化处回火过度，同时曲轴整体硬度偏下限及金相组织不符合要求，台阶处表面残余拉应力的存在，最终导致曲轴断裂。

5. 改进

1）按要求加工曲轴，杜绝出现退刀槽。

2）热处理使组织达到技术要求。

3）在感应淬火时，将轴颈变化台阶处进行包裹感应淬火，避免该处出现残余拉应力。

4）键槽应使用立式铣床，使端部为半圆形，这样键槽离轴颈变化处较远，防止因感应加热而引起轴颈变化处退火。

10. 4. 16　27SiMnMoV 钢渗碳针阀体断裂失效分析

山东大学材料科学与工程学院　　陈鹭滨

1. 概况

某油泵油嘴厂生产的 27SiMnMoV 钢针阀体渗碳淬火后，出现批量断裂，严重影响了生产的正常进行。针阀体的热处理工艺为：900℃ ×4h 固体渗碳→880℃ ×50min 保温后淬油（油温 30 ~ 40℃，冷却 8min）→ -70℃ ×0.5h 冷处理→280℃ ×4h 回火。对部分断裂针阀体进行了失效分析。

2. 试验结果及分析

图 10-200 所示为断裂针阀体的宏观形貌。针阀体断裂均发生在头部，并且多数断裂于油孔位置。送检的三个断口样品中，断裂均起源于内孔向外扩展，断口外缘周边有剪切唇像最后断裂区。其中两个样品断口呈蓝色，系针阀体在回火前已开裂，断口面在回火中被氧化成蓝色。另一样品为渗碳淬火冷处理后开裂。其扫描电镜断口形貌见图 10-201。对该断口的分析结果表明，开裂起源于内孔，裂纹产生于内孔周边向外呈放射状扩展（见图 10-201a）。

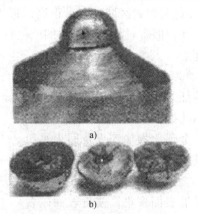

图 10-200　27SiMnMoV 钢断裂
针阀体的宏观形貌

图 10-201　针阀体裂纹源处断口形貌和金相组织

a）断口形貌　b）金相组织　400×

针阀体内孔表层的金相组织为大颗粒状合金碳化物加淬火马氏体，合金碳化物在内孔表面聚集（见图 10-201b）。该区域的电子探针碳含量分布曲线见图 10-202。碳化物聚集区域碳含量很高，近表面区域碳含量梯度很陡。3 个针阀体的组织特征相似。对该批针阀体的原材料进行化学成分及低倍组织检测，未发现质量问题。

3 个断裂针阀体的宏观及微观断口特征表明：针阀体断裂起源于头部内孔处。该处的表层组织为大颗粒合金碳化物加淬火及回火马氏体，碳含量很高，质量分数约为 1.2%。表层碳化物数量多，且呈大颗粒沿表面聚集，使近表面碳含量梯度很陡，此处极易产生应力集中，形成裂纹源。内孔表层碳含量

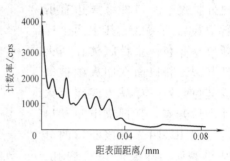

图 10-202　针阀体内孔碳含量分布

高，则淬火后残留奥氏体数量多，在其后的冷处理中，大量残留奥氏体转变为马氏体，在表层造成较大的组织应力。此外，针阀体渗碳淬火时，狭长的阀体内腔及头部的小油孔使淬火介质难以形成对流。头部内孔处于半封闭状态，淬火时针阀体头部外表面冷却快，内孔冷却慢，亦产生一定的内应力。

3. 结论

综上分析，该批针阀体断裂的主要原因是阀体头部内孔处表层碳含量高，碳化物颗粒大、数量多，并沿内孔表面聚集造成内孔表面应力集中严重；高碳的表层淬火后残留奥氏体量多，经冷处理转变为马氏体时产生的组织应力大。此外，阀体淬火时，内孔与外表面冷速不同产生的内应力对断裂也有一定影响。

4. 改进措施

1）降低渗碳碳势，减小渗层碳含量。将渗剂由 100% 新渗剂改为 50% 新渗剂 +50% 旧渗剂。

2）渗碳温度由 900℃ 调整为 880～890℃，渗碳保温时间由 4h 延至 4.5h。

3）严格冷处理及回火处理规范，适当延长回火时间。冷处理及回火均在上道处理工序后立即进行，间隔时间不超过 0.5h。回火保温时间由 4h 延至 5h。

该厂根据上述提出的措施，改进了热处理工艺规范，严格执行热处理工艺制度，将针阀体的渗碳层含量和碳化物级别控制在合理的范围内，生产的针阀体未出现断裂现象。

10.5　力学性能不合格

10.5.1　20MnV 钢圆环链质量分析

哈尔滨工程大学　常铁军　姜树立　马茂元
唐家庄煤矿圆环链厂　王树法　王志良

1. 概况

唐家庄煤矿圆环链厂生产的 ϕ18mm 的 20MnV 钢圆环链（见图 10-203），在使用中出现链条拉长问题，严重影响生产。为此，本文对链条进行了解剖分析，并初步探寻了提高其屈服强度储备的可能途径。

2. 试验结果及分析

（1）圆环链金相分析　从该厂用现行工艺（中频感应淬火＋低温回火）生产的圆环链上随机取样，进行金相分析。

从图 10-203 中的 A、B 处截取金相试样，以便分别考察焊缝区（A）及基体区（B）的组织。A 和 B 试样的金相磨面分别与链环轴线呈 45°和 90°角。试验分析发现，基体区 B 试样经 3%（质量分数）硝酸酒精腐蚀后，肉眼即可观察到在试样心部有一方形低硬度区（见图 10-204），硬度值在 33HRC 左右。金相组织为铁素体、珠光体和部分贝氏体的混合组织（见图 10-205）。经测定低硬度区尺寸为 10.0×8.5mm，占圆环截面积的 33%。可以看出心部非淬火组织居多，屈服强度必然不足，这是圆环链使用中被拉长的原因之一，设法减小低硬度区尺寸将有助于提高其强度。

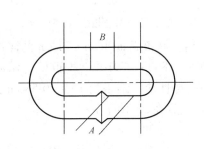

图 10-203　圆环链及取样位置示意图　　　　图 10-204　B 试样截面硬度分布曲线

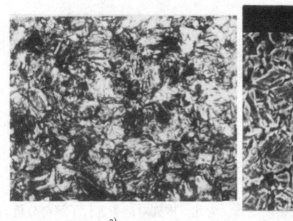
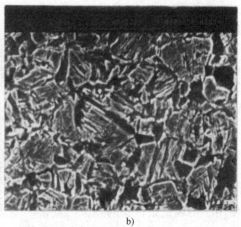

a)   b)

图 10-205　圆环链基体外层区和方框区金相组织

a）外层区组织　800×　b）方框区组织　1000×

对焊缝区 *A* 试样的分析表明，其组织形态与基体区有明显差异，有较多非
淬火组织（见图 10-206）。

（2）淬火温度和冷却介质对
圆环链强度的影响　通过金相分
析发现，链条心部非淬火组织太
多是链条强度不足的主要原因之
一。而心部组织与淬火时奥氏体
化温度过低，保温时间短以及淬
火介质的冷却能力不足等因素有
关。考虑到中频感应加热时的加
热时间不能过长，因此，重点研
究了淬火温度和淬火介质的影响。

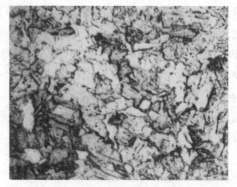

图 10-206　焊缝区心部金相组织　800×

试验用钢为 ϕ18mm 的 20MnV 钢供货态棒料，制备成 ϕ18mm×25mm 的淬透
性试样及 ϕ5mm×50mm 的拉伸试样，经 850℃、880℃、910℃、930℃（保温
20min）水冷和盐水冷后，测定其淬硬深度和拉伸性能，结果列于表 10-58 和表
10-59。其心部方形区的硬度基本上保持不变，大致在 33HRC 左右。

分析结果可以看出：

1）提高淬火温度对表层区的硬度影响不大，但把淬火温度从 850℃升高到
910℃时，其"低硬度区"面积由 32%降低至 22%，再提高淬火温度其变化不
明显。

表 10-58　淬火温度和冷却介质对淬透程度影响

工艺号	淬火温度/℃	冷却介质	硬度 HRC[①]		心部低硬度区所占面积（%）
			淬火[②]	淬火[②] + 回火[③]	
A_1	850	水	45.0	43.5	32
B_1	880	水	45.0	43.5	24
C_1	910	水	47.0	43.0	22
D_1	930	水	48.0	43.0	22
A_2	850	盐水	49.0	44.0	26
B_2	880	盐水	51.0	45.0	23
C_2	910	盐水	46.0	42.6	22
D_2	930	盐水	48.0	45.0	22

① 淬透性试样距中心二分之一处硬度。

② 全部试样淬火加热时间 20min。

③ 回火工艺为 200℃ × 2h 空冷。

表 10-59　淬火温度对拉伸性能的影响

工　艺　号	$\sigma_{0.2}$/MPa	σ_b/MPa	σ（%）
A_1	1211	1370	12.2
B_1	1164	1355	13.6
C_1	1151	1350	13.2
D_1	—	—	—

2) 用盐水冷却取代水冷却的作用不明显，仅使 850~880℃ 淬火时的淬火硬度略有提高，其"低硬度区"也略有缩小。

3) 同是外层区，200℃ 回火的淬透性试样的硬度为 43HRC 左右，而由圆环链成品上取样测得的硬度只有 27HRC 左右。金相分析表明，二者的组织类型相同，不同的是后者的回火温度可能偏高。因此，过回火可能是影响其强度因素中另一个主要的影响因素。

20MnV 钢中的钒是个形成强碳化物的元素，其溶解温度较高，在上述淬火温度范围内很少溶解。而未进入奥氏体中的钒，不但对淬透性不利，反而有害，这是 20MnV 钢淬透性较差的重要原因。所以，欲减少 φ18mm 的圆环链中心部低硬度区应选用淬透性更好一些的钢种，如 20MnVB。

3. 结论

1) 心部低硬度区过大和回火温度过高是圆环链在使用中拉长的主要原因。适当提高淬火温度、增加淬火介质的冷却能力和降低回火温度是提高环链强度储备、防止使用中拉长的主要措施。

2) 在水或盐水冷却的条件下，用 20MnV 钢生产 φ18mm 圆环链，难以完全消除心部低硬度区。当链条的强度储备要求较高时，应采用淬透性更好些的 20MnVB 钢。

10.5.2 15Cr 钢活塞销淬火工艺的改进

河南柴油机厂　高一新

1. 概况

我厂生产的 15Cr 钢柴油机活塞销，如图 10-207 所示。原热处理工艺为
930℃渗碳后空冷，850℃ × 2h 油淬，170℃
× 3h 回火。要求渗碳层深度为 0.9 ~
1.6mm，表面硬度 57 ~ 65HRC，抗拉强度
（σ_b）为 800 ~ 1250MPa。生产中发现个别零
件表面有软点，最低硬度为 50 ~ 55HRC，并
且抗拉强度也有低于技术要求的现象，最低
强度为 760 ~ 790MPa。

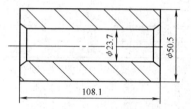

图 10-207　柴油机活塞销简图

2. 试验结果及分析

经金相检查软点部位的过共析层和共析层深度为 0.9 ~ 0.97mm，渗层总深
度为 1.21 ~ 1.27mm（取过渡区的一半），渗层组织为马氏体和少量碳化物颗粒，
碳化物级别 ≤ 1 级，心部组织为马氏体和铁素体。

经化学分析，零件材料成分为碳的质量分数 0.16%，铬的质量分数为
0.73%，化学成分合格。

零件渗碳后按表 10-60 所示淬火工艺重新进行热处理工艺试验，加热时装箱
保护，冷却时通压缩空气搅拌，所用淬火油为 L-A N15（10 号）和 L-A N32（20
号）混合机械油，也用硝酸钾、硝酸钠、亚硝酸钠的三硝过饱和水溶液。热处
理后试验结果如表 10-61 所示。

表 10-60　试验用热处理工艺

工 艺 序 号	热 处 理 工 艺
1	850℃ × 3h 淬油 + 170℃ × 3h 回火
2	890℃ × 3h 淬油 + 170℃ × 3h 回火
3	850℃ × 3h 淬三硝过饱和水溶液 + 170℃ × 3h 回火
4	890℃ × 3h 淬三硝过饱和水溶液 + 170℃ × 3h 回火

从表 10-60 可看出，零件淬油后，表面易出现软点，且强度低于工艺要求，
心部出现铁素体组织，影响使用性能；而淬三硝过饱和水溶液则可达到工艺要
求，消除软点，心部得到全部马氏体组织。因此，15Cr 钢活塞销以淬三硝过饱
和水溶液较适宜。

如提高淬火温度，采用 890℃加热淬火，表面硬度及强度并不提高，而冲击

韧度则显著降低，并且表面出现残留奥氏体，影响零件耐磨性及疲劳性能。

表 10-61　热处理试验结果

工艺序号	表面硬度/HRC	σ_b/MPa	a_K/(J/cm^2)	心部组织	渗层组织
1	53 ~ 63	770	—	M + F	
2	55 ~ 64	790	—	M + 少量 F	
3	63 ~ 64	1030	83	M	M + K
4	63 ~ 64	1020	58	粗大 M	M + K + Ar

3. 结论及改进措施

15Cr 钢制活塞销，渗碳后淬油，则零件表面出现软点，心部强度较低。所以 15Cr 钢制活塞销以 850℃淬三硝过饱和水溶液和 170℃低温回火为好。

10.5.3　游标卡尺测尺热处理新工艺

靖江市科学技术协会　徐育朝

1. 概况

测尺（见图 10-208）是组成游标卡尺主要零件，材料为 T8 钢，其热处理要求如下：硬度：尺身 43 ~ 53HRC，内、外测量面硬度≥58HRC，前端面、尾端面硬度≥40HRC；金相组织：测量面马氏体级别不大于 2.5 级。

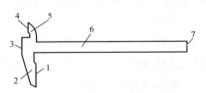

图 10-208　测尺外形图
1—外测量面　2—外量爪　3—前端面
4—内测量面　5—内量爪
6—尺身　7—尾端面

粗加工前经过球化退火处理。精加工前传统热处理工艺流程如下：去应力退火—整体淬火—清洗—中温回火—外量爪淬火—清洗—内量爪淬火—低温回火—清洗。150mm 测尺热处理工艺曲线见图 10-209。淬火加热在盐浴炉内进行，中温回火在井式炉内进行，低温回火在硝盐槽内进行。内外量爪局部淬火时，为了避免热传导引起尺身硬度下降，采用快速加热。尽管如此，测尺的热处理质量仍不稳定，常出现内外量爪测量面硬度不足；晶粒粗大（马氏体级别达 5 级），容易发生断裂；靠近内外量爪的尺身部分硬度降至 25 ~ 35HRC，前端面中间部分硬度降至 25HRC 左右等热处理缺陷。

上述热处理缺陷主要是内外量爪采用盐浴炉加热局部淬火而造成的。为提高热处理质量，内外量爪测量面应采用高频表面加热淬火，这在 20 世纪 80 年代初已被国内一些量具厂应用。然而从另一个角度设想，如果在测尺整体淬火后，采取尺身局部回火，并设法避免内外量爪硬度下降，这岂不是一个既减少工序且降低能耗，又提高热处理质量的新工艺方法吗？

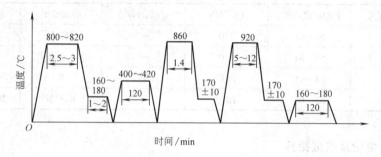

图 10-209　测尺传统热处理工艺曲线

2. 试验结果及分析

我们采用高碳钢的低温短时加热淬火方法，使内外量爪测量面获得高的硬度、耐磨性以及较好的韧性，马氏体级别不大于2.5级。在淬火挂具上设置隔片，使内外量爪与尺身连接部分在淬火冷却时冷却速度降低，该部分奥氏体冷却转变为马氏体＋细珠光体，因此淬火后其硬度低于内、外量爪及尺身，称其为"过渡区"，见图 10-210。尺身局部回火后，过渡区除中心硬度略低外，其余均达到尺身硬度要求。

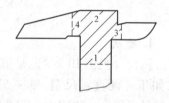

图 10-210　过渡区（斜线部位）

150mm 测尺新的热处理工艺具体操作过程如下：将测尺装在特制的挂具上，加热至 780～790℃，在 160℃硝盐槽内分级淬火，取出空冷时采用专用夹具将测尺夹紧，然后进行尺身局部中温回火。用于中温回火的硝盐炉上设置通水冷却装置，将测尺内外量爪置于基上，尺身浸入 390～400℃硝盐液局部加热回火 20～30min。出炉空冷时，内外量爪置于一特制搁架上，尺身传递过来的热量被搁架吸收，以避免内外量爪测量面硬度下降。空冷后卸去夹具将测尺清洗，最后 160～180℃×（3～4）h 低温回火。

淬火挂具每挂装 10 支测尺，一炉放置 3 只挂具。回火夹具每夹装 30 支，一炉容纳 4～6 只夹具，每只夹具可在炉中停留 20～30min。

测尺各部分硬度见表 10-62。金相组织经江苏工学院机械系金相教研室检测，内外测量面为回火马氏体＋残留碳化物，马氏体级别不大于 2.5 级。尺身为回火托氏体＋少量碳化物。过渡区为回火托氏体＋淬火索氏体＋少量碳化物。

热处理后尺身平面度可全部控制在 0.2mm 以内，尺身侧面直线度在 0.1mm 以内。

表 10-62　测 尺 硬 度

测量部位名称	内测量面	外测量面	尺身	前端面	过 渡 区			
					1	2	3	4
硬度 HRC	≥60	≥60	44~48	42~48	40~46	37~44	44~49	41~45
技术要求硬度 HRC	≥58		43~53	≥40				

3. 结论

测尺热处理新工艺采用低温短时加热一次淬火、热校直、中温局部回火，消除了尺身的淬火应力和淬火变形，既达到规定硬度要求，又提高了测尺的韧度和耐磨性。尺身局部回火时，内外测量面紧靠通水冷却装置，不致增加残留奥氏体量，不影响测尺精度的长期稳定。内外测量面马氏体级别不大于 2.5 级，达到了高频表面加热淬火的质量。

10.5.4　球墨铸铁底座退火工艺的改进

中国航天工业总公司国营铜江机械厂　戴　涛

1. 概况

底座是汽车变速换档操纵装置中的一个重要结构件，结构如图 10-211 所示。选用球墨铸铁制造。球墨铸铁牌号为 QT400—15，技术要求硬度 150~200HBW。

底座铸造后，由于铸件存在 3%（体积分数）的自由渗碳体，需要进行高温石墨化退火。热处理采用图 10-212a 所示工艺退火，存在周期长，能耗大，抗拉强度、伸长率、硬度不能达到最佳性能匹配；后改用图 10-212b

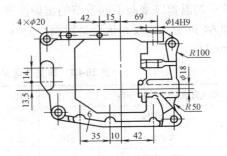

图 10-211　底座结构示意图

所示工艺退火，虽然缩短了周期，降低了能耗，但仍难以实现最佳性能匹配。尤其在冬夏两季，季节影响最为明显。

2. 试验结果及分析

底座以图 10-212b 所示工艺曲线退火后，化学成分、金相组织和力学性能按 GB/T 1348—1988 规定的 YⅡ型试块检测，结果如下：

（1）化学成分　底座的化学成分见表 10-63，合格。

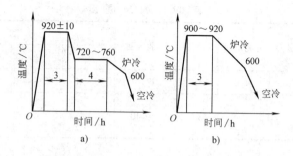

图 10-212　底座退火工艺曲线

表 10-63　底座的化学成分（质量分数，%）

C	Si	Mn	P	S
3.28 ~ 3.58	2.55 ~ 2.70	0.36 ~ 0.54	0.10 ~ 0.13	0.013 ~ 0.019

注：数据为 16 炉统计结果。

（2）金相组织　球化率：2 ~ 4 级、球径适中。组织：珠光体 + 铁素体 + 游离渗碳体（体积分数 ≤0.5%）+ 二元及二元复合磷共晶（体积分数为 0.5%），其中珠光体含量随季节不同而变化。

（3）力学性能　抗拉强度、伸长率、硬度因季节不同，有较大差异。

以图 10-212b 一步退火工艺为基础，在不同温度出炉，珠光体含量对铸件力学性能的影响统计结果见表 10-64。采用不同的出炉温度，主要是模拟本地冬夏两季的温差以掌握不同季节的出炉温度，从而达到控制珠光体含量的目的。由表 10-64 可知，当珠光体含量控制在 15%（体积分数）以下时，其力学性能达到最佳状态。

表 10-64　珠光体含量对底座力学性能的影响

珠光体含量（体积分数，%）	5	10	15	20	25	30	40	50
σ_b/MPa	445	454	467	479	510	535	549	578
δ（%）	20.2	18.8	17.0	14.3	13.1	12.2	10.3	7.5
硬度 HBW	156	168	179	184	209	221	235	247

对图 10-212b 退火工艺，适当延长高温区保持时间，使碳化物更充分溶解，微区碳含量尽可能趋于一致。基体中珠光体含量通过控制冷却速度和出炉温度调节。改进后的球墨铸铁底座退火工艺如图 10-213 所示。

由于我国地域辽阔，南北方温差较大，底座按图 10-213 工艺退火后，基体中珠光体含量控制良好，常温力学性能得到较好满足，还应考虑脆性转变温度问题。

　　球墨铸铁化学成分中对低温性能影响最剧烈的是 P、Si 元素。底座的 P 含量已处于较高水平，除部分溶于铁素体、强化铁素体外，大部分以共晶形式存在，也不可能通过高温退火将其完全消除。显而易见，要紧的是控制 Si 的含量。球墨铸铁韧-脆精变温度 t_k 与 Si、P、珠光体、渗碳体含量有关，即：

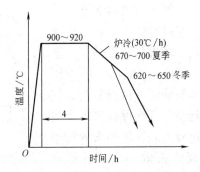

图 10-213　底座改进后的退火工艺曲线

$$t_k = -95 + 50[w(Si) - 2.3\%] +$$
$$400[w(P) - 0.08] + [\varphi(P_珠) - 1\%] +$$
$$17[\varphi(C_渗) - 1\%]$$

　　将有关参数 $[w(P) \leqslant 0.13\%$，$\varphi(C_渗)$ $< 0.5\%$，$\varphi(P_珠) \leqslant 15\%$，$T_k = -40℃]$ 代入上式计算，Si 含量控制在 $w(Si) =$ 2.7% 以下，底座在 $-40℃$ 不会出现断裂。据文献介绍，当 $w(Si)$ 为 2.69% 时，球墨铸铁有较高冲击韧度，至 $-40℃$ 时，a_K 值下降幅度仍不大，但温度下降到 $-60℃$ 后，a_K 值下降幅度较大，仅为室温的 50%。底座按前述化学成分控制，退火后 a_K 值能满足 $-40℃$ 下的使用要求。

　　按改进后的工艺处理球铁底座 3 万余件，其抗拉强度（σ_b）为 451 ~ 470MPa，硬度为 160 ~ 182HBW，伸长率为 15% ~ 20%，珠光体含量控制在 15%（体积分数）以下，质量稳定。

3. 结论

　　1）当球化率不高于 4 级，底座通过改进的退火工艺控制组织中珠光体含量是提高其塑性、韧度的关键，珠光体含量以控制在 15%（体积分数）以下为佳。

　　2）退火冷却速度，炉冷以控制在 30℃/h 为宜；出炉温度，视季节确定，冬季以 620 ~ 650℃、夏季以 670 ~ 700℃ 为宜。

　　3）改进后的退火工艺，能源消耗降低，生产周期缩短，产品成本下降，质量稳定。

10.5.5　冷作模具失效分析及改进措施

北京机电研究所　陈再良　佟晓辉　陈蕴博

1. 概况

　　冷作模具主要包括冷冲压、冷挤压和冷镦模三种。这类模具与热作模具相比有许多不同之处：尺寸精度、表面质量要求高，加工产品多数为最终产品，冷作模具为了适应上述要求，冷作模具钢多采用高碳高合金钢，一般硬度在 60HRC

左右。典型冷作模具如 M16 螺母六方冲冷镦模、活塞销冷挤冲头和复式电机硅钢片，如图 10-214 所示。

通过对国内上百家标准件厂、电机厂和冷挤压厂所使用的冷镦、冷冲、冷挤压模具失效情况调查分析，归纳起来，冷作模具失效主要有过载失效、磨损失效和多冲疲劳失效三大类，如表 10-65 所示。

从表 10-65 统计结果看，冷作模具主要失效类型

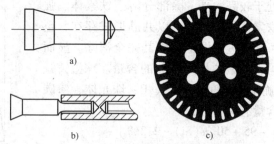

图 10-214　典型冷作模具和产品图
a）冷镦 M16 六方冲头　b）冷挤活塞销冲头和产品
c）冷冲电机硅钢片产品

是过载失效和磨损失效，约占失效总数的 80% ~ 90%。冷镦模以开裂脆断或局部掉块为主，冷挤压模以脆断或磨损为主，而冷冲压模以磨损失效为主。高工作应力和波动应力的冷挤压和冷镦模具脆断开裂失效比例明显高于低工作应力冷冲模。表中收集的疲劳断裂失效比例较少。

表 10-65　三种冷作模具失效类型统计结果（%）

失效类型	过载失效		磨损失效		疲劳失效	其他
	断裂	变形	磨损	掉块		
冷镦六方冲头	45	5	—	35	10	5
冷挤压冲头	50	5	30	10	<5	<5
复式冷冲模	15	—	80	5	—	—

2. 失效类型和形态分析

（1）过载失效　这类失效系指材料本身承载能力不足以抵抗工作载荷（包括随机波动载荷）作用引起的失效。若材料韧度不足易脆断、开裂失效，若强度不足易变形、镦粗失效。特别是脆断开裂失效是最主要的一种失效方式。

1）材料韧度不足的失效。这是一种失稳态下的断裂失效，常见到如冲头模具的折断、开裂，甚至会产生爆裂，这种失效方式的特征是，失效产生前无明显塑变征兆，断裂很突然，宏观断口无剪切唇，且比较平坦，造成模具不可修复的永久失效。

产生这种失效与模具承受过高工作应力和材料韧度不足有关。通过对冷挤压模具的实际承载能力分析计算可知，冲头材料失效前承受工作应变能力是断裂消耗能的上千倍，说明了工作冲头材料高潜在动能和低断裂抗力。一旦冲头失稳，

按能量守恒原理（$U_{总} = U_{断} + U_{动}$），几乎全部转变成扩展动能（$U_{动}$），迅速爆裂，其断裂扩展的极限速度可达 10^3m/s。当模具结构有应力集中，如六方冷镦冲头尾部过渡区 $r \leqslant 1\text{mm}$ 时，应力中集中系数 $K_t = 2$，冷挤压冲头台阶处 $r = 3\text{mm}$ 时 $K_t = 1.3$，甚至机械加工刀痕、磨削粗痕迹等均可成为薄弱环节，产生失稳断裂。

高碳高合金的冷作模具钢，使用状态为回火马氏体和二次析出相，含有较多一次剩余碳化物，材料硬度高，基体吸收能量、松弛应力-应变的能力低，脆性一次碳化物的不均匀性又严重降低材料韧度。因此这类失效断口看不到宏观变形。微观变形的尺寸大致与碳化物间距相当。

2）强度不足失效。在冷镦、冷挤冲头中由于模具材料抗压、弯曲抗力不足，易出现镦头、下凹、弯曲变形类失效。这种情况易出现在新开发产品中，产生的原因与工作载荷大，模具硬度偏低有关。实际使用说明，当冷镦冲头硬度 < 56HRC，冷挤冲头硬度 < 62HRC 时易出现这类失效。这种失效表明材料强度不足，塑性有余，有韧度潜力可以发挥。

（2）磨损失效　对于工件表面尺寸和质量要求严格的冷冲压，冷挤压模具，在保证模具材料具有足够承载能力不致断裂前提下，提高模具的使用寿命就取决于模具表面的抗磨损能力。

模具磨损是工作部件与被加工材料之间相对运动产生的损耗，包括均匀磨损，不均匀磨损和局部脱落掉块等。不均匀磨损是外来质点、碳化物及磨损中形成的硬质点引起的磨粒磨损，而局部脱落掉块是一种磨损疲劳，在切应力作用下局部磨损疲劳而萌生微裂纹，最终扩展至脱落。

（3）多冲疲劳失效　冷作模具承受的载荷都是以一定冲击速度、一定能量作用周期性施加的，这种状态与小能量多冲疲劳实验相似，以一定能量周期性加载（储存能量）和卸载（释放能量）。

多种疲劳失效的模具与结构钢疲劳失效有很大差异。这是因为脆性材料疲劳裂纹的萌生期占总寿命的绝大部分，很多情况下萌生与扩展无明显界限，似乎不存在稳态扩展阶段。多冲疲劳实际上是应力应变下微裂纹萌生过程，当产生约 0.1mm 尺寸微裂纹即可产生瞬间断裂。实际应用中疲劳萌生源有多处，其断口形态与脆断极相似，所以统计表 10-65 中疲劳断裂事例较少。

分析疲劳失效微观形态看出，疲劳裂纹的萌生多在材料表面的薄弱环节，如晶界、碳化物和应力集中部位。试验表明冲击疲劳裂纹萌生约 0.1mm 微裂纹时寿命占总寿命的 90% 以上，从断口上观察不到结构钢中的稳态扩展区和疲劳条带，裂纹一旦产生即出现快速失稳扩展。试验还表明经过喷丸强化处理的高速钢，由于表面残余压应力作用，提高了多冲疲劳寿命，使裂纹源萌生位置转移到次表面约 0.2mm 深，可见改善材料表面应力状态是提高多冲疲劳抗力的有效途径。

3. 几种冷作模具改进措施和效果

（1）冷镦六方冲模具深冷处理和回火工艺 螺母冷镦六方冲模具用钢为 Cr12MoV，经 1060℃淬火后进行液氮深冷处理，然后再经 400℃中温回火处理，可以得到高的强度和韧度的合理配合。生产使用结果表明，经此工艺处理的 M16 六方冲头，平均使用寿命达 7.5 万件，提高模具寿命 9 倍以上。

（2）活塞销冷挤压冲头表面强化 冷作模具的磨损抗力随材料硬度提高而增加。而同时硬度提高又会要降低材料韧度，单纯增加硬度会出现未磨损先断裂的过早失效。较理想状态是"里韧外硬"，采用局部表面硬化等工艺是提高抗磨损能力的有效办法。我们采用表面激光相变硬化处理冷挤压冲头刃带，提高硬度 2~3HRC，抗磨损能力 30%~40%，提高使用寿命 1.5 倍。

（3）电机硅钢片冷冲模 硅钢片冲模主要是磨损失效，并且冲裁过程中刃上表面的温升对耐磨性有很大影响。若此类模具最终采用中温或高温回火，并保持 60HRC 以上的硬度，是提高其耐磨性的有效途径。研究结果表明，采用高温淬火并高温回火处理或深冷处理两种工艺可明显提高 Cr12 型钢制作的硅钢片冲模的使用寿命。高温淬火并高温回火工艺适用于大型的或形状复杂的模具，具有减小模具内应力，避免开裂的特点。经生产应用结果，采用 1120℃淬火并 540℃回火两次处理的用 Cr12MoV 钢制做的 200kW 的发电机扇形硅钢片冲模使用寿命可提高 1~2 倍，刃磨寿命达 2~3 万冲次。对于小型的电机硅钢片冲模，可采用深冷处理，如电风扇或洗衣机等使用的分马力电机硅钢片冲模，采用 Cr12 钢制做，利用液氮进行深冷处理（-196℃）后，刃磨寿命最高可达 13 万冲次。

10.5.6 叉车半轴中频感应加热淬火质量分析与工艺改进

安徽叉车集团公司合肥热处理厂 胡抗援

1. 概况

叉车半轴是叉车在起重运输中传递扭矩的一个重要部件（见图 10-215），承受较大的弯曲和扭转疲劳载荷，选用了我国生产的 42CrMo 钢。为使国产化半轴有足够的抗扭曲强度、较高的疲劳强度及韧度，采用调质—中频感应加热淬火—低温回火工艺。但是在小批试制过程中，经常出现淬火裂纹、根部圆弧处硬化层不连续、杆部和花

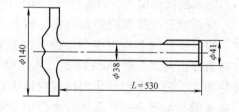

图 10-215 半轴示意图

键齿淬硬层浅等质量问题。

2. 试验结果及分析

（1）磁粉探伤和金相检验 经检验发现半轴表面有两种形态裂纹：一种为杆部处的纵向裂纹，金相检验裂纹两侧有脱碳现象（见图 10-216），为锻造裂纹；另一种为花键齿部沿刀痕发展的肉眼难以发现的微裂纹（见图 10-217），为淬火裂纹。

（2）淬火硬化层深度及硬度检验 硬化层深度及硬度按 GB/T 5617—2005《钢的感应淬火或火焰淬火后有效硬化层深度的测定》检验，半轴杆部和齿部淬火硬化层深度均小于 4mm，法兰盘根部圆弧处硬化层不连续（见图 10-218），表面硬度为 51～55HRC。

综上所述，淬火开裂一是因原材料在锻造中产生裂纹，以后经调质或感应淬火加热使裂纹两侧脱碳；二是由于在滚花键齿进刀量过大，齿表面出现较深的刀痕，使表面产生较大的切削应力，在感应淬火时淬火加热温度偏高，喷水压力大，冷却剧裂，产生淬火裂纹。淬火硬化层浅和法兰盘根部硬化层不连续的原因是感应器加热功率不够。由于采用单圈感应器，移动速度较快，喷水角度小，因此透热深度不够；在加热法兰盘根部时，由于

图 10-216 锻造裂纹 100×

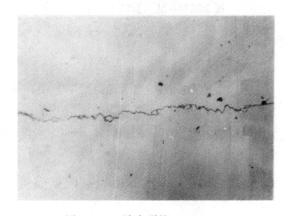

图 10-217 淬火裂纹 100×

感应器与法兰盘根部间距过小（间距过大根部淬不硬）喷水口溢出的水流与法兰盘根部几乎接触，经旋转形成水圈影响根部淬硬。

（3）改进试验

1）严格控制锻造和机加工工艺。为避免锻造裂纹，对锻造温度和锻造折叠进行控制。锻造温度过高使晶粒粗大，在调质过程中易开裂，温度过低在锻造中表面易开裂，锻造不均匀易造成表面折叠。加工花键齿进刀量应严格按工

艺进行，若使花键齿表面粗糙度 R_a 控制在 6.5μm 以下，经感应淬火后均未发生开裂。

2）单圈感应器改为双圈加热淬火及工艺参数调整。在原单圈感应器外圈叠加喷水圈，见图 10-219。喷水角度 45°，喷水口与半轴表面距离根据硬化层深度确定，应使加热与喷液淬火间有一个透热过程。

在 8000Hz 中频设备上淬火，负载电压可控制在 400～450V，加热温度控制在 860～880℃，淬火水压 78.4～98.0kPa，聚乙烯醇淬火介质的质量分数由 0.3% 调整为 0.5%，法兰盘根部加热停留时间由原 5～8s，增加到 12～15s，淬火移动速度视淬硬层深度而定。回火温度及保温时间为 180℃×120min，这样使半轴硬化层深度和根部硬化层连续性都满足了技术要求。

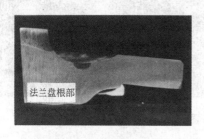

图 10-218　法兰盘根部
硬化层不连续　0.5×

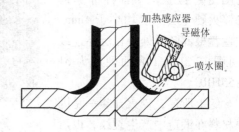

图 10-219　双圈感应器加热淬火

3. 结论

改进后的双圈感应器和热处理工艺很好地解决了半轴法兰盘根部硬化层浅和不连续的问题，使叉车半轴淬火开裂现象减少，硬化层均达到 5～7mm 范围内，使用双圈感应器淬火后半轴硬化层深度和法兰盘根部硬化层的连续性完全满足了技术要求。

10.5.7　曲轴气体渗氮后表面硬度偏低的挽救措施

西南交通大学　高国庆　杨　川

1. 概况

空压机曲轴材料为 38CrMoAl，技术要求：调质后硬度 25～30HRC，渗氮后表面硬度 ≥68HRC，渗氮层深度 0.45～0.60mm。热处理工艺如图 10-220 所示。由于种种原因，生产中不时出现曲轴渗氮后表面硬度偏低现象，影响疲劳强度及耐磨性。按规定，这些曲轴只能作为次品或废品，从而造成很大的经济损失，为此急需寻求使次品或废品曲轴完全达到技术要求的措施。

2. 废品曲轴原因分析

对一批废品曲轴进行检查，基体金相组织良好，渗氮层深度 0.46 ~ 0.49mm，表面硬度为 58 ~ 60HRC。该批曲轴渗氮层已达到技术要求，但表面硬度偏低。根据检查结果可以认为以下两种情况：一是由于第二阶段渗氮时温度偏高，使形成的弥散氮化物集聚长大；二是由于氨进入量控制不当，使表面氮含量偏低而不能形成足够的氮化物。

众所周知：为提高表面硬度主要决定于氮与铝、钼、铬等元素形成细小并弥散分布的氮化物，氮化物数量越多、越细小并弥散分布则表面硬度就越高。气体渗氮方法有：等温渗氮、两段渗氮、三段渗氮，无论哪种工艺及原因造成的表面硬度偏低，均可根据三段渗氮原理，将这些曲轴视为已进行两段渗氮后的产品，再进行一次第三阶段渗氮，使表面氮化物数量多，且细小弥散分布，以提高表面硬度。

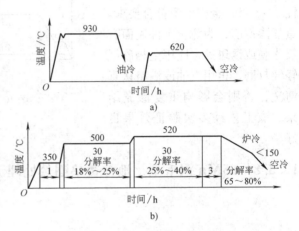

图 10-220　曲轴热处理工艺曲线
a）调质工艺　b）二段渗氮工艺

3. 挽救工艺制定

为提高该批曲轴表面硬度，决定进行一次重复渗氮，下面对该工艺参数进行分析。

（1）渗氮温度　渗氮温度不能过高，否则氮原子扩散速度较快，渗氮层深度超过技术要求，同时氮化物易发生集聚长大，使表面吸氮不足，氮化物形成速度太低，不能形成足够数量的氮化物，从而达不到提高表面硬度的目的。根据理论分析表明：在一定渗氮温度下随时间延长硬度会出现极值，但 500℃或低于 500℃渗氮时硬度不会明显下降，因此选用 500℃作为重复渗氮温度。

（2）渗氮时间　根据文献介绍，500℃渗氮时，20h 之内随时间增加氮化物析出量增多，硬度上升最高可达 1180HV 左右，因此在该温度下渗氮应选用较长时间。但如果时间太长又可能出现氮化层深度超过技术要求，所渗氮时间又不能太长。根据文献介绍，38CrMoAl 在 500 ~ 520℃渗氮时可按 10h 渗层深度 0.1mm 估算，由于随渗氮时间增加，渗速要下降，因而选用 15h 作为重复渗氮时间。

（3）氨分解率　一般认为氨分解率 15% ~ 40% 时活性氮原子多，工件表面吸氮速度最快，因此选用 18% ~ 25% 为重复渗氮分解率。

（4）阶段升温　为防止曲轴重复渗氮时变形，选用 350℃ ×1h 保温后缓慢升温，以减少工件内外温差。

综合上述分析结果，制定重复渗氮工艺如图 10-221 所示。

4. 结论及改进措施

按图 10-221 重复渗氮工艺将该批曲轴处理后，表面硬度为 69 ~ 71HRC，渗氮层深度为 0.54 ~ 0.57mm，脆性 2 ~ 3 级，金相组织符合要求。重复渗氮前，为防止工件表面有氧化膜或锈斑等，应用金相砂纸轻轻打磨，再用汽油或酒精认真清洗，否则会影响重复渗氮结果。该工艺经多次验证效果良好。

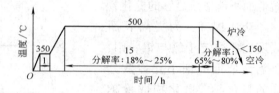

图 10-221　重复渗氮工艺

10. 5. 8　65Mn 钢爪型接地弹簧垫圈热处理工艺改进

大连铁道学院　章为夷

1. 概况

65Mn 钢爪型接地弹簧垫圈集平垫圈和弹簧垫圈的作用于一身（见图 10-222），广泛用于电器开关柜上。该垫圈用厚 1.5 ~ 3mm 的 65Mn 钢板，经两次冲压成型后，再进行热处理。热处理工艺为：电阻炉 800℃ ×40min 水淬，400℃ ×2h 回火，空冷。垫圈在使用过程中经常出现断裂和弹性不足的现象，废品率高达 25% 以上。

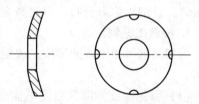

图 10-222　爪型接地弹簧垫圈简图

2. 试验结果和分析

对热处理后的垫圈作金相和硬度检验，发现原热处理工艺存在以下几个问题：

1）淬火加热保温时间过长，造成垫圈表面氧化脱碳，脱碳层达 0.3 ~ 0.5mm；

2）淬火加热温度偏低，65Mn 钢加热至 800℃ 正处于两相区，奥氏体化不完全。淬火后部分垫圈硬度低，仅为 45HRC 左右；

3）回火温度位于 65Mn 钢的第一类回火脆性温度区，回火后垫圈韧度不足，脆性增加。

垫圈表面氧化脱碳和淬火硬度不足都会降低垫圈的弹性，而回火脆性和韧度不足则是造成垫圈断裂的主要原因。

针对垫圈厚度薄、尺寸小的特点及原热处理工艺存在的问题，进行了垫圈最佳热处理工艺参数的选择试验。首先将淬火温度提高到840℃，这样可以保证垫圈淬火后有足够的硬度（60HRC 左右），并将原来的随炉加热改为到温入炉加热，以减少加热过程中的氧化脱碳。对奥氏体化保温时间、回火温度、回火时间和淬火介质参数的选择见表10-66，它们之间的最佳组合需通过试验来确定。为减少试验次数，采用正交表 $L_9(3^4)$ 来制定试验方案，使试验次数由81次减少到9次。对试验结果运用综合比较法进行分析，最后确定的最佳热处理工艺为：840℃×10min 水淬，450℃×20min 回火空冷。按此工艺对垫圈进行处理，经一次抽样法检验，合格率达到98%以上。经一段时间的生产考核，垫圈质量一直很稳定，很少再出现断裂和弹性不足的现象。

表 10-66　热处理工艺试验参数

参数 序号	奥氏体化保温时间 /min	回火温度 /℃	回火时间 /min	淬火介质
1	5	420	15	水
2	10	450	20	油
3	15	480	30	—

3. 结论

垫圈在使用过程中，出现断裂和弹性不足，是由于热处理工艺参数选择不当所造成的。淬火温度偏低，加热过程中的氧化脱碳和在第一类回火脆性温度区内回火是造成垫圈弹性不足和断裂的原因。

4. 改进措施

1）提高淬火温度，避免在回火脆性温度区内回火。

2）严格控制加热时间，垫圈应到温入炉，尽量缩短加热时间，以减少氧化脱碳。

3）对成品定期做抽样检查，防止不合格产品出厂。

10.5.9　16MnCr5 钢软化退火工艺

上海柴油机股份有限公司　蔡　俞

1. 概况

近年来，随着高效低耗少无切削技术的发展，冷挤压技术在机械行业得到了广泛的应用。与锻造热成形工艺相比，冷挤压件毛坯的尺寸精度高，加工余量小。而实施冷挤压工艺要求钢材具有较低的硬度和良好的流动性，软化退火是提高钢材冷成形性的有效手段。

我公司油泵滚轮体材料为 16MnCr5 钢，该钢参照德国 DIN 标准在国内某钢厂生产，其化学成分为（质量分数，%）：0.14~0.19C, 1.0~1.3Mn, 0.8~1.1Cr, Si≤0.40, P, S≤0.035，属低碳低合金钢。其加工路线为：下料→热处理→冲压→发兰→成品，下料后尺寸为 $\phi30mm \times 24mm$，要求退火后硬度值为 205~210HBW。

原来采用的退火工艺为：加热温度 860~880℃，保温 6h，炉冷至 680℃ 保温 5h，而后炉冷至 550℃ 以下出炉空冷。试样能达到冷挤压的硬度要求（≤125HBW）。可最近处理的几批材料，硬度超过了技术要求，挤压过程困难，影响了生产进度。为此，我们对退火工艺进行了改进。

2. 试验结果及分析

（1）试验结果 对该批材料进行了上述工艺的完全退火处理，未能取得较好的结果。球化退火得到的是球化体，它是使钢具有最佳塑性和最低硬度的一种组织，因此，我们决定将完全退火改为球化退火。为便于生产操作，选用等温球化，即将材料加热到 Ac_1 以上 20℃ 左右的某一温度进行保温。我们查阅了相关资料，未能得到该钢种的相变温度 Ac_1，参阅了 Ac_1 的经验计算公式，由合金元素的含量得出了该钢种的 Ac_1 值约为 726℃，由此以 750℃ 作为退火加热温度。同时，为了考察加热温度对软化后硬度的影响，选择加热温度 730℃ 作为对比。

试验在 SX_2—12—10 型箱式电阻炉中进行（随炉冷却的速度约为 50℃/h），试样尺寸为 $\phi30mm \times 24mm$。对不同的热处理工艺试样进行硬度测定（3~5 个点的平均值），结果如表 10-67 所示。

表 10-67 不同退火工艺对 16MnCr5 钢硬度的影响

工艺序号	工 艺 说 明	试样硬度值 HBW
1	750℃×1h→710℃×2h→690℃×3h→680℃×2h→炉冷至550℃以下出炉	145~147
2	750℃×2h→710℃×2h→690℃×3h→680℃×2h→炉冷至550℃以下出炉	148~150
3	750℃×3h→710℃×2h→690℃×4h→680℃×2h→炉冷至550℃以下出炉	152~155
4	730℃×1h→710℃×1h→690℃×1h→680℃×2h→炉冷至550℃以下出炉	138~140
5	730℃×2h→710℃×1h→690℃×3h→680℃×2h→炉冷至550℃以下出炉	141~143

从表 10-67 中可以看到，试样在 750℃ 保温比在 730℃ 保温退火后得到的硬度值高，在 730℃、750℃ 两种加热温度下，保温时间短的试样硬度值反而较低。在光学显微镜下，我们对原始试样以及经各种软化处理后试样的显微组织进行观察，采用工艺 4 处理的试样球化效果较明显。

（2）理论分析

　　1）加热温度的影响。16MnCr5 钢中含有较多的碳、锰、铬等元素，加热温度高于 Ac_1 时，其组织为成分不均匀的奥氏体和铁素体，奥氏体在缓慢冷却过程中易于形成粒状珠光体。若退火温度过高（接近或超过 Ac_3），则溶入奥氏体中的 Cr、Mo 等合金元素量增加，奥氏体的成分更加趋于均匀，增加了过冷奥氏体的稳定性。在随后的冷却过程中，奥氏体易转变为片状珠光体，降低软化效果。原来采用的完全退火工艺，硬度值降不下来，就是这个原因。对于含有较多合金元素的低碳钢，更要注意选择退火加热温度。试验中，将退火加热温度定在接近 Ac_1 的某一温度，可以降低奥氏体中合金元素的溶入量，降低过冷奥氏体的稳定性，因此有利于降低退火后的硬度。

　　2）退火冷却速度的影响。冷却速度是能否得到球化组织的重要因素，冷却速度决定了过冷奥氏体转变为珠光体的开始温度 Ar_1，冷却速度快，转变温度低，原子扩散困难，使碳化物球化时的扩散距离缩短，碳化物尺寸减少，冷速快易形成片状球光体，不利于得到球化组织。研究表明，在钢中存在一个形成球状—片状碳化物的临界冷却速度，一般工业上采用的缓冷球化退火冷却速度控制在 10～20℃/h 之内，而且奥氏体化温度越高，这个临界冷却速度减少，将使球化更加困难。由于该钢中含 Mn 量偏高，并且存在较多的 C 和 Cr，导致该钢的过冷奥氏体稳定性提高，给软化退火带来较大的困难，冷速大，退火后硬度偏高，故应尽量降低冷却速度，即在控制好退火加热温度的前提下，控制好冷却速度，才能使过冷奥氏体转变为球状珠光体，从而降低钢的硬度。

　　3. 验证试验

　　为了进一步验证工艺试验的再现性，确保生产过程的稳定，我们选用了 RJJ-105 炉（随炉冷却速度约为 15℃/h），进行了三种生产性试验，结果如表 10-67 所示。

　　由表 10-68 可以看到，16MnCr5 钢在 720、730℃ 保温软化退火的硬度值满足了生产要求。因此，这三种工艺均可作为生产应用工艺，其中，以 8 号工艺为佳。在随后的几批生产中，采用该工艺处理的 16MnCr5 钢均达到了技术要求的硬度值。

表 10-68　16MnCr5 钢退火生产试验

工艺编号	工 艺 说 明	试样硬度 HBW
6	730℃ ×4h→炉冷至 680℃ ×6h→炉冷至 550℃ 以下出炉	112～125
7	720℃ ×5h→炉冷至 680℃ ×7h→炉冷至 550℃ 以下出炉	114～125
8	720℃ ×8h→炉冷至 680℃ ×2h→炉冷至 550℃ 以下出炉	112～121

　　在试生产过程中，通过抽检我们发现，同一炉甚至同一部位不同试样硬度值差别较大，达到 20HBW，如表 10-68 所示。个别试样的硬度值更高，从 130～

137HBW 不等，为此，选取了经工艺 8 退火后不同硬度值的试样及通过化学成分分析得到的主要合金元素含量如表 10-69 所示。

表 10-69　不同试样的硬度值与主要元素含量的关系

试样编号	硬度值 HBW	主要元素含量（质量分数,%）		
		C	Mn	Cr
1	112	0.17	1.30	1.02
2	120	0.18	1.35	1.08
3	125	0.19	1.37	1.13
4	137	0.21	1.39	1.18

由表 10-68 可见，四种试样的硬度值均随着元素 C、Cr、Mn 的含量增加而增加。试样 1 中在标准范围内，试样 4 中 C、Cr、Mn 的含量均超过德国 DIN 标准。

为此，测试了国内钢厂 16MnCr5 钢的主要元素含量（质量分数,%）为 0.14~0.21C，1.0~1.40Mn，0.8~1.2Cr。可见，该钢中 C、Cr、Mn 的范围较宽，其成分上限均超过了德国 DIN 标准的上限。

这样，通过一般退火降低硬度相对较困难。一方面，建议所供应的材料，按照钢厂不同炉号进行堆放，以便对材料采用合适的热处理工艺；另一方面，对每批材料的 C、Cr、Mn 等主要合金元素的含量进行检查。若这三种元素的含量均超过德国 DIN 标准，可采用多次等温球化退火工艺，工艺曲线如图 10-223 所示，可使退火后的硬度降至工艺要求。

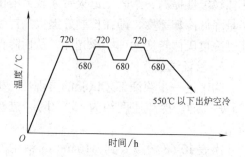

图 10-223　16MnCr5 钢的多次等温球化工艺

4. 结论

1）16MnCr5 钢采用等温球化退火可获得较低的硬度值，满足冷挤压工艺要求。生产过程中要严格控制加热温度和冷却速度。

2）16MnCr5 钢主要元素 C、Cr、Mn 的含量偏高，对等温球化后的硬度有较大的影响。

5. 改进措施

1）16MnCr5 钢为满足冷挤压工艺所要求的低硬度值，可采用的等温退火工艺为：720℃或 730℃加热保温，以 15℃/h 随炉冷却至 680℃等温 2h，再炉冷至 550℃以下出炉。

2）对 C、Cr、Mn 等元素含量偏高的 16MnCr5 钢，可采用图 10-223 所示的等温退火工艺，可获得较低的硬度值。

10.5.10　中碳铬钼钒钢调质热处理力学性能不足的原因分析及对策

沈阳水泵厂　张文华

1. 概况

我厂用中碳 Cr-Mo-V 钢（德国牌号 30CrMoV9）制造的液力偶合器泵轮，按原标准提供的热处理工艺方法调质热处理后力学性能很少达到要求的力学性能值。30CrMoV9 钢化学成分见表 10-70。

表 10-70　30CrMoV9 钢化学成分（质量分数，%）

C	Si	Mn	P	S	Cr	Mo	V
0.26 ~ 0.34	≤0.40	0.40 ~ 0.70	≤0.035	≤0.03	2.30 ~ 2.70	0.15 ~ 0.25	0.10 ~ 0.20

要求力学性能值及热处理后实测性能值见表 10-71。

表 10-71　力学性能标准及热处理后实测性能值（切向）

件号 \ 项目标准	σ_b/MPa	σ_s/MPa	δ（%）	ψ（%）	A_K/J（ISO-V）	A_K/J（DVM）
标准	900 ~ 1100	≥700	≥12	≥50	≥45	≥50
931027	949	772	16	54		33△；41；41
94113	1055	932				42△；43；43
98643	879△	748	19	64	41△；51；54	
98639	873△	736	19	65	40△；42；58	
98624	865△	757	19	64	69；73；74	
98625	952	833	17	60	37△；38；39	
98626	875△	775	17	63	48；51；57	
98256	970	870	15	60	18△；26；28	

注：1. △为不合格。

2. 原热处理工艺：淬火 870℃ ×3h，油冷，回火（600 ~ 640）℃ ×4h，油冷。

3. 取试块按标准规定，从实际零件毛坯 φ500mm ×82mm 上取切向试样。

从表 10-71 可见，在所处理的各批次零件中，有的强度合格而冲击吸收功不合格，有的冲击吸收功合格而强度不合格，有的强度和冲击韧性都不合格。

2. 试验结果及分析

（1）调质前组织状况调查　试生产时发现有的炉次试件冲击吸收功很低，

分析金相组织时发现原晶界处有较多的析出物，见图10-224。这种析出物肯定不利于韧性的提高。为查明这些析出物究竟是调质之前就存在而淬火加热未消除，还是调质过程中析出的，我们查阅了零件在锻造厂进行的锻后热处理资料。锻造厂为降低硬度和有效去氢，在锻后退火时采取了长达80多小时的缓慢冷却方式，如此的缓慢冷却必然在晶界处析出大量质点，以至于这些质点在以后稍高于退火温度的淬火加热中未充分溶于固溶体中而保留下来。这种情况在以前我们生产过的40CrMoV钢零件时也出现过。为消除这种析出物，在调质前增加了一次920℃加热空

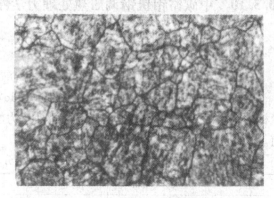

图 10-224　30CrMoV9 钢未正火的调质组织　1000×

冷的正火工序，经正火后晶界析出物基本消除，见图10-225。再经调质处理后已不见图10-224显示的晶界析出物，见图10-226。因此，调质前进行一次正火是必要的。

（2）淬火冷却方式的影响

分析中还发现，由于实际零件较大，采用油冷却淬火后硬度仅为360HBW。根据含碳量-马氏体量-淬火硬度关系曲线图可知，该材质淬火后硬度360HBW对应于马氏体量约为60%（体积分数）左右。显然，淬火组织中马氏体量不足必然对调质性能产生不利影响。为增加淬火组织中马氏体量应

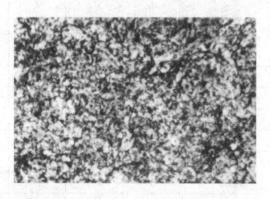

图 10-225　30CrMoV9 钢正火后的组织　1000×

增加淬火冷却速度。但采用水冷却能否产生淬火裂纹呢？据文献介绍，碳质量分数小于0.4%和Ms点高于343℃的钢在水中淬火不易产生裂纹。按公式计算该材料在化学允许范围内，Ms点在340～392℃之间波动。也就是说，该材料在碳和合金元素都处于上限时，特别当零件形状复杂时，水冷淬火产生裂纹的倾向性比较大。进行了水-油冷双液淬火试验，通过几次试验，最后发现水冷110s后油冷可使零件淬火硬度大于460HBW，此时马氏体含量90%（体积分数），再经回火后，零件力学性能全部达到要求。

（3）淬火加热温度的影响　由于采用较剧烈的冷却方式，曾试图降低淬火加热温度，结果采用 850℃ 加热淬火后，虽然淬火硬度变化不大，回火后硬度却明显下降。为此，又进行了淬火加热温度影响的试验，结果见表 10-72。

图 10-226　30CrMoV9 钢正火和调质后的组织　1000×

表 10-72　淬火温度对 30CrMoV9 钢性能的影响

淬火温度/℃	淬火硬度 HBW	回火硬度 HBW	σ_b/MPa
850	440	265	870
900	460	302	978

可见，850℃ 加热淬火温度略显偏低，合金碳化物不能充分溶解，奥氏体中碳和合金元素含量低，淬火得不到高硬度，回火后的硬度和强度也降低。因此，该材料淬火加热温度控制在 890~900℃ 较适宜。

（4）回火温度的合理确定　此外，还发现该材料虽有较好的抗回火稳定性，但回火温度对硬度的影响还是敏感的，特别是在 620℃ 以上表现更为明显。这与文献给出的相似钢种回火温度对硬度、力学性能的影响曲线结果是一致的。因此，该材料应采用下限温度，同时为保证回火充分可适当延长回火保温时间。

3. 验证试验

根据上述分析，对原热处理工艺进行了修订和改进，见图 10-227。

工艺修订要点如下：

1）在调质前加正火工序，以改善锻坯组织，为调质工序做好组织准备。

2）提高淬火加热温度，以提高碳及合金在固溶体中的溶解度，从而提高淬火马氏体硬度。

3）改变冷却方式，由采用油淬改为水-油冷双液淬火，以提高淬火组织中马氏体量。

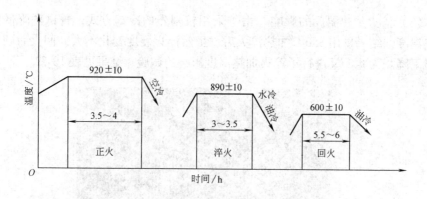

图 10-227 零件 30CrMoV9 钢修订后热处理工艺

按改进后的热处理工艺，所处理零件全部达到力学性能要求，见表 10-73。

表 10-3 按图 10-227 工艺处理后力学性能

件号	σ_b/MPa	σ_s/MPa	δ（%）	ψ（%）	A_K/J（ISO-V）	A_K/J（DVM）
254	980	880	15	64		87；90；93
255	1010	895	16	60		75；77；82
256	1010	925	15	62		66；82；86
257	975	885	17	60		66；74；83
5494	955	850	18	65	85；91；98	
551011	935	845	18	66	86；88；90	

4. 结论

中碳 Cr-Mo-V 钢件热处理后力学性能达不到标准的主要原因如下：

1）锻后处理不当，致使锻坯组织中存在大量的沿晶界分布的析出物，而正常淬火加热时没有消除，保留在调质组织中，影响工件韧性。

2）淬火加热温度偏低，合金碳化物未能充分溶解于固溶体中，影响淬火效果，从而影响调质后力学性能。

3）由于工件截面尺寸较大，油冷速度显得不足，降低了淬火后所获马氏体的含量，影响调质后力学性能。

5. 改进措施

1）淬火前对锻坯进行一次 920℃ 的正火处理，减少沿晶界分布的析出物质点。

2）提高淬火加热温度到 890℃，提高碳及合金在固溶体中的溶解度。

3）提高淬火冷却速度，由油冷改为水-油双液冷却，其中水冷时间按 1.2～

1.4s/mm 计算，再用油充分冷却。

　　4）采用下限回火温度，正常回火保温时间按 4~4.5min/mm 计算。

10.6 脆性

10.6.1 高强度钢甲醇裂解气保护热处理氢脆

北京航空材料研究院　王广生

1. 概况

　　为了防止高强度钢制件在热处理加热时产生氧化脱碳，某厂采用了在井式电阻炉中通入甲醇裂解气进行保护淬火工艺，在生产中曾发现 40CrMnSiMoVA 超高强度钢制造的活塞杆氢脆裂纹。

　　活塞杆是焊接件，头部是锻件，杆部是厚壁管，如图 10-228 所示。活塞杆的热处理工艺为：920℃×1h 甲醇裂解气保护加热，190℃×1h 等温淬火，190℃×16h 除氢，260℃×6h 回火。活塞杆裂纹，有的在使用中定期检查和成品复查时发现，也有的在淬火后检查时发现。裂纹为周向裂纹，部位均在焊缝附近。

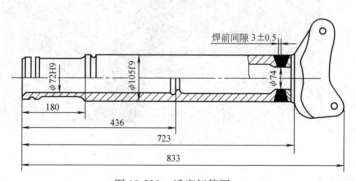

图 10-228　活塞杆简图

2. 试验结果及分析

　　裂纹的金相组织如图 10-229 所示，裂纹没有明显氧化脱碳，并且为沿晶性质。另外，还发现在裂纹故障件的焊接熔合线附近有不少显微疏松等焊接缺陷。

　　裂纹断口如图 10-230 所示，源区表面呈深蓝、艳蓝、蓝黑等各种不同蓝色，这说明裂纹开裂之后又经历过不很高温度的加热过程。

　　对断口进行了电子金相和能谱分析，断口为沿晶断裂和准解理断裂；经过镀铬的裂纹故障件，断口源区有铬的渗入。

综上所述，裂纹有的在热处理后发现，有的在经过电镀之后的半成品或成品件上发现，经过镀铬的裂纹断口均有铬的渗入，这表明裂纹开裂发生在镀铬之前。另一方面裂纹金相和断口金相都没有发现裂纹明显氧化脱碳，说明裂纹不是在淬火之前发生的，否则淬火加热会使裂纹氧化脱碳。裂纹断口性质是沿晶和准解理断裂，具有氢脆特征。因此，裂纹是由于甲醇裂解气保护淬火产生的氢脆裂纹。甲醇裂解气中含有65%（体积分数）左右的氢，保护淬火加热时就会渗入金属中，淬火后钢中仍会保留一定量氢，如不及时充分除氢，在焊缝区附近的组织应力和热应力作用下，就会产生氢致延迟裂纹。焊接不当在熔合线附近产生的显微疏松等缺陷是应力和氢的集中点，成为"氢陷井"，对氢脆断裂有重要促进作用。

图 10-229　裂纹金相组织照片　200×

3. 验证试验

（1）裂纹断口表面颜色再现试验　为了查明裂纹断口均呈现各种不同蓝色的原因，为寻找开裂的具体工序提供线索和证据，进行了断口表面颜色再现试验。

选用断裂韧度试验用的紧凑拉伸试样，并预先用疲劳试验预制裂纹。经920℃×1h甲醇裂解气保护加热和190℃×1h等温淬火后，立即在持久试验机加载保护，不久产生了氢致延迟裂纹扩展；然后再经过190℃×16h除氢、260℃×4h回火，以及镀铬。在淬火后、除氢后、回火后、镀铬后各取一个试样，打开裂纹断口，观察裂纹断口表面颜色，如表10-74所示。

a)

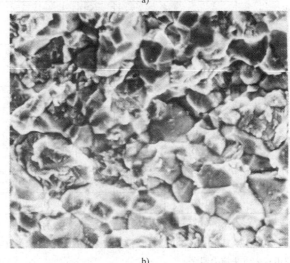

b)

图 10-230　裂纹断口金相

a) 宏观断口　12×　b) SEM 断口 (沿晶 + 准解理)　500×

表 10-74　经不同经历的裂纹断口颜色

裂　纹　经　历	裂纹断口表面颜色
预制疲劳裂纹—等温淬火后	黑灰色
延迟裂纹	银白色
延迟裂纹—除氢	褐色
延迟裂纹—除氢—回火	蓝色
延迟裂纹—除氢—回火—镀铬	蓝黑色

　　试验结果表明，淬火前预制疲劳裂纹在淬火加热时被氧化，其断口呈黑灰色，与故障件裂纹断口截然不同，证明故障件裂纹不是淬火前开裂的。淬火后试样在不除氢情况加载作延迟试验很快产生延迟裂纹，这种延迟裂纹经除氢和回火后，产生了与故障裂纹断口相似的蓝色，进一步证明故障件裂纹是在等温淬火后

产生的氢脆裂纹。

（2）甲醇裂解气保护热处理氢脆及改进研究　为了深入认识高强度钢在甲醇裂解气保护热处理时氢的渗入和析出的规律，寻找预防和改进措施，进行了热处理氢脆和改进的试验研究。

试验用料用40CrMnSiMoVA超高强度钢，对比了不同热处理工艺的氢含量、缓慢拉伸和延迟破坏试验，其结果如表10-75所示。

表10-75　氢脆试验结果

热处理工艺	氢含量	焊缝光滑试样缓慢拉伸			延迟破坏的临界应力
	$w(H)$ $(\times 10^{-6}\%)$	$\sigma_b/$ MPa	δ_5 $(\%)$	φ $(\%)$	$K_{th}/(MN/m^{3/2})$
原材料	1.84	—	—	—	—
甲醇炉淬火不除氢	2.43	1101	1.07	3.93	10.9
甲醇炉淬火不除氢，停放	停放8天	停放6h			停放1个月
	2.00	1232	3.37	15.6	12.4
甲醇炉淬火立即除氢190℃×16h	1.25	1243	6.80	42.8	—
甲醇炉标准工艺	—	1270	6.30	39.3	54.7
空气炉标准工艺	0.62	1297	6.40	42.2	—

注：1. 甲醇炉淬火指甲醇裂解气保护加热920℃×1h，然后190℃×1h等温淬火。
2. 标准工艺为920℃×1h加热，190℃×1h等温淬火，190℃×16h除氢（甲醇炉），260℃×6h回火，210℃×3h去应力回火。

试验结果表明，甲醇裂解气保护淬火时有严重渗氢；淬火后在不除氢情况下自然停放时，氢释放的很慢，有氢脆开裂倾向。如果经过190℃×16h除氢或除氢加260℃×6h回火，淬火渗入钢中的氢基本除掉，此时缓慢拉伸和延迟破坏等氢脆性能均已恢复，与空气炉处理试样性能相当。因此，为防止高强度钢甲醇裂解气保护热处理氢脆，应在淬火后立即彻底除氢和及时回火，或者采用氮基气氛热处理或真空热处理代替甲醇裂解气保护热处理。

4. 结论

活塞杆裂纹故障是由于甲醇裂解气保护淬火加热时，对高强度钢制件有渗氢作用，淬火后除氢不及时或不充分，在焊接熔合线附近较大组织应力和热应力作用下，在焊接不当产生的显微疏松等显微缺陷基础上产生氢致延迟裂纹。

5. 改进措施

1）严格控制淬火后及时除氢，规定对高强度钢（$\sigma_b \geqslant 1080$MPa）制件，在甲醇裂解气保护淬火后必须立即进行190℃×16h除氢处理。

2）改进焊接工艺和操作，减少和消除显微疏松等显微缺陷。加强工序间和成品的无损探伤检查，及时准确发现裂纹等缺陷，或采用整体锻件代替焊接件。

3）对高强度钢淬火，应尽量采用真空热处理或氮基气氛热处理。

10.6.2　20CrMnTi 钢齿轮碳氮共渗中的氢脆

石家庄建筑机械厂　冯瑞潮

1. 概况

主动圆锥齿轮如图 10-231 所示，材料为 20CrMnTi 钢，要求碳氮共渗层深度 0.6 ~ 0.9mm，表面硬度 59 ~ 63HRC，心部硬度 33 ~ 48HRC。我们采用了三乙醇胺为渗剂，对齿轮进行气体碳氮共渗。

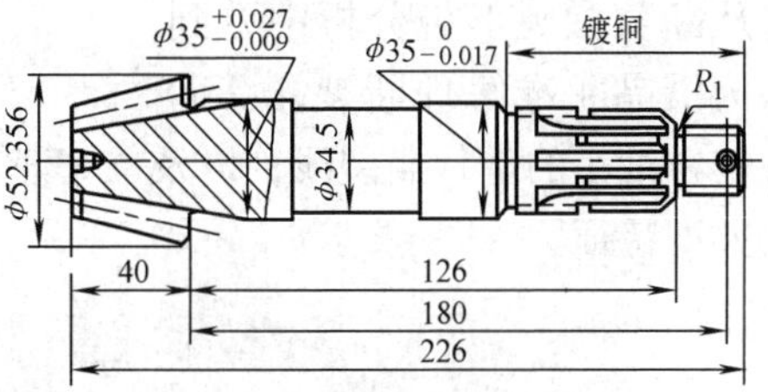

工艺流程：锻造—正火—冷加工—镀铜—碳氮共渗直接淬火—低温回火—冷加工—装配。

图 10-231　主动圆锥齿轮简图

气体碳氮共渗直接淬火工艺及其参数见图 10-232，生产在 RJJ-90-9T 井式气体渗碳炉进行。圆锥齿轮曾发生过延迟裂纹、试车和使用中断裂。

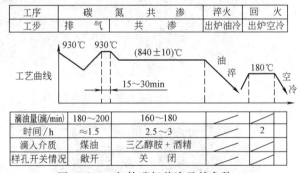

工序	碳　氮　共　渗		淬火	回火
工步	排　气	共　渗	出炉油冷	出炉空冷

滴油量(滴/min)	180~200	160~180		
时间 / h	≈1.5	2.5~3		2
滴入介质	煤油	三乙醇胺 + 酒精		
样孔开关情况	敞开	关　闭		

图 10-232　气体碳氮共渗及其参数

2. 试验结果及分析

（1）金相分析

1）放置裂纹。裂纹分两种情况：其一，开裂发生在花键及螺纹部分，并与轴线平行，如图 10-233 箭头所示。其二，裂纹沿螺纹退刀槽与花键连接处产生，并延伸至花键，经拉断后发现裂纹已深入断面的 2/3。

从图 10-233 所示断口处取样，经金相检查发现，裂纹沿晶粒边界由外向内发展，见图 10-234。

2）装配后断裂。装配后圆锥齿轮在锁紧力的作用下，放置 22h 后断裂。断裂位置在螺纹退刀槽与花键连接的 R_1 处，断口齐平，无塑性变形，无氧化色泽，为结晶状脆性断口。断口有一圈油迹，说明开裂始于表面，然后向内发展，直至最后断裂。在断口上可看到由裂源发出的放射状裂纹。

图 10-233　裂纹部分

从断口微观形貌分析中看到断口为沿晶 + 准解理断裂，晶面出现非常细小的爪状撕裂线，以及准解理羽毛状特征（见图 10-235），是氢脆断裂的典型特征。

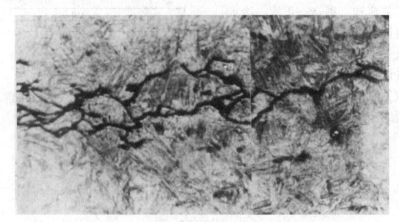

图 10-234　裂纹沿晶扩展　400 ×

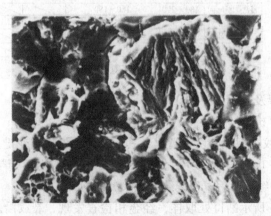

图 10-235　断口微观形貌沿晶 + 准解理　1000 ×

3）试车时断裂。试车行至 150m 左右即发生齿轮断裂，断裂发生在螺纹第一扣与第二扣底以及花键处，断口具有沿晶断裂特征。

4）使用中断裂。圆锥齿轮在使用过程中断裂除与装配后断裂的情况一样外，还发生在花键与螺纹过渡处。

断口既可看到断裂前互相挤压研磨情况（光亮部分），也可看到断裂首先在花键五个齿上发生。

（2）螺纹退刀槽与花键连接处曲率半径 R 的测定　应用万能工具显微镜，测定了螺纹退刀槽与花键连接处曲率半径 R，结果表明，曲率半径 R 在 $0.4 \sim 0.6mm$ 之间，均小于图样要求 R_1。

产生氢脆一般必须具备三个基本条件：①有足够的氢；②有对氢敏感的金相组织；③有足够的三向应力存在。碳氮共渗直接淬火齿轮具备这三个条件。碳氮共渗时，三乙醇胺在高温下裂化和分解产生大量氢气。因此，无论是排气阶段还是共渗阶段，炉气中存在着大量可被工件表面吸附的活性氢原子，工件在此气氛下长时间保温，必然存在渗氢现象。

不同显微组织对氢脆的敏感性程度不同，相关资料介绍，大致按下列次序增加：铁素体或珠光体、贝氏体、低碳马氏体、马氏体和贝氏体混合组织、孪晶马氏体。齿轮碳氮共渗直接淬火回火后，镀铜部分得到低碳马氏体仍属于对氢敏感的组织形态。

在装配时产生轴向锁紧应力和自身残留应力的共同作用下，氢向应力集中区域扩散、聚集，在含氢最高的表面或次表面及有显微缺陷（如夹杂、刀痕、尖角等）的地方优先形成微裂纹导致氢致断裂。

3. 验证试验

（1）氢脆试验　采用室温下拉伸速度 $\leqslant 3mm/min$ 的慢拉伸试验。从断裂齿轮同批材料的锻坯中取两件，锻成 $\phi24mm$ 棒料，$920℃ \times 1h$ 正火后加工成试样，除原工艺外，其余试样直接淬火后不回火。试验结果列于表 10-76。

表 10-76　20CrMnTi 钢不同热处理后的力学性能

试样号	热 处 理 状 态	σ_b/MPa	φ（%）
1—1	碳氮共渗直接淬火	1318	9.7
1—3	碳氮共渗直接淬火并 180℃ ×2h 回火空冷（原工艺）	1447	11.6
1—4	碳氮共渗空冷 + 盐炉 860℃ ×10min 油淬	1374	23.3
1—0	不经碳氮共渗 + 盐炉 860℃ ×10min 油淬	1430	32.8

由于碳氮共渗中渗氢，淬火后原工艺的塑性指标与直接淬火较低，低温回火不能明显改善塑性。碳氮共渗空冷与不经碳氮共渗的淬火试样塑性指标较高，也就是说，通过碳氮共渗后再加热淬火，塑性指标得到很大程度恢复。

（2）含氢量试验　我们进行了含氢量试验，试验包括含氢量测定和氢释放试验两部分。试样取自同一批棒料，其尺寸为 $\phi 6mm \times 10mm$，表面粗糙度 R_a 为 $1.6\mu m$。

1）含氢量测定。用 DH—1 型快速定氢仪测定了不同原始状态及镀铜试样（经 920℃ ×1h 正火）、经碳氮共渗直接淬火并低温回火后的含氢量，结果见表 10-77。试验结果表明，在碳氮共渗过程中确有严重渗氢现象，大约为共渗前的四倍。

表 10-77　不同原始状态及镀铜试样经碳氮共渗
直接淬火低温回火后的含氢量测定

热处理状态	$w(H)(\times 10^{-6}\%)$	热处理状态	$w(H)(\times 10^{-6}\%)$
热轧态	0.23	锻造 +920℃ ×1h 正火	0.48
热轧 +920℃ ×1h 正火	0.30	原工艺（试样经镀铜）	1.13

注：含氢量为三个试样的平均值。

2）氢释放试验。碳氮共渗中渗氢造成的渗氢是可逆的，也就是说，氢可以在放置过程中释放。我们比较镀铜与不镀铜试样在氢释放行为上的区别。

将碳氮共渗后的试样放入盛有液体石腊的特制密封容器里，每放置一定时间后，在放大镜下观察氢气泡溢出的个数，得出氢释放与放置时间的关系曲线，见图 10-236。由该图可知，在相同条件下，镀铜试样氢释放速度比不镀铜试样慢得多，使零件氢脆的危险性大大加剧。

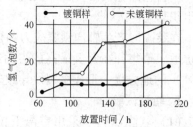

图 10-236　氢释放与放置时间的关系

4. 结论及改进措施

1）圆锥齿轮裂纹及开裂属于延迟断裂。它是在碳氮共渗过程中渗氢，在淬火回火后由于氢的偏聚形成氢脆引起的。过小的圆弧过渡以及刀痕等对氢脆均有促进作用。

2）镀铜试样经碳氮共渗直接淬火回火后，不但含氢量高，而且在同样条件下，镀铜试样氢释放速度要比不镀铜试样慢得多，使零件的氢脆危险性大大加剧。这就是氢脆和氢裂总是发生在轴类零件镀铜部位的原因。

3）碳氮共渗后空冷再重新加热淬火或 180℃ 保温 8h 除氢回火都可以除氢，避免氢脆断裂。

10.6.3　渗碳齿轮通氨淬火的氢脆现象

上海汽车齿轮总厂　林德成

1. 概况

为了提高 20CrMnTi 钢汽车齿轮的使用寿命，我们应用齿轮渗碳后在控制气氛炉内滴煤油通氨气加热保温淬火工艺，炉内的碳氮共渗气氛，使齿轮的保温时间里增加表面的含氮量。剥层分析表明，最表层的氮的质量分数可达到 0.1% ~ 0.3% 以上。这种淬火工艺，即可以使齿轮表面的含氮量与碳氮共渗齿轮表面含氮量基本相近，又可以避免或减少碳氮共渗齿轮表面的黑色组织缺陷。齿轮在热处理后，放置一定时间，齿尖端会出现氢脆剥落现象（又称：齿尖脱皮或胀皮剥落）。

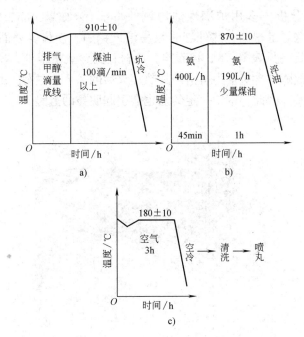

图 10-237　通氨淬火工艺曲线
a）渗碳工艺（井式炉）　b）淬火（多用炉）　c）回火（箱式炉）

我厂生产的 CA-10 解放车后桥主被动齿轮，采用井式炉渗碳后，在控制气氛炉（多用炉）通 NH_3、滴煤油保温后淬火，如图 10-237 所示。生产中有一批数量不少的主被动齿轮在热处理的放置第四天，还未经其他加工工序，发现齿尖端剥落（胀皮剥落），如图 10-238 所示。随着时间延长，剥落程度也越趋严重，范围扩大，剥落齿数增加。断口宏观检查属于脆性断口。对此，我们增加了一次回火（220℃×3h），齿尖端剥落现象就不再增加，放置三个月未发现剥落扩展，经台架试验情况良好，载重行车 4000km 也未发现剥落。

2. 试验结果及分析

（1）金相与断口分析　实物取样分析表明，齿尖端剥落处有较多的碳氮化合物及残留奥氏体，但有的没有明显碳氮化物。在齿尖端未剥落处附近，最表层有比里层更为明显的残留奥氏体和部分淬火马氏体。心部是低碳板条状马氏体。电镜复型观察断口是沿晶脆断，见图 10-239。

图 10-238　解放车后桥被动齿尖端处剥落宏观形貌

（2）含氢分析　多用炉滴煤油通氨气，炉内气氛含氢量很高，热处理时氢易渗入钢中，使齿轮表面含氢量显著提高。通过氢分析（见表 10-78）可看出，原材料的含氢量很少，盐浴炉加热时氢量亦很少。而故障件含氢量为盐浴炉加热淬火后的 2.7 倍左右。由于钢的强度很高，对氢很敏感，因此，钢中一定的氢也会引起明显的氢脆。

图 10-239　断口电子金相　10000×

表 10-78　不同工艺处理的齿轮含氢量对比

热处理状态	原材料	剥落实物切齿	910℃滴煤油渗碳冷却，860℃滴煤油+120L/hNH₃加热淬火	910℃滴煤油渗碳冷却，860℃盐浴炉加热淬火
氢的含量/(mL/100g)	0.4~0.9	1.7~1.8	1.42	0.65

注：保温时间均为 1h，淬火油冷，试样为 ϕ10mm×20mm 的圆柱。

（3）改进工艺研究　剥落齿轮经机械修正后，进行一次 220℃保温 3h 回火，剥落现象就不再发展。我们针对这种情况，对回火工艺进行含氢量分析，试验结果如表 10-79 所示。回火能降低钢材表面的含氢量，经二次回火后，钢材表面的含氢量比未经回火的下降一半左右。因此，氢脆剥落的齿轮，经过 220℃保温 3h 再次回火，剥落现象就不再发展。这与齿轮表面氢量含量显著下降有关。

表 10-79　试样不同回火后的含氢量对比

回火工艺	未回火	一次回火（190±10）℃保温 3h	二次回火，（190±10）℃保温 3h，升温（220±10）℃再保温 3h
表面硬度 HRC	62.5	62.5	60~61.5
含氢量/（mL/100g）	3.3	2.0	1.5

注：试样在马弗炉回火，产品齿轮采用箱式炉二次回火，表面硬度没有降低。

从齿轮剥落外观来看，一般都在齿尖端或齿锐边。这种状况是否说明氢的含量分布与齿轮的几何形状有密切的关系？我们对含氢量为 3.3mL/100g 的试样（40mm×17mm×4mm），用离子探针进行测定各部位的含氢量，试验结果见表 10-80。测得离子探针的相对离子流强度，平均为 $0.18H^+/Fe^+$，试样边缘部位的离子流强度为平均值的约 1.7 倍，即边缘部位的含氢量为平均值的 1.7 倍，而心部（基体）含氢量为平均值的 1/3。由此我们认为，产品齿尖端含氢量应比试样边缘部位更高。这说明齿轮齿尖端比其他部位可成倍富集氢。

表 10-80　离子探针相对离子流强度各部位对比

测试部位（试样）	表面	边缘（近尖端附近）	基体（砂轮切割一面是心部）	平均值
离子流强度 H^+/Fe^+	0.17	0.31	0.062	0.18

综上所述，我们认为产生齿尖端表面剥落的主要原因是：齿尖端在通氨淬火时富集大量的氢，同时由于齿轮表面含氮量的提高，抗回火性能增强，残留奥氏体量增加，常规回火不充分，而在喷丸及其后的放置过程中，使齿尖端的残留奥氏体在外力作用下向马氏体转变，但马氏体不能把大部分氢保留在固溶体中，从而氢突然放出，引起齿轮齿尖端剥落。对齿轮补充一次 220℃回火，促使组织转变完全、降低齿轮表面的含氢量，从而使齿尖端剥落不再发展。

3. 结论及改进措施

渗碳齿轮通氨淬火工艺，能增加齿轮表面的含氮量，提高齿轮的使用寿命。同时使齿轮表面的含氢量增加，使齿轮容易产生齿尖剥落氢脆。改进措施如下：

1）根据齿轮使用要求，选择最佳的齿轮表面含氮量，控制通氨量及通氨时间，以控制炉内气氛的含氢量。

2）通氨淬火工艺，不可避免使齿轮表面含氢量增加。因此，必须适当提高回火温度，延长回火时间，使齿轮表面组织转化完全，减少齿轮表面的含氢量，其中及时回火及延长回火时间效果最佳。这对碳氮共渗中的防止氢脆也是很有意义的。

10.6.4　Z10 硅钢片的脆化与防止

太原市大众机械厂工模具分厂　翟如明

1. 概况

我厂用日本进口的 Z10 硅钢片（厚度 0.35mm）制作小型变压器铁芯，为消除应力恢复磁性能（磁感应强度 $B_{25} \geq 1.45T$），冲制后捆扎装箱退火。用 800℃ 焙烧过的铸铁屑覆盖，加热 800℃×4h，随炉冷至 500℃ 以下出炉。脆性检查发现，大部分试片弯曲次数为 0 次，断口呈亮白色，断面呈短小平直的折线。对钢表面进行显微观察发现，在约 $5 \times 6mm^2$ 面积上，没有一个完整的晶粒，晶界平直，但很不光滑。相反，个别弯曲次数高的试片的晶界平直、光滑，且晶界交角趋向于 120°。脆性检查表明，用上述退火工艺处理的硅钢片，无法满足弯曲 1.5 次的技术要求。

2. 试验结果与分析

为了找出 Z10 硅钢片脆化的原因，我们进行了如下的试验和分析。

由于同一炉 Z10 硅钢片试样在 800℃×4h 退火后，其脆性出现两种极端情况：部分很脆，其弯曲次等于 0；个别试样则不脆，可弯曲 20 次以上。起初我们怀疑是由于铸铁屑保护退火引起增碳，碳以碳化物形式存在于晶界上而造成脆化。假如确是如此，那么覆盖未焙烧过的铸铁屑退火时，其脆性将会大大增加。因为未焙烧的铸铁屑中含有大量未氧化石墨和油分，故有更大的增碳可能性。但覆盖经焙烧和未焙烧的铸铁屑的退火比较试验结果表明，覆盖未焙烧铸铁屑退火的 10 片试样中，产生脆化（0.5 次）的仅有一片，而覆盖已焙烧过铸铁屑退火的 9 片试样中就有 4 片产生脆化（0.5 次）。由此可见，Z10 硅钢片覆盖已焙烧铸铁屑退火是不会增碳脆化的。

产生脆化的第二个原因可能是 Z10 硅钢片本身的局部区域含碳量较高，经高温长时间的保温及其以后的缓慢冷却，碳从 α 相中析出，并以碳化物形式存在于晶界上，产生脆化。为了证实这一分析，并为找到一种既不产生脆化又能恢复磁特性的一种退火规范，我们作了退火工艺试验，试验结果如表 10-81 所示。

表 10-81　不同退火工艺规范试验结果

退火规范	磁感应强度 B_{25}/T		脆性（往复弯曲）次数与试验号									注
	I组	II组	1	2	3	4	5	6	7	8	9	
未退火	1.36	1.38	6	15	22	20	22	24	16	26	26	覆盖已焙烧的铸铁屑保温后随炉冷至500℃以下出炉空冷
500℃×4h	1.42	1.44	24	16	20	24	8	8	20	25	33	
550℃×4h	1.46	1.468	22~30（6片试样）									
600℃×4h	1.46	1.46	24	23	25	9	29	27	24	16	25	
650℃×4h	1.47	1.47	15~24			25~41			22~26			
700℃×4h	1.475	1.49	23	14	21	31	34	22	34	30	26	
750℃×4h	1.475	1.48	1	14	18	28	32	29	29	29	19	

由表 10-81 可看出，磁感应强度 B_{25} 值随着退火温度的升高而升高，700℃时 B_{25} 达到最高值；弯曲次数在 ≤700℃ 时都很高，只在温度为 750℃ 时才出现较脆（1 次）的试片。这说明了 Z10 硅钢片在 ≤700℃ 时碳不会在晶界上析出，故也不会产生脆化，只有超过 700℃ 时才产生脆化。

进一步分析表明，变压器硅钢片中的碳含量虽然很低［一般 $w(C) < 0.02\%$ ］，但事实上含碳量是有起伏的，若某些区域的 $w(C) > 0.02\%$ 时，轧制后在 1200℃ 以上长时间的退火过程中，这些区域就会生成含碳较高的 δ 固溶体 ［ $w(C)$ 最高可达 0.1% ］，在随后的冷却过程中这些碳来不及析出或析出较少，使室温下的 α 体处于不平衡状态。当冲压后进行第二次 800℃×4h 退火时，含碳较高的 α 相有充分的时间和能量趋向于平衡，使其高温下多溶的碳脱溶，并形成碳化物在晶界上析出，如图 10-240 所示。众所周知，碳化物是一种硬脆相，塑性极差，它的存在使试验中的脆性试样首先从此处断裂，继而延伸到相邻的晶界，最后导致整个弯曲断裂。由于晶粒很粗大，故断面呈短小平直的折线连结形貌。相反，经 700℃×4h 退火的试样，弯曲次数可达 41 次，其晶界平直，光滑且纯净，如图 10-241 所示。这就说明在较低的温度下退火可防止碳的脱溶，从而可避免脆化的发生。

我们把 700℃×4h 并覆盖经焙烧过的铸铁屑的退火工艺用于批量生产中。结果表明，按此工艺退火的 10t（每炉 1t）Z10 硅钢片，B_{25} 值与弯曲次数全部达到技术要求。

3. 结论与改进措施

Z10 硅钢片当采用 800℃（或 ≥750℃）退火时必然产生脆化，磁感应强度（B_{25}）值有下降的趋势；当采用 700℃ 退火时可避免脆化产生，且有最高的磁感应强度（B_{25}）值。

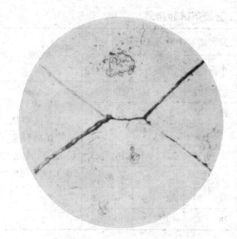

图 10-240　800℃退火组织

（弯曲 0 次）　500×

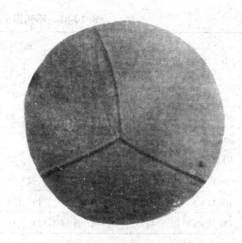

图 10-241　700℃退火组织

（弯曲 41 次）　500×

10.6.5　25Cr2Mo1V 钢高温紧固螺栓脆化及恢复热处理

中国矿业大学　毛树楷　马菊仙　朱敦伦

1. 概况

高温紧固螺栓是火力发电厂汽轮机及蒸气管道上广泛使用的联接件。目前，国内外多采用性能较稳定、抗松弛力较强的 25Cr2Mo1V 低合金钢制造，其最终热处理工艺如图 10-242 所示。

实践表明，用该种钢制造的高温紧固件，经数万小时的运行后常出现脆化现象（即热脆性），表现为硬度明显升高，室温冲击韧度（a_K 值）大幅度下降，若继续使用易发生脆断，引发重大恶性事故。

我们对某火电厂汽轮机内外缸盖紧固螺栓热脆的微观机制进行了试验研究，评价现行常规检测脆化判据的科学性、可靠性，进而为其恢复热处理工艺提供了依据。

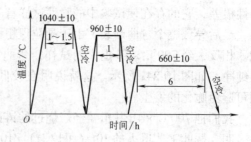

图 10-242　高温紧固件热处理工艺曲线

2. 试验结果及分析

（1）螺栓服役条件及技术要求　被 M90 螺栓所联接件的工作温度为 500～550℃，工作压力为 13MPa。要求硬度 240～270HBW，金相组织及力学性能符合

YB/T 6—1971 标准要求，如表 10-82 所示。

表 10-82　脆化和恢复后力学性能比较

力学性能	$\sigma_{0.2}$/Mpa	σ_b/MPa	δ_5（%）	ψ（%）	硬度 HBW	a_K/（J/cm^2）
标准规定值	680~780	790~890	≥16	≥50	240~270	>60
脆化后	816.8	917.1	18.45	45.8	271~286	42.3
恢复后	769.6	906.8	20	50.10	240~261	130

（2）螺栓脆化情况分析　性能测试所用样品均取自运行 40000h 以上螺栓杆部。

1）硬度检查。该批螺栓全都检测，硬度均超标偏高，有数根局部硬度达 34HRC，如表 10-81 所示。

2）冲击韧度及断口分析。技术要求 $a_K > 60\text{J/cm}^2$，检测结果远低于此值。宏观断口有金属光泽，呈结晶状脆性断裂。其扫描电子金相为冰糖状沿晶断裂。

3）金相组织分析。如图 10-243 所示，经数万小时高温运行后，材料原奥氏体晶界出现明显的黑色网状组织。

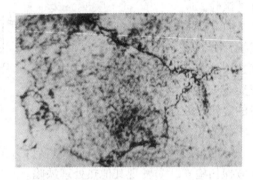

图 10-243　脆化螺栓金相组织　500×

4）薄膜样品的 TEM 电子衍射分析。如图 10-244 所示，金相组织中的网状晶界上的析出物呈不连续分布，邻近有一高位错密度无析出物，这些析出物是 V 原子沿（100）α 有序排列形成混合偏聚的 G·P 区，进而生成超微片状析出物 VC。

归纳上述试验结果，我们认为 25Cr2Mo1V 高温紧固件出现脆化现象的机制是：螺栓在长达数万小时的服役过程中，靠近原奥氏体晶界处，由于缺陷相对密度高，合金元素及碳原子经扩散沉积于晶界生成沿晶间析出物，邻近区域则形成一定厚度的无析出区，其固溶体中合金元素相对贫化，强度降低，即出现了一个沿晶界的"弱化带"。晶内情况则不同，强碳化物形成元素 V 经短程

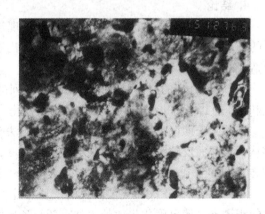

图 10-244　原奥氏体晶界 TEM 金相　15000×

扩散沿基体 α-Fe（100）晶面偏聚形成有序排列的混合偏聚 G·P 区，进而生成超微片状析出物 VC，大大强化了基体。这种强化了的区域由分布着断续网状析出物的弱化带连接，一旦外力引起的应力集中使薄弱环节某处产生微观断裂，裂纹会很快沿弱化了的晶界扩展，导致沿晶断裂，a_K 值大幅度降低。由于晶内 VC 超微析出及 G·P 区的存在而导致的弥散强化作用，材料流变抗力上升，硬度升高。

3. 恢复工艺研究

基于对脆化过程微观机制的认识，可以看出采用正火 + 回火工艺即能消除导致脆化的组织因素。为取得优良的效果，对脆化螺栓的恢复热处理工艺进行了试验。

（1）最佳工艺参数试验　根据数理统计分析法，采用多因素试验正交优选法，取三位级四因素的 L_9（3^4）正交表安排试验，优选出保证恢复质量的最佳热处理工艺如图 10-245 所示。

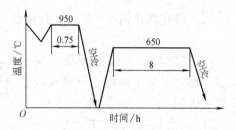

图 10-245　恢复热处理工艺曲线

（2）恢复处理效果

1）经恢复后的紧固件表面质量良好，工件变形甚微，精度符合要求。经超声波探伤检查，未发现其他热处理缺陷。

2）其力学性能测试结果见表 10-81。

3）经恢复处理后晶界处黑色网状组织消失，晶粒细小。冲击试样宏观断口明显分成纤维区、放射区和剪切唇三部分，其扫描电子金相呈韧窝状。

4）经恢复处理后的螺栓装机运行 30000 多小时，复检未发现异常。某电厂汽轮机大修多次使用上述工艺对失效紧固件进行恢复热处理，使工作性能良好。

4. 结论

1）某电厂 25Cr2Mo1V 高温紧固螺栓出现热脆，是高温运行过程中 VC 在晶内的弥散析出造成晶内强化及晶界上网状析出和沿晶贫化层的形成引起的晶界弱化造成的。

2）硬度升高的原因是晶内形成有序排列的混合偏聚 G·P 区，造成应力强化和 VC 的共格析出引起共格强化及弥散强化。

因此，长期以来所用的以检查硬度的方法来判断该工件脆化程度的做法，能够从一个侧面反映脆化过程微观组织变化程度，是一种简单易行且安全可靠的检测方法。

3）采用高温正火 + 高温回火的恢复热处理工艺，能够有效地消除脆化的微观组织因素，使已脆化失效的工件重新具备良好的力学性能。另外，只要注意防止恢复热处理中的氧化、脱碳及过烧等问题，进行数次恢复是可能的。

10.6.6　65Mn 钢垫片开裂失效分析

南京工程学院材料工程系　蔡　璐

1. 概况

使用 65Mn 钢材料制作的发动机排气歧管垫片，在正常装配时出现批量开裂现象。排气歧管垫片位于排气歧管与排气口的连接处，是一种弹性密封垫片，垫片开裂后因外泄的废气没有经过消声器，将会导致噪声增加、污染环境。另外，因密封性降低，将严重影响涡轮增压效果，使发动机功率下降，直接影响到整车的性能。失效垫片宏观形貌如图 10-246 所示，其现生产工序为冲压成形→450℃预热→800～820℃定形油冷淬火→270～280℃热整形→320～360℃回火→空冷→表面发黑处理。为了找到垫片失效的真正原因，以确保今后生产的顺利进行，我们对失效垫片进行了系统的理论分析，同时进行了有针对性的一系列工艺试验，为垫片的热处理提供了最佳的工艺参数。采用改进后的工艺，垫片再未出现开裂问题。

图 10-246　失效垫片宏观形貌

2. 失效分析

复查失效垫片化学成分，检测结果符合 65Mn 钢化学成分要求；金相组织为回火托氏体，无异常，符合弹性元件金相组织要求；硬度检测值偏上限（技术要求 43～50HRC）。断口微观形貌显示为沿晶断口，见图 10-247a，具有脆性特征，晶界上可观察到颗粒碳化物，见图 10-247b。根据零件生产工序分析，造成脆性断裂的原因，应该是 320～360℃最终回火温度区产生的回火脆性引起的。此温度区与 65Mn 钢通常产生的第一类回火脆性的温度 200～350℃有部分重叠，而现生产工艺的回火温度恰好处于回火脆性产生的温度区内，所以工件极可能因产生第一类回火脆性导致其在装配时发生脆性开裂。

排气歧管垫片材料 65Mn 钢中所含的 Cr、Mn 元素对第一类回火脆性的产生具有促进作用，而 Si、Cr 等元素在促进作用的同时将使脆化温度区上移，这些均是工件产生回火脆性的内在原因。

通常，淬火后形成马氏体的工业用钢都会产生第一类回火脆性。零件在回火区域内进行回火，由于钢中的 ε-Fe_xC 型碳化物在该温度下逐渐转变为 θ-Fe_3C 或 χ-Fe_5C_2 型碳化物，这些新生成的碳化物将沿板条马氏体的板条、束的边界或在片状马氏体的孪晶带和晶界上析出，呈颗粒或薄壳状，从而导致钢的韧性明显下降。另外，由于这些析出碳化物的排斥作用，容易使某些杂质元素在晶界上的含量增加，如 S、P、Sb、As 等在晶界、亚晶界偏聚将促进第一类回火脆性的产生，降低晶界的断裂强度。

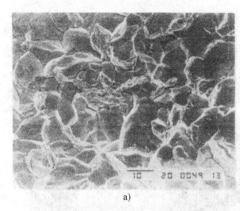
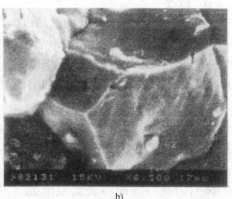

a)　　　　　　　　　　　　　　　　b)

图 10-247　失效垫片的沿晶断口形貌及晶界上的碳化物

a）断口形貌　750×　b）晶界上的碳化物　6500×

　　为探明垫片产生回火脆性的真正原因，采用 PHI550 型俄歇谱对断口晶界面多处进行了浅表成分分析，俄歇电子能谱检测结果见表 10-83。结果表明，晶界上碳的峰值较高，而杂质元素如 S、P、Se、Sb、Sn 等峰值不明显，这说明晶界碳化物的析出，引起的晶界脆化是垫片脆性开裂的问题所在。第一类回火脆性产生的机理随具体钢种而异，在中碳钢和中碳合金钢中沿晶界和亚晶界形成的薄膜状渗碳体是脆性断裂的主要原因。

表 10-83　晶界俄歇谱成分分析结果（摩尔分数,%）

检测部位	C	O	S	Fe	Mn
1	95.44	1.38	0.46	0.99	1.74
2	64.64	16.03	0.24	17.03	1.96
3	92.66	2.09	0.41	2.42	2.43
4	92.77	3.30	0.61	1.94	1.38
5	66.93	14.95	0.18	16.45	1.45

3. 工艺试验及分析

　　以上失效分析结果表明，垫片是由于第一类回火脆性造成开裂的。若能在保证技术要求的前提下，避开 65Mn 钢材料第一类回火脆性产生的温度区进行回火，可以有效地解决垫片开裂问题。为进一步验证上述分析结论，寻求最佳回火温区，设计了 9 种回火工艺试验，并对工艺试验结果进行了脆性检验。由于垫片较薄，厚度 <1mm，故采用人工弯折试验检查其随回火温度的改变脆性倾向的大小，试验结果见表 10-84。

表 10-84 65Mn 钢垫片的回火工艺试验结果

工艺	人工弯折试验	断口形貌
800～820℃淬火 +250℃回火	较脆	韧窝 + 沿晶
800～820℃淬火 +270℃回火	较脆	基本为沿晶
800～820℃淬火 +300℃回火	脆	基本为沿晶
800～820℃淬火 +330℃回火	脆	基本为沿晶
800～820℃淬火 +350℃回火	较脆	沿晶 + 少量韧窝
800～820℃淬火 +380℃回火	韧性较好	基本为韧窝
800～820℃淬火 +400℃回火	韧性较好	明显韧窝
800～820℃淬火 +420℃回火	韧性好，180°不断	明显韧窝
失效件 +420℃ +270℃回火	韧性	明显韧窝

　　对系列回火试验的样品进行断口分析发现，250℃是 65Mn 钢出现第一类回火脆性的开始温度，随回火温度的升高，断口形貌中韧窝比例明显减少，沿晶比例不断增加。300～350℃断口形貌基本呈沿晶特征，此时脆性最明显，330℃回火的断口形貌见图 10-248a。随回火温度升高，韧性开始恢复，380℃回火的样品断口呈正常韧窝，见图 10-248b，380℃应该是控制 65Mn 钢第一回火脆性产生的上限温度。

　　对 400℃、380℃、350℃三组回火温度下的垫片进行硬度检测，结果表明，400℃、380℃回火后组织、硬度均符合要求，350℃回火后的零件硬度偏高。

　　表 10-83 中最后一组工艺试验，失效件经 420℃回火 +270℃回火，表明在回火脆性区进行再次回火，未出现可逆脆性，这验证了垫片开裂确实是第一类回火脆性引起的。这类回火脆性在碳钢和合金钢中均会出现，它与回火后的冷却速度无关，即使回火后快冷或重新加热至该温度范围内回火，都无法避免。在出现该类回火脆性后，将其加热到更高温度回火，可以将脆

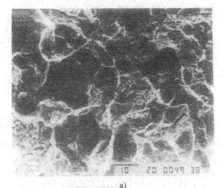

a)

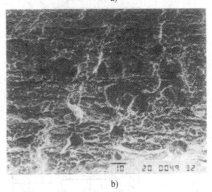

b)

图 10-248 经不同温度回火后
垫片的断口形貌

a) 330℃ 750× b) 380℃ 500×

性消除，使冲击韧度重新升高。此时若再在 250 ~400℃ 的温度范围内回火将不再产生这种脆性。目前理论界对第一类回火脆性产生的机理比较认同的观点：一是与马氏体的分解和碳化物的析出降低了晶界的断裂强度有关；二是杂质元素（P、S、Sn、Te、As 等有害元素）偏聚于晶界或亚晶界上，降低了晶界抗断裂的能力。

4. 工艺改进方案及效果

针对垫片开裂原因，在满足技术要求的前提下，调整了原回火工艺参数，将回火温度限制在 380 ~400℃；同时严格控制操作规程，控制原材料的杂质含量。自工艺改进实施后，据现场工人和检测人员反映，垫片装配时再未出现开裂现象，且各项性能指标均满足使用要求。

5. 结论

第一类回火脆性是导致垫片装配开裂的原因。65Mn 钢产生第一类回火脆性的温区在 250 ~380℃ 。

10.6.7　阀体开裂原因分析

新东北电气（沈阳）高压开关有限公司　吕凤海

辽宁大学轻型产业学院　王玉坤

1. 概况

我公司生产的 500kV 高压开关采用液压操作。液压机构的心脏部分二级阀阀体在用户操作 100 多次后发生开裂漏油事故。为此，我们对二级阀阀体开裂原因进行了分析。

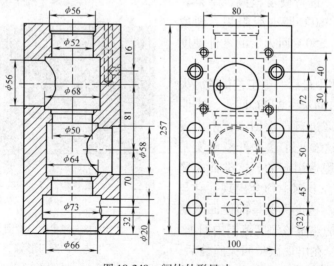

图 10-249　阀体外形尺寸

　　阀体外形尺寸如图 10-249 所示，阀体材料为 GCr15SiMn 钢，其制造工艺流程为：下料→退火→粗加工→淬火、回火→精加工→镀锌。阀体热处理工艺曲线见图 10-250，热处理后硬度为 57 ~59HRC。

　　阀体内承受 32 ~34MPa 油压，于户外使用，开裂均发生在操作 100 ~200 次以后。

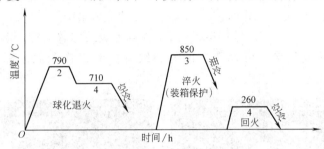

图 10-250　阀体热处理工艺曲线

2. 试验结果及分析

　　（1）化学成分分析　阀体材质为 GCr15SiMn 钢，其化学成分见表 10-85，由此可见，材料化学成分合格。

表 10-85　阀体化学成分（质量分数，%）

合金元素	C	Si	Mn	Cr	S	P	Ni
分析结果	1.01	0.57	1.07	1.48	0.01	0.024	0.05
技术条件要求	0.95 ~1.05	0.45 ~0.75	0.95 ~1.25	1.40 ~1.65	≤0.025	≤0.020	—

　　（2）宏观检查　图 10-251 所示为阀体裂纹宏观图像，阀体开裂发生在油孔边缘，长度约为 30mm，裂纹平直。

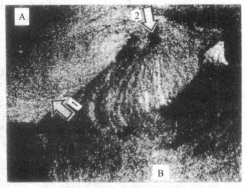

图 10-251　阀体裂纹宏观图像　　　　图 10-252　裂纹断口断裂源部分

注：箭头 1、2 各指一个断裂源。

　　（3）断口检查　将阀体解体后裂纹断口呈银灰色，未被氧化和腐蚀。这说明阀体裂纹既不是淬火裂纹，也不是腐蚀裂纹，根据断口形貌可以认为是瓷状断口，属脆性断裂。

断口断裂源部分见图 10-252。由图 10-252 可以看出，裂纹断口上有许多放射状纹理。根据裂纹走向可以看出有两处裂纹源，即箭头 1、箭头 2 所指处。1 处为第一裂纹源，2 处为第一裂纹扩展到一定程度后才诱发产生的，裂纹源 1 位于不同平面交角附近。工作时估计此处有一定的应力集中。

将裂纹源进一步放大，图 10-253 所示为第 1 裂纹源放大像，图 10-254 所示为第 2 裂纹源放大像，可以看出两处裂纹源均有二次裂纹，都以沿晶断裂为主。

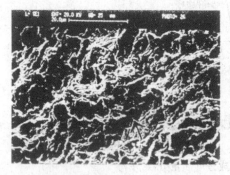

图 10-253　断裂源 1 放大像　　　　图 10-254　断裂源 2 放大像

图 10-255、10-256 所示为第一裂纹源局部放大像。从图 10-255、10-256 可以看出，沿晶断裂面上有一些析出颗粒及孔洞。经 X 射线能谱分析说明这种颗粒的铬含量较基体约高 1 倍。X 射线能谱分析结果见表 10-86。估计这种析出的颗粒是 $(Fe、Cr)_3C$ 型碳化物。

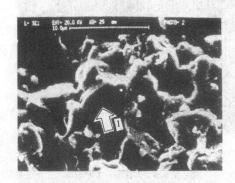
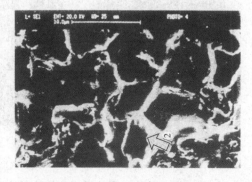

图 10-255　断裂源 1 局部放大像 I　　　图 10-256　断裂源 1 局部放大像 II
注：箭头指晶界析出颗粒。　　　　　　注：箭头指晶界孔洞。

表 10-86　**X 射线能谱分析结果**（质量分数,%）

测量位置	Si	S	P	Mn	Cr	Fe
晶体析出颗粒	0.6	0.11	0.08	0.96	2.97	95.38
基　　体	0.51	0.039	0.026	0.99	1.44	96.99

（4）金相组织　金相试样经深度腐蚀后可以看出有网状碳化物沿晶界析出，这与断口观察结果一致。

（5）开裂原因分析　断口观察说明阀体开裂有一个扩展过程，并不是瞬时断裂。这与阀体经过 100 ~ 200 次操作试验相符，反映了阀体开裂是逐渐发生的属滞后破坏型。因阀体经过电镀锌，因此怀疑可能为氢脆所致。另外，GCr15SiMn 钢第一类回火脆性区为 200 ~ 400℃之间，而此阀体回火温度恰在 250 ~ 270℃之间，因此怀疑可能有第一类回火脆性产生。

3. 验证试验

在阀体上取样制备 3 点弯曲试样，用线切割在试样中间开槽，对试样电解充氢，其中电解液为 10%（质量分数）盐酸水溶液，电压 6V，充氢时间 30min。以 3 点弯曲方式对充氢试样加 80% 屈服载荷的力，经 10min 后断裂，其断口仍以沿晶断口为主，见图 10-257，可以看出断口形貌与图 10-253 相近，说明阀体开裂确系氢脆所致。

为验证阀体开裂是否为回火脆性引起，仍在阀体上取样制备 3 点弯曲试样，将试样在 430℃ ×2h 回火后，以 3 点弯曲方式将试样折断，其断口照片见图 10-258，可以看出断口基本上为穿晶断口，很少见沿晶断口。回火后硬度为 46HRC，因此，开裂阀体的回火温度为 430℃时，避免了第一类回火脆性区，沿晶脆断就可以基本消除。抗弯强度也由原来的 305MPa 提高到 762MPa，这证明了阀体开裂的沿晶脆断与第一类回火脆性有关。

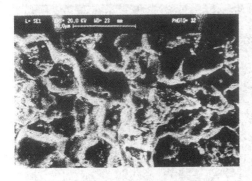 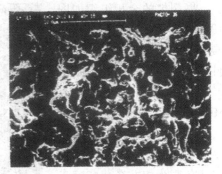

图 10-257　阀体滞后破坏型氢脆断口　　　　　图 10-258　阀体经 430℃ ×2h 空冷回火后的瞬断断口

4. 结论

该阀体开裂是由氢脆及第一类回火脆性综合作用的结果。

5. 改进措施及效果

将回火温度控制在400~450℃之间避开第一类回火脆性区，实际生产中采用（430±10）℃，并增加电镀锌后的除氢工艺。改进工艺后的阀体几年来一直未再出现开裂现象。

10.6.8 弹性薄壁紧固件产生脆性断裂的原因分析及防止措施

湖南省资江机器有限责任公司 覃希冶 王联华

驻常德地区军代表室 夏再来

1. 概述

某机械产品弹性薄壁紧固件，材料为50AZ，0.9mm×130mm，冷轧球化退火供应，经下片、高温回火后冲压成形，零件再经830~850℃×5~8min油淬、280~320℃×45min回火，成品要求硬度49~53HRC，脱碳层≤0.05mm。为防止零件在热处理过程中氧化脱碳，我们采用了在振底式连续炉中加热进行光亮热处理，使用工业酒精（乙醇）高温裂化气氛作保护气。但零件经上述工艺热处理后，不时有少量批次在收口时出现断裂现象，如图10-259所示。

图10-259 弹性薄壁紧固件

2. 试验结果及分析

断裂件的金相组织如图10-260所示。经金相观察断裂部位，金相组织正常，零件有微量脱碳层0.02~0.03mm，实测零件硬度为50~52HRC，符合技术要求。

断口的宏观形貌：断口平齐，断裂面成结晶颗粒状，色彩为银灰色，断面干净，无氧化和腐蚀产物，如图10-261所示。

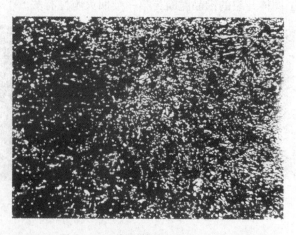

图10-260 断裂件金相组织 500×

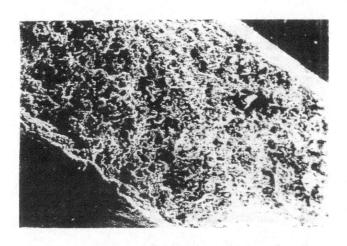

图 10-261　脆断件断口微观形貌　70×

　　用扫描电镜观察断裂形貌如图 10-262 所示，断口为沿晶断裂和撕裂混合断口，可以观察到二次裂纹；从图 10-263 中可以看到晶界上存在空洞、爪痕和二次裂纹，呈现氢脆断裂特征。之所以出现沿晶断裂和撕裂混合断口，主要是零件裂纹尖端的应力强度因子影响的结果。

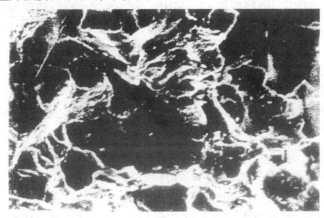

图 10-262　脆断件断口微观形貌　700×

　　氢脆断裂有三个条件：存在氢、断口敏感的组织和拉应力。对其热处理过程进行分析后，作者认为氢的来源主要是加热炉膛中的含氢的水蒸气。该断裂件热处理使用工业酒精高温裂化气氛作为保护气体，其高温裂化反应式为：$C_2H_5OH \rightarrow CO + 3H_2 + [C]$。它所生成的氢气的体积分数高达 74%，零件之加热温度为 830~850℃，极易吸氢形成氢脆，使钢的塑性下降，脆性增大。此处钢中的氢也可从含有水蒸气的炉气中吸入。因该零件在振动式连续炉加热时，当高温裂化气氛输送管道内积水清除不干净时，积水带入炉膛后，炉膛中产生大量的水蒸气也

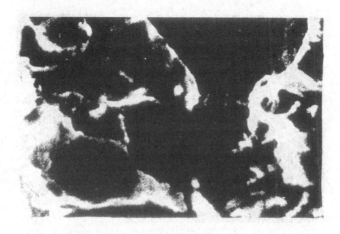

图 10-263 脆断件断口微观形貌（氢脆特征） 1400×

是氢脆形成的原因之一。

氢脆的程度还与零件的硬度高低、回火时间有关，即硬度高者氢脆的比例比硬度低的要大，回火时间长的比回火时间短的氢脆倾向要小些。如该零件当硬度处于上限时，氢脆比例增多，当硬度处于下限时，氢脆比例极少，因为硬度高时，其回火马氏体比例较多。而硬度在 47～48HRC 时，则回火托氏体成分较多。不同显微组织对氢脆的敏感性大致按如下次序增加：铁素体或珠光体、贝氏体、低碳马氏体、马氏体和贝氏体的混合组织、孪晶马氏体。该断裂零件也有这种倾向性。

零件的断口的宏观形貌和微观形貌符合氢脆断口的特征，以及失效存在的工作应力主要是静拉力，具有以上特点即可判定为金属零件属氢脆断裂失效。而该零件收口装配时，零件的工作应力也处于静拉力状态。因此，其脆性破断可以认定为氢脆断裂失效。

3. 验证试验

该零件原工艺是用燃油炉加热，零件用密封箱内装经烘干的木炭颗粒保护防止氧化脱碳，因工艺繁锁落后而被淘汰，但用此工艺热处理的零件，基本无脆断现象。曾用中温盐炉加热进行淬火和用硝盐炉回火，经这样处理的零件除表面清洗困难外，零件在收口装配中发生的脆断现象也极少。由此可见，该零件在含氢较高气氛中加热是产生氢脆的主要原因。

（1）断裂再现试验 按规定工艺 840～850℃×10min 淬油，290℃回火 45min。

1）零件装填均匀，炉膛密封性较好，经此处理的零件表面颜色均匀一致。

2）加热炉底板中部变形下凹，零件装填有成堆现象，炉膛密封性欠佳。经此处理的零件绝大多数表面颜色为深蓝色和弱带红色，少量为灰白色。

将灰白色和蓝色的零件进行收口装配试验，结果如下：灰白色零件收口装配 50 个，发现有 6 个裂纹，裂纹比例为 11%；蓝色零件收口装配 104 个，未发现裂纹。

试验结果表明，炉膛密封性不好，产生渗氢的可能性大。

3）将酒精通管增加两个密封垫片，提高加热炉密封性。将加热炉修理后，对收口出现裂纹的同批同炉零件按原工艺进行重淬重回，这样处理的零件表面颜色一致几乎全部为金黄色。取 63 件作收口装配试验，结果全部合格。这说明炉膛密封性好，渗氢的可能性很低。

（2）零件硬度与氢脆敏感性的关系的试验　取同批收口装配裂纹的零件共 50 件进行硬度检查，结果如表 10-87 所示。

表 10-87　硬度与裂纹关系试验结果

硬度值 HRC	53. 5 ~ 54	53 ~ 53. 5	52	51	50
个数	15	16	12	6	1
裂纹比例	30%	32%	24%	12%	2%

将同批同炉产生收口裂纹的零件进行 300℃重新回火，再取 60 件作收口装配试验，结果全部合格。重回火后的硬度值为 51. 5 ~ 52. 5HRC。取高低硬度的两种零件作金相检查，发现硬度高的零件的回火托氏体中的回火马氏体比例相对较高。由上可以说明硬度对氢脆有一定影响。

（3）零件再经除氢回火与氢脆敏感性的关系　取 10 条（每条 70 个单件）原收口装配产生裂纹的同批零件增加 250 ~ 260℃ ×3h 除氢回火，再经收口装配试验，发现有 5 条仍有裂纹，裂纹总数共 7 个，其中一条中就有 3 个裂纹。比未除氢的裂纹比例大大减少。原来未去氢的一条有 7 个裂纹。这说明增加一道除氢工艺或重回火，对减缓氢脆有好处。

4. 结论

1）弹性薄壁紧固件脆性断裂原因为热处理过程存在渗氢现象。

2）淬火加热时，过量氢的炉气和水蒸气都会对零件的热处理带来不利影响。为防止氢脆现象，应严格控制炉的气氛。

3）延长回火时间或增加除氢处理可减轻氢脆。

5. 预防措施

1）裂化炉使用前采用压缩空气清除炉膛的输送管道内的炭黑和积水。

2）淬火前仔细检查振底式连续加热炉的密封性，确保炉膛不漏气。

3）严格控制工业酒精的纯度和裂化炉中酒精的滴入量。

4）振底炉运行过程中出现故障时，及时将炉内的零件取出，加热时间过长的零件应予以隔离或作废处理。

5）热处理之回火温度在保证弹性合格情况下尽量选择下限，回火时间可以适当延长，以使零件回火充分，硬度均匀，减少脆性。

6）配备检测设备，严格控制炉内气氛。

10.6.9 液压缸断裂分析

长沙航空职业技术学院　曾全胜

湖南出入境检验检疫局　隋　然

1. 概况

某厂生产的混凝土泵车，其臂架的第一节液压缸为外协件。该液压缸的结构如图 10-264 所示，缸体材料为 27SiMn，技术要求为调质处理后获得均匀的回火索氏体组织。在泵送混凝土过程中突然发生断裂，卡环被顶出卡口并产生变形，液压缸卡口处断裂成环状圈脱落，见图 10-265 所示。

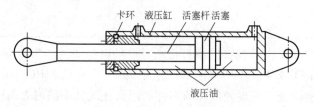

图 10-264　液压缸的结构

第一节液压缸缸体制造的工艺流程是：圆钢下料—淬火—高温回火—机加工。

2. 试验结果及分析

（1）试验结果　液压缸的外观无机械损伤，液压缸断口周围无宏观塑性变形，卡环被顶出卡口并产生变形；卡口处呈环状脱落；断口宏观形貌有明显的人字纹和放射线花样，人字纹和放射线的收敛方向指向卡口表面上的卡环接口的卡痕，如图 10-266 所示；在人字纹处的微观断口为准解理断口并有明显的晶粒边界，还存在沿晶的二次裂纹，如图 10-267 所示；通过对相应点进行微区化学成分分析，发现二次裂纹处 Si 的含量显著高于非二次裂纹处，如图 10-268 所示；断口附近的显微组织为铁素体＋托氏体＋上贝氏体，如图 10-269 所示；经测量液

图10-265　液压缸断裂实物

图 10-266　宏观断口　4×

压缸缸体硬度为 235~255HBW；断裂液压缸缸体化学成分的化验结果（质量分数,%）为：0.27C、1.33Si、1.19Mn、0.015P、0.012S。

（2）分析和讨论　鉴于液压缸的外观无机械损伤，液压缸断口周围无宏观塑性变形；断口宏观形貌有明显的人字纹和放射线花样，微观形貌呈准解理断口，还存在二次的沿晶裂纹，显然，无论是宏观形貌还是微观形貌都具有脆性断口特征。因此，断裂性质为脆性断裂。

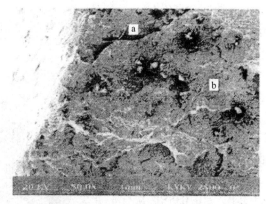

图 10-267　人字纹处的微观断口

活塞杆伸出到极限时，活塞顶卡环，卡环作用于液压缸的卡口，液压缸卡口处存在拉应力场，这是造成脆性断裂的应力源。但是，由于液压油的粘滞系数较大，油压系统的活塞对液压缸卡口的作用力性质上并非冲击拉伸载荷；对于脆性断裂而言，拉应力小于材料的屈服强度，显然也不存在过载问题。

液压缸卡口上的卡痕，在拉应力场中起应力集中的作用，尤其是对质脆的材料，这种作用更大，极易成为裂纹源。因此，断口宏观花纹收敛方向指向卡口上的卡痕。

从显微组织来看，没有得到预期的均匀回火索氏体的调质组织，淬火组织为非马氏体组织（铁素体＋托氏体＋脆性的上贝氏体），表明了淬火加热合适，但淬火冷却速度较慢，并使高温回火后的显微组织不均匀；二次裂纹处 Si 的含量显著高于非二次裂纹处的微区成分分析结果，表明了高温回火脆性区冷却速度较

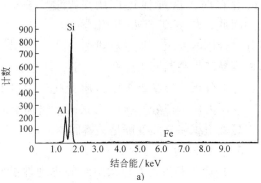

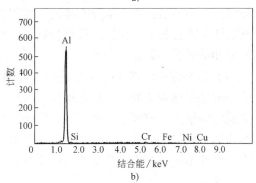

图 10-268　微区化学成分分析结果

a）图 10-267 中 a 点的微区化学成分分析

b）图 10-267 中 b 点的微区化学成分分析

慢，Si 元素在晶界上发生了偏聚，弱化了晶界，产生回火脆性，沿晶的二次裂纹就是有力的实证。应当指出的是，在合金结构钢中，高温回火脆性并非淬火马氏体高温回火所独有，贝氏体、珠光体、铁素体在高温回火脆性区缓慢冷却，同样存在回火脆性，只是程度上有差异而已，这一点必须明确，并应当引起足够的重视。

从材料化学成分的化验结果来看，符合 GB/T 3077—1999《合金结构钢技术条件》中 27SiMn 的规定值（质量分数,%）：0.24 ~ 0.32C、1.10 ~ 1.40Si、1.10 ~ 1.40Mn、≤0.035P、≤0.035S。从合金元素对高温回火脆性的作用来看，Si 和 Mn 都有促进作用，Si 和 Mn 同时存在时，这种促进作用更大。因此，尽管 27SiMn 钢化学成分符合标准要求，但这种牌号

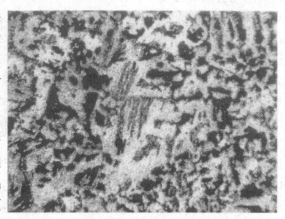

图 10-269　液压缸的显微组织

的钢容易产生高温回火脆性，应引起注意。

综上分析，显微组织使材质变脆，卡口上的卡痕引起引力集中而成为裂纹源，液压力使卡口处于拉应力状态，进而导致了液压缸缸体脆断。在这三因素中，显微组织使材质变脆是关键因素。

3. 验证试验

（1）原工艺流程对显微组织的再现性试验结果　对按原工艺流程的在制品抽样进行金相检验，发现都没有淬透，在相当于卡口的部位的显微组织为铁素体+托氏体+脆性的上贝氏体，仅是数量上有所差异；高温回火后，卡口部位的冲击试样冲击吸收功普遍低于5J。

（2）提高淬火冷却速度和高温回火冷却速度后的试验结果　由于原工艺流程采用的是圆钢调质处理，热处理件热容较大，势必使冷却速度降低，因此，在调质前将圆钢加工成管状，并且注意加强管内冷却介质的流动。结果是钢管壁厚全部淬透，高温回火后，在相当于卡口部位的显微组织为均匀的回火索氏体，卡口部位的冲击试样冲击吸收功普遍高于50J。

4. 结论

鉴于液压油的粘滞作用，不存在冲击负载；脆性断裂应力低于屈服强度，断裂与使用过载无关。原材料化学成分符合标准要求，又未发现冶金缺陷超标，因此断裂与材质无关。调质件截面过大，热容过高，使淬火冷却速度和高温回火冷

却速度都降低，前者导致显微组织不均匀，后者导致 Si 元素在晶界偏聚，产生回火脆性，这是造成断裂的主要因素。其次，卡口上卡痕由于应力集中作用而成为裂纹源，这是次要因素。

5. 改进措施

为了提高液压缸内壁（卡口在此部位）的淬火冷却速度和高温回火冷却速度，采取两项改进措施：一是减小调质件的体积以降低热容，由于没有购到合适的 27SiMn 钢管，将下料后的圆钢在调质前加工成管状；二是加强冷却介质在管内的流动。经过这两项改进措施后，液压缸缸体全部淬透，液压缸卡口处再也没有出现过横向脆性断裂脱落现象。

10.6.10　扭力轴断裂原因分析

北京航空航天大学　张　峥　于荣莉　钟群鹏

1. 概况

某型号扭力轴在出厂试验时，多根轴发生断裂。该扭力轴用 45CrNiMoVA 钢制成，规格为 ϕ43mm × 2080mm（两端花键部分为 ϕ49mm × 80mm）。生产工序为坯料两端热镦粗→热处理→机械加工→热处理→后续处理。断裂多发生在花键部位处，并且与端部的工艺孔相连通。如图 10-270 所示。

2. 试验结果及分析

扭力轴是由 45CrNiMoVA 制造而成的。取已经断裂的轴进行化学成分分析，结果列于

图 10-270　扭力轴断裂宏观形貌

表 10-88。从表中可以看出，Cr 含量偏低，而 Ni、Si、Mn 含量偏高，都超过了标准值。

表 10-88　化学成分分析结果（质量分数,%）

元素	C	Cr	Ni	Mo	V	Si	Mn
试样	0.49	0.72	1.96	0.24	未测	0.46	1.17
标准值	0.42 ~ 0.49	0.80 ~ 1.10	1.30 ~ 1.80	0.20 ~ 0.30	0.10 ~ 0.20	0.17 ~ 0.37	0.50 ~ 0.80

取距小头端部 20mm 处进行晶粒度和组织检查。晶粒大小不均匀，但晶粒都

比较细小，晶粒度约为 10 级以上，如图 10-271、图 10-272 所示。金相组织比较正常，未见魏氏组织和晶粒长大等过热的特征。

扭力轴是车辆悬挂装置中的弹性零件，轴的一端在车体内固定不动，另一端在平衡肘内固定。因此，在车辆行驶时碰到障碍时，平衡肘旋转使扭力轴扭转，由于轴的扭转使车辆受到的撞击和振动减弱。在这种工作状态下，轴表面沿轴线和横向受到很大的切应力，而主平面应力与轴线成 45°角，因此，扭力轴破坏时常常会出现树裂状破断、平头状破断和斜状破断。但从图 10-270 中可以看出，该扭力轴断裂多为螺旋锥状破断，断口附近塑性变形很小。这样的破断形式是比较少见的，说明其寿命较低，并且材料比较脆。断口表面有摩擦的痕迹，并且表面腐蚀比较严重，清洗后可以看到断口微观形貌为沿晶形貌，如图 10-273 所示。

根据扭力轴的加工过程，断裂扭力轴断口微观形貌出现沿晶形貌可能与锻造或回火处理有关。为了确定沿晶形貌产生的原因，分别切取断裂扭力轴花键部位（以下简称 F2 号试样）、锻造后经过正火的毛坯料距小头端部约 10mm 处（以下简称 F3 号试样）和断裂扭力轴中间部位（距端部约 1000mm 处，以下简称 F4 号试样）三个试样，打断后观察断口的微观形貌，其中前两个试样打断断口面与实际

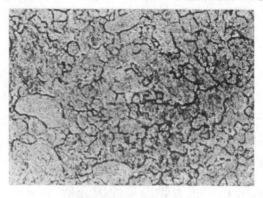

图 10-271　扭力轴晶粒度　500×

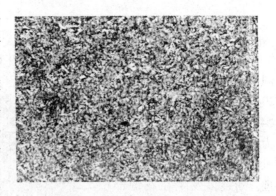

图 10-272　扭力轴轴金相组织　400×

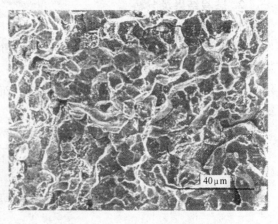

图 10-273　扭力轴断口形貌

断口平面平行，F4 号试样打断断口面与实际断口平面垂直。观察发现 F2 号试样的断口微观形貌为沿晶＋韧窝，F3 号试样的微观形貌为韧窝，F4 号试样的微观形貌为韧窝和沿晶，如图 10-274 至图 10-276 所示。因此，从打断断口的对比分析可以看出，除 F3 号试样外，其余两个试样均存在沿晶形貌，可以推断沿晶形貌产生可能与锻造工艺无关。断轴打断断口在较低放大倍数下观察，可以看到成排的夹杂物存在，夹杂物主要是 MnS，如图 10-277 所示。

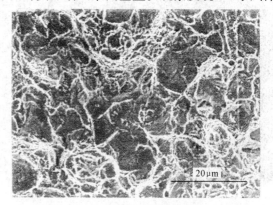

图 10-274　F2 号试样打断断口微观形貌

从断裂扭力轴中间部位的断口形貌为沿晶＋韧窝这一事实，可以推断沿晶形貌的产生与锻造无关，可能与热处理产生的回火脆性有关。为了证明沿晶形貌是否与回火脆性有关，切取该处制作试样，在 500℃加热然后水冷，再将试样打断观察断口的微观形貌，发现基本上是韧窝，如图 10 -278 所示；同时，切取锻造后的毛坯料进行正常淬火＋回火处理，处理后的微观形貌基本上是韧窝。因此，可以证明该扭力轴在热处理过程中产生了回火脆性。

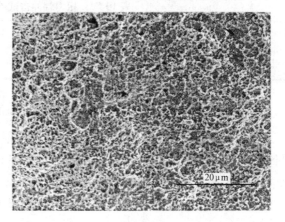

图 10-275　F3 号试样打断断口微观形貌

为了评价材料的脆性，在断裂扭力轴中间部位取标准的 V 形缺口冲击试样，进行冲击韧度测试，三个试样的测试结果如表 10-89 所示。

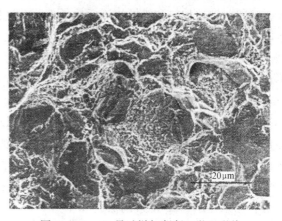

图 10-276　F4 号试样打断断口微观形貌

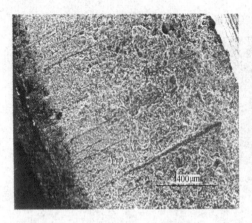 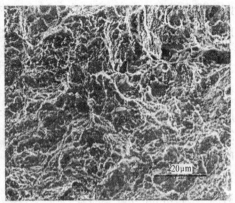

图 10-277 扭力轴打断断口上成排的夹杂物　　图 10-278 500℃重新回火后的微观形貌

表 10-89 扭力轴冲击试验结果

试样编号	I1	I2	I3	平均值
冲击韧度 （×10⁵J/m²）	2.04	2.21	2.25	2.17

从表 10-88 中看出，冲击韧度数值比较低，约是标准值的一半。冲击试验的结果显示出扭力轴比较脆，也证明了扭力轴在处理过程中产生了回火脆性。

扭力轴断裂多发生在花键部位，并且寿命很短。断口宏观形貌为螺旋锥状，塑性变形较小，微观形貌为沿晶及少量韧窝形貌。这是一个非正常的断口形貌，它说明材料非常脆，冲击试验结果充分证明了这一点。扭力轴的断裂是在交变应力的作用下发生的疲劳破坏。引起该扭力轴发生疲劳断裂的根本原因是材料的塑性储备不足。

根据该轴的生产和使用情况，可以认为沿晶形貌的产生与热加工有关，即可能与镦粗时锻造加热和机械加工后热处理两个过程有关。锻造时过热或过烧会导致断口形貌为沿晶；热处理回火产生回火脆性也会导致断口形貌为沿晶。金相检查未见魏氏组织和晶粒长大，打断断口形貌进行对比分析，发现未经锻造部分的形貌也有沿晶存在，可以排除锻造过热或过烧导致沿晶形貌的可能性。在 500℃重新回火处理后，沿晶形貌可以消除掉，全部变为韧窝形貌。另外，取断轴进行的冲击试验，其冲击韧度大幅度下降，进一步证明了热处理回火脆性的存在。这显然与有关资料关于 45CrNiMoVA 不具有回火脆性的介绍有些矛盾。初步分析回火脆性的产生可能与材料成分的偏差有关。这种材料中 Mn、Cr、Ni、Si、C 等元素是有利于回火脆性产生的，Mo 和 V 元素的存在会抑制回火脆性的产生。化学分析结果显示，Cr 元素偏低，Mn、Ni、Si、C 等元素偏高，这样的成分偏差可能会导致回火脆性的产生。

从图 10-277 中可以看到大量的夹杂物，夹杂物的存在会降低材料的冲击韧度，但前面的打断断口观察发现，沿晶形貌的产生与夹杂物的存在没有直接关系。夹杂物的存在加速了裂纹的萌生；另外锻造中的缺陷和扭力轴端部的工艺孔过深，对扭力轴的断裂都起到了促进的作用，它们缩短了裂纹的萌生寿命。

3. 结论

1）扭力轴断裂模式是在交变应力的作用下产生的疲劳破坏。

2）扭力轴断裂的根本原因是热处理过程中产生了回火脆性，导致断口微观形貌为沿晶。回火脆性的产生可能与材料化学成分的偏差有关。

3）原材料中的夹杂物、锻造中的缺陷和扭力轴端部的工艺孔过深，加速了裂纹的萌生。

10.7　其他热处理缺陷

10.7.1　汽车渗碳零件失效分析

中国第一汽车集团公司热处理厂　赵美惠

1. 概况

为了保证汽车良好的使用性能和寿命，对汽车的每一个生产环节都应进行全面质量控制和管理。热处理质量直接关系零件的使用寿命，是汽车零件生产过程中至关重要的环节。

在实际生产中，常以零件的金相组织和硬度检验质量情况，分析使用过程中提前失效原因。通过对汽车生产中产生的不合格品和使用中提前失效件的分析，发现了影响汽车零件质量的因素，为改进工艺和提高产品质量提供了依据。

2. 后桥从动锥齿轮早期磨损

某汽车行驶 1.8 万 km 后桥齿轮响声异常。拆车检查发现后桥主减速器从动齿轮正齿面严重磨损，已呈凹面，磨损情况如图 10-279 所示。

该齿轮材料为 20CrMnTi 钢，进行渗碳、淬火、低温回火处理。故障件金相检查结果：磨损处轮齿表面组织为针状马氏体 + 残留奥氏体，如图 10-280a 所示，轮齿靠近齿根的没有磨损处组织为粗大板条马氏体，如图 10-280b 所示。

图 10-279　后桥从动齿轮故障件
齿面磨损情况

故障件经退火后观察表面脱碳情况，发现未磨损处表面脱碳层达 0.35 ~ 0.40mm，齿顶脱碳层 0.20mm。由此不难看出，由于零件表面严重脱碳，导致齿轮表面硬度过低，耐磨性下降，致使齿轮在使用中发生早期磨损。

该零件是在井式渗碳炉中渗碳，箱式炉淬火加热，格利森淬火压床淬火。零件表面脱碳是由于渗碳后期炉内碳势偏低，箱式炉淬火加热保温时间过长造成的。

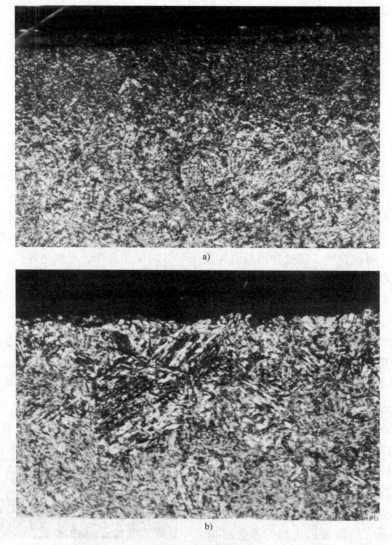

a)

b)

图 10-280 从动齿轮故障件金相组织 400×
a) 磨损处 b) 未磨损处

3. 变速器换档齿轮磨损

变速器中换档齿轮在换档变速时，齿端部相互撞击，受到较大冲击应力作用，容易产生提前失效。图 10-281 所示为变速器换档齿轮经行驶 3500km 后损坏情况，齿端崩损，齿面塌陷。

图 10-281　变速器换档齿轮损坏情况

换档齿轮材料 20CrMnTi 钢，化学分析成分合格。金相检查发现，轮齿表面为细小马氏体 + 少量残留奥氏体以及小块状碳化物，齿顶角的碳化物较多，形成一层高碳硬壳，如图 10-282 所示。心部组织为托氏体 + 铁素体，如图 10-283 所示。渗碳层深度为 0.58mm，表面硬度 60HRC，心部硬度 29HRC。由此可见，此零件故障是由于渗碳表面碳含量过高，渗层深度过浅，碳浓度梯度过陡，心部铁素体含量过高，致使该零件在受冲击应力作用下，表面脆性层崩损；较软的心

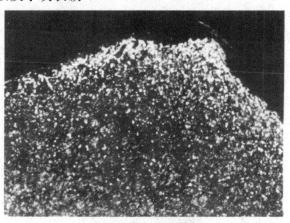

图 10-282　换档齿轮故障件渗层金相组织　400×

部在冲击应力作用下，产生明显塑性变形，使齿面塌陷，齿端面变尖。

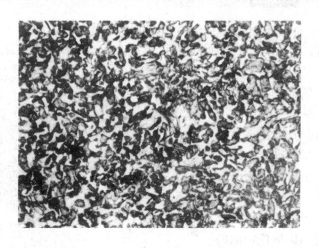

图 10-283　换档齿轮心部金相组织　400×

4. 转向螺母磨削裂纹

循环球转向机中转向螺母经渗碳淬火后，内滚道需要进行磨削加工。有一个时期，在磨削加工时，在内滚道上发现大量的与磨削方向垂直的微小裂纹，如图 10-284 所示。裂纹件占生产零件总数的 30% ~ 40%。

取故障件进行常规检查，内滚道渗碳层深度 0.9 ~ 1.0mm，金相组织为针状马氏体 + 少量残留奥氏体，表面硬度 60HRC，均合格。

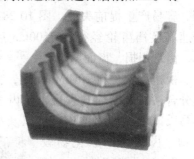

图 10-284　转向螺母磨削裂纹情况

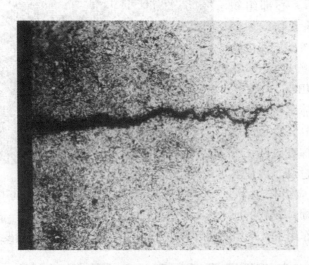

图 10-285　转向螺母裂纹金相组织　100 ×

宏观分析，裂纹均产生在内滚道的同一侧面，长短相近，具有明显方向性。裂纹金相如图 10-285 所示，裂纹两侧无氧化脱碳及其他异常组织，裂纹深度为 0.32 ~ 0.65mm。金相分析发现，在磨削面上有一层白亮层。用高倍显微镜观察，白亮层为淬火马氏体，如图 10-286 所示，是典型的二次淬火硬化组织，次表面层为保持马氏体位向的回火托氏体组织。由此可见，转

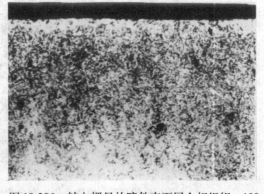

图 10-286　转向螺母故障件表面层金相组织　100 ×

向螺母磨削时，裂纹是于磨削不当产生的。由于磨削时进给量过大，而且偏重于内滚道一侧，引起磨削表面温度骤然升高，局部温度超过 A_{C3}，发生向奥氏体转变；在随后冷却中发生二次淬火现象，产生高碳的二次马氏体。在较大磨削应力作用下，可能使应力超过又硬又脆的未回火二次马氏体的强度，从而产生磨削裂纹。

5. 从动锥齿轮表面剥皮

2402037—A1 从动锥齿轮热处理后，喷丸时发生严重的表面剥落现象。该从动锥齿轮材料为 20CrMnTi 钢，技术要求为：表面硬度 58～63HRC，心部硬度 33～48HRC，渗碳层深度 1.2～1.6mm，渗碳层组织碳化物 1～5 级，残留奥氏体和马氏体 1～5 级。热处理工艺为：井式电阻炉滴煤油 940℃渗碳，冷却井冷却；井式电阻炉滴煤油保护淬火加热，加热温度 850℃，淬火压床淬火；200℃回火。

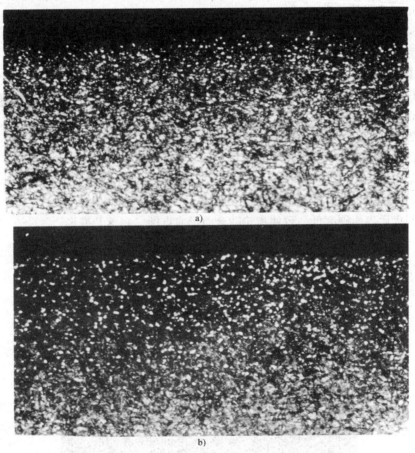

a)

b)

图 10-287　喷丸时表面剥皮故障件金相组织　400×

a) 剥落处　b) 未剥落处

金相分析发现剥落处渗碳层组织出现托氏体，与未剥落处比较如图 10-287 所示。

截面显微硬度测试结果如表 10-90 所示。由表可见，剥落处表面硬度偏低，只有 580HV，而未剥落处表面硬度为 741HV。该故障件有表面脱碳现象，引起喷丸时表面剥皮。

表 10-90　表面剥皮故障件截面硬度（HV）分布

距表面距离 /mm	0.04	0.1	0.2	0.3	0.4	0.5	0.6	0.7	0.8	0.9	1.0	1.1	1.2	1.3
未剥落处	741	706	689	714	731	728	718	717	699	649	619	575	555	540
剥落处	580	600	616	616	624	623	616	637	626	607	585	578	557	551

6. 中间轴磨损和变形

某汽车行驶 3550km 发生不正常响声，拆车检查发现中间轴 22 个齿，有 15 个齿磨损，9 个齿变形，如图 10 -288所示。

该零件材料为 20CrMnTi 钢，经化学分析确认，化学成分合格。金相分析发现，严重磨损和变形的齿在接触面处为低碳马氏体，没有渗碳层，并且表面有塑性变形和裂纹，如图 10-289 所示。由此可见，中间轴早期损坏

图 10-288　中间轴故障件损坏情况

主要原因是由于热处理质量不佳，齿轮表面渗碳层碳势低，没有渗层，使淬火、低温回火后表面硬度低，致使齿轮啮合面形成点蚀、剥落及变形。

图 10-289　中间轴故障件齿轮啮合面金相组织　400×

10.7.2　1Cr18Ni9Ti 钢桔皮状表面的探讨

无锡市法兰锻造厂　王贤敏

1. 概况

石油加工和石油化学工业中，铬镍奥氏体不锈钢被广泛应用，是最重要的结构材料之一。采用 1Cr18Ni9Ti 钢制作的箱体和法兰零件，其生产工艺流程为：下料→锻造→固溶处理→力学性能检验→切削加工→成品。

1Cr18Ni9Ti 钢标准的化学成分及箱体、法兰零件用钢的实际化学成分如表 10-91 所示。1Cr18Ni9Ti 钢的力学性能要求及箱体、法兰零件（原件取样）实测的力学性能结果如表 10-92 所示。

表 10-91　1Cr18Ni9Ti 钢的化学成分（质量分数,%）

元　素	C	Mn	Si	S	P	Cr	Ni	Ti
标准成分 （JB4728—2000）	≤0.12	≤2.00	≤1.00	≤0.030	≤0.035	17.00 ~ 19.00	8.00 ~ 11.00	5×(C−0.02) ~0.80
箱　体	0.082	1.405	0.45	0.010	0.021	17.30	9.43	0.61
法　兰	0.080	1.34	0.65	0.005	0.028	17.47	9.47	0.58

表 10-92　1Cr18Ni9Ti 钢力学性能

名　称	热处理状态	$\sigma_{0.2}$/MPa	σ_b/MPa	δ_5（%）	硬度 HBW	奥氏体晶粒度/级	注
JB 4728—2000	固溶	≥205	≥490	≥35	131~187	≥4	奥氏体晶粒度是由超声波探伤要求的
箱　体	固溶	269	531	55.4	—	5	试样表面粗糙呈桔皮状
法　兰	固溶	398	529	60.4	150	4	

表 10-91 和表 10-92 表明：箱体、法兰零件用钢的化学成分和常温力学性能均符合压力容器用不锈钢锻件标准（JB 4728—2000）的技术要求。试样在拉伸试验过程中，无异常情况发生，但在试样被拉断后，其表面粗糙呈桔皮状，见图 10-290。

图 10-290　试样拉断后表面粗糙呈桔皮状

2. 试验结果及分析

根据文献介绍，钢材表面出现粗糙桔皮状很可能是粗晶造成的，而 1Cr18Ni9Ti 钢无法通过热处理细化晶粒，故作了如下试验：在同一试料的同一部位截取两段试样坯（20mm×30mm×200mm），其中一段（1 号）试样坯仅作固溶处理；另一段（2 号）试样坯加热后，在 250kg 空气锤上进行镦拔锻造，由 200mm 镦粗至约 60mm，而后拔长成 φ20mm 圆坯，再进行固溶处理。1、2 号试样坯经机械加工后，进行拉伸试验，其结果如表 10-93 所示。

表 10-93 试样拉伸试验结果

试样号	热处理状态	$\sigma_{0.2}$/MPa	σ_b/MPa	$\delta_5(\%)$	奥氏体晶粒度/级	注
1	固溶	398	595	52.5	4	拉断试样表面呈桔皮状
2	固溶	343	633	48.2	7~8	拉断试样表面光滑

由表 10-92 可知：1 号和 2 号试样力学性能是接近的，但试样拉断后的表面粗糙度却有明显差别。由奥氏体晶粒度的检测结果表明：1 号试样因粗晶导致产生了桔皮状表面；2 号试样经改锻细化晶粒后，不产生桔皮状表面。

零件在锻造和固溶处理过程中均有可能产生过热，使晶粒粗大。为此，锻造加热温度、保温时间要适当控制；此外，若锻造比过小、终锻温度过高也会产生粗晶。在热处理中固溶处理加热温度、保温时间不宜过高和过长，加热温度应 ≤1150℃，保温时间按 1~1.5min/mm 计算为宜。

粗晶粒除导致在冷变形时产生桔皮状表面外，还会影响钢的晶间腐蚀稳定性（在一定条件下）。严重过热时，在晶粒粗大的同时还会使钢中的 δ 铁素体量增加，使钢的热加工性能变坏。

晶粒在室温下受力变形时，由于晶界及晶粒位向不同，各个晶粒的变形是不均匀的，有的晶粒变形量较大，有的晶粒变形量则较小。对一个晶粒来说，变形量也是不均匀的，一般说来，晶粒中心区域的变形量较大、晶界及其附近区域的变形量较小；细小晶粒的晶粒内部和晶界附近的应变度相差较小、变形较均匀，反之粗晶粒则变形不均匀。由于粗晶粒变形不均匀，故在宏观上导致表面粗糙呈桔皮状。图 10-291 所示为细晶粒、粗晶粒冷变形时表面状态存在差异的示意图。

在 1Cr18Ni9Ti 钢（含 18-8 奥氏体型其他钢）后续生产过程中，曾有三次发现在拉伸试验后拉伸试样表面又呈桔皮状；奥氏体晶粒度检测结果均为钢的奥氏体晶粒较粗大。这证实了粗晶粒导致冷变形时产生桔皮状表面的结论。

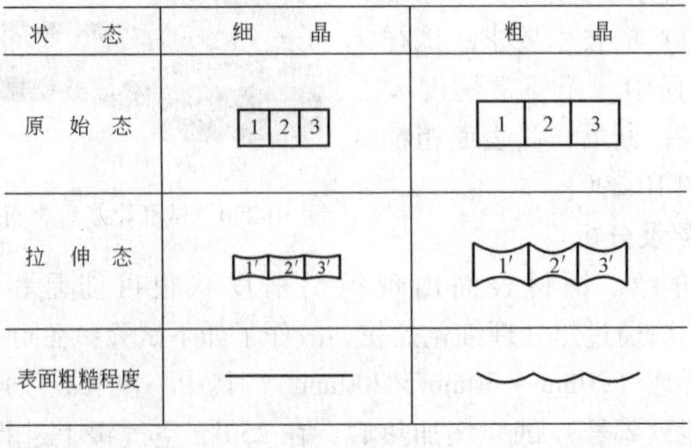

状　态	细　　晶	粗　　晶
原　始　态	[1|2|3]	[1|2|3]
拉　伸　态	[1'|2'|3']	[1'|2'|3']
表面粗糙程度	——————	～～～～～

图 10-291 细晶粒、粗晶粒冷变形时表面状态差异示意图

3. 结论

1）1Cr18Ni9Ti 奥氏体不锈钢冷变形时，表面呈现粗糙的桔皮状是奥氏体晶粒粗大所致；对钢的力学性能影响不大。

2）为避免 1Cr18Ni9Ti 钢出现过热粗晶，应严格控制锻造加热温度和保温时间、终锻温度以及锻造比。固溶热处理加热温度 ≤1150℃、保温时间按 1 ~ 1.5min/mm 计为宜。

3）对已过热形成粗晶的 1Cr18Ni9Ti 钢，可用改锻措施来细化晶粒，改善冷变形时的表面质量。

10.7.3　EQ1060 变速器总成二轴断裂失效分析

金华职业技术学院　倪兆荣

浙江金华汽车齿轮厂　蔡海民

1. 概况

EQ1060 变速器二轴（见图 10-292）是汽车上很重要的零件。二轴在使用过程中，有时会出现断裂的情况，断裂的位置在螺纹与花键的连接部位，如图 10-293 所示。这对汽车的安全性能产生很大的危害，为此，对此情况进行了失效分析。变速器二轴采用材料为 20CrMnTi，生产工艺为：锻造→退火→粗车→精车→车螺纹（M22×1.5）→插齿→花滚→热处理（气体渗碳淬火回火）→磨削→检验。二轴在工艺上安排精加工后进行气体渗碳，渗碳层深度为 0.9 ~1.3mm，表面硬度为 58 ~63HRC，心部硬度为 30 ~45HRC，螺纹部分硬度不大于 45HRC。热处理工艺曲线见图 10-294。为了找出二轴产生断裂失效的原因，从材料的化学成分、硬度分布、金相组织、受力情况等方面进行了分析。

图 10-292　变速器二轴

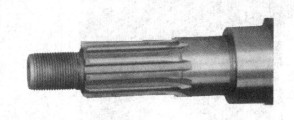

图 10-293　二轴断裂位置

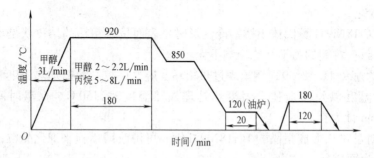

图 10-294   变速器二轴热处理工艺曲线示意图

2. 试验结果及分析

材料化学分析结果如表 10-94 所示，试验结果表明，被检测的变速器二轴材料化学成分在标准要求的范围内。

表 10-94   材料的化学成分（质量分数,%）

化学元素	C	Mn	Si	Cr	Ti
被测值	0.18	0.95	0.30	1.15	0.08
标　准	0.16 ~ 0.24	0.80 ~ 1.10	0.17 ~ 0.37	1.00 ~ 1.30	0.06 ~ 0.12

截取螺纹部分断口处附近一小块样品，制备成金相试样，经 4%（质量分数）硝酸酒精腐蚀，在 4XB 金相显微镜下观察试样的金相组织，见图 10-295、图 10-296。

图 10-295   试样心部组织   400 ×

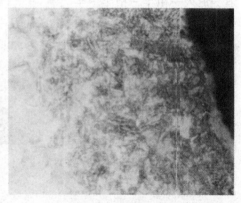

图 10-296   表层金相组织   400 ×

用显微硬度计测定试样从表层到心部的硬度，载荷为 100gf（0.98N），持载时间为 10 ~ 15s。测定结果如下：表层为 732.02HV、750.47HV、760.43HV，平均值为：747.76HV；心部为 230.19HV、381.32HV、315.01HV，平均值为 308.84HV。

3. 分析和讨论

（1）金相组织分析　从试样的金相组织照片图 10-295 可知，心部组织为板条马氏体＋游离的铁素体（小白块）。从图 10-296 可知，试样的表层金相组织为少量的细碳化物＋针状回火马氏体。从试样的金相组织上可以说明，螺纹部位有碳的渗入。零件的螺纹部分按技术要求是要求涂防渗剂，也就是说该部位是不渗碳的，但从金相组织可知，组织中出现了针状马氏体，检测的表层硬度也偏高。由于表层含碳量增加，使得零件在淬火时淬火开裂的倾向增大，造成零件的螺纹联接部位在淬火时容易产生裂纹。

（2）受力分析　EQ1060 变速器总成在装配时，螺纹部位的螺母用气枪拧装。在装配过程中，气枪对二轴以及螺纹联接部位有很大的冲击力，经测定最高转矩可达到 315N·m。由于在装配过程中有很大的冲击力，同时有很大的转矩，因此，一旦零件的螺纹联接部位有由于淬火造成的微小裂纹，就有可能造成裂纹扩展，到一定程度时，就会产生断裂。

4. 结论

EQ1060 变速器总成二轴在螺纹联接部位产生断裂失效的主要原因是，由于二轴在渗碳前，对螺纹部位涂防渗剂未涂匀，有些部位涂覆得不够，使得二轴在气体渗碳过程中，有一部分碳渗入，在这些部位的表面含碳量增加。因此，当二轴在以后的淬火过程中，在螺纹联接部位易产生微小的淬火裂纹，装配不当可能形成细小裂纹，而这些细小的裂纹在零件使用过程中，由于受交变应力的作用，裂纹逐渐扩展，直至螺纹联接部位断裂。

5. 防止措施

1）提高零件加工时的表面质量，降低表面粗糙度。

2）做好零件渗碳前的脱脂、除屑预处理工作；对螺纹部位涂防渗剂时，要求涂覆均匀、完整。

3）EQ1060 变速器总成在装配时，特别是二轴装配时，尽量减小冲击和转矩，用小气枪代替大气枪装配螺母，并且转矩不能超过 180N·m。

采用以上几项措施后，目前还未出现过变速器二轴断裂的现象。

10.7.4　踏板式摩托车后轮输出轴断裂失效分析

江苏大学材料科学与工程学院　陈康敏

1. 概况

某厂生产的踏板式摩托车后轮轴（见图 10-297），采用 20CrMo 钢制造。其技术要求：表面硬度为 53～63HRC，心部硬度为 26～43HRC；表面经碳氮共渗＋直接淬火、回火处理，碳氮共渗层深 0.3～0.5mm。

后轮轴生产工艺流程：下料→锻造→正火→机加工成形→表面碳氮共渗→直接淬火油冷→（L-AN32 全损耗系统用油）→回火→抛丸→磨加工→成品入库。后轮轴碳氮共渗工艺及参数见图 10-298，热处理设备为 KJJ-35-9 井式气体渗碳炉。按上述工艺生产的一批后轮轴在装配后的试车过程中相继发生断裂现象。

断裂后轮轴断于零件上的不同部位（图 10-297a 的 A、B、C 箭头处），其断口也呈现各自不同的形式。从中选取三根断裂的后轮轴（编号分别为 1 号、2 号、3 号）进行断裂原因分析。

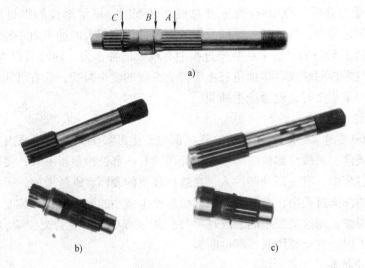

图 10-297　后轮轴宏观形貌及断裂部位图

a）断裂部位图　b）1 号断轴　c）2 号断轴

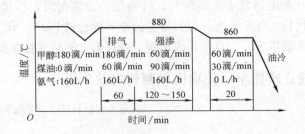

图 10-298　后轮轴碳氮共渗工艺及参数

2. 试验结果及分析

（1）断口宏观分析　1号断轴在输出端花键处（A处）断裂，断口平齐、与轴线垂直，为典型的脆性断裂。两匹配断口拼接后，可见有多个花键齿崩裂，其裂口与轴线约成45°。断口上隐约可见的放射线条收敛于此崩裂处，说明此处为该后轮轴的断裂源（见图10-299a箭头处）。

2号断轴于紧靠油封的较大台阶处（B处）断裂，该处几乎

图 10-299　后轮轴断口宏观形貌
a）1号轴　b）2号轴

为尖角过渡。断口上隐约可见"疲劳贝纹线"和放射状线条从外圆向中心收敛，说明裂纹起源于台阶处（B处）表面，即在断口上裂纹沿圆周分布，并向中心扩展，最后瞬时断裂区处于轴心部，呈圆形状。整个断口呈"皿状"（见图10-299b），为在旋转弯曲载荷作用下，承受高应力集中而引起的脆性疲劳断裂。

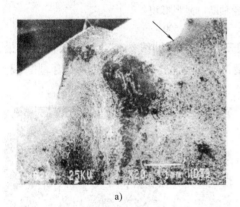
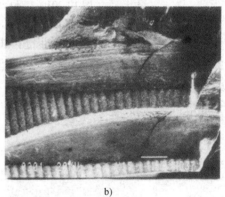

图 10-300　3号断轴断裂源区和齿部崩裂及微裂纹形貌
a）断裂源区　10×　b）齿部崩裂及微裂纹　7×

3号断轴在输入端花键处（C处）断裂，断口呈麻花状，一侧与轴线约成45°，另一侧沿花键齿根部呈表面剥壳状断裂，并有严重机械擦伤痕迹。断口上放射线条收敛于一花键齿根部（见图10-300a箭头处）；其他花键齿上还有沿与轴线约成45°方向发生崩裂或存在微裂纹。

（2）断口扫描电镜分析　后轮轴断裂断口宏观上呈不同的形式，但其微观形貌有一共同特征，即表层均为沿晶或沿晶＋解理混合型断裂，心部为解理＋韧窝混合型断裂。

1号断轴在花键齿部断口为沿晶断裂（见图10-301）或沿晶 + 解理型断裂；心部则以解理 + 少量韧窝型断裂。

2号断轴表层断口为沿晶或沿晶 + 解理型断裂（见图10-302），心部则为解理 + 韧窝型断裂，最后断裂区为解理断裂。

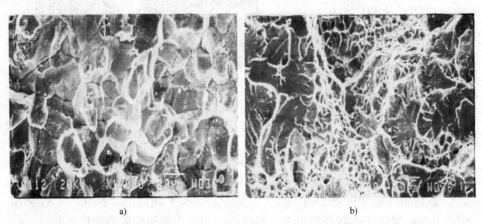

a) b)

图 10-301　1 号后轮轴断口微观形貌

a）花键齿部　500 ×　　b）心部　500 ×

3号断轴断裂起始于输入端花键齿根部，并沿与轴线约成45°方向扩展而最后断裂。表层断口呈沿晶或沿晶 + 解理型，心部为韧窝 + 局部解理混合型断裂。（见图10-303）。

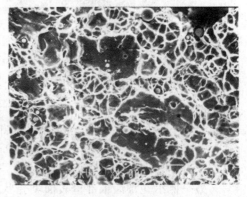

图 10-302　2 号后轮轴断口　　　　图 10-303　3 号后轮轴断口心部

低倍形貌　35 ×　　　　　　　　微观形貌　500 ×

（3）金相组织检验及硬度测试　在断轴花键齿部横向取样并经磨削、抛光制成金相样后，在光学显微镜下检查钢中非金属夹杂物并评级；经4%（质量分数）硝酸酒精溶液浸蚀后，在扫描电镜下检查后轮轴表面碳氮共渗层和心部组织，并进行硬度测试。

1）后轮轴 20CrMo 钢中非金属夹杂物级别为粗 D4 级，表明其钢材的冶金质量欠佳。

2）经洛氏硬度计测定，后轮轴表面硬度为 62 ~ 63HRC，心部硬度为 34 ~ 35HRC，均在其技术要求之上限

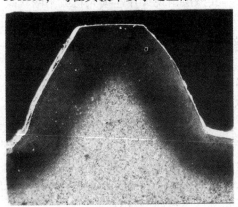

图 10-304　后轮轴花键齿部
表面共渗层　45 ×

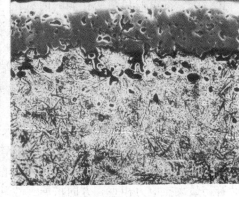

图 10-305　后轮轴表面碳氮
化合物层　500 ×

3）后轮轴花键齿部表面碳氮共渗层深约为 0.7mm（见图 10-304）。最表面存在碳氮化合物层，厚约 25 ~ 30μm，呈大片连续壳状及半网状分布，并存在众多黑色疏松孔洞及微裂纹，有明显内氧化特征（见图 10-305）。次表面为粗大针状马氏体 + 较多残留奥氏体，其马氏体级别约为 6 级（见图 10-306），且晶界上存在断续网状的微裂纹。心部组织为板条马氏体 + 铁素体 + 少量上贝体，其中铁素体量约占 30%。在个别齿顶部及齿节圆处发现有细长裂纹。（见图 10-307）

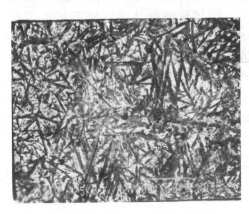

图 10-306　后轮轴表面共渗层
粗大针状马氏体　1000 ×

图 10-307　花键齿顶部及节圆
处的细长裂纹　200 ×

（4）分析讨论

1）摩托车后轮轴是起传输动力作用的，承受较大扭转载荷，有时因路面颠簸，会附加承受瞬间冲击载荷。该批后轮轴表面碳氮共渗层较深，深达 0.7mm，对小花键齿已明显过深，也超出技术要求。共渗层出现大片连续壳状或半网状碳氮化合物，并有黑色疏松孔洞的内氧化，属严重缺陷组织。在花键齿与齿轮啮合时，若受冲击易造成崩齿或引发裂纹，这是导致后轮轴早期脆性断裂的主要原因。

① 1 号断轴。在装配后轮的输出端花键处断裂，因该处受冲击载荷较大，表层脆性化合物易发生碎裂、崩齿，成为脆性断裂源，导致发生折断型脆性断裂。

② 2 号断轴。因在紧靠油封的较大台阶处呈尖角过渡，在旋转弯曲载荷作用下，将产生很大的应力集中。轴表面碳氮化合物层脆性大，并有疏松及微裂纹缺陷，故裂纹在台阶尖角处产生，并向心部扩展，最后于轴心部断裂。因裂纹总沿着与最大拉应力相垂直方向扩展，故其断口呈"皿状"特征。

③ 3 号断轴。在装配传动齿轮的输入端花键齿部断裂。该处受扭转载荷较大，裂纹萌生于花键齿根部，并沿与轴线约成 45°方向扩展而断裂，其断口呈"麻花状"。表面脆性化合物层对裂纹产生起着重要作用，并伴有崩齿及从齿根部沿硬化层呈剥壳状断裂。

2）轴表面共渗层组织为粗大针状马氏体，因其脆性大，易产生显微裂纹，使表面共渗层脆性增加；且沿晶存在断续网状微裂纹，也使其强度降低，导致后轮轴均呈沿晶断裂。

3）后轮轴表面碳氮共渗层过深，并出现壳状、半网状碳氮化合物及粗大针状马氏体，说明共渗层碳、氮含量较高，这与其碳氮共渗处理工艺不当有关。

对于中温气体碳氮共渗，在共渗前期及后期，氨的通入量对碳氮化合物的形态关系极大。在共渗前期，随着氮的渗入将使钢临界点降低，奥氏体区扩大，奥氏体中溶入较多的碳、氮原子。但奥氏体中溶入过多的碳、氮，不利于大量晶核形成，使得在保温及后期渗入的过饱和碳和氮依附在较少晶核上生长，形成较大的条块状碳氮化合物；同时，共渗保温时间越长，其渗层将加深，碳氮化合物层深度也将增加。因此，从其碳氮共渗工艺方面考虑，应适当减少其通氨量，严格控制炉内碳势，并适当缩短保温时间。

3. 验证试验

针对上述对后轮轴断裂原因的分析，以及表面共渗层存在严重的壳状和半网状脆性碳氮化合物等缺陷组织，采取相应的措施，对其碳氮共渗工艺进行改进，并用严格控制炉内的碳势。改进后的碳氮共渗工艺曲线及参数见图 10-308。

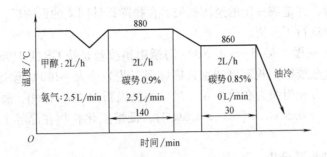

图 10-308　后轮轴改进后碳氮共渗工艺曲线及参数
注：丙酮流量按设定的碳势自动控制，
最大流量为 1.5L/h。

按改进的碳氮共渗工艺处理后的后轮轴的质量情况及模拟试验结果如下：

1）后轮轴表面硬度、共渗层深度符合技术要求。

2）表层马氏体组织级别约为 1～3 级，心部组织为板条马氏体 + 贝氏体。

3）按改进的工艺共渗处理的后轮轴，在装配后试车及使用考验中从未发生有早期断裂现象。

4. 结论

1）后轮轴断裂属于脆性断裂，因各部位所受载荷不同，故呈不同的断裂形式。

2）后轮轴碳氮共渗工艺不当造成共渗层过深，表面出现壳状脆性化合物层，并有众多疏松孔洞内氧化和粗大针状马氏体等缺陷组织，增加了共渗层脆性。这是导致后轮轴早期脆断的主要原因。

5. 改进措施

1）适当减小碳氮共渗通氨量，并缩短工渗时间，严格控制炉内碳势。

2）按上述建议适当改进共渗工艺参数后，后轮轴表面共渗层深度、表层组织、表面硬度均符合技术要求，在装配后试车及使用考验中从未发生有早期断裂现象。

10.7.5　5B05 防锈铝预绞丝断裂失效分析

四川省电力公司成都电力金具总厂　韩　茵

1. 概况

（1）缺陷状况　防锈铝预绞丝在电力线路中属防护类金具，具有弹性和强度较高的优点。按规定根数为一组制成螺旋状，紧缠在导线外层，装入悬挂点的线夹中，以减少在线夹出口处导线的附加弯曲应力，加强导线抗振动能力。ϕ3.6mm 的 5B05 防锈铝预绞丝在某电力工程线路运行中经常发生断裂，影响线路的安全运行，并造成一定的经济损失。在排除设计因素的影响后，从材料成分及热处理方面进行了分析。

（2）工艺规程　$\phi3.6mm$ 的 5B05 防锈铝预绞丝是按 GB/T 3196—2001《铆钉用铝及铝合金线材》规定制造。其热处理工艺为淬火→100℃退火→固溶强化→时效处理。金相组织为在单相 α（Al）的晶内析出 Mg_5Al_8 相，属 Al-Mg-Si 合金。当 $w(Fe) > 0.5\%$，$w(Si) > 0.6\%$ 时，低熔点化合物在晶界上析出，会引起脆性。

2. 试验结果及分析

分别在同批次未断产品（1 号试样）和已断（2 号和 3 号试样）防锈铝预绞丝上取样，并用扫描电子显微镜对断口进行分析，采用理化检验和金相分析等手段，观察晶界上有无 Fe、Si 的低熔点化合物、夹杂物的出现及热处理状况。

（1）化学成分与力学性能　5B05 防锈铝合金及预绞丝试样的化学成分与力学性能见表 10-95。由表 10-95 可见，1 号样和 2 号样的化学成分均在规定范围内，3 号试样的化学成分 Fe 含量超标。1 号、2 号和 3 号试样的伸长率均较低，1 号试样的抗拉强度远高于 2 号和 3 号试样。

表 10-95　5B05 防锈铝合金及预铰丝的化学成分与力学性能

| 项　目 | 化学成分（质量分数,%） | | | | | | | | | | | σ_b /MPa | τ /MPa | $\delta(\%)$ |
	Cu	Mg	Mn	Zn	Fe	Si	Ti	Cr	Ni	Pb	Al			
GB/ T 3196	≤ 0.200	4.70 ~5.70	0.20 ~0.60	—	≤0.40	≤0.40	0.150				余量	≥ 264.7	≥155	≥10
1 号	0.020	5.00	0.30	—	0.23	0.17	—	—	—	—	余量	729.0	—	2.9
2 号	0.022	5.08	0.37	0.013	0.22	0.15	0.022	0.008	0.01	0.01	余量	353.4	—	2.8
3 号	—	4.74	0.12	—	0.60	0.40	—	0.100	—	—	余量	322.2	—	2.9

（2）金相组织　用 80 倍放大镜对同批次预绞丝进行抽查，经检查表面均无裂纹；并对 1 号试样人为拉断处、2 号与 3 号试样断裂处侧面作金相分析和显微组织检验，结果见图 10-309 和表 10-96。

（3）扫描电子显微镜观察

1）宏观断口。1 号试样断口呈银白亮色，断面中心平整；2 号、3 号试样断口均呈银白亮色，晶粒细小，2 号试样断面为切平面，3 号试样断面为楔型面。

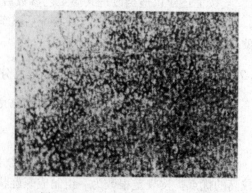

图 10-309　1 号防锈铝预绞丝试样的显微组织　100×

表 10-96　5B05 防锈铝预绞丝试样金相组织分析结果

试样编号	金　相　组　织	分析结果
1 号	α-Al 固溶体上析出大量粒状强化相 Mg_5Al_8，α-Al 的晶粒度为 11 级（见图 10-309）	异常
2 号，3 号	等轴 α（Al）固溶体 + 较少量沿轴向分布杂质相	异常

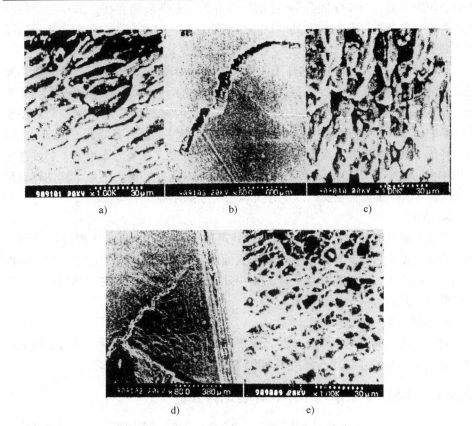

图 10-310　防锈铝预绞丝试样的 SEM 像
a）1 号试样中心位置　b）2 号试样裂纹扩展
c）2 号试样中心位置　d）3 号试样裂纹源萌生及裂纹扩展　e）3 号试样中心位置

2）微观断口。采用 X-650 扫描电子显微镜观察断口微观形貌，1 号试样断口的形貌为沿晶断裂，如图 10-310a 所示，是典型的脆性断裂断口。2 号、3 号试样表面出现微裂纹，微裂纹与轴线呈 45°角由表面向内延伸。2 号试样裂纹深 1.9mm（见图 10-310b），断口形貌为沿晶断裂，如图 10-310c 所示，是典型的脆性断裂。3 号试样裂纹深 1.0mm（见图 10-310d），裂纹沿裂纹源萌生并扩展，裂纹源区有夹杂物存在，断口中心位置处主要由韧窝组成，且部分韧窝内有第二相粒子存在，如图 10-310e 所示，表明该预绞丝断裂时该区域产生过较大的塑性变形，是典型的韧性断口，韧窝形成位置一般均在第二相粒子处，即夹杂物处。经能谱分析，第二相粒子处夹杂物为 $Fe_2O_3 \cdot Fe_3O_4$。

（4）分析与讨论

1）1 号、2 号预绞丝试样的夹杂物含量低，符合标准要求。3 号预绞丝试样夹杂物较为明显，与化学成分 Fe 含量超标有关，有夹杂物存在，试样的断裂明显产生于有夹杂物存在的韧窝处。试样的韧性较好，因此夹杂物存在是 3 号试样产生断裂的主要原因。

2）1 号试样的抗拉强度远高于 2 号和 3 号，由图 10-309 分析，可能是热处理退火时保温时间不足，冷却速度太快，致使本应溶入 α-Al 基体中呈颗粒状 β-Mg_5Al_8 细小强化相大量析出，成局部淬火态，此时材料局部韧性较差，易在变形时断裂。另外，在热处理后进行时效处理时，塑性也会明显降低。而通过对 2 号试样的力学性能分析，发现抗拉强度较高，韧性差，在外力作用下，裂纹在应力集中薄弱区萌生并扩展，出现脆性，造成断裂。因此，退火不足，韧性较低是 2 号预绞丝试样断裂的主要原因。并可预见 1 号试样将发生断裂。

3. 结论

预绞丝断裂失效原因主要是由于热处理退火操作不规范，出现保温时间过短，冷却速度太快，甚至冷拔后未经退火处理，使预绞丝局部组织不均匀，韧性降低，脆性增大，在外力作用下应力集中处形成裂纹源；其次夹杂物的存在是预绞丝断裂失效的另一个重要因素。

4. 改进措施

对尚未用于线路的预绞丝产品，除严格控制化学成分外，重新进行了退火处理，提高了产品的强韧性，解决了 5B05 防锈铝预绞丝的断裂问题。

10.7.6　Q-52-51 型摩托车车轮开裂原因分析

金化职业技术学院　倪兆荣　金华今飞集团车轮厂　马兹强

1. 概况

Q-52-51 型摩托车车轮材料采用铸铝合金 ZAL101A。其生产工艺为：740 ~ 760℃熔炼，坩埚炉中进行变质处理（用 SR810 锶盐变质剂机械搅拌均匀，静置 30 ~ 45min），浇注温度 724℃，然后压铸成形。淬火温度为（530 ± 5）℃，保温 3 ~ 4h，然后在 50 ~ 70℃水中淬火；淬火后检测零件的变形情况，然后 165℃时效，时效保温 3 ~ 5h；然后进行矫正，去除毛边和飞边，喷丸处理，机加工，涂装，检验，成品出厂。一批 Q-52-51 型摩托车车轮，在车轮径向冲击检测过程中，发现车轮出现开裂，并有裂纹，检测结果表明这批车轮不合格。为此，对此批车轮出现的质量问题进行了分析和研究。

2. 试验结果

（1）材料成分分析　为了分析 Q-52-51 车轮的质量问题，首先对车轮的材质进行了全面的成分分析。通过化学分析法，检测这批材料的化学成分如表 10-97 所示。

表 10-97　车轮材料化学成分（质量分数,%）

化学成分	Si	Mg	Fe	Cu
测量值	6.51	0.448	0.413	0.09
标准要求	6.5 ~ 7.5	0.25 ~ 0.40	0.2 ~ 0.45	≤0.1

从化学成分分析可知，车轮的化学成分含镁量偏高，其他化学成分符合标准要求。

（2）力学性能测量　用 HLN-11A 里氏硬度计测量 Q-52-51 车轮热固溶处理和时效处理后的硬度，结果如表 10-98 所示。

表 10-98　车轮的硬度

测量位置	外圈	中部	里圈
测量值 HBW	109	104	106
标准要求 HBW		70 ~ 90	

从测量的结果可知，车轮的硬度偏高。

（3）车轮径向冲击试验　采用 JCS-760A 车轮径向冲击试验机，对 Q-52-51 型摩托车车轮进行径向冲击试验，试验结果见表 10-99。

表 10-99　车轮径向冲击试验结果

型　号	Q-52-51
冲击载荷	2060N
变形情况	径向压缩最大值5.25mm，车轮变形，有明显的裂纹
标准要求	径向压缩最大值不超过4mm，而且不允许有裂纹出现

（4）金相检验　从 Q-52-51 车轮上切割取样，然后制成金相试样，经混合酸腐蚀后，在 4XB 金相显微镜上观察金相组织，金相组织如图 10-311 所示。

从图 10-311 的金相照片可以很清晰地看到，零件的金相组织为树枝状的 α 固溶体，以及分布在树枝状之间的（α+Si）共晶体，但共晶体中的硅粗化。正常的 Q-52-51 摩托车车轮所用材料 ZAl101A 处理后的金相组织，见图 10-312。正常的组织是树枝状的初生 α（Al）固溶体，以及细小的 α（Al）+Si 共晶体，组织中硅是细小粒状的。

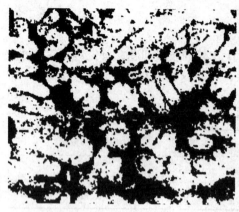 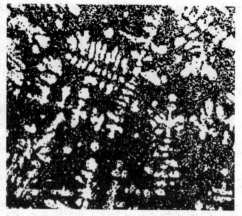

图 10-311　Q-52-51 型摩托车
车轮的金相组织　200×

图 10-312　ZL101A 正常金相组织　250×

3. 分析和讨论

1）通过化学成分分析法可知，车轮材料中镁含量偏高。含镁量偏高会大大提高铝合金的强度和硬度，但是必然会带来塑性降低，车轮的冲击韧度降低，因而车轮径向冲击试验时产生开裂的现象。从里氏硬度计测得的结果可知，此批车轮的硬度明显偏高，也可以证实以上结论。

2）从图 10-311 的金相照片上可以清楚地看到，粗大的树枝状初生 α（Al）固溶体，树枝状的初生 α（Al）固溶体之间是（α+Si）共晶体。在 200 倍放大倍数的情况下，就能清楚地看到是粗大的 Si 相集聚和球化，Si 相周边出现黑色的复熔薄膜。这说明车轮在热处理时可能温度偏高，造成过热。由于铝合金的淬火温度范围很窄，可能是淬火炉的控温系统不够精确，产生向上偏差，偏差超过了 5℃ 以上，从而引起过热。后来请计量检测部门检测的结果证实，淬火炉控温精度有偏差。由于过热，使得组织粗化，Si 相由原来细小颗粒状变为球块状，力学性能变差，特别是塑性和韧性，因此造成 Q-52-51 摩托车车轮在冲击试验时产生开裂，当冲击力超过材料本身的强度极限时，甚至产生裂纹。

4. 结论

1）Q-52-51 型摩托车车轮在车轮径向冲击试验时，产生较大的变形并产生裂纹，使得成批车轮报废，产生较大的损失。产生的原因，主要是材料的含镁量偏高，使得齿轮的硬度偏高，塑性和韧性下降，造成车轮变形开裂并有明显的裂纹。

2）由于淬火炉控温系统精度不高，上偏差超过了 5℃，Q-52-51 型摩托车车轮在热处理时，产生过热现象，使得共晶体中的硅相粗大，造成车轮的力学性能变差，特别是塑性和韧性，这样车轮在冲击试验时，产生开裂的现象。

为了有效地解决生产中产生的问题，主要采取以下措施加以解决：首先在铝合金熔炼时，严格控制废料的配比，经常进行废料的成分检查，以保证铝合金的化学成分；其次淬火温度适当降低，控制在（525±5）℃，并且要严格按工艺进行操作。采取以上措施后，在生产中没有出现什么质量问题，车轮的质量得到了保证。

10.7.7　控制 1J79 合金磁性能的新工艺

中国空空导弹研究院　任卫斌

1. 概况

与其他软磁合金相比，铁镍软磁合金在低磁场下具有很高的磁导率和很低的矫顽力，广泛用于制作灵敏度高、尺寸精、体积小、高频损耗小、时间和温度稳定性好的电子元器件。但在特殊场合下，对其磁性能不仅要求一定的允许值，而且要求一定范围的精确值，这就对磁性退火工艺提出了更高的要求。通过对该类合金中的典型材料 1J79 合金（Ni79Mo4）磁性退火工艺的研究，提出了一种精确控制铁镍软磁合金的退火工艺。

2. 试验结果及分析

试验用料 1J79 合金的化学成分见表 10-100，GBn 198—1988《铁镍软磁合金技术条件》Ⅱ级静态磁性能要求见表 10-101，表 10-102 为常规磁性退火工艺规范。退火试验在内热式预抽真空氢气保护退火炉和外热式氢气保护退火炉中进行。

表 10-100　1J79 合金化学成分（质量分数,%）

材料名称	C	P	S	Mn	Si	Ni	Mo	Cu	Fe
1J79 合金	≤0.03	≤0.02	≤0.02	0.60 ~ 1.10	0.30 ~ 0.60	78.5 ~ 80.0	3.80 ~ 4.10	≤0.20	余量

表 10-101　GBn 198—1988 Ⅱ级静态磁性能

指　标	初始磁导率 $\mu_{0.08}$ /（mH/m）	磁导率 μ_m /（mH/m）	矫顽力 H_c /（A/m）	磁感应强度 B_s/T
数　值	≥37.69	≥226.13	≤1.28	≤0.75

表 10-102　常规磁性退火工艺

保温介质	升温方式	加热温度/℃	保温时间/h	冷却制度
氢气或真空	随炉升温	1050 ~ 1150	3 ~ 6	以≤200℃/h 速度冷至 600℃,调整冷速冷至 300℃

磁性能可用厚度 0.12mm 的 1J79 合金冷拉带材,制作成尺寸为 ϕ32mm ×

ϕ25mm×10mm 的标准试环(GB/T 3657—1983 软磁合金直流磁性能测量方法)检测。特殊情况下,对磁导率 μ_m 要求限制在一定范围,如 251.26～314.07mH/m,314.07～376.88mH/m 时,采用常规工艺退火,常见的几种不合格磁性能现象见表 10-103。

表 10-103　常见的几种不合格磁性能现象

现象	$\mu_{0.08}$/(mH/m)	μ_m/(mH/m)	H_c/(A/m)	B_s/T
现象 1	55.57 61.37	490.82 472.51	0.85 0.95	0.80 0.79
现象 2	46.40 46.52	163.52 164.20	1.59 1.70	0.77 0.81
现象 3	57.29	232.64	1.31	0.79
现象 4	34.88	189.97	1.38	0.78

注:带下划线的数字为按常规热处理退火后,磁性能不合格的参数。

　　由于 1J79 合金 (Ni79Mo4) 成分在超结构相 Ni_3Fe 附近,所以在冷却过程中发生明显的有序化转变,使磁晶各向异性常数 K 和磁滞伸缩系数 λ 发生变化。因此,为了获取理想的磁性能,必须控制冷却速度,以得到适当的有序转变,控制合金的 K 和 λ 变化。采用常规磁性退火冷速主要是在 600～300℃ 之间控制的,即在保温温度和保温时间不变的前提下,在最佳冷却速度(指针对某一原材料批的 1J79 合金,通过试验调整退火冷却至 600～300℃ 之间的冷却速度,以获得合金的最大磁性能参数的合金退火冷却速度)两侧附近寻找满足一定范围磁导率要求的冷却速度。但实际生产中,采用常规退火工艺反复试验,经常难以满足磁性能要求。

　　在保证氢气纯度和流量的前提下,常规工艺退火温度高,保温时间长。由于晶粒长大和氢气净化作用充分,在最佳冷却速度下,得到使 λ 趋于零和 K 趋于零的组织状态,可得到最佳磁性能,即 $\mu_{0.08}$ 和 μ_m 最高,H_c 最小;相反,在保持最佳冷却速度的前提下,降低退火温度或减少保温时间,同样可得到使 λ 趋于零和 K 趋于零的组织状态。这时虽然由于退火温度低使得晶粒长大不充分,或保温时间短使得氢气净化作用不够充分,造成 $\mu_{0.08}$、μ_m 下降,H_c 升高,但仍然能保持该退火温度和保温时间下各磁性能参数的最佳配合,即磁导率降低的同时,H_c 不会变得太差。

3. 验证试验

　　采用在 1000℃ 和 1050℃ 两个温度退火,在试验取得 1J79 合金最佳冷却速度的前提下,单纯改变退火保温时间,通过两个批次原材料试验,得到的磁性能数据见表 10-104。降低退火温度，延长保温时间，磁性能明显改善。

表 10-104　在 1000℃不同保温时间下退火的磁性能

退火温度/℃	保温时间/h	$\mu_{0.08}$/（mH/m）	μ_m/（mH/m）	H_c/（A/m）	B_s/T
1000	2	45.90	175.71	2.09	0.79
	2.5	52.47	196.12	1.66	0.79
	4	58.73	297.22	1.08	0.79
	5	67.11	358.28	1.02	0.78
1050	1.5	43.21	184.8	1.49	0.76
	2	51.52	209.4	1.30	0.78
	2.25	44.37	279.99	1.13	0.78
	2.5	49.14	311.88	1.11	0.78

完整的退火工艺曲线见图 10-313。

4. 结论及改进措施

1）降低退火温度，在 1000～1050℃之间退火，随着时间的延长，晶粒可以充分均匀化，氢气净化效果好。由于退火温度低，晶粒长大慢，便于按要求的磁性能变化进行退火时间控制。

2）采用最佳冷却速度，以得到 λ 趋于零和 K 趋于零的最佳组织结构，使 $\mu_{0.08}$、μ_m 提高的同时，H_c 下降至最小。

3）调整保温时间，可方便地得到所需的各种磁导率范围。

4）由于退火温度低，退火后材料的硬度和强度高，材料的弹性极限相应提高，制作的零件在装配过程中变形小，应力对磁性能的影响也小。

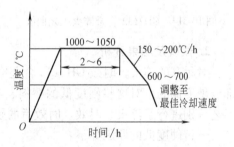

图 10-313　退火工艺曲线

此外，实际加工中，找到了合适可行的退火工艺规范后，还必须对退火加工中检测试环的清洁、试环的摆放、退火炉的污染、零件的装炉等各工艺过程进行严格的要求和控制，以实现每一炉次退火加工的工艺重现性。否则，零件加工将无法完成，甚至造成整炉报废。

10.7.8　GH2132 高温合金热处理后硬度低的原因分析

中国人民解放军第 4723 工厂（海翔机械厂）　孙守功

1. 概况

GH2132（0Cr15Ni26MoVTi2B）是一种时效硬化型铁基高温合金。经淬火时效后，其组织为奥氏体 γ 基体上弥散分布着细颗粒的 Ni_3（Ti，Al）型 γ' 强化相，从而具有良好的热稳定性、热强性、良好的塑性和切削加工性。在 650℃长期工作时组织和性能稳定。该材料主要用于制作螺钉、螺母等紧固件，广泛用于各种类型飞机发动机上。

使用的 GH2132 高温合金，大多数规格为 $\phi 11mm \times 500mm$ 棒料，淬火加热采用高温箱式炉，时效加热采用中温箱式炉。技术条件要求时效后硬度为 26 ~ 34.5HRC。在使用时，曾经出现过个别螺钉发生断裂。检查其硬度低于工艺要求，仅为 23 ~ 25HRC。

GH2132 高温合金热处理工艺曲线如图 10-314、图 10-315 所示。

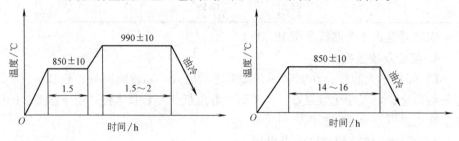

图 10-314　GH2132 合金淬火工艺曲线　　　　图 10-315　GH2132 合金时效工艺曲线

2. 试验及结果分析

对所有的淬火、时效 GH2132 合金棒料、半成品及成品进行了复检，仍检出部分硬度低的。对这些硬度低的棒料、半成品及成品按图 10-314、图 10-315 的工艺分别进行了淬火、时效。时效后的硬度均在 28 ~ 32.5HRC，符合工艺要求。

分析硬度低的原因如下：

（1）淬火加热装炉量过大　GH2132 合金淬火前的组织为 $\gamma + \gamma' + Ti$ （C、N） $+ M_3B_2$。淬火主要目的是使 γ' 相完全溶于 γ 之中，并获得适当晶粒度的 γ。由于 GH2132 材料中合金元素多、导热性差、组织转变缓慢，需要加热保温的时间长，所以规定棒料应单层平铺于炉底板上；而实际加热时是正常装炉量的 2 ~ 3 倍，达 100 ~ 120 根，并且是堆于料盘中，致使在规定的工艺时间范围内，压在料盘中间的棒料并没有达到淬火温度，或者是保温时间不足，造成 γ' 相未完全溶于 γ 相之中，组织转变不充分。

（2）淬火操作方法不当　GH2132 合金淬火的目的是使合金加热时，已溶入 γ 相中的 γ' 相通过快速冷却最大限度地固溶于 γ 中。但由于是整盘棒料淬入油中，冷却速度太慢，致使压在料盘中心的棒料未能使 γ' 最大限度固溶于 γ 中，加之加热时就存在着组织转变不充分的缺陷，为时效埋下了隐患。

（3）时效装炉量过大　时效的目的是淬火时，已固溶于 γ 中的 γ' 强化相以极微小的 （20 ~ 30nm） 细颗粒状析出，并均匀地分布在 γ 基体上。γ 与 γ' 形成共格，使合金达到最大的强化效果。由于淬火加热不足和淬火操作埋下的隐患，再加上时效装炉量过大（同淬火时的装炉量），在时效时压在料盘中心的棒料保温时间仍明显不足，使 γ' 相的析出量和分布状态达不到要求，致使部分棒料时效后硬度低于工艺要求。

3. 验证试验

为了验证产生硬度低的原因，作了如下对比试验：

第 1 组：ϕ11mm×500mm 棒料，120 根。将棒料装入料盘，按图 10-314 淬火工艺加热。保温结束后从料盘表面取出 5 根，分散入油淬火冷却，并做标记。其余整盘入油淬火冷却。然后按图 10-315 工艺时效，整盘入炉，做标记的 5 根，置于料盘之上。

第 2 组：ϕ11mm×500mm 棒料，45 根。将棒料平铺于炉底板上，按图 10-314 淬火工艺加热。保温结束后棒料在油中分散冷却淬火，然后将棒料装入料盘，按图 10-315 工艺时效。

试验结果如下：

第 1 组：整盘淬火、时效的有 26 根不合格。硬度为 23.5~25.5HRC，低于工艺要求。其余棒料硬度为 28~32.5HRC，符合工艺要求。单独淬火、时效的 5 根硬度为 28.5~32.5HRC，符合工艺要求。将硬度低的 26 根按第 2 组的方法重新热处理，硬度为 28~32.5HRC，符合工艺要求。

第 2 组：淬火、时效后硬度为 28.5~32.5HRC，符合工艺要求。

几年来按第 2 组方法组织生产，已热处理 GH2132 棒料万余根，硬度都达到了工艺要求，生产十分稳定。

4. 结论

通过以上试验证明，淬火加热时料盘装入的棒料过多及棒料整盘淬火、整盘时效是导致热处理后硬度低的原因。

5. 改进措施

1）严格控制棒料淬火加热时装炉量，一般在 40~50 根为宜。棒料应平铺于炉底板上。

2）改变操作方法。棒料不应整盘淬火，应分散油冷，使之迅速冷却。

3）严格控制棒料时效装炉量，每盘装炉量控制在 40~50 根。

参 考 文 献

[1]　大和久重雄. 热处理缺陷及其对策150问 [J]. 费从荣译, 译. 国外金属热处理, 1986 （增刊）.

[2]　钟华仁. 热处理质量控制 [M]. 北京：国防工业出版社, 1990.

[3]　全国热处理标准化技术委员会. 金属热处理标准应用手册 [M]. 2版. 北京：机械工业出版社, 2005.

[4]　胡世炎, 等. 机械失效分析手册 [M]. 成都：四川科学技术出版社, 1989.

[5]　胡世炎. 破断故障金相分析 [M]. 北京：国防工业出版社, 1979.

[6]　锻件质量分析编写组. 锻件质量分析 [M]. 北京：机械工业出版社, 1983.

[7]　航空热处理工艺研究发展中心. 航空热处理标准汇编 （一）、（二） [S]. 北京：1990, 1996.

[8]　航空航天部航空装备失效分析中心. 金属材料断口分析及图谱 [M]. 北京：科学出版社. 1991.

[9]　马培立, 等. 高温合金低倍图谱 [M]. 北京：冶金工业出版社. 1986.

[10]　航空航天部失效分析中心. 航空机械失效案例选编 [M]. 北京：科学出版社, 1988.

[11]　陈仁悟, 林建生. 化学热处理原理 [M]. 北京：机械工业出版社, 1988.

[12]　夏立芳, 高彩桥. 钢的渗氮 [M]. 北京：机械工业出版社, 1989.

[13]　王万智, 唐弄娣. 钢的渗碳 [M]. 北京：机械工业出版社, 1985.

[14]　杨世璇, 吴光荣. 滴注式可控气氛热处理 [M]. 北京：机械工业出版社, 1991.

[15]　熊剑. 国外热处理新技术 [M]. 北京：冶金工业出版社, 1990.

[16]　刘锁. 金属材料的疲劳性能与喷丸强化工艺 [M]. 北京：国防工业出版社, 1977.

[17]　航空制造工程手册总编委会. 航空制造工程手册：热处理 [M]. 北京：航空工业出版社, 1993.

[18]　航空制造工程手册总编委会. 航空制造工程手册：金属材料切削加工 [M]. 北京：航空工业出版社, 1994.

[19]　航空制造工程手册总编委会. 航空制造工程手册：特种铸造 [M]. 北京：航空工业出版社, 1994.

[20]　航空制造工程手册总编委会. 航空制造工程手册：特种加工 [M]. 北京：航空工业出版社, 1993.

[21]　陈德和. 钢的缺陷 [M]. 北京：机械工业出版社, 1977.

[22]　美国金属学会. 金属手册：第4卷 [M]. 9版. 中国机械工程学会, 译. 北京：机械工业出版社, 1988.

[23]　王广生. 航空工业热处理质量控制 [J]. 金属热处理, 1993 （7）：3-6.

[24]　中国机械工程学会热处理学会热处理手册编委会. 热处理手册：第1-4卷 [M]. 3版. 北京：机械工业出版社, 2001.

[25]　航空制造工程手册总编委会. 航空制造工程手册：表面处理 [M]. 北京：航空工业

出版社，1993.

[26] 钢的热处理裂纹和变形编写组. 钢的热处理裂纹和变形 [M]. 北京：机械工业出版社，1978.

[27] 刘宗昌. 钢件的淬火开裂及防止方法 [M]. 北京：冶金工业出版社，1991.

[28] 岸本浩，等. 工具和结构件的热处理缺陷及预防方法 [M]. 吕学业，译. 北京：国防工业出版社，1984.

[29] 吉田亨，等. 预防热处理废品的措施 [M]. 张克俭，译. 北京：机械工业出版社，1979.

[30] 钢铁热处理编写. 钢铁热处理 [M]. 上海：上海科学技术出版社，1979.

[31] 朱沆浦，侯增寿. 金属热处理问答 [M]. 北京：机械工业出版社，1993.

[32] 雷廷权，傅家骐. 热处理工艺方法 300 种 [M]. 北京：机械工业出版社，1993.

[33] 吴轮中. 机械构件的热处理设计 [M]. 上海：上海科学技术文献出版社，1987.

[34] 上海市金属学会. 金属材料缺陷金相图谱 [M]. 上海：上海科技出版社，1966.

[35] 美国金属学会. 金属手册：案头卷 [M]. 刘迺，等译. 北京：机械工业出版社，1992.

[36] 柳祥训，等. 化学热处理问答 [M]. 北京：国防工业出版社，1991.

[37] 王国佐，王万智. 钢的化学热处理 [M]. 北京：中国铁道出版社，1980.

[38] 内藤武志. 渗碳淬火实用技术 [M]. 陈祝同，等译. 北京：机械工业出版社，1985.

[39] 机械部北京机电研究所，等. 钢铁材料渗氮层金相组织图谱 [M]. 北京：机械工业出版社，1988.

[40] Parrish G and Harper G S. Production Gas Carburising [M]. Oxford：Pergamon Press Ltd，1985.

[41] Thelning K E. Steel and its heat treatment [M]. 2nd ed. London：But-terworths，1984.

[42] 朱培瑜. 常见零件热处理变形与控制 [M]. 北京：机械工业出版社，1990.

[43] 姚禄年. 钢热处理变形的控制 [M]. 北京：机械工业出版社，1987.

[44] 殷汉奇. 齿轮内花键孔变形的综合控制 [C] //第三届全国典型零件热处理学术及技术交流会论文集. 洛阳，1994.

[45] 日本热处理技术协会. 热处理指南：上、下册 [M]. 刘文泉，等译. 北京：机械工业出版社，1987.

[46] 大和久重雄. JIS 热处理技术 [M]. 栾淑芬，译. 北京：国防工业出版社，1990.

[47] 日本材料学会. 金属材料疲劳设计手册 [M]. 王庆荣，译. 成都：四川科学技术出版社，1988.

[48] Zhou Jing En. The Effect of Shot Peening on Fatigue Behaviour of Type 7010-T736 Alloy [C] // Barn-by J T ed. Fatigue Prevention & Design. London：Engineering Materials Advisory Services Ltd. ，1986.

[49] 李炳生，董家祥，沈启贤. 碳氮共渗层中黑色组织的本质及其对性能的影响 [C] //第一届国际材料热处理大会论文集. 北京：机械工程学会热处理分会，1982.

[50] 周顺深. 钢脆性和工程结构脆性断裂 [M]. 上海：上海科学技术出版社，1983.

[51] 周敬恩，涂铭旌．钢的第一类回火脆性 [J]．兵器材料科学与工程，1988 (3)．

[52] 周敬恩，刘德跃，金志浩，等．T10 钢和 GCr15 钢第一类回火脆性的研究 [J]．兵器材料科学与工程，1988 (4)．

[53] 沈莲．机械工程材料 [M]．北京：机械工业出版社，1990.

[54] 诺维柯夫 И И [C] //金属热处理理论 [M]．王子祐，译．北京：机械工业出版社，1987.

[55] 雷廷权，唐之秀，苏梅．不同原始组织 30CrMnSiNi2 钢的高温回火脆性 [C] //第一届国际材料热处理大会论文集．北京：机械工程学会热处理分会，1982.

[56] 周敬恩．钢的力学性能与显微组织设计 [J]．金属热处理，1993.（增刊）．

[57] 褚武扬．氢损伤和滞后断裂 [M]．北京：冶金工业出版社，1988.

[58] 黄淑菊．金属腐蚀与防护 [M]．西安：西安交通大学出版社，1988.

[59] 上海交通大学金相分析编写组．金相分析 [M]．北京：国防工业出版社，1982.

[60] 王鸿建．电镀工艺学 [M]．哈尔滨：哈尔滨工业大学出版社，1988.

[61] 章葆澄．电镀工艺学 [M]．北京：北京航空航天大学出版社，1993.

[62] 王广生．氮基气氛热处理现状和发展 [J]．材料工程，1997 (2)．

[63] 王广生．真空热处理发展与关键技术 [J]．材料工程，1997 (4)．

[64] 张建国．钢铁零件真空回火后的光亮度 [J]．金属热处理，1996 (6)．

[65] 赖春雷，等．大型电机轴锻件断裂失效分析 [J]．金属热处理，2006，31 (2)：98-101.

[66] 王新杜，等．氢在渗碳及其后热处理过程中的行为 [J]．金属热处理，2002，27 (10)：36-38.

[67] 袁定良．氧探头使用过程中的若干问题探讨 [J]．热处理，2003，18 (4)：55-57.

[68] 孙盛玉，等．热处理裂纹分析图谱 [M]．大连：大连出版社，2004.

[69] 王广生，张善庆．热处理新技术的应用研究 [J]．热处理．2005 (1)：1-6.

[70] 张栋，等．机械失效的实用分析 [M]．北京：国防工业出版社，1997.

[71] 樊东黎，等．中国工程材料大典：第 15 卷材料热处理工程 [M]．北京：化学工业出版社，2006.

[72] 李泉华．热处理实用技术 [M]．2 版．北京：机械工业出版社，2006.